# 資料庫系統：理論與設計實務

余顯強　編著

全華圖書股份有限公司　印行

## 範例檔案下載方式

本書範例檔案及資料庫手稿（Script）可依下列三種方式取得，請先將範例檔案下載到自己的電腦中，以便後續操作使用。

**方法 1** 掃描 QR code

範例檔案—解壓縮密碼：06502007

**方法 2** 連結網址

下載網址為：https://tinyurl.com/2k7wx6a3

**方法 3** **OpenTech 網路書店（https://www.opentech.com.tw）**

請至全華圖書 OpenTech 網路書店，在「我要找書」欄位中搜尋本書，進入書籍頁面後，點選「課本範例」，即可下載範例檔案。

# 序

筆者曾在資訊企業服務近 20 年，累積許多整合系統開發的實務，包括多語系分散式系統的建置經驗，深諳資料庫規劃的適切與否，對系統運作成效的影響極大。之後，因緣際會進入學術界，相對研究型的大學，教學型和專業型的大學更著重於產學接軌的需求。因此，資料庫系統的學習必須能夠兼顧理論、設計與開發實務。由於資訊系統更迭迅速，加上應用環境的複雜更勝以往，學習資訊技能的壓力亦更勝以往。必須能夠兼顧速成與紮實，才能儘快掌握整體所需的技能，取得資訊市場競爭的優勢。

資料庫系統相關知識與技能，並不一定是要從事這一類的工作才需要學習。所謂知己知彼，能夠駕馭資料庫系統相關知識與技能，在規劃設計、資料科學、資訊加值、數位匯流等多種領域，都有其極為重要的角色，越能掌握資料庫系統，就越能搶得商機。

非資訊背景的讀者在面對複雜的資訊領域環境，常常會有不知從何下手學習的困擾。尤其是主要是提供資訊系統後端服務的資料庫系統，多數人無法直接接觸，常會有較多的學習障礙。尤其資料庫涉及系統操作、SQL 語法的使用、結構的設計、實務的開發，如果個別地學習，不僅門檻不低，且常需投入相當時日。筆者學習資料庫系統應用開發的過程，深深感到，若能透過一條龍式的帶狀學習方式，效果將會更好。也就是說，先是回顧發展沿革、熟悉定義、瞭解架構原理的基本使用關鍵，進而精通 SQL 語法操作資料庫的運作，搭配符合產業規範的設計模式，就能夠開發出一個符合實務應用的資訊系統。有了基礎的實務能力，表示能夠理解了基本的資料處理邏輯，就能進階學習更完整解決高度複雜需求的技巧。這樣以面為單位一層一層地堆疊，才能對資料庫系統具備紮實的能力與認識，甚至面對資訊環境快速的變化，由其中任何一點切出，也比較能快速的融合其他的資訊應用領域。

因此，本書是使用大量範例引導的資料庫系統學習專書，去除冗餘的理論與操作，力求具體扼要，透過簡潔的內容、豐富的圖解，改變傳統資訊圖書強調單一專業、只是掌握基礎的主題形式，而是涵蓋理論、SQL 語法、設計與應用開發等，並介紹許多技術採用的理由與原因，提供讀者獲得資料庫領域整體面向的知識與技能。希望能夠藉由本書的學習，使讀者能夠輕鬆的進入資料庫系統應用與開發的領域，也能掌握這些技術的實務技巧。

i

# 目次 ▶▶▶

Chapter

# 01

# 資料庫系統概論

## 1-1 ‖ 簡介

### 1. 資料庫系統

　　資料庫系統（Database System）是電腦化的資料儲存系統。數位化資料累積與擴充的速度不斷增加，而儲存空間的價格也不斷降低，如果沒有經過分類、組織與有系統的管理這些資料，會嚴重影響爾後的搜尋、存取、統計、呈現…等資料利用的效率。因此，採用資料庫系統來管理資料，幾乎是現今資訊系統必備的一個要件。對公司或企業來說，使用資料庫系統至少有下列優點：

- 透過電腦化的集中資料儲存及管理，提供資料的使用便利與共享。
- 迅速、即時地提供使用者所需要的資料，大幅降低作業的成本。
- 藉由使用權限的控管，加強資料的保密性及安全性。
- 減少儲存重複的資料，確保資料的一致性。

　　資料庫系統包含資料庫管理系統（Database Management System，DBMS）與資料庫（Database）兩個部份。如圖 1-1 所示，一個資料庫系統通常具備一個資料庫管理系統，但可以包含多個資料庫。

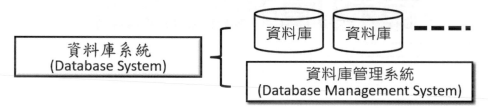

▲ 圖 1-1　資料庫系統的組成

(1) 資料庫管理系統

　　用來操作、管理和控制資料庫的核心軟體，包括定義、管理和處理資料庫及其內部的資料，並確保資料庫的安全性和完整性。

(2) 資料庫

　　資料庫就是資料庫系統儲存資料的空間，就像是一個虛擬的檔案櫃，資料可以分門別類地儲存在其內。

　　不過，「資料庫」並非是固定的專有名詞，如圖 1-2 所示，從事資訊工程的領域，通常稱呼的「資料庫」指的是「資料庫系統」；而從事數位內容行業的非技術人員，通常稱呼的「資料庫」，則表示是特定類型的資料集合。因此，必須能夠判斷人們所談論的「資料庫」所指為何。

▲　圖 1-2　資訊人員與一般人員所稱的資料庫通常有些差異

　　主要的原因是「資料庫」對一般情況而言,它是一個通用的名稱,只要是資料儲存的一個單位或個體,都可以稱為資料庫。不過針對資訊領域處理的數位資料而言,資料庫所代表的涵義是:一群經過整合後的資料,儲存在電腦內一個或多個檔案中,並將這些檔案集中在一個空間,這個空間就是「資料庫」;而管理這個資料庫的相關軟體就稱之為「資料庫管理系統」。

## 2. 資料

　　資料(Data)是資料庫中儲存的基本物件。資料的種類很多,包括文字、圖形、聲音、影像等都是資料。如圖 1-3 所示,資料的結構分為「非結構化」、「半結構化」、「結構化」三種類型。

▲　圖 1-3　資料的結構類型

(1) 非結構化

表示資料沒有特定的結構存在,使用者可以任意改變其結構,例如微軟的 Word 或各類文書處理工具軟體所編輯的檔案,便是屬於「非結構化」的文件,可以任意決定版面格式,自由更改內容,例如依需要而增加一個表格、刪除一行…等。

(2) 半結構化

可延伸標示語言(eXtensible Markup Language,XML)就是屬於「半結構化」的格式。XML 具備包括資料型別定義(Data Type Definition,DTD)或 XML Schema定義規則,能夠明確地宣告文件的結構,但宣告的結構仍能夠具備部分彈性,例如元素(如同資料庫的欄位)的重複、是否必備、多值或多型態(例如 XML Schema的 <union> 宣告,允許一個元素內容可以有多種的型態)的選擇…等,也就是允許資料在固定的結構框架之下,具備一些彈性。

(3) 結構化

結構化是最嚴謹的資料結構。所有的資料必須嚴格遵循宣告的結構，包括長度、型態、性質…等。資料庫系統所儲存的便是這一類的資料，因此，建立一個資料庫時，必須宣告資料庫內所存放各個資料單位（也就是檔案，關聯式資料庫稱為表格）的結構。爾後輸入資料時，系統便會確認資料是否符合宣告的要求，只有完全符合才能將資料輸入到資料庫內。搜尋與取出資料時，也有明確的語法規範，確保資料的存取都能具備一致性。

> **名詞整理**
>
> - 資料（Data）：資料是資料庫中儲存的基本物件。資料的種類很多，包括文字、圖形、聲音、影像等都是資料。
> - 資料庫：長期儲存在電腦內、有組織、可共享的資料紀錄集合。
> - 資料庫管理系統（DBMS）：是資料庫系統的核心軟體，是介於使用者與資料庫之間的管理軟體，主要功能包括用來定義、管理和處理資料庫內儲存的資料。

## 3. 運作環境

資料庫是以嚴謹的結構，將零散的資料組合成結構化的資料，藉由資料庫管理系統來管理這些資料，以方便後續的利用。資料庫系統如同應用系統一般，必須安裝在作業系統之上，如圖 1-4 所示，整體運作環境包括四個部分：

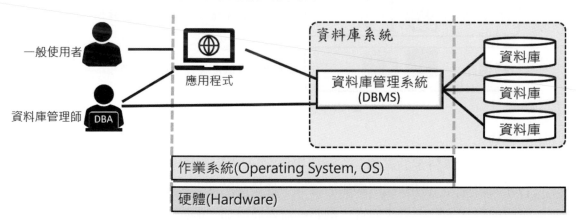

▲ 圖 1-4　資料庫系統運作環境的組成

(1) 使用者

使用者是資料庫系統的主要服務對象，依其使用資料庫的方式、目的與時機來區分，可以將使用者分為下列三種：

- 直接使用者：嚴格來講，使用者並無法直接使用資料庫，而是需要經由應用程式存取資料庫管理系統，或是透過線上或自動化系統互通（Interoperation）的外部系統。除了安全管理的考量之外，實際都必須經由 DBMS 處理資料庫的存取操作。

■ 應用程式：透過程式介面的呼叫，對資料庫管理系統下達命令的應用軟體程式。

■ 資料庫管理師（Database Administrator，DBA）：透過資料庫管理系統所提供的命令，扮演資料庫管理系統與上述兩種使用者之間的中介角色。負責排解資料庫管理系統在使用上的疑難、調整系統效能、保護資料避免破壞等等。

(2) 資料

資料是資料庫中的主體，在資料庫系統儲存的資料基本可以分為「運算資料」（Operational data）與「交易資料」（Transaction log，或稱異動資料）。運算資料是使用者使用與處理的資料，也就是資料庫中所存放的資料；而交易（異動）資料則是資料庫管理系統為了對資料庫做有效和正確的管理，依照使用者所下達的命令，而自動產生的紀錄資料。

(3) 硬體

資料庫系統所運作的硬體設備。包括電腦主機、磁碟機、光碟機（櫃）、備份裝置等。

(4) 軟體

一個資料庫系統所包含的軟體包括：

■ 資料庫管理系統：資料庫環境實際運作的主要軟體，作為使用者和資料庫儲存的硬體之間的橋樑。

■ 資料庫管理工具：提供系統管理者或 DBA 設定、配置及管控資料庫環境的軟體，例如微軟提供其所屬資料庫產品的 SQL Server Management Studio（SSMS），就是一個操作便利且功能強大的管理工具。

■ 應用程式：即是之前所提，透過各種程式介面使用資料庫的應用程式，也是資料庫的使用者之一。

# 1-2 ‖ 系統基本功能

　　資料庫儲存大量的資料，尤其是商業運作的過程，不斷累積許多商務資訊，儲存在資料庫系統內，因此效率、安全、權限控管，以及方便性等各方面都必須兼顧。坊間許多用來管理資料的產品均稱為「資料庫系統」，不過效率與功能之間差異頗大。因此，早先有將單機、缺乏資料庫管理系統（DBMS）或用於一般電腦的小型資料庫系統，統稱為 XBase。包括：dBASE 系列、Fox 公司的 Fox 系列（包括 FoxBASE、FoxPro）、Nantucket 公司的 Clipper 資料庫系統，以及微軟於 1998 年推出的 Visual FoxPro 6.0 for Windows（VFP 6.0）與 Access 等。

有別於 XBase，大型資料庫系統強調的是多人使用、支援多個應用程式同步存取、能夠處理大量的資料等。更主要的是具備管理這些複雜且大量資料的 DBMS。DBMS 是透過多種軟體模組所組成，基本應具備下列的功能：

(1) 儲存管理

將資料儲存起來，並具備快速的資料存取技巧。原始資料藉由作業系統的檔案架構儲存於磁碟上，資料庫管理系統的儲存管理器將不同的資料處理語言（Data Manipulation Language，DML）敘述轉換成低階的檔案系統指令，用來管理資料庫所儲存資料的存取、增刪、修改。

(2) 資料綱要

資料庫系統內部存在許多系統運作的資訊，稱之為綱要（Schema）或資料字典（Data Dictionary）、資料目錄（Data Directory）。其中主要記錄了用來詮釋系統結構資訊的資料庫綱要（Schema），也就是後設資料（Metadata）。後設資料是一些「用來描述資料的資料」，存放系統運作相關的結構資訊，例如系統有哪些資料庫、資料庫內具備哪些表格、表格又包含有哪些欄位以及欄位的屬性、型態等，當然也包括使用者、權限關係等各種系統運作所需的資訊，都是存放在綱要內。

### 說明

資料庫存放資料的基本元件為表格（Table），所以綱要也是以表格的形態存放於「系統資料庫」內。綱要的說明請參見 1-4 節介紹。

(3) 查詢處理

系統除了具備一套高階查詢語言（High-level Query Language）提供使用者使用，並能負責將使用者輸入的查詢語言指令經由準備（prepare）、最佳化（optimize）、編譯（compile）、執行（execute）的過程，轉換成查詢引擎能夠理解的低階指令，執行資料的查詢。

(4) 交易控制

交易（Transaction，也稱作異動），是資料庫處理一個作業時，不可分割的邏輯單元，一定要完成單一作業內所有資料的異動，才能確保資料的正確性與一致性。

資料庫內一個作業的邏輯單元，經常是由許多個運算所組成。以學生匯款繳學費為例，可能涉及的運算包括：從一個帳戶轉到學校帳戶、學生註冊檔記錄繳費狀況、學生學籍資料記錄學期狀況。由轉帳完成開始，這些資料必須全部完成，或是全部都不發生，以免造成資料的不確定性（也就是資料關聯性不完整），這種不是全有便是全無的要求稱為不可分割性（atomicity）。而匯出的學費與進到學校帳戶的金額、匯款入帳的時間與學生註冊檔繳費完成的時間，這些數值都必須維持一致性（consistency）。

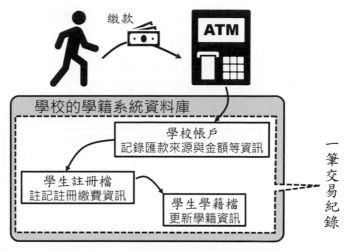

▲ 圖 1-5 一個完整交易涵蓋的資料異動範例

此外，系統中可能有多個使用者同時對同一個資料庫下達命令，要求資料庫管理系統完成工作，所以資料庫管理系統必須有效地執行交易的管理，以防止同時執行的作業，因交互執行而發生不可挽救的錯誤。

(5) 資料的安全管制（Security Control）

為防止不當使用與竊取資料，一般資料庫系統提供下列的基本資料存取管制方式：

■ 建立使用者通行密碼。

■ 針對資料的新增（Insert）、刪除（Delete）、查詢（Select）、修改（Update）等權利分別訂定使用權。

■ 使用 View（「視界」，或稱「概觀」）來隱藏部分資料或不讓使用者查詢。

■ 將儲存的資料加密或動態遮罩（dynamic masking，參見 15-7 節介紹）。

(6) 其他

如監控系統效能、調整系統效能、資料備份與復原（backup and recovery）、資料轉換或移轉（transfer or migration）等管理工具。

# 1-3 資料結構

資料庫的內容是由資料所組成，如圖 1-6 所示，這些資料依其單位的大小與相互關係，由低至高的組成，可分為位元（bit）、字元（character）、欄位（field）、紀錄（record）、檔案 [file，或稱為資料表、表格（table）] 與資料庫（database）等幾個層次。

▲ 圖 1-6 資料組成的層次

　　如圖 1-7 所示，數位電腦中所有的資料都是由 0 與 1 所構成，然後由 8 個位元（bit）組成一個位元組（byte），再依不同字碼的類型，構成字元的單位（例如 ASCII 字元為一個位元組。Big5 則是一個字元由 2 個位元組組成。而 Unicode 每一字元則是由 2 至 4 個位元組組成，不過現在 Unicode 大多是以 2 個字元組為主）。

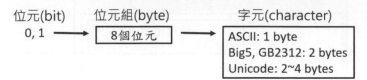

▲ 圖 1-7　位元、位元組與字元的組成關係

　　一個欄位的內容存放一個或數個字元構成的資料，而一個或數個欄位又可以組成一筆紀錄。如圖 1-8 所示，以圖書館儲存的書目資料為例，一本圖書包括「書號」、「書名」、「作者」與「價格」等欄位，這些欄位組成「紀錄」。

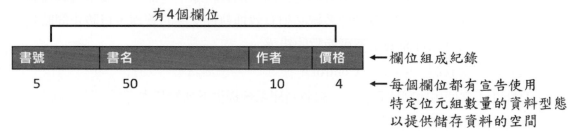

▲ 圖 1-8　書目紀錄的範例

　　當定義了「紀錄」所具備的欄位，就可以存放入多筆紀錄，每筆紀錄就代表個別的書目資料，例如圖 1-9 的內容包含兩筆書目資料紀錄：

| 書號 | 書名 | 作者 | 價格 |
|------|------|------|------|
| F0001 | 網頁互動程式 | 張三 | 350 |
| F0002 | 資料庫系統 | 李四 | 420 |

（兩筆紀錄）

▲ 圖 1-9　紀錄由多個欄位所組合

　　許多的紀錄會存放在表格形式的檔案中，將這些檔案組合在一起，就構成了資料庫。基本上，資料庫中所存放的是經過整合後的資料，可避免資料的重複，而且便於修改及管理。

# 1-4　資料綱要

　　1-2 節介紹 DBMS 具備的基本功能時，簡略提到資料綱要（Schema），也就是資料庫的後設資料（Metadata）。使用者在 DBMS 存取的資料，是儲存在資料庫內的資料，而非 Schema 的資料。

　　如圖 1-10 所示，DBMS 能夠正確處理使用者的權限範圍、資料庫的大小、表格的結構等等管理的資訊。就是因為資料庫系統內除了儲存使用者操作的運算資料（Operational data）與交易資料（Transaction log）外，還有 Schema 這一類提供系統運作使用的資料。資料庫綱要（Database Schema）是描述整個資料庫定義的系統資料，記錄的資訊是用來描述資料的屬性與特徵，這些屬性包括資料定義、結構、規則、限制，甚至包括字碼類型等。例如圖 1-11 所示為一個學生表格的資料綱要範例，針對學生表格的每個資料項目，記錄其欄位名稱、資料型態、長度等資訊。

　　資料與綱要之間的差異：資料是特定資料集合 ( 也就是表格 ) 內記錄的事實，也就是如圖 1-9 欄位內容的 F0001、F0002 就是各「書號」的資料。而資料綱要則是用來描述資料的屬性，儲存定義的結構資訊。例如圖 1-11 所示的表格內並沒有圖 1-9 的書目紀錄資料。

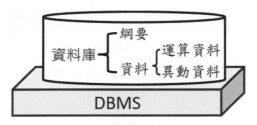

▲ 圖 1-10　資料庫儲存的資料類型

| 名稱 | 資料類型 | 最大長度 | 預設 | 格式 | 虛值 | 描述 |
|---|---|---|---|---|---|---|
| bno | CHAR | 5 | | [A-Z]{1}[0-9]{4} | N | 書號 |
| title | VARCHAR | 10 | | | Y | 書名 |
| author | VARCHAR | 2 | | | N | 作者 |
| mode | VARCHAR | 2 | 著 | | Y | 著作形式 |
| publication | date | | | ISO 8601 | Y | 出版日 |
| price | number | | | | N | 價格 |

▲ 圖 1-11　圖書表格的資料綱要範例

　　資料綱要讓資料庫管理者能夠明瞭現在資料庫的資料結構、意義，以及資料項目之間的差異。許多工具能夠藉由資料綱要繪製資料庫檔案結構的圖形，對於資料庫的管理有其相當的重要性。SQL Server 綱要是以名稱 INFORMATION_SCHEMA 的唯讀性視界（read-only views）形式呈現，包含的資訊結構描述符合 ANSI 與 ISO 標準定義。

# 本章習題

## 選擇題

（　）1.　能夠明確地宣告文件的結構，但宣告的結構仍能夠具備部分彈性的資料結構為：
①非結構化　②半結構化　③結構化　④特定結構化。

（　）2.　下列哪些屬於資料：
①文字　②圖片　③影音　④以上皆是。

（　）3.　負責資料庫管理系統的管理人員稱為：
① USER　② SSMS　③ DBA　④ DBMS。

（　）4.　微軟提供其所屬資料庫產品，用於管理與操作資料庫系統的工具軟體為：
① USER　② SSMS　③ DBA　④ DBMS。

（　）5.　資料庫系統內除了儲存使用者操作的運算資料 (Operational data) 與交易資料 (Transaction log) 之外，還包括下列何種資料：
①視界 (View)　②綱要 (Schema)　③帳號 (Account)　④資料表 (Table)。

（　）6.　資料庫處理一個作業時，不可分割的邏輯單元稱為：
① Table　② Transaction　③ DBMS　④ Metadata。

（　）7.　同時要處理多國語文的資料，最常使用的字碼種類是：
① ASCII　② Big5　③ CNS11643　④ Unicode。

（　）8.　用來描述資料的屬性，儲存定義的結構資訊稱為：
①綱要　②表格　③欄位　④物件。

## 簡答

1. 資料庫系統包括哪兩個主要的部分？

2. 資料的結構分為哪三種類型，關聯式資料庫是屬於哪一種？

3. 請解釋何謂 DBA？

4. 資料是資料庫中的主體，在資料庫系統中的資料，基本可以分為哪兩大類型？

5. 資料庫的資料，依其單位的大小與相互關係，由低至高的組成為何？

6. 請說明資料庫內的綱要作用為何？

7. 資料庫內一個作業的邏輯單元，經常是由數個運算所組成。因此，資料庫系統執行一個作業的邏輯單元，所有處理動作的集合稱之為何？

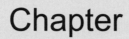

Chapter

# 02

# 資料庫系統模型

　　模型（Model）是系統或狀態的完整抽象概念，也就是說，模型是透過抽象的概念來表達真實世界中實體的物件或事件，還有它們之間相關的屬性。而資料模型便是使用一組概念來簡潔地表達資料與資料之間的關係和條件、資料的概念及能夠做什麼樣的運作。以資料庫而言，資料模型就是用來表達資料庫的結構，以及結構中資料的特性。

---

## 說明

> 因為資料模型是資料庫設計的重要工具，目的是透過資料模型可以幫助我們清楚地了解資料的概觀。資料本身是個抽象概念的東西，學習了解資料庫設計之前，就是要把資料庫抽象概念具體化，因此，資料模型就是幫助我們將資料具體化的工具。

# 2-1 ‖ 系統結構的演進

　　資料庫系統興起於 1950 年代，依據資料庫系統結構的差異，其演進的過程主要分為檔案式、階層式、網路式和關聯式資料庫模型。比較新的發展還包括：物件式（object）、非關聯式（NoSQL，最初表示為 Non-SQL），以及 XML 資料庫系統等。不過，除了關聯式之外，其他均不是商業界主要使用的資料庫系統結構。

## 1. 檔案式資料模型（File Model）

　　檔案式資料模型，主要是將一串資料，以文字檔（Text，在 1940-1950 年代的電腦，也只處理文字資料）方式儲存，這些資料格式可以直接分辨每一筆紀錄，就像現在電腦作業系統內的目錄與檔案一般。所以檔案式的結構，就只是一堆固定格式的資料，由於在文字檔案中沒有系統綱要，因此系統單純，但卻難以管理資料的一致性。

## 2. 階層式資料模型（Hierarchical Model）

　　階層式資料模型出現在 1960 年代，採用樹狀的資料結構。依據資料的不同類別，將資料分門別類，儲存在不同階層之下。階層式資料庫的優點是結構類似於金字塔，不同層次間資料的關聯直接且簡單；缺點則是因為資料是以由上而下的縱向發展，橫向關聯難以建立，資料容易重複出現，造成管理不便。參考圖 2-1 所示購買汽車商品的範例，可以發現許多的資料一再重複，例如張三分別有以現金付費，也有刷卡付費，如果客戶資料不是只有姓名，而是包括：住址、性別、生日、職業、車種、車號⋯等資訊，重複的資料所占的儲存空間就相當可觀，這在儲存體非常昂貴的時代，是相當沉重的成本負擔。

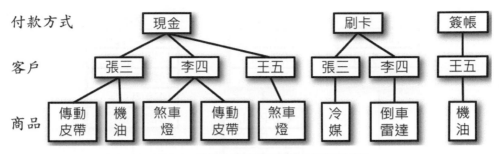

▲ 圖 2-1　汽車保養範例之階層式資料圖例

### 3. 網路式資料模型（Network Model）

網路式資料模型，約在 1960-1970 年代，與階層式架構出現的年代相近。網路式將每一資料視為一個節點（Node），而節點與節點間可以透過上層（prior）與下層（next）的指標建立關聯，相互連接而取得資料。優點是避免了資料的重複性，缺點則是關聯性較複雜，尤其是資料庫變得越來越大的時候，關聯性的維護會變得非常麻煩。

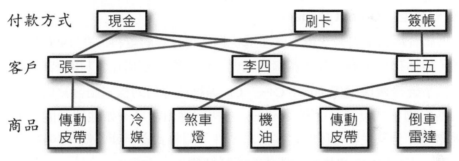

▲ 圖 2-2　汽車保養範例之網路式資料圖例

### 4. 關聯式資料模型（Relational Model）

IBM 公司的 Edgar F. Codd 在 1970 年提出關聯式資料模型的論文[1]，發表將資料組成表格的查詢代數與應用原則。於 1980 年推出結構化查詢語言（Structured Query Language）發展出關聯式資料模型，普及應用在商業領域。關聯式以二維陣列來儲存資料，依照行（column）與列（row）的關係形成紀錄的集合，稱之為「資料表」（Table，或稱表格）。

如圖 2-3 所示，在關聯式資料庫的架構中，汽車保養的資料增加了一個「銷售」資料表，用來將客戶、付款方式與商品「關聯起來」。

關聯式資料庫最大的特點，是將每個具有相同屬性的資料獨立地儲存在一個表格中。對任何　個資料表而言，使用者可以新增、刪除、修改資料表中的任何資料。它解決了階層式資料庫橫向關聯不足的缺點，也避免了網路式資料庫過於複雜的問題，所以目前大部分的資料庫都是採用關聯式資料庫系統的模型。

---

1　Date, C. J.（2000）. *The database relational model: A retrospective review and analysis*. Addison-Wesley.

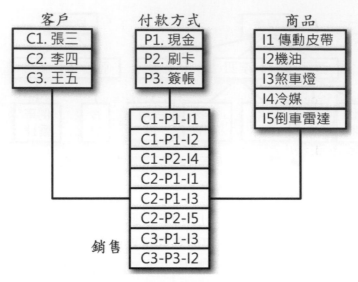

▲ 圖 2-3 汽車保養範例之關聯式資料圖例

## 5. 物件式資料模型（Object Model）

由於多媒體資料日益普及，為了處理這些越來越複雜的資料，在 1990 年代開始出現物件資料模型，包括物件導向、物件關聯等處理結構化與非結構化資料的技術。

現今資訊系統普遍採用如 Java、C++、C# 等物件導向的程式語言寫成，程式的物件比較容易直接匹配物件式資料，逐漸導入在一些特定應用領域，如地理空間、通信和科學領域，如高能物理、分子生物。因應這些需求，許多關聯式資料庫系統，包括 Microsoft SQL Server、Oracle、IBM DB2 也具備物件式的資料結構。

## 6. 非關聯式資料模型（NoSQL Model）

因為關聯式的資料庫使用結構化查詢語言（Structured Query Language，SQL）做為系統處理、資料存取的標準語法。因此，NoSQL 資料模型是表示以關聯式表格以外的格式儲存資料的架構。隨著儲存成本的急劇下降、敏捷式軟體開發（Agile Software Development）和大數據的應用需求，在 2000 年代後期發展出 NoSQL 資料模型。NoSQL 不使用嚴格的綱要（schema）結構，非常適合用來儲存大量多樣性（assorted）和無結構的資料。

## 2-2 系統環境的演進

隨著電腦科技的發展，資料庫管理系統運作的環境可以分爲下列幾種架構的演變：集中處理式（Centralized Processing）、檔案伺服器（File Server）、主從式（Client-Server）、三層式（3-Tier，也有稱爲多層式 Multi-tier）。

### 1. 集中處理式（Centralized Processing）

也可以稱爲主機式（Host-based），這是最傳統的電腦系統運作架構，主機負責應用程式與資料庫系統的運作，也就是說，所有資料處理的工作都集中在主機完成。使用者透過終端機（Terminal）與主機連線操作和處理事務，普遍採用 RS232 資料通訊的連線標準。這些終端機沒有處理資料的能力，只負責輸出入（Input/output，IO）與解碼（將內碼轉換成文字顯示）的工作，一切處理資料的作業都由主機負責執行。此種架構除了封閉性的專屬（Proprietary）架構，導致設備費用高昂之外，應用程式與資料均運作在同一部電腦上，不僅負荷較重，資料的可靠度也比較不佳。

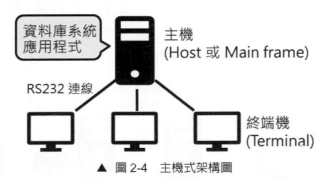

▲ 圖 2-4 主機式架構圖

### 2. 檔案伺服器（File Server）

架構和集中處理的主機式類似，只是將原先連線的 RS232 標準改爲網路形式，並將原本集中在主機處理的工作，利用網路分配到各工作站（Workstation）中，每一台工作站都執行應用程式與資料庫管理系統，原本的主機作爲檔案伺服器，用來管理共同使用的資料庫。因爲各個工作站上的資料庫管理系統會存取共同資料庫中的資料，因此資料的並行性（Concurrency）、回復性（Recovery）與眞確性控制（Integrity Control）就相對的複雜，除了造成過多網路傳輸負荷，也加重管理上的負荷。此外，主機採用專屬設備爲主，也就是不同廠家生產的設備互不相容，雖然安全性與效率較佳，但較高的成本與較差的擴充性，也間接限制了市場的發展。

### 3. 主從式（Client-Server）

　　由於網路設備的效能提升、開放性系統（Open system）的普及、硬體設備價格的降低，帶動了主從式架構的發展。如圖 2-5 所示，此種架構主要分為使用者端（Client，或稱客戶端）與伺服器端（Server），透過區域網路將兩者串聯起來。廣義而言，只要提供服務給其他電腦使用，就是伺服器端，只要向其他電腦取得服務，就是客戶端。客戶端的電腦負責執行應用程式，伺服器端的電腦負責提供程式所需的服務。

▲ 圖 2-5　主從式架構圖（一）

　　因此，如圖 2-6 所示，網路串聯的電腦之中，若有一台電腦，提供網路內各個電腦共用的印表服務，則該電腦便是印表伺服器；若有一台電腦，提供網路內各個電腦共用的資料存取服務，該台電腦便可以做為資料庫伺服器。

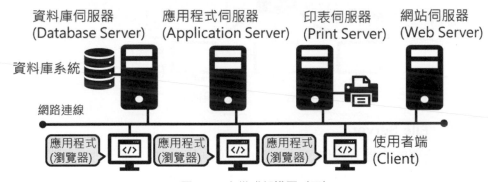

▲ 圖 2-6　主從式架構圖（二）

　　伺服器與客戶端的角色能夠隨服務的方式調整，發揮較佳的利用彈性。在主從式架構之下，伺服器的效能不佳時，可以轉作為客戶端使用，或是將作業分散在多個伺服器上運作，分擔執行的負荷；效能較佳的電腦硬體，也可以將多個作業合併在一台電腦上運行。因此，主從架構提高整體系統的效能與彈性，也可以因為開放式的架構而節省硬體系統的花費。

　　中介軟體（Middleware），是提供系統軟體和應用軟體之間連結與溝通的軟體。如圖 2-7 所示，應用程式必須透過中介軟體負責與資料庫系統之間的連結與溝通，就像是個人電腦在硬體上透過介面卡與周邊設備連結，也藉由介面卡的驅動程式傳遞連結的資訊一般，所以資料庫中介軟體也可稱為資料庫驅動程式。

▲ 圖 2-7　中介軟體提供應用程式和資料庫系統之間的連結與溝通

　　圖 2-8 顯示主從式的環境，中介軟體連結伺服器與使用者端的架構。中介軟體包括使用者端與伺服器端，提供執行於使用者端的應用程式傳遞執行資料庫存取的命令（也就是 SQL 敘述），能夠辨別連線的協定、資料庫系統所在的後端伺服器位址、資料庫的名稱等等資訊，並能順利地將執行與處理的資料回傳給使用者端的應用程式。

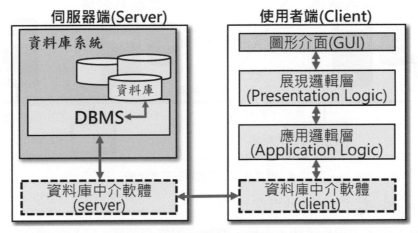

▲ 圖 2-8　主從式架構資料庫連結資訊流程圖

　　在 Windows 使用環境中最為普遍的資料庫中介軟體，就是由微軟所發展的開放式資料庫連結（Open Database Connectivity，ODBC）。當然，各資料庫廠商也會為其資料庫系統的產品推出專屬的中介軟體，或為特定的程式語言推出特定的中介軟體。例如 Java 程式語言的 JDBC（Java Database Connectivity）。如果使用 Java 開發的應用程式要連結某一廠商的資料庫系統時，除了使用 ODBC 之外，若要使用 JDBC，必須使用該廠商專為該資料庫系統所提供的 JDBC 驅動程式。

## 4. 三層式（3-tier）

　　單層式（One-tier）表示應用程式、資料庫系統與使用者操作環境都在同一台電腦；兩層式（two-tier）表示資料庫系統、應用程式與使用者環境分列兩端，例如主從式就是典型的兩層式。而 3-tier 表示資料庫系統、應用程式與使用者環境分處在三個不同的位置。

　　由於資訊應用環境與軟體架構日益複雜，加上平行處理和雲端的發展，軟體可能分處在更多的位置，所以也會將三層式稱為多層式（Multi-tier）。事實上，3-tier 與 multi-tier 都是表示相同的架構。

　　3-tier 是主從式架構的擴充，主從式架構最大的缺點，在於應用程式必須完全安裝在使用者端，使得使用者端俗稱為「肥的使用者端」（fat client）。維護眾多使用者端安裝程式的一致性，對系統人員是一大困擾，尤其是防範駭客或資料安全，更是管理的一大負荷。為了簡化系統管理的負荷，因此，在主從式架構之下於使用者端（Client）與伺服器端（Server）之間，增加了一層應用程式伺服器（Application server），負責處理「商務邏輯」（Business logic），而使用者端的應用程式則簡化成負責顯示與 I/O 的作業。如此，系統維護的需求較低，相對也降低系統人員對使用者端管理的負荷，所以也有人稱為「精簡型使用者端」（thin client）。主從式架構的 2-tier 與 3-tier 架構比較，如圖 2-9 所示。

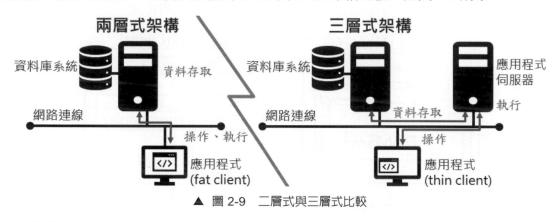

▲ 圖 2-9　二層式與三層式比較

以典型 3-tier 架構的 Web 網站為例：

(1) 第一層：使用者端－手機、平板、電腦…等終端設備，前端的操作軟體為顯示網頁內容的瀏覽器；

(2) 第二層：應用程式伺服器－網站，負責主要應用功能的執行，也就是商務邏輯（Business logic）；

(3) 第三層：資料庫伺服器－負責系統運作所有需要的資料存取與管理。

　　對於使用者而言，前端只需要有瀏覽器，以及使用的權限，便可執行應用程式伺服器上（網站）的功能。當網站功能的程式修改或更新時，使用者端並不需做任何處理，且執行的功能需要運用資料庫系統時，使用者端也不需做任何的連結設定，一切都是由應用程式伺服器與資料庫伺服器之間溝通處理。對於管理者而言，可以只專注在後端的應用程式伺服器與資料庫伺服器兩者的維護運作，簡化許多使用者端的管理工作。

　　因為 3-tier 多了中間的應用程式伺服器這一層，如圖 2-10 所示，應用程式伺服器與前端的「thin client」之間的資訊處理，是透過應用程式的中介軟體。以 Web 網站為例，使用的是 HTTP 協定。而應用程式伺服器與資料庫伺服器之間，則是使用「資料庫中介軟體」提供執行資料庫存取的命令與結果的傳遞。

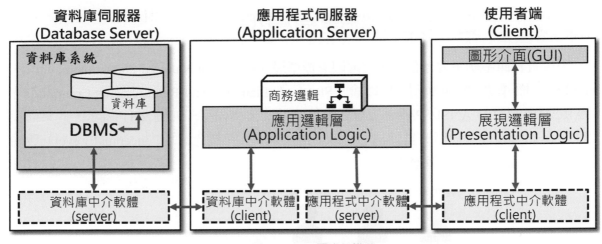

▲ 圖 2-10 三層式架構圖

---

說明

---

商務邏輯（Business logic，或譯為商業邏輯）：針對應用程式運作的目的，而執行專業領域事務有關的資料處理作業。

## 5. 分散式

分散式系統有很多不同的定義。廣義而言，一個分散式系統是一些獨立電腦的集合，這些電腦可能散布在不同區域，對使用者而言，系統就像一臺電腦。在許多應用上，三層式和分散式非常類似，而近年來，分散式最主要的特色，就是採用雲端與地端的應用。

(1) 雲端（Cloud）伺服器：具備動態分配與整合，包括運算、儲存與網路頻寬資源的平台。

(2) 地端（On-premise，亦譯為本地端）伺服器：表示傳統安裝伺服器的機房環境。雲端伺服器是虛擬服務，透過租賃方式取得服務，沒有實質上的產權；而傳統伺服器是真實的實體設備，通常建置在自有機房。

在設計與實作上，雲端資料庫伺服器就如同三層式的資料庫伺服器。使用雲端資料庫伺服器服務的優點，包括成本、彈性、安全性的提升，以及備份、復原與容錯移轉的便利，簡化系統人員管理與監視的負荷。

## 2-3 ‖ 資料庫系統架構模型

　　現今資料庫系統主要是依據由美國國家標準局（American National Standards Institute，ANSI）、標準規劃與需求委員會（Standards Planning And Requirements Committee，SPARC）所制訂的 ANSI/SPARC 三層式資料庫系統架構模型。如圖 2-11 所示，此架構模型主要是將資料庫系統區分為外部層（External Level）、概念層（Conceptual Level）與內部層（Internal Level）三個層級。

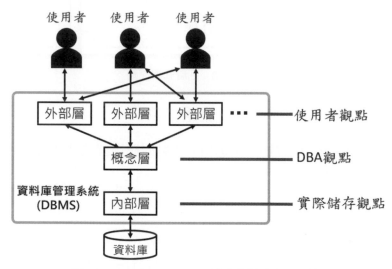

▲ 圖 2-11　ANSI/SPARC 三層式資料庫系統架構模型

　　ANSI/SPARC 將此三個層級分別以使用者、資料庫管理師（DBA）和實際儲存觀點來表達資料庫儲存的資料：

### 1. 外部層

　　也稱為外部綱要（Erxternal Schema），屬於個別使用者的觀點（views）。例如使用校務系統的職員、教師、學生，或使用企業資訊系統的內部單位，如業務部、會計部等。以關聯式資料庫而言，外部層是指架在基底關聯表格（base table、base relation）上的觀點，將資料藉由此觀點呈現給終端使用者。終端使用者大多對資料進行「查詢」，因此呈現給不同使用者的資訊內容並不一定相同。

### 2. 概念層

　　也稱為概念綱要（Conceptual Schema），介於外部層與內部層之間，屬於資料庫管理師（DBA）的觀點，對於資料庫系統整體運作的全部觀點，也就是針對群體使用者整體的觀點，以公司而言，是全公司的觀點，或是整個企業組織的觀點。概念層表達的是整個資料庫儲存的資料與架構，而整個完整資料庫是使用二維的表格顯示，並非實際儲存電腦內的檔案結構（在電腦內是以作業系統的檔案格式儲存在硬碟內）。

## 3. 內部層

也稱為實體層（Physical Level），此層具備內部綱要（Internal Schema）或稱作儲存綱要（Storage Schema），是最接近作業系統與硬體的層級，屬於儲存體（storage）觀點。每個資料庫即是一個內部層。內部綱要是利用實體的資料模型來描述資料在資料庫內部的表達方式，內容包括定義各種不同型態的紀錄、索引方法、紀錄實際儲存的順序及儲存欄位的表示法等。雖然最接近作業系統與硬體層，但內部層並不涉及實體紀錄（physical record）或區塊（block），也不處理實際設備，例如硬碟機的磁柱（cylinder）、磁軌（track）及磁區（sector）大小等課題。

# 本章習題

## 選擇題

(　) 1.　關聯式資料庫最大的特點，是將每個具有相同屬性的資料獨立地儲存在一個：
①表格　②欄位　③資料庫　④紀錄。

(　) 2.　廣泛應用在大數據，以關聯式表格以外的格式儲存資料的架構稱為：
① Xbase　② NoSQL　③ SEQUEL　④ Schema。

(　) 3.　三層式系統運作環境的架構也稱為：
①網站伺服器　②複合式　③多層式　④主從式。

(　) 4.　早期終端機與主機連線操作和處理事務，普遍採用資料通訊的連線標準為：
① HDMI　② USB　③ D-Sub　④ RS232。

(　) 5.　主從架構中，負責提供服務給其他設備的端點稱為：
①伺服器 (Server)　②終端機 (Terminal)　③工作站 (Workstation)　④使用者端 (Client)。

(　) 6.　主從架構中，向其他電腦取得服務的端點稱為：
①伺服器 (Server)　②終端機 (Terminal)　③工作站 (Workstation)　④使用者端 (Client)。

(　) 7.　ANSI/SPARC 資料庫系統架構模型中，針對資料管理師（DBA）的觀點，對於資料庫系統整體運作觀點所定義的層級為：
①概念層　②實體層　③應用層　④內部層。

(　) 8.　ANSI/SPARC 資料庫系統架構模型中，最接近作業系統與硬體的層級，屬於儲存體（storage）觀點的是哪一層：
①概念層　②實體層　③應用層　④內部層。

## 簡答

1. 依據系統結構的演進，資料庫依序有哪幾種模型？
2. 資料庫管理系統運作環境可以分為哪幾種架構？
3. 何謂中介軟體？
4. 請說明 ODBC 中英文全稱及其意義為何？
5. ANSI/SPARC 三層式的資料庫系統架構模型包括哪三層？
6. 請解釋程式開發所稱的商務邏輯，其所指為何？

Chapter

# 03

# 系統結構

# 3-1　資料庫模型的資料結構

關聯式資料庫模型是一組關聯表（Relation）的集合，也就是說，「關聯表」是關聯式資料庫模型的基本資料結構。在關聯式資料庫模型中使用的名詞，尤其是應用在學術上對模型物件內涵的名稱，和許多坊間資料庫產品使用的名稱有些不同，請參見表 3-1 所列常見的名詞對照。

▼ 表 3-1　關聯式資料庫模型與資料庫名詞對照

| 關聯式資料庫模型使用之名詞 | 資料庫系統使用之名詞 |
| --- | --- |
| 關聯表（Relation） | 檔案、資料表、表格（Table） |
| 屬性（Attribute） | 欄位（Field）、行（Column） |
| 值組（Tuple）、實體（Entity） | 資料錄、紀錄（Record）、列（Row） |

關聯式資料庫模型的基本概念包括：

## 1.　實體（Entity）

客觀存在並可互相區隔的物件稱之為實體。實體可以是具體的人、事、物，也可以是抽象的概念或關係，例如一位職員、一位學生、一個部門、一門課程、學生的一次選課、部門的一次訂貨、老師與系所的工作關聯等。

## 2.　屬性（Attribute）

實體具有的特徵稱之為屬性。一個實體可以包含若干個屬性，例如學生實體可以由學號、姓名、性別、生日、系所、入學時間…等屬性組成。屬性的類型包括：

(1) 簡單屬性（Simple attribute）：簡單屬性是單元值（atomic value，直譯為原子值），不能進一步劃分。例如，學生的性別。

(2) 複合屬性（Composite attribute）：複合屬性由多個簡單屬性組成。例如，學生的全名是包含姓與名兩個屬性，地址是由縣市別、郵遞區號、街道名等屬性組合而成。

(3) 衍生屬性（Derived attribute）：衍生屬性不實際存在於資料庫系統內，屬性值是從存在的屬性衍生的。例如，一個部門的平均薪資不會直接存在資料庫中，而是由所有員工的薪資屬性導出。又例如，年齡可以從生日導出。

(4) 單值屬性（Single-value attribute）：單值屬性只允許具備單一值，每一個實體的單值屬性不允許同時擁有一筆以上的屬性值。例如，一個人的身分證號、姓名、生日。

(5) 多值屬性（Multi-value attribute）：多值屬性允許包含多個值。例如，一個人可以有多個電話號碼、電郵、地址等。

## 3.　鍵（Key）

標示實體唯一性的屬性或屬性集稱之為「鍵」。例如學號是學生實體的鍵，學號可以代表特定的某一位學生。

## 說明

請注意，「屬性集」是一個集合（set），表示有可能不只一個屬性。例如學生修課的實體，假設包含學年、學期、開課代碼、學號、成績這幾個屬性，就不能只用學號一個屬性作為修課的「鍵」。因為一個學號可能修很多科目，只用一個學號屬性無法達成唯一性。需要至少包含學年、學期、開課代碼、學號這四個屬性集合作為修課的「鍵」才能具備唯一性的要求。

### 4. 值域（Domain）與範圍（Range）

屬性取值的範圍稱為該屬性的值域或範圍。例如學號屬性的值域為 10 位數的正整數、中文姓名屬性的值域為 5 位數以內的字串、成績屬性的值域為介於 0 至 100 的正整數等。

### 5. 關係（Relationship）

實體之間的關聯（association）稱為關係。實體內部的關係通常是指組成實體之各屬性的關係，實體之間的關係則是指不同實體之間的關聯性。如圖 3-1 所示，實體與實體之間的關聯性可以分為下列三種：

(1) 一對一（1:1）

如果對於實體集 A 中的每一個實體，在實體集 B 中至多有一個實體與之相關，反之亦然，則稱實體集 A 與實體集 B 具有一對一關係。例如一個班級只有一位導師，一個班級只有一位班長，則導師與班級之間具有一對一關係，班長與班級之間具有一對一關係。

(2) 一對多（1:n）

如果對於實體集 A 中的每一個實體，在實體集 B 中至多有 n（n ≧ 0）個實體與之相關，反之，對於實體集 B 中的每一實體，在實體集 A 中最多只有一個實體與之相關，則稱實體集 A 與實體集 B 具有一對多關係。例如一個班級有多位學生，而每一位學生則都屬於某一班級，則班級與學生之間具有一對多關係。

(3) 多對多（m:n）

如果對於實體集 A 中的每一個實體，在實體集 B 中至多有 n （n ≧ 0）個實體與之相關，反之，對於實體集 B 中的每一實體，在實體集 A 中亦有 m （m ≧ 0）個實體與之相關，則稱實體集 A 與實體集 B 具有多對多關係。例如一門課程有多位同學選修，而一位同學可以同時選修多門課程，則課程與學生之間具有多對多關係。

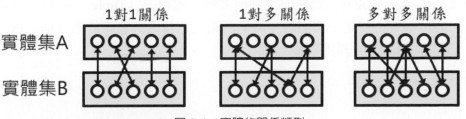

▲ 圖 3-1　實體的關係類型

　　如圖 3-2 所示，總結上述介紹的關聯式資料庫模型基本概念，資料結構是以關聯表來組織資料，一個關聯表有一個關聯表名稱。每一個關聯表中會含有一個以上屬性，將一個關聯表的所有屬性集合起來，稱之為該關聯表的屬性集。每一個屬性都會具有屬性名稱、值域與範圍，以定義其合法的資料值。每一個關聯表必須要指定某個屬性子集（Attribute subset，屬性集內的部分子集合）作為鍵，使得每一個實體均可利用其鍵值和其他實體區別。

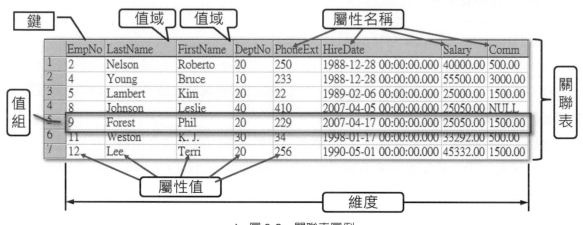

▲　圖 3-2　關聯表圖例

　　一個關聯表的屬性數目稱為該關聯表的「維度」（Degree），也就是該關聯表之屬性集的大小。由於屬性集是一個集合，所以按照集合的定義，我們可以歸納出資料庫模型的特性，在一個關聯表中：

(1) 屬性名稱不可以有重複的情況發生；

(2) 不含重複的值組；

(3) 值組之間是沒有順序的；

(4) 屬性之間是沒有順序的；

(5) 所有屬性值都是單元值（Atomic value），不可以是一個集合。

　　因為鍵具備唯一性的約束，所以不會有兩筆資料完全一樣；值組與屬性沒有順序，是基於排序的需求而決定順序，所以不會有固定的順序；因為屬性與屬性值都是一對一關係，所以所有屬性都必須是單元值，這也是關聯式資料庫模型最主要的特點。

　　綱要（Schema）代表模型結構的相關描述與定義，有了關聯表綱要，我們便可將資料存入關聯表中，存入的單位是一筆一筆的資料錄（Records），而一筆資料錄是由許多屬性值所組成的集合，在關聯式資料模型裡稱之為「值組」（Tuple）或實體（Entity）。所以一個關聯表，事實上就是一個由許多值組所組成的集合，值組的數目稱之為該關聯表的「數集」（Cardinality，或譯為基數）。

# 3-2 ‖ 關聯式資料庫系統結構

關聯式資料庫模型是 1970 年由 IBM 的 Edger Frank Codd 設計的關聯式代數所建立的模型，依據此模型，由包括 Oracle、IBM 等公司發展出許多商業型的資料庫系統。正由於關聯式資料庫系統是基於關聯式資料庫模型所發展而成，其觀念與結構就大致相同。以下就以 SQL Server 為例，簡介關聯式資料庫系統的結構與相關名詞用語。

**1. 資料表（Table）**

關聯式資料庫系統最基本的觀念，便是資料表（或稱為檔案 file，也就是模型所稱的關聯表）。它以「表格」作為儲存單位，所有儲存在資料庫中的資料，都以表格形式處理。

**2. 資料錄（Record）、欄位（Field）和內容值（Value）：**

如圖 3-3 與 圖 3-4 所示，資料表由行（column，或稱欄位 field，也就是模型所稱的屬性）與列（row，或稱紀錄、資料錄 record，也就是模型所稱的值組、實體）所組成。每一行儲存相同性質的資料，每一列則包含許多不同性質的資料項目。每一列就是一個資料錄（record），每一行可視為紀錄內的一個欄位（field）。一筆資料錄代表一個資料表內某一個實體的所有資訊；而一個欄位則是儲存在一個資料表內的一段個別資訊。

▲ 圖 3-3 資料表組成元素的樹狀圖

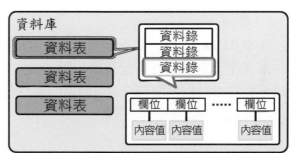

▲ 圖 3-4 資料表組成元素的結構圖

## 說明

資料表儲存每一筆完整實體的相關資訊，英文稱為 Record，中文翻譯成「紀錄」或「資料錄」。因為「紀錄」容易與動詞「記錄」混淆而影響閱讀，例如「記錄一筆紀錄」，因此本書儘量以「資料錄」代表 Record。

**3. 列（Row）和行（Column）：**

資料表都是以格狀方式呈現的二維表格，所有的資料錄和欄位都參照到列和行。如圖 3-5 所示，橫向的列代表資料表的資料錄，縱向的行是代表欄位。行與列交叉的欄位則稱為資料項目（Cell），例如要取得第五筆資料錄的名字，就是取得第五列與第三行「FirstName」行相交的欄位值，也就是該筆資料錄「FirstName」欄位的資料項目內容。

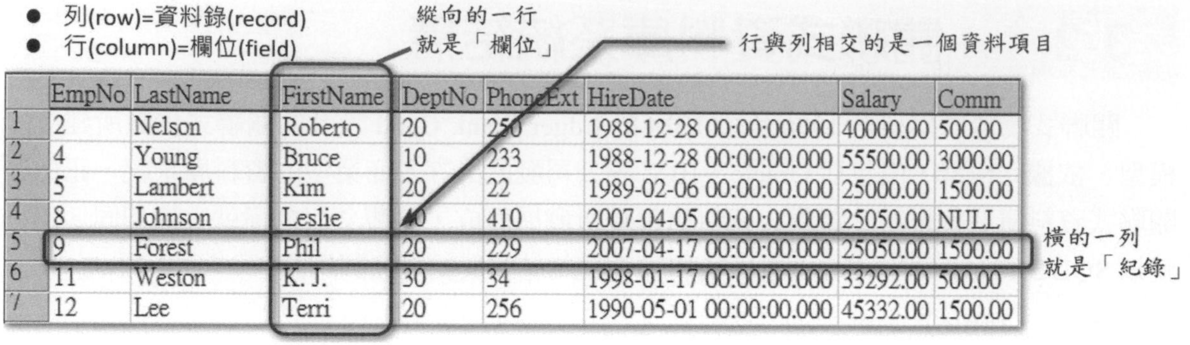

- 列(row)=資料錄(record)
- 行(column)=欄位(field)

縱向的一行
就是「欄位」

行與列相交的是一個資料項目

| | EmpNo | LastName | FirstName | DeptNo | PhoneExt | HireDate | Salary | Comm |
|---|---|---|---|---|---|---|---|---|
| 1 | 2 | Nelson | Roberto | 20 | 250 | 1988-12-28 00:00:00.000 | 40000.00 | 500.00 |
| 2 | 4 | Young | Bruce | 10 | 233 | 1988-12-28 00:00:00.000 | 55500.00 | 3000.00 |
| 3 | 5 | Lambert | Kim | 20 | 22 | 1989-02-06 00:00:00.000 | 25000.00 | 1500.00 |
| 4 | 8 | Johnson | Leslie | 40 | 410 | 2007-04-05 00:00:00.000 | 25050.00 | NULL |
| 5 | 9 | Forest | Phil | 20 | 229 | 2007-04-17 00:00:00.000 | 25050.00 | 1500.00 |
| 6 | 11 | Weston | K. J. | 30 | 34 | 1998-01-17 00:00:00.000 | 33292.00 | 500.00 |
| 7 | 12 | Lee | Terri | 20 | 256 | 1990-05-01 00:00:00.000 | 45332.00 | 1500.00 |

橫的一列
就是「紀錄」

▲ 圖 3-5　關聯表的行與列

## 4. 虛值（Null）

對每一筆資料錄而言，每一個欄位應該都存有一個實際的資料，如果該欄位沒有資料存在時會發生什麼情形？例如某一客戶資料表專用來存放客戶相關的資料，其中有一欄位是用來存放每一個客戶的傳真號碼。如果該客戶並沒有或不知道傳真號碼時，必須有一個方式來表明這種情況，但是資料的處理上卻有「空值」和完全沒有的「虛值」兩種差別。

(1) 空值（Empty）：內容是空的，表示欄位的內容值，其內容長度為零；

(2) 虛值（Null）：內容完全不存在，長度也同樣不存在任何值，因此無法計量此欄位內容。

在 SQL Server 中，當一個欄位的內容是虛值時，就表示該欄位的內容完全不存在，電腦內部完全沒有配置任何記憶體空間。如果嘗試對一個虛值的欄位做計算，其結果一定是虛值，如果嘗試對一群部分含有虛值的資料做運算，其結果一定不正確。

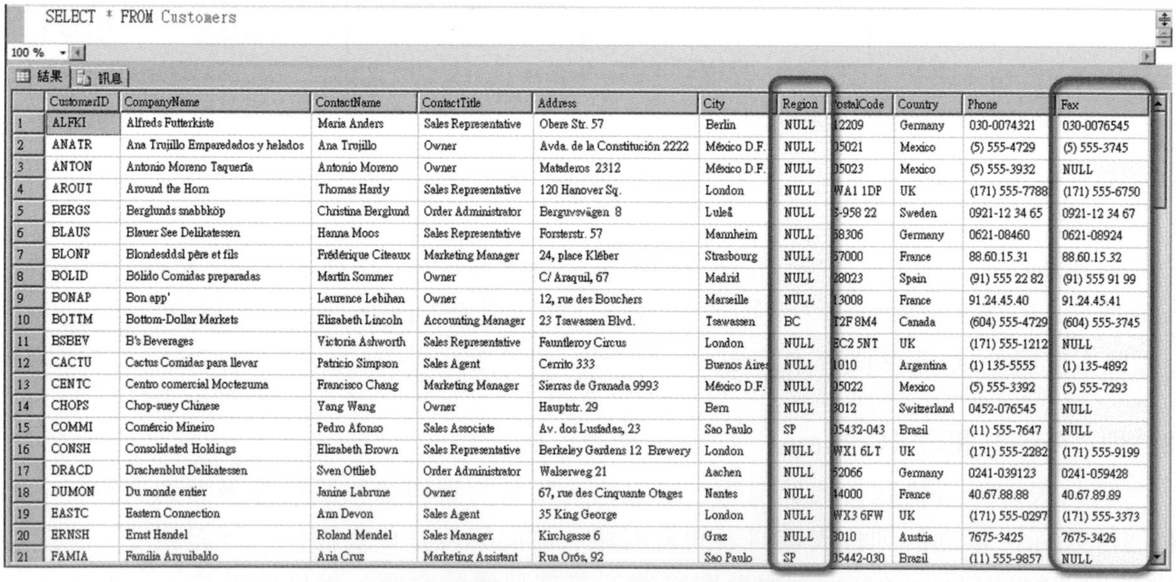

```
SELECT * FROM Customers
```

100 %

結果 | 訊息

| | CustomerID | CompanyName | ContactName | ContactTitle | Address | City | Region | PostalCode | Country | Phone | Fax |
|---|---|---|---|---|---|---|---|---|---|---|---|
| 1 | ALFKI | Alfreds Futterkiste | Maria Anders | Sales Representative | Obere Str. 57 | Berlin | NULL | 12209 | Germany | 030-0074321 | 030-0076545 |
| 2 | ANATR | Ana Trujillo Emparedados y helados | Ana Trujillo | Owner | Avda. de la Constitución 2222 | México D.F. | NULL | 05021 | Mexico | (5) 555-4729 | (5) 555-3745 |
| 3 | ANTON | Antonio Moreno Taquería | Antonio Moreno | Owner | Mataderos 2312 | México D.F. | NULL | 05023 | Mexico | (5) 555-3932 | NULL |
| 4 | AROUT | Around the Horn | Thomas Hardy | Sales Representative | 120 Hanover Sq. | London | NULL | WA1 1DP | UK | (171) 555-7788 | (171) 555-6750 |
| 5 | BERGS | Berglunds snabbköp | Christina Berglund | Order Administrator | Berguvsvägen 8 | Luleå | NULL | S-958 22 | Sweden | 0921-12 34 65 | 0921-12 34 67 |
| 6 | BLAUS | Blauer See Delikatessen | Hanna Moos | Sales Representative | Forsterstr. 57 | Mannheim | NULL | 68306 | Germany | 0621-08460 | 0621-08924 |
| 7 | BLONP | Blondesddsl père et fils | Frédérique Citeaux | Marketing Manager | 24, place Kléber | Strasbourg | NULL | 67000 | France | 88.60.15.31 | 88.60.15.32 |
| 8 | BOLID | Bólido Comidas preparadas | Martín Sommer | Owner | C/ Araquil, 67 | Madrid | NULL | 28023 | Spain | (91) 555 22 82 | (91) 555 91 99 |
| 9 | BONAP | Bon app' | Laurence Lebihan | Owner | 12, rue des Bouchers | Marseille | NULL | 13008 | France | 91.24.45.40 | 91.24.45.41 |
| 10 | BOTTM | Bottom-Dollar Markets | Elizabeth Lincoln | Accounting Manager | 23 Tsawassen Blvd. | Tsawassen | BC | T2F 8M4 | Canada | (604) 555-4729 | (604) 555-3745 |
| 11 | BSBEV | B's Beverages | Victoria Ashworth | Sales Representative | Fauntleroy Circus | London | NULL | EC2 5NT | UK | (171) 555-1212 | NULL |
| 12 | CACTU | Cactus Comidas para llevar | Patricio Simpson | Sales Agent | Cerrito 333 | Buenos Aires | NULL | 1010 | Argentina | (1) 135-5555 | (1) 135-4892 |
| 13 | CENTC | Centro comercial Moctezuma | Francisco Chang | Marketing Manager | Sierras de Granada 9993 | México D.F. | NULL | 05022 | Mexico | (5) 555-3392 | (5) 555-7293 |
| 14 | CHOPS | Chop-suey Chinese | Yang Wang | Owner | Hauptstr. 29 | Bern | NULL | 3012 | Switzerland | 0452-076545 | NULL |
| 15 | COMMI | Comércio Mineiro | Pedro Afonso | Sales Associate | Av. dos Lusíadas, 23 | Sao Paulo | SP | 05432-043 | Brazil | (11) 555-7647 | NULL |
| 16 | CONSH | Consolidated Holdings | Elizabeth Brown | Sales Representative | Berkeley Gardens 12 Brewery | London | NULL | WX1 6LT | UK | (171) 555-2282 | (171) 555-9199 |
| 17 | DRACD | Drachenblut Delikatessen | Sven Ottlieb | Order Administrator | Walserweg 21 | Aachen | NULL | 52066 | Germany | 0241-039123 | 0241-059428 |
| 18 | DUMON | Du monde entier | Janine Labrune | Owner | 67, rue des Cinquante Otages | Nantes | NULL | 44000 | France | 40.67.88.88 | 40.67.89.89 |
| 19 | EASTC | Eastern Connection | Ann Devon | Sales Agent | 35 King George | London | NULL | WX3 6FW | UK | (171) 555-0297 | (171) 555-3373 |
| 20 | ERNSH | Ernst Handel | Roland Mendel | Sales Manager | Kirchgasse 6 | Graz | NULL | 8010 | Austria | 7675-3425 | 7675-3426 |
| 21 | FAMIA | Familia Arquibaldo | Aria Cruz | Marketing Assistant | Rua Orós, 92 | Sao Paulo | SP | 05442-030 | Brazil | (11) 555-9857 | NULL |

▲ 圖 3-6　系統以「NULL」顯示虛值的欄位內容

如圖 3-6 所示，虛值由於完全不存在任何資料，爲了與空資料區隔，所以許多應用程式顯示虛值的資料時，會以「NULL」標示之（大小寫不一定，須視該應用程式而定）。

---

**說明**

雖然虛值會令資料運算造成困擾，但是虛值代表未知數，也就是「不存在」之數，所以有其必要性。爲了避免數值欄位運算時因虛值造成的錯誤，資料庫系統可以在建立資料表時使用「限制條件」，指定特定的欄位內容不可是虛值，就可以避免運算的錯誤。

---

**5. 資料類型（Data Type）**

資料表中每一個欄位的類型並非都一樣，例如姓名欄位使用字串、生日欄位使用日期格式。資料庫系統必須能處理各種不同的資料類型，並能對應程式語言的資料類型。SQL Server 可以透過欄位屬性來設定資料類型的種類、長度等格式。如圖 3-7 所示某一個資料表的綱要（Schema）資訊，顯示此一資料表各個欄位資料類型的屬性設定。

▲ 圖 3-7　資料表的欄位屬性內容

**6. 視界（View）**

關聯式資料庫中，資料均是儲存在資料表內，但是通常資料表並不是依據使用者習慣的次序、內容來呈現。例如必須隱藏部分欄位內容、跨多個資料表的合併資料集合、需要經過分組篩選的統計資料等。雖然上述都可以透過查詢指令取得所需的資料，但仍有隱藏部分資料且同時限制指令使用的權限，或是使用過於複雜查詢指令的不便性困擾。

為了達成這些特殊的需求，或是隱藏部分的資訊不給使用者看到，資料庫提供了一個工具，稱之為「視界」或稱「概觀」（View）。View 是一個虛擬表格，是從實際的資料表中，透過 View 定義的查詢指令執行而呈現出來，實際上並非真實存在的資料表。View 的定義是以 SELECT 敘述為基礎，為特定資料的集合。藉由 View 來存取資料，可以簡化查詢步驟，並可做某種程度的讀取權限控制與資訊隱藏效果。

## 3-3 鍵值類型

資料表的鍵（key）是非常重要的關鍵。鍵是表格中一個或一組欄位的集合。鍵最基本目的是在區隔資料錄的唯一性，以便能夠透過命令，要求系統存取特定的一筆紀錄。不過，有時一個資料表內能夠代表唯一性的欄位集合不只一組，所以會有多種鍵的意義，如圖 3-8 所示，包括超鍵、候選鍵、替代鍵與主鍵。此外，資料表之間的關聯性也是透過鍵來連結，因此還必須指定資料表的外來鍵。

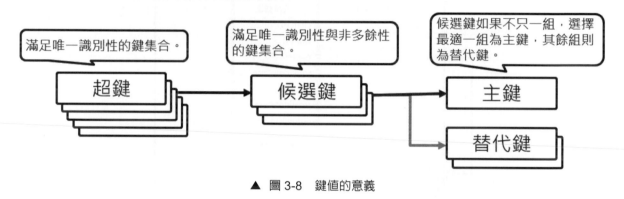

▲ 圖 3-8 鍵值的意義

### 1. 超鍵（Super Key）

關聯表中能符合唯一標識的欄位集合稱為超鍵。如果一個欄位可以作為超鍵，則該欄位再與多個欄位組合也可以作為一個超鍵。例如：學生資料表有學號、姓名、地址、生日、性別等欄位。其中，學號具備唯一識別性，則學號是一個超鍵。同時 ( 學號 + 姓名 )、( 學號 + 姓名 + 地址 ) 等結合具備唯一識別性欄位與其他欄位的組合，也都可以是一個超鍵。這些欄位可以區別每一個學生的就是超鍵，也就是根據這些欄位可以唯一確定一名學生的就是超鍵。

### 2. 候選鍵（Candidate Key）：

主鍵是單一資料表內具備唯一識別值（Unique Identifier）的欄位集合。如果一個欄位值無法滿足唯一性，就需要使用兩個欄位值，如果兩個欄位不夠，就需要三個欄位值的組合⋯⋯餘此類推。因此，主鍵是由資料表內欄位的集合所構成。在一個資料表中符合此條件的欄位集合如果不止一組，這些欄位集合便稱之為「候選鍵」（就像有多組人馬競選主鍵一般），主鍵便是由這些候選鍵中所決定。要成為候選鍵的欄位子集合必須具備下列兩個條件：

(1) 唯一識別性（Unique identification）：

在一個資料表中絕不會有兩筆資料錄的欄位集合具有相同的值。也就是說，資料表中各資料錄的欄位集合必須能夠「唯一」識別該筆資料錄。

(2) 非多餘性（Nonredundancy）：

組成鍵值的欄位必須全部存在，才能達成唯一識別的特性。而足夠達成唯一識別性的欄位集合即可，不需要增加額外的欄位，也就是一個鍵值集合是滿足唯一性的最小欄位集合。

如表 3-2 所示，如果我們有多個候選鍵，在選擇主鍵時可以參考下列原則，在設計資料庫的資料表時，自我評估主鍵的選擇是否適當。

▼ 表 3-2　決定候選鍵作為主鍵的評估原則

| 條件 | 評估要點 | 要求 | 說明 |
|---|---|---|---|
| Never Change | 候選鍵的內容值是否會改變？ | 否 | 由於表格透過外來鍵與主鍵關聯，若候選鍵的內容值有變更的情況，必須確保所有關聯的外來鍵都有同步變更，否則會發生對應不到的狀況。 |
| Not Null | 候選鍵的值是否有 null 的可能？ | 否 | 資料庫系統不允許主鍵的欄位內容為虛值。 |
| Nonidentifying Value | 候選鍵的內容值是否包含任何編碼或涵義？ | 考量 | 欄位內容採用編碼，能簡化資料的複雜度，但編碼若有變更的情況，則會有第一項的狀況，因此建議盡量避免。但一般而言，若代碼固定不易變更，則反而建議採用。 |
| Brevity | 候選鍵的子集合是否超過一個欄位以上？ | 愈少愈好 | 候選鍵的欄位集合如果過多，不僅影響資料表索引的效率，也會讓查詢指令過於龐大，尤其是需要合併多個資料表進行查詢時。如果都沒有適合的欄位集合，可以考慮新增一欄位，儲存唯一性的「流水號」。 |
| Simplicity | 候選鍵的內容值是否會有空格、特定字元或是不同大小寫的情況？ | 否 | 查詢時不方便指定鍵值，容易因為空格、大小寫不符而失敗。 |
| Data Type | 適當的資料類型欄位 | 儘量採行 | 數值資料比字串資料適合做為主鍵。固定長度欄位比變動長度的欄位適合做為主鍵。數字或固定長度對於查詢時指定鍵值比較方便，且存取效率較高。 |

## 說明

欄位足夠辨識唯一性即可，不需要畫蛇添足，因為越多欄位組成鍵值，系統處理的效率就越差，主要原因是主鍵是用來做唯一識別性的判斷依據，就會以主鍵來下達指示存取特定一筆資料。為了提升效率，資料庫系統會自動為主鍵的欄位集合建立「唯一性索引」，欄位越多，索引就越複雜，而且資料每次異動就需要更新索引，相對的就會降低資料異動時的處理效率。

### 3. 替代鍵（Alternate Key）

由數個候選鍵中選擇其中一個作為主鍵時，則其他剩下來的候選鍵便稱為「替代鍵」。就像是選舉的落選者，當主鍵無法履行時（例如系統發生毀損，或程式造成資料錯誤，而無法辨識主鍵時），就可以由第二順位的落選者來接替主鍵的任務。

### 4. 主鍵（Primary Key）

主鍵是由一組欄位集合所組成，用來區別資料表中的每一筆紀錄。因為主鍵的欄位內容不能是虛值（Null），因此凡是宣告為主鍵的欄位，系統會自動為其建立不可為虛值（not null）的限制，並自動建立唯一性索引（unique index）。

### 5. 外來鍵（Foreign Key）

關聯式資料庫的特性，是將一對多的資料分開儲存在不同的資料表，例如學生與學生修課紀錄之間的資料，會分開儲存在不同資料表，而不是集中在一個資料表之內。系統利用外來鍵，將各個相互關聯的資料表連結起來。

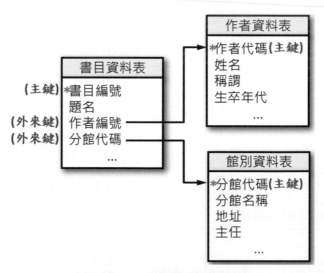

▲ 圖 3-9　書目資料檔案範例

關聯式資料表之間的關係必須藉由外來鍵來連結，對某一資料表的外來鍵而言，其詳細的資料是儲存在另外一個資料表之中，因此稱為外來鍵。例如圖 3-9 所示的圖書書目範例，「書目編號」與「作者編號」欄位分別是「書目資料表」與「作者資料表」的主鍵。

「書目資料表」內的書目紀錄，其作者的詳細資料存放在「作者資料表」內，因此「書目資料表」在建立時必須指定「作者編號」欄位為外來鍵，連結至「作者資料表」的「作者代碼」欄位，如此系統就可以依據「書目資料表」的「作者編號」欄位外來鍵，連結至「作者資料表」的「作者代碼」欄位，取得該作者的其他欄位的內容（作者姓名、稱謂…等）。

為了建立兩個資料表之間的關聯性，在「書目資料表」需要有一外來鍵對應到「作者資料表」的主鍵，這種機制稱之為「參考完整性」（Referential Integrity）。外來鍵的值必須來自於其所參考到的資料表。當輸入不是 NULL 的值，且該值不存在其所參考資料表的紀錄中時，系統會拒絕該資料的輸入，如此可避免兩個資料表之間的不一致的關聯性。例如「書目資料表」某一筆資料錄「作者編號」欄位值是 8601，在「作者資料表」就一定會有一筆資料錄的主鍵「作者代碼」欄位值是 8601。

## 說明

簡單地區隔這些名詞的意義：

超鍵：具備唯一識別，但不一定滿足非多餘性的欄位集。

候選鍵：超鍵中符合最小性（非多餘性）的欄位集。也就是，滿足主鍵唯一識別性與非多餘性條件的各個欄位集。

主鍵：候選鍵中訂定作為資料表之紀錄唯一識別性的欄位集。

複合鍵：主鍵由不只一個欄位組成。

替代鍵：候選鍵中未被選為主鍵的其他欄位集。

外來鍵：用來關聯外部資料的鍵，通常是對應到外部參考資料表的主鍵。

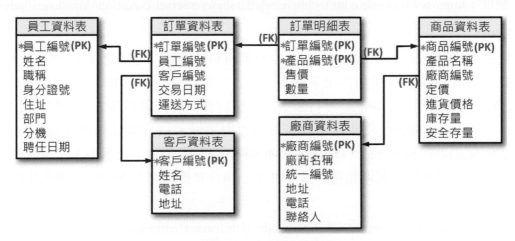

▲ 圖 3-10　訂單資料表範例

參考圖 3-10 所示的範例，這一個範例內共有六個資料表。若將子關聯（外來鍵以 FK 表示）參考父關聯（主鍵以 PK 表示）的關聯性，表示成「子關聯.FK = 父關聯.PK」，則圖 3-10 中所有資料表的關聯性可以表列如下：

1. 訂單.員工編號＝員工.員工編號
2. 訂單.客戶編號＝客戶.客戶編號
3. 訂單明細.訂單編號＝訂單.訂單編號
4. 訂單明細.產品編號＝商品.商品編號
5. 商品.廠商編號＝廠商.廠商編號

## 3-4　資料庫系統產品與廠商簡介

　　雖然本書以 SQL Server 為主要學習使用 SQL 的資料庫系統，但畢竟坊間資料庫系統的產品種類很多。學習資料庫系統，除了理論、語法與軟體功能的操作，還應該適度認識主流資料庫系統產品的廠商。因此本節就簡略介紹一下各個在商業領域較為著名的資料庫系統廠商，以及其主要的產品。

### 1. Oracle Database

　　1977 年成立的 Relational Software 公司，在成功推出執行於大型主機（mainframe）的 Oracle Database 資料庫系統產品之後，於 1983 年更名為 Oracle 公司（美商甲骨文公司）。該公司是全球最大的資料庫系統軟體廠商，主要的軟體產品包括資料庫系統、資料庫工具，以及商業應用軟體（ERP、CRM、HCM）等。其中最著名的就是 Oracle Database（通常都只稱為 Oracle）資料庫系統。為了方便學習與開發測試，Oracle 公司提供資料庫系統的下載網址，只要是非商業行為的目的，皆可免費使用。

- 網址：http://www.oracle.com/technetwork/database/enterprise-edition/downloads/index.html

### 2. Informix

　　由英孚美（Informix Software）公司所發展的資料庫系統，可以執行在 UNIX、Linux、Mac OS X 及 Windows 等多種作業系統上。該公司於 2001 年被 IBM 公司所併購，歸入 IBM 的資訊管理部門。Informix 資料庫系統支援物件關聯式資料庫，可用於整合 SQL、NoSQL、JSON、時間序列和地理空間資料的應用領域，以及廣泛應用在線上交易處理（Online transaction processing，OLTP），如零售、金融、能源、公用事業、製造業和交通運輸部門等。為了方便學習與開發測試，IBM 公司也有提供個人應用程式開發及測試用途的免費下載版本。

- 網址：https://www.ibm.com/tw-zh/products/informix/editions

### 3. Advantage Database Server

　　由 1984 年成立的賽貝斯（Sybase）公司所發展，該公司的產品包括資料庫系統與應用資料庫的軟體開發工具（其中最著名的就是 PowerBuilder）。Sybase SQLServer 主要是應用在 Unix 的大型主機上，後來與微軟協議，提供原始碼供微軟開發應用在 Windows NT 的版本。最初 Sybase 與微軟的介面、架構都完全一樣，但由於兩間公司對利潤分配有爭議，最後決定分道揚鑣，各自發展自己的產品。不過，兩者在系統核心、查詢語言 Transact-SQL 仍舊相同。Sybase 公司於 2010 年 5 月被德國 ERP 大廠 SAP 公司併購。SAP 提供線上支援、購買，以及 30 天使用期限的下載免費使用服務。

- 網址：https://devzone.advantagedatabase.com/dz/content.aspx?Key=20

## 4. SQL Server

Microsoft SQL Server 是由微軟（Microsoft）公司所發展的關聯式資料庫系統。最初並非是微軟自己研發的產品，是為了要和 IBM 競爭而與 Sybase 公司簽訂五年合作，將應用在 Unix 作業系統環境的 Sybase 資料庫系統，移植到 Windows NT 作業系統環境運作。與 Sybase 終止合作關係後，往後的 SQL Server 版本，均是由微軟自行開發。

微軟公司也有提供用於學習、開發與測試用途的 Express 與 Developer 最新版的免費下載版本（包含 Azure 的雲端版本，但只有部分服務免費）。2022 年 6 月提供下載最新的 2022 預覽版。

- 網址：https://www.microsoft.com/zh-tw/evalcenter/download-sql-server-2022

各產品類型請參考表 3-3 所列。Express 與 Developer 在學習、開發、測試時均是免費使用。比較兩者，Express 版本或 Express with Advanced Services 版本均不支援各類資料加密的功能，且 Express 內建的報表服務會占用網站（Web Server）慣用的 80 埠號，需要手動調整。而本書介紹的範圍涵蓋資料加密的應用與網站程式的開發，因此建議安裝 Developer 版本。

▼ 表 3-3　SQL Server 安裝軟體類型

| 版本 | 說明 |
|---|---|
| Enterprise | 提供完整的高階資料中心功能，具備高速效能、不受限制的虛擬化，以及點對點商業智慧。 |
| Standard | 針對部門和小型組織提供基本的資料管理與商業智慧資料庫來執行應用程式。支援內部部署與雲端的一般開發工具。 |
| Developer | 提供開發人員在 SQL Server 上建立任何類型的應用程式。其中包含 Enterprise 版本所有功能，但是只授權作為開發和測試系統使用，而不作為實際伺服器使用。 |
| Express | 入門且輕量化的免費版本，適合用來學習及建置桌上型電腦和小型伺服器資料驅動應用程式。 |
| Azure | 雲端的 SQL Server 版本，可再分為：<br>■ Azure SQL Database：作為平台即服務 (PaaS) 的資料庫系統；<br>■ Azure SQL Managed Instance：資料庫引擎與託管服務；<br>■ SQL Server on Azure VM：在雲端虛擬機器上使用完整的 SQL Server 版本，而不需要管理任何內部部署硬體。 |

　　SQL Server 2022 版主要是增加核心的安全、網路運算與傳輸的效能、資料儲存與復原的速度，均是屬於內部性能的優化。縱使安裝較舊，例如 SQL Server 2019 版本，也不會影響本書的學習。尤其微軟將管理系統的工具軟體：SQL Server Management Studio（SSMS）獨立於資料庫系統的作法，無論是使用哪一版本的 SQL Server，均是使用單一、統一且完整的工具軟體。

　　下載安裝的程序，請參見附錄 A 的說明。在開始安裝 SQL Server 之前，必須先準備好作業系統 .NET Framework 的環境，SQL Server 2022 版本需要預載 .NET Framework: 4.7.2. 以上的版本。

## 5. DB2

　　為 IBM 公司發展的一套關聯式資料庫管理系統，主要可以執行在環境為 Unix 系列（包括 IBM 的 AIX、Linux）、IBM OS/400、z/OS，以及微軟的 Windows NT 等作業系統。如同 Oracle 與 Microsoft 提供免費版本進行開發與學習的服務，IBM 也提供可以在 Windows 以及 Linux 作業系統上運作，具備完整功能的免費試用版本。

■ 下載網址：https://www.ibm.com/tw-zh/analytics/db2/trials

　　除了商業版本之外，國際間亦有許多開放原始碼的關聯式資料庫系統，提供自由軟體社群持續發展其系統的功能：

## 6. Ingres

　　Ingres 是早期發展的資料庫系統，最早是 1970 年加州大學柏克萊校區 Michael Stonebraker 教授的一項研究，而後發展成為資料庫產品。包括 Informix、Sybase 等資料庫系統都是基於 Ingres 的基礎發展出來的商業軟體，以及後繼計畫產生開放源碼的 PostgreSQL 資料庫系統。現在是組合國際（Computer Associates，CA）的開放源碼資料庫系統。不過近年已不見在 CA 的官網提供服務。

## 7. PostgreSQL

　　最初由加州大學伯克萊分校計算機科學系的 Michael Stonebraker 負責 Ingres 計劃開始發展的開放原始碼，倡導了很多物件導向的觀念。最初的名稱為 Postgres，後來在 1994 年由兩位伯克萊大學的研究生 Andrew Yu 和 Jolly Chen，增加了一個 SQL 語言直譯器，使得系統能夠支援 SQL 後，於 1996 年更名為 PostgreSQL。

■ 網址：http://www.postgresql.org/

（註：PostgreSQL 官方的發音為 "post-gress-Q-L"）

## 8. MySQL

　　MySQL 原本是一個開放原始碼的關聯式資料庫管理系統，原開發者為瑞典的 MySQL AB 公司，該公司於 2008 年被昇陽（Sun Microsystems）公司收購，之後於 2009 年，昇陽公司又被甲骨文（Oracle）公司收購，使得 MySQL 成為商業公司的產品。2013 年 Oracle 移除了 MySQL 通用公眾授權條款（GNU General Public License，縮寫 GNU GPL 或 GPL），並大幅調漲 MySQL 商業版的售價。MySQL 的使用授權（license）分為免費的社群版與收費的商業版。

- 資源網址：http://download.nust.na/pub6/mysql/index.html
- 社群版網址：https://dev.mysql.com/downloads/
- 商業版網址：https://www.oracle.com/tw/mysql/

　　（註：MySQL 官方的發音為 "my-S-Q-L"）

# 本章習題

## 選擇題

（　）1. 資料庫模型所稱的值組（tuple），在資料庫系統使用之名詞為：
①資料錄（record）　②資料表（table）　③欄位（column）　④鍵（key）。

（　）2. 資料庫模型所稱的實體（entity），在資料庫系統使用之名詞為：
①資料錄（record）　②資料表（table）　③欄位（column）　④鍵（key）。

（　）3. 資料庫模型所稱的屬性（attribute），在資料庫系統使用之名詞為：
①資料錄（record）　②資料表（table）　③欄位（column）　④鍵（key）。

（　）4. 資料庫模型標示實體唯一性的屬性或屬性集稱為：
①資料錄（record）　②資料表（table）　③欄位（column）　④鍵（key）。

（　）5. 資料庫模型的屬性取值之範圍稱為：
①值域（domain）　②類型（type）　③關係（relationship）　④維度（degree）。

（　）6. 資料庫模型中，一個關聯表的屬性數目稱為：
①值域（domain）　②類型（type）　③關係（relationship）　④維度（degree）。

（　）7. 下列關於資料表的描述何者錯誤：
①虛值（null）表示欄位沒有內容值，其內容長度為零
②橫的一列（row）表示資料錄（record）
③直的一行(column)表示欄位
④行（column）與列（row）交叉的欄位稱為資料項目（cell）。

（　）8. 下列關於視界（view）的描述何者錯誤：
①不允許新增或修改資料　②能夠隱藏資料表的部分資料　③簡化複雜查詢指令的不便性　④視界可以再建立視界。

## 簡答

1. 名詞解釋：實體、屬性。並說明其對等於資料庫系統的名稱。
2. 實體之間的關聯（association）稱為關係，通常可分為哪三種？
3. 屬性取值的範圍稱為該屬性的＿＿＿或範圍；標示實體唯一性的屬性或屬性集稱為＿＿＿；一個關聯表的屬性數目稱為該關聯表的＿＿＿；值組的數目稱之為該關聯表的＿＿＿。
4. 請說明資料庫模型的特性。
5. 請分別說明空值與虛值的意義。
6. 成為候選鍵的欄位子集合必須具備哪兩個條件？
7. 請說明何謂候選鍵？
8. 請說明何謂主鍵？

Chapter

# 04

# 關聯式代數

關聯式代數是由一組運算子所組成的程序（procedure），以一個或多個關聯表作為輸入，而輸出一個關聯表的結果，也就是資料庫查詢（query）的結果。關聯式代數是 Edger Frank Codd 提出的資料存取語法規則，使用者需要指出尋找哪些資料，並定義尋找的方式，因此要能明確表達查詢的步驟與各個運算的順序。資料庫系統使用的結構化查詢語言（Structured Query Language，SQL）即是基於關聯代數所發展出來，應用在關聯式資料表的標準語法。

如表 4-1 所示，關聯式代數的運算可以區分為基本與額外兩個運算類別，或依一元、二元的運算類型區分：

▼ 表 4-1　關聯式代數運算子

| 類別 | 運算類型 | 名稱 | 符號 | 代數表示式 |
|---|---|---|---|---|
| 基本運算 | 一元 (Unary) | 選擇 (Select) | $\sigma$ | $\sigma_p(R)$ |
| | | 投射 (Project) | $\pi$ | $\pi_{a1, a2, \cdots, an}(R)$ |
| | | 更名 (Rename) | $\rho$ | |
| | 二元 (Binary) | 交集 (Intersection) | $\cap$ | $R \cap S$ |
| | | 聯集 (Union) | $\cup$ | $R \cup S$ |
| | | 差集 (Set-difference) | $-$ | $R(a1,a2,..,an)\text{-}S(b1,b2,\cdots,bn)$ |
| | | 笛卡爾乘積 (Cartesian-product) | $\times$ | $R(a1,a2,\cdots,an) \times S(b1,b2,\cdots bn)$ |
| 額外運算 | | 合併 (Join) | $\bowtie$ | |
| | | 除法 | $\div$ | |
| | | 指定 | $\leftarrow$ | |

**說明**

雖然沒有學習關聯式代數，並不會影響後續 SQL 語法的學習。但是，就像是學習數學運算的符號與公式，如果需要應用在電腦上解決問題，必須依據對應的程式語言撰寫程式，才能執行運作。關聯式代數也是一樣，並不能直接執行於資料庫系統，必須以稍後章節學習的 SQL 敘述執行。學習關聯式代數主要的目的，就是以數學的角度來解決資料處理的問題，而熟悉了代數與 SQL 敘述之間語法對應的關係，便可以很容易地將代數轉換成 SQL 敘述而予以執行。

**說明**

關聯式代數應用於資料庫模型，因此本單元使用關聯式模型的稱呼，資料表（Table）使用關聯表（Relation）稱呼、資料錄（Record）使用值組（Tuple）稱呼、資料欄位（Field）則是使用屬性（Attribute）稱呼。

## 4-1　選擇運算

選擇（Select）運算，以符號 $\sigma$ 表示（KK 音標發音 [ˋsIgmə]），是用來篩選滿足特定條件敘述的值組，因此也可稱為限制（Restrict）。表示式為 $\sigma_p(R)$，以下標方式置於 $\sigma$ 符號下方的 p 表示條件敘述，關聯表 R 則置於 $\sigma$ 符號之後的括號內。例如：選擇學生關聯表 Student 內，學號屬性 id 內容為「A001」的運算式可表示為：

$$Result = \sigma_{id="A001"}(Student)$$

註：$\sigma_{條件}(關聯表)$，以 SQL 敘述的語法「關聯表」指定於 FROM 子句，「條件」使用 WHERE 子句，因此上述例子的 SQL 敘述可表示為：

```
SELECT * FROM Student WHERE id='A001'
```

條件敘述是用來篩選關聯表中符合條件的判斷條件，因此可以使用包括 =、≠、>、<、≦、≧…等比較運算子。如果需要多個條件敘述，則可以使用 and(∧)、or(∨)、not(￢)…等邏輯運算子，將多個判斷條件組合起來。例如：列出學生關聯表 Student 內，學號屬性 id 內容為「A001」，且姓名屬性 name 內容為「張三」，或生日屬性 birth 大於等於「2000/1/1」的值組，其運算式可表示為：

$$Result = \sigma_{id="A001" \wedge name="張三" \vee birth \geq "2000/1/1"}(Student)$$

| 關聯表 | Student | | | 結果（Result） | | |
|---|---|---|---|---|---|---|
| 值組 | id | name | birth | id | name | birth |
| | A001 | 張三 | 1998/5/21 | A001 | 張三 | 1998/5/21 |
| | A002 | 李四 | 2000/2/1 | A002 | 李四 | 2000/2/1 |
| | A003 | 王五 | 1999/12/31 | A004 | 錢六 | 2000/1/1 |
| | A004 | 錢六 | 2000/1/1 | | | |
| | A005 | 趙七 | 1999/1/1 | | | |

註：以 SQL 敘述表示為：

```
SELECT * FROM Student WHERE id='A001' AND name='張三' OR birth >=
'2000/1/1'
```

選擇運算具備交換律（commutative），也就是兩者先後次序可以互換。參考下列所示的運算式：

$$\sigma_{<條件1>}((\sigma_{<條件2>})(R)) = \sigma_{<條件2>}((\sigma_{<條件1>})(R))$$

由於交換律的特性，因此串聯的選擇運算可以有下列兩種合法的使用方式：

(1) 在關聯表上的條件可以任意順序：

$$\sigma_{<條件1>}(\sigma_{<條件2>}(\sigma_{<條件3>}(R))) = \sigma_{<條件2>}(\sigma_{<條件3>}(\sigma_{<條件1>}(R)))$$

(2) 在關聯表上的條件可以組合成一個具有 AND 的單一條件：

$$\sigma_{<條件1>}(\sigma_{<條件2>}(\sigma_{<條件3>}(R))) = \sigma_{<條件1>AND<條件2>AND<條件3>}(R)$$

# 4-2　投射運算

投射（Project）運算，亦有翻譯為「投影」，以 $\pi$ 符號表示（KK 音標發音 [paɪ]），其下標是從關聯表內取出的屬性清單。例如：選擇學生關聯表 Student 內，學號屬性 id 內容為「A001」值組的 id、name 兩個屬性，運算式可表示如下兩種方式：

(1) 先「投射運算」，後「選擇運算」

Result = $\sigma_{id="A001"}\ \pi_{id,name}$(Student)

如果因為符號與運算式之間過於擁擠，可以善用括號區隔：

Result = $\sigma_{(id="A001")}\ \pi_{(id,name)}$(Student)

(2) 先「選擇運算」，後「投射運算」

Result = $\pi_{id,name}\ \sigma_{id="A1001"}$ (Student)

同樣的，也可以使用括號區隔，以方便辨識：

Result = $\pi_{(id,name)}\ \sigma_{(id="A001)"}$(Student)

| 關聯表 | Student | | | Result | |
|---|---|---|---|---|---|
| 值組 | id | name | birth | id | name |
| | A001 | 張三 | 1998/5/21 | A001 | 張三 |
| | A002 | 李四 | 2000/2/1 | | |
| | A003 | 王五 | 1999/12/31 | | |
| | A004 | 錢六 | 2000/1/1 | | |
| | A005 | 趙七 | 1999/1/1 | | |

註：$\pi$ 屬性（關聯表）以 SQL 敘述的語法，從關聯表 R 中選取所需的屬性（也就是欄位）時，SQL 敘述的語法使用「SELECT」子句。因此上述例子的 SQL 敘述可表示為：

```
SELECT id, name FROM Student WHERE id= 'A001'
```

## 說明

$\sigma$ 代數決定關聯表 R 的值組，$\pi$ 代數則決定這些值組的屬性。套句 SQL 的用語，$\sigma$ 代數就如同 SELECT 敘述的 WHERE 條件判斷，用來篩選符合條件的資料錄（record），而 $\pi$ 代數就是 SELECT 敘述後所指定傳回結果的欄位。

## 4-3 ‖ 更名

更名（Rename）以 $\rho$ 符號表示（KK 音標發音 [ro]）。關聯表內每一個屬性皆有其名稱，若在操作後想要將輸出結果的名稱做更改，可以使用更名操作。

一般的 Rename 運算可以有下列三種形式：

(1) 更改關聯表與屬性名稱

$$\rho_{S(B1,\, B2,\, \cdots,\, Bn)}(R)$$

(2) 僅更改關聯表名稱

$$\rho_S(R)$$

(3) 僅更改屬性名稱

$$\rho_{(B1,\, B2,\, \cdots,\, Bn)}(R)$$

其中 S 是關聯表的新名稱，B1, B2, …..Bn 是屬性的新名稱。例如：選擇學生關聯表 Student 內，將 id 屬性、name 屬性、address 屬性的名稱，在輸出時，更改爲「學號」、「學生姓名」、「通訊地址」，在關聯代數的運算式可表示如下：

$$\text{Result} = \sigma_{id="A001"}(\pi_{id,name,addr}(\rho_{\text{學號},\ \text{學生姓名},\ \text{通訊地址}}(Student)))$$

**註**：上述例子的 SQL 敍述可表示爲：

```
SELECT id" 學號 ", name" 姓名 ", address" 通訊地址 " FROM Student WHERE
id= 'A001'
```

## 4-4 ‖ 交集

交集（Intersect）運算，以 ∩ 符號表示，用來將兩個集合內，共同或相同的元素選取出來。以集合論（Set theory）的觀點而言，如圖 4-1 所示的 R 與 S 兩個集合爲例：

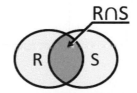

▲ 圖 4-1 關聯表交集之示意圖

此兩個集合的交集將表示成 R ∩ S，運算式會含有所有既屬於 R 又屬於 S 的元素，而沒有其他元素的集合。參考下列表格，R 與 S 兩個關聯表，經過 R ∩ S 交集運算後的值組集合：

| 關聯表 | R | S | R∩S |
|---|---|---|---|
| 值組 | a1 | a2 | a2 |
|  | a2 | a3 | a3 |
|  | a3 | a4 |  |

---

### 說明

交集、聯集與差集均是屬於集合運算子。因為關聯表是由 n 個值組（n-tuple）所組成，因此可以將關聯表視為一個集合，關聯表的元素就是各個值組。

## 4-5 ▎▎聯集

　　聯集（Union）運算，以∪符號表示，用來將兩個關聯表的所有值組合併成為一個關聯表。以圖 4-2 所示的 R 與 S 兩個集合為例，在兩個集合中均出現的元素，經過交集之後，只會保留一個元素，而不會有重複元素的情形。

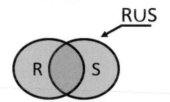

▲ 圖 4-2　關聯表聯集之示意圖

　　參考下列表格，R 與 S 兩個關聯表，經過 R∪S 聯集運算後的值組集合：

| 關聯表 | R | S | R∪S |
|---|---|---|---|
| 值組 | a1 | a2 | a1 |
|  | a2 | a3 | a2 |
|  | a3 | a4 | a3 |
|  |  |  | a4 |

## 4-6 ▎▎差集

　　差集（Set-difference）運算，以－符號表示。在兩個關聯表中，值組只存在於第一個關聯表中，而不存在另一個關聯表。以圖 4-3 所示 R 與 S 兩個集合為例，運算式 R-S 的結果產生一個關聯表，此關聯表包含所有存在於 R 關聯表中，但扣除 S 關聯表中的值組。

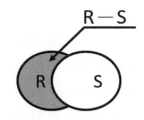

▲ 圖 4-3　關聯表差集之示意圖

例如：欲找出所有開課科目中，還沒有人修課的科目，關聯式代數可表示如下：

$$Result = \pi_{id}(Subject) - \pi_{subject}(Course)$$

## 4-7 ‖ 笛卡爾乘積

笛卡爾乘積（Cartesian-product，國內也有翻譯為「卡氏積」），亦稱為交叉乘積（Cross Product) 或交叉合併（Cross Join），在關聯式代數中以 × 符號表示。屬於二元操作，也就是將兩個關聯表無條件地合併的運算。例如有兩個關聯表 R 與 S 的運算，則表示為：R × S。

若兩個關聯表分別有 m 與 n 個屬性，表示為 R(A1,A2,⋯Am) 與 S(B1,B2,⋯Bn)。以關聯表 Q 表示笛卡爾乘積的結果，其運算式可表示如下：

Q = R(A1,A2,⋯Am) × S(B1,B2,⋯Bn)

關聯表 Q 的屬性數目，必定為 m+n 個，其內容為 Q(A1, A2,⋯, Am ,B1, B2,⋯, Bn)，左邊為關聯表 R 的 m 個屬性。倘若關聯表 R 具有 p 筆值組，關聯表 S 具有 q 筆值組，則關聯表 Q 的值組數目便有 p×q 筆。簡單的說，笛卡爾乘積就是將兩個關聯表的值組合併，並且將所有合併的結果皆輸出。例如合併 Student 學生關聯表與 Course 修課關聯表的值組：

Result = Student × Course

| 關聯表 | Student | | Course | | | Student × Course | | | | |
|---|---|---|---|---|---|---|---|---|---|---|
| 值組 | id | name | id | subject | score | id | name | id | subject | score |
| | A001 | 張三 | A001 | 資料庫 | 85 | A001 | 張三 | A001 | 資料庫 | 85 |
| | A002 | 李四 | A001 | 程式設計 | 90 | A001 | 張三 | A001 | 程式設計 | 90 |
| | | | A002 | 程式設計 | 94 | A001 | 張三 | A002 | 程式設計 | 94 |
| | | | | | | A002 | 李四 | A001 | 資料庫 | 85 |
| | | | | | | A002 | 李四 | A001 | 程式設計 | 90 |
| | | | | | | A002 | 李四 | A002 | 程式設計 | 94 |

　　笛卡爾乘積運算會得到兩個集合相乘的結果，所以上述範例，所得的結果會將學號 001 與學號 002 彼此之間修課的值組均合併。其中可以發現到，學號 A001 只修兩門課、學號 A002 只修一門課，但執行笛卡爾乘積的結果卻分別各有三門課。若是學號只合併該學生自己有修課的值組，便需要使用合併（Join）運算。

　　註：笛卡爾乘積以 SQL 敘述的語法，就在於 FROM 子句所指定的關聯表，但沒有合併（Join）條件的結果。上述例子的 SQL 敘述可表示為：

```
SELECT * FROM Student, Course
```

# 4-8 ‖ 合併

　　合併（Join）運算，以 ⋈ 符號表示，用來結合一些選擇運算與一個笛卡爾乘積運算。以前述合併 Student 學生關聯表與 Coures 修課關聯表的值組範例，執行合併的運算：

$$\text{Result} = \pi_{(\text{Student.id,name,subject,score})} (\text{Student} \bowtie_{(\text{Student.id=Course.id})} \text{Course})$$

　　所獲得的結果如下表所示，可以正確獲得學生個別與其修課資料合併的結果。其中，因為在 Student 與 Course 兩個關聯表均有相同的「id」屬性名稱，因此在使用時，必須指明屬性的關聯表名稱：

| 關聯表 | Student | | Course | | | Student⋈Course | | | |
|---|---|---|---|---|---|---|---|---|---|
| 值組 | id | name | id | subject | score | id | name | subject | score |
| | A001 | 張三 | A001 | 資料庫 | 85 | A001 | 張三 | 資 料庫 | 85 |
| | A002 | 李四 | A001 | 程式設計 | 90 | A001 | 張三 | 程式設計 | 90 |
| | | | A002 | 程式設計 | 94 | A002 | 李四 | 程式設計 | 94 |

　　註：以 SQL 敘述表示為：

```
SELECT Student.id, name, subject, score FROM Student, Course
                                 WHERE Student.id=Course.id
```

　　合併可分為「來源（Source）合併」與「結果（Result）合併」兩種。來源合併包括內部合併（Inner join）與外部合併（Outer join）兩種運算方式；結果合併則包括先前已介紹的笛卡爾乘積、交集（Intersect）、聯集（Union）、與差集（Set-difference）四種關聯代數運算。

## 1. 內部合併

　　內部合併（Inner join）亦稱為條件式合併（Condition join），是合併主要的方式，前一個範例列出學生個別與其修課資料合併的結果，就是內部合併。執行的方式是將笛卡爾乘積運算的結果，在兩個關聯表之間加上「對應值組」的條件。所謂「對應值組」就是外來鍵與主檔之間對應的連結（R.FK→S.PK，關聯表 R 的外來鍵對應至關聯表 S 的主鍵）。參考以下的兩個列出修課學生的修課科目與其名稱、成績資料的範例：

(1) 笛卡爾乘積運算：

$$Result = \pi_{Student.id,name,title,teacher,score} ( Student \times Course \times Subject)$$

| 關聯表 | Student | | Course | | | Subject | | 結果 (Result) | | | | |
|--------|---------|------|--------|---------|-------|---------|---------|-----|------|------|---------|-------|
| 值組 | id | name | id | subject | score | title | teacher | id | name | title | teacher | score |
| | A001 | 張三 | A001 | 資料庫 | 85 | 資料庫 | 張老師 | A001 | 張三 | 資料庫 | 張老師 | 85 |
| | A002 | 李四 | A001 | 程式設計 | 90 | 程式設計 | 王老師 | A001 | 張三 | 資料庫 | 王老師 | 85 |
| | | | A002 | 程式設計 | 94 | | | A001 | 張三 | 程式設計 | 張老師 | 90 |
| | | | | | | | | A001 | 張三 | 程式設計 | 王老師 | 90 |
| | | | | | | | | A001 | 張三 | 程式設計 | 張老師 | 94 |
| | | | | | | | | A001 | 張三 | 程式設計 | 王老師 | 94 |
| | | | | | | | | A002 | 李四 | 資料庫 | 張老師 | 85 |
| | | | | | | | | A002 | 李四 | 資料庫 | 王老師 | 85 |
| | | | | | | | | A002 | 李四 | 程式設計 | 張老師 | 90 |
| | | | | | | | | A002 | 李四 | 程式設計 | 王老師 | 90 |
| | | | | | | | | A002 | 李四 | 程式設計 | 張老師 | 94 |
| | | | | | | | | A002 | 李四 | 程式設計 | 王老師 | 94 |

將笛卡爾乘積運算，加上「對應值組」的條件，便可獲得正確的資料結果：

$$Result = \pi_{Student.id,name,title,teacher,score} (Student \bowtie_{(Student.id=Course.id)} Course \bowtie_{(subject=title)} Subject)$$

| 關聯表 | Student | | Course | | | Subject | | 結果 (Result) | | | | |
|--------|---------|------|--------|---------|-------|---------|---------|-----|------|------|---------|-------|
| 值組 | id | name | id | subject | score | title | teacher | id | name | title | teacher | score |
| | A001 | 張三 | A001 | 資料庫 | 85 | 資料庫 | 張老師 | A001 | 張三 | 資料庫 | 張老師 | 85 |
| | A002 | 李四 | A001 | 程式設計 | 90 | 程式設計 | 王老師 | A001 | 張三 | 程式設計 | 王老師 | 90 |
| | | | A002 | 程式設計 | 94 | | | A002 | 李四 | 程式設計 | 王老師 | 94 |

## 2. 外部合併

當在進行合併時，無論值組是否符合條件，都會列出其中一個關聯表所有的值組，稱為外部合併（Outer join）。參考圖 4-4 所示，外部合併可分為下列三種方式：

(1) 左合併（Left outer join）：以左方關聯表為主，合併右方的關聯表。

(2) 右合併（Right outer join）：以右方關聯表為主，合併左方的關聯表。

(3) 全合併（Full outer join）：結合左合併與右合併。

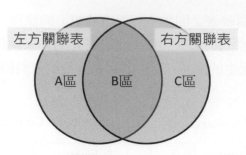

▲ 圖 4-4　關聯表合併包含區域範圍之示意圖

假設有關開課的相關資料，有兩個關聯表，一是授課老師 Teacher 關聯表、另一是開課科目的 Subject 關聯表，以此二關聯表示範說明左合併、右合併、全合併的運算結果：

▼ 表 4-2　開課關聯表

| 關聯表 | Subject | | | Teacher | |
|---|---|---|---|---|---|
| 值組 | 科目代碼 id | 科目名稱 title | 授課老師 tid | 老師代碼 id | 老師姓名 name |
| | IM | 資訊傳播 | T001 | T001 | 張老師 |
| | DB | 資料庫 | T002 | T002 | 李老師 |
| | PG | 專案管理 | null | T003 | 王老師 |
| | JV | 程式設計 | null | | |

(1) 左合併，以 ⋈ 符號表示。運算結果可獲得圖 4-4 所示的 A 區與 B 區所包含的內容。

$$Result = \pi\ (Subject \Join_{(subject.tid=teacher.id)} Teacher)$$

| | 左合併結果 | | | | |
|---|---|---|---|---|---|
| 值組 | 科目代碼 id | 科目名稱 title | 授課老師 tid | 老師代碼 id | 老師姓名 name |
| | IM | 資訊傳播 | T001 | T001 | 張老師 |
| | DB | 資料庫 | T002 | T002 | 李老師 |
| | PG | 專案管理 | null | null | null |
| | JV | 程式設計 | null | null | null |

(2) 右合併，以 ⋈ 符號表示。運算結果可獲得圖 4-4 所示的 B 區與 C 區所包含的內容。

$$Result = \pi (Subject \bowtie_{(subject.tid=teacher.id)} Teacher)$$

| 值組 | 右合併結果 | | | | |
|---|---|---|---|---|---|
| | 科目代碼<br>id | 科目名稱<br>title | 授課老師<br>tid | 老師代碼<br>id | 老師姓名<br>name |
| | IM | 資訊傳播 | T001 | T001 | 張老師 |
| | DB | 資料庫 | T002 | T002 | 李老師 |
| | null | null | null | T003 | 王老師 |

(3) 全合併，以 ⋈ 符號表示。全合併執行的結果類似於內部合併，但是內部合併的關聯表之間必須存在外來鍵對應主鍵的關係（FK→PK），如果資料是虛值（Null）時，就會因為沒有對應而不會被選擇出來。運算結果可獲得圖 4-4 所示的 A 區、B 區與 C 區所包含的全部內容。

$$Result = \pi (Subject \bowtie_{(subject.tid=teacher.id)} Teacher)$$

| 值組 | 全合併結果 | | | | |
|---|---|---|---|---|---|
| | 科目代碼<br>id | 科目名稱<br>title | 授課老師<br>tid | 老師代碼<br>id | 老師姓名<br>name |
| | IM | 資訊傳播 | T001 | T001 | 張老師 |
| | DB | 資料庫 | T002 | T002 | 李老師 |
| | PG | 專案管理 | null | null | null |
| | JV | 程式設計 | null | null | null |
| | null | null | null | T003 | 王老師 |

## 4-9　除法

除法（Division）運算，以 ÷ 符號表示。當兩個關聯表進行除法運算時，第一個關聯表是「被除表」，第二個關聯表則是「除表」。運算的目的是在關聯表 R1 中找出包含在關聯表 R2 中屬性值的值組。如下列表格所示，執行 R1÷R2 的結果：

| 關聯表 | R1 | | R2 | R1÷R2 |
|---|---|---|---|---|
| 值組 | A1 | A2 | A3 | A1 |
| | a | x | x | a |
| | a | y | y | |
| | a | z | z | |
| | b | x | | |
| | b | y | | |
| | b | w | | |
| | c | x | | |
| | c | y | | |

上述 R1÷R2 除法實際運算的動作可表示如下：

$$R1(A1,A2) \div R2(A3) = \pi_{A1,A2}(R1) - \pi_{A1,A2}((\pi_{A1,A2}(R1)R2) - R1)$$

## 4-10　指定

指定（Assignment）運算，以 ← 符號表示。指定運算子是用來將關聯式代數的運算結果指定成一個暫存關聯表變數，以便作為後續的運算。目的是為了能夠清楚表達每個運算的動作，而將一個運算式分解成數個子運算式。參考下列範例所示，將 R1÷R2 的運算，分解為多個子運算式表示：

$$temp1 \leftarrow \pi_{A1,A2}(R1)$$
$$temp2 \leftarrow \pi_{A1,A2}((temp1 \times R2) - R1)$$
$$Result = temp1 - temp2$$

# 本章習題

## 選擇題

(　) 1. 提出關聯式代數語法規則的人是：

① E. F. Codd　② D.D. Chamberlin　③ R. F. Boyce　④ Grady Booch。

(　) 2. 下列哪一個不是關聯式代數一元運算類型的運算子：

①選擇（select）$\sigma$　②投射（project）$\pi$　③更名（rename）$\rho$　④合併（join）$\bowtie$。

(　) 3. 下列哪一個不是關聯式代數一元運算類型的運算子：

① 笛卡爾乘積（cartesian-product）$\times$　② 除法（Division）$\div$　③ 指定（Assignment）$\leftarrow$　④合併（join）$\bowtie$。

(　) 4. 以 $\cap$ 符號表示，用來將兩個集合內，共同或相同的元素選取出的運算稱為：

①交集（intersect）　②聯集（union）　③差集（set-difference）　④笛卡爾乘積（Cartesian-product）。

(　) 5. 以 $\cup$ 符號表示，用來將兩個關聯表的所有值組，合併成為一個關聯表的運算稱為：

①交集（intersect）　②聯集（union）　③差集（set-difference）　④笛卡爾乘積（Cartesian-product）。

(　) 6. 屬於二元操作，也就是將兩個關聯表無條件地合併的運算稱為：

①交集（intersect）　②聯集（union）　③差集（set-difference）　④笛卡爾乘積（Cartesian-product）。

## 簡答

1. 請說明何謂關聯代數（Relational Algebra）？主要用途為何？

2. 關聯代數包含哪些運算類型？

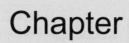

Chapter

# 05

# 結構化查詢語言概述

SQL 是一種資料庫語言，用來查詢、增修、管理關聯式資料庫的內容。簡單的講，SQL 是使用者對 DBMS 執行各類動作的命令，包括系統管理、權限控管、資料庫存取等。

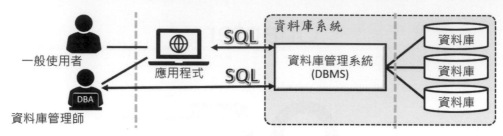

▲ 圖 5-1　SQL 是使用者對 DBMS 執行各類動作的命令

# 5-1 結構化查詢語言

結構化查詢語言（Structured Query Language，SQL） 是在關聯式資料庫中，定義和處理資料的標準語言，也是一個在商業間應用最廣泛的資料庫語言。

並非要 SQL 才能處理關聯式資料庫，而是 SQL 是大多數關聯式資料庫的標準介面。SQL 提供程式和使用者用於存取資料庫系統內資料的標準命令集。關聯式資料庫必須藉由 SQL 的功能，支援執行資料的定義（Definition）、處理（Manipulation）和控制（Control）。

## 1. 發展歷史

SQL 最早起始於 1970 年，由 IBM 在加州聖荷西市（San Jose，California）研究實驗室的 Edgar Frank Codd 發表將資料組成資料表關聯模型的查詢代數與應用原則（Codd's Relational Algebra）。1974 年，同一實驗室中的 Donald D. Chamberlin 和 Raymond F. Boyce 依據 Codd's Relational Algebra 制定了一套規範語言－ SEQUEL（Structured English QUEry Language）。兩年後，Chamberlin 將發展的新版本 SEQUEL/2 建立在 IBM 的資料庫管理系統 System R 上，開啓了關聯式資料庫的時代。

1980 年時，SEQUEL 改名爲 SQL。1981 年 IBM 發表 SQL/DS 後，Relational Software 公司（後來更名爲 Oracle）發表第一個關聯式資料庫管理系統（RDBMS），並結合 SQL 成爲第一代上市發行 RDBMS 的主流。自此，隨著 RDBMS 的發展，SQL 廣泛的被應用在各種資料庫管理系統上。

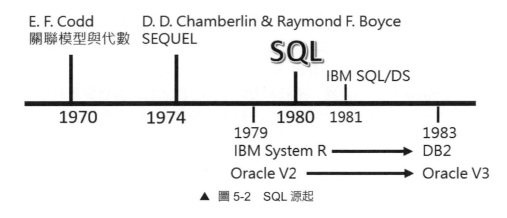

▲ 圖 5-2　SQL 源起

<hr>

### 說明

SEQUEL 改名爲 SQL，發音不變？正規來說，不要把 SQL 發音爲 [ 'sikwə ]，而是應該直接按照字母念 Ess-Que-Ell。

### 2. SQL 標準

爲了達到資料庫定義與應用模組，在各種不同 RDBMS 之間的可攜性，以及提供 RDBMS 發展上的共通準則，由美國國家標準局（American National Standards Institute，ANSI）的 X3H2 小組負責訂定了 SQL 標準（ANSI SQL），於 1986 年 10 月成爲 ANSI 標準，後來也被 ISO 納入爲國際標準，經過歷次的更新，其版本分爲：

(1) 1986 年的 ANSI X3.135-1986（因爲未以 SQL 爲名稱，所以後來並不列入 SQL 的發展版本）。

(2) 1989 年，美國 ANSI 採納在 ANSI X3.135-1989 報告中的定義，取代原先的 ANSI X3.135-1986 版本，稱爲 ANSI-SQL 89。

(3) 1992 年再度改版，推出 ANSI-SQL 92，或稱爲 SQL2，成爲目前各關聯式資料庫系統的標準語言。

(4) 1999 年提出的 ANSI-SQL 99，或稱爲 SQL3，主要增加的部分是對物件導向資料庫與分散式資料庫提供支援。

(5) 2016 年提出的 ISO/IEC 9075:2016，主要增加行模式匹配（Pattern matching）、多型表格函數、JSON 的支援，以及補充影音、空間資料的介面與套件的 ISO/IEC 13249: SQL Multimedia and Application Packages （SQL/MM）。

(6) 目前最新的版本爲 2019 年提出的 ISO/IEC 9075-15:2019，新增可選擇性的第 15 部分：多維陣列（SQL/MDA）。 它爲 SQL 指定了多維陣列類型（MDarray），以及對 MDarray、MDarray 切片（slicing）、MDarray 單元和相關功能的操作。

目前各廠商的資料庫系統產品使用的 SQL 雖然都源自於 ANSI-SQL，不過在支援上仍舊有些差異，再加上各廠商所擴充的一些語法、預儲程序的程式化功能（例如 SQL Server 使用 Transact-SQL 語法，Oracle 使用 PL/SQL 語法，彼此完全不相容）…等，使得不同資料庫系統的產品仍有使用上的差異。基於本書的學習目標兼顧理論與實務的互通性，著重於應用資料庫系統的資料管理能力，並能將資料庫的設計實作於互動程式開發網站，因此 SQL 盡量以各廠商的資料庫系統產品均支援的語法為原則。

# 5-2 ┃ SQL 指令集

有些人將 SQL 戲稱為「Scarcely Qualifying as a Language」（還不夠格稱為程式語言）。這麼說其實也有道理，SQL 雖稱為查詢語言，卻涵蓋了資料庫管理的各種功能，就像一般我們都稱呼 SQL 的命令為查詢指令，但這也並不表示 SQL 中所有指令的內容都在對資料庫做查詢的動作。而且其語言的基礎是第四章所介紹的關聯式代數，並不是程式語言。因此，可以將 SQL 視為一種關聯式的執行命令，而非像程式語言複雜的邏輯結構。

**說明**

學習 SQL 建議先大致了解各指令的分類即可，接著先熟悉 SELECT 指令，再回頭學習 DML、DDL 以及 DCL 的指令。主要原因是因為 SELECT 的語法較為複雜，而且在 DML 其他的指令，如 DELETE、UPDATE 也會使用到一些 SELECT 指令的條件式。因此關於 SQL 指令集在本節僅先做基本的介紹，指令、語法的細節可先忽略。

**說明**

SQL Server 系統預設不分大小寫，所以指令、宣告可以使用大寫或小寫，其作用是一樣的。

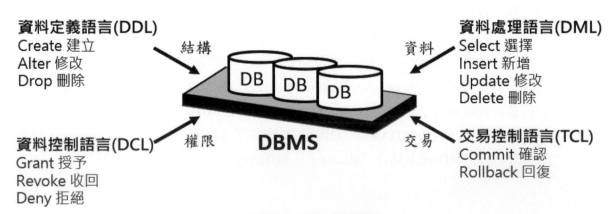

▲ 圖 5-3　SQL 指令類型

SQL 的指令包含許多處理資料庫的命令，這些指令集依功能區分爲三個類型：

**1. 資料定義語言（Data Definition Language，DDL）：**

　　用來定義資料庫的綱要，包括登入者、資料庫、資料表、視界（View）、索引（Index）、預儲程序（Stored Procedure）、觸發（Trigger）…等物件的建立、修改、刪除。

▼ 表 5-1　資料定義語言指令

| 指令 | 作用 |
|---|---|
| CREATE | 建立 |
| ALTER | 修改 |
| DROP | 刪除 |

　　以資料庫的資料表（Table）爲例，可以使用 CREATE TABLE 來建立新的資料表。一旦資料表產生後，就可以開始填入資料。如果覺得資料表有不妥之處，可以使用 ALTER TABLE 指令改變其結構，例如新增一個欄位、變更某一欄位的資料型態、調整資料儲存的長度…等。當資料表沒有存在的必要時，可使用 DROP TABLE 將它從資料庫中完全刪除。

**2. 資料處理語言（Data Manipulation Language，DML）：**

　　用來處理資料庫中的資料，包括資料的新增（INSERT）、修改（UPDATE）、刪除（DELETE）與選擇（SELECT）等運算。

▼ 表 5-2　資料處理語言指令

| 指令 | 作用 |
|---|---|
| INSERT | 新增 |
| UPDATE | 修改 |
| DELETE | 刪除 |
| SELECT | 選擇 |

　　資料處理語言，顧名思義，是專門用來處理資料表（Table）內的資料，所以千萬不要和 DDL 的指令混淆。例如刪除某一資料表裡的資料錄，使用的是 DML 的 DELETE 指令。而刪除系統的某一物件，例如資料庫、使用者、資料表、視界…等，則是使用 DDL 的 DROP 指令。

**3. 資料控制語言（Data Control Language，DCL）：**

　　DCL 分爲用於保護資料庫權限的授權，以及包含交易控制語言（Transaction Control Language，TCL） 兩個子類型的指令。

資料控制使用 GRANT 指令授予資料存取的權限；REVOKE 則是用來收回這些權限，例如配合 SELECT 指令，可以限制查詢資料的權限。配合 INSERT 指令，可以控制使用者能否新增資料。配合 DELETE 則可以限制哪些使用者才允許刪除資料。

「交易」是指每次所交付執行的一連串動作，而這些動作形成一個工作單位，且每次的「交易」必須是完全執行，或完全不執行。如果只允許部分交易的異動，必須搭配儲存點（save point）的使用。

任何系統的硬體或軟體都會有某些潛在的問題，例如停電、硬碟毀損、程式發生例外、系統當機…等，這些都可能會造成資料庫資料的缺漏。為了減少不幸的事件發生，對於資料的處理，儘量做好交易控制，如此可以減少因系統問題而造成資料不一致的情況。

此外，在軟、硬體都沒有任何問題的情況下，因為資料庫是提供多人使用的環境，尤其在多個人使用同一個資料表的時候，如果沒有做好交易的控制，資料庫還是可能會發生資料不一致。例如某甲從一個資料表讀取一筆資料，過一秒某乙正好也讀取該筆資料進行修改，這時某甲的程式使用的仍是原先讀取的資料，因此某甲做的任何資料處理的動作，可能都已不正確了。使用交易控制時，因為系統會執行資料鎖住（Data Lock）的動作，因此可以降低不同使用者資料相互干擾的可能性。

▼ 表 5-3　資料控制語言指令

| 指令 | 作用 | |
|------|------|---|
| GRANT | 授予使用者存取資料庫物件的權限 | |
| REVOKE | 收回 GRANT 所給予的存取權限 | |
| DENY | 拒絕權限，並禁止從其他角色繼承權限 | |
| COMMIT | 確認交易 | 合稱為 TCL |
| ROLLBACK | 放棄交易 | |

# 5-3 ‖ 資料類型

關聯式資料庫將資料儲存在資料表內的欄位，每個欄位必須依據宣告時指定的資料類型（data type）存放該類型的資料。

資料類型是用來定義資料表的欄位能夠儲存哪一種資料，以及儲存的空間。SQL Server 基本的欄位資料類型區分為下列 7 種類別：精確數值、近似數值、日期和時間、字元字串、萬國碼（Unicode）字元字串、二進位字串和其他資料類型。其他資料類型包括：標記資料類型、sql_variant 資料類型、XML 資料類型，還有 cursor 與 table 兩個只能用在 Transact-SQL，不能用在表格欄位的資料類型。

**1. 精確數值**

精確數值類型包括：bigint、numeric、bit、smallint、decimal、smallmoney、int、tinyint、money，9 個儲存數字的資料類型。

(1) 整數資料

整數資料沒有小數值。依據資料大小分為四個整數類型：bigint、int、smallint 和 tinyint，如表 5-4 所示，對應如 Java 等程式語言使用整數的精確度範圍。

- tinyint 類型

  具備 1 個位元組 ( 也就是 8 個 bits) 的空間，可以儲存 $2^8$=256 個數值範圍，因此可儲存 0-255 間的整數。

- smallint 類型

  具備 2 個位元組 ( 也就是 16 個 bits) 的空間，可以儲存 $2^{16}$=65536 個數值範圍，切割正負的範圍，因此可儲存 –32768 到 32767 間的整數。

- int

  int 資料類型是 SQL Server 的主要整數資料類型，具備 4 個位元組的空間，可儲存 –2,147,483,648 到 2,147,483,647 間的整數。

- bigint 類型

  具備 8 個位元的空間，可儲存 -9,223,372,036,854,775,808 到 9,223,372,036,854,775,807 間的整數。bigint 資料類型通常是在整數值可能超過 int 資料類型所支援的範圍時使用。

▼ 表 5-4 整數資料類型

| 資料類型 | 可儲存之數值範圍 | 記憶體空間 |
|---|---|---|
| tinyint | 0 到 255 | 1 個位元組 |
| smallint | $-2^{15}$(-32,768) 到 $2^{15}$-1 (32,767) | 2 個位元組 |
| int | $-2^{31}$(-2,147,483,648) 到 $2^{31}$-1 (2,147,483,647) | 4 個位元組 |
| bigint | $-2^{63}$(-9,223,372,036,854,775,808) 到 $2^{63}$-1 (9,223,372,036,854,775,807) | 8 個位元組 |

(2) 固定有效位數和小數位數的數值資料類型

decimal 和 numeric 儲存固定有效位數和小數位數的數字。decimal 資料類型是遵循 ANSI-SQL 92，也就是 SQL2 規範的資料類型。 numeric 在功能上與 decimal 相同。宣告的方式為：

decimal[(p[,s])]

s 表示小數位數，p 表示精確度（precision）。例如 decimal(10,3) 表示共有七位整數三位小數，此欄位精確度為十位（不含小數點）。若未指定時，系統預設為 18 位精確度，內定小數位數為 0。

▼ 表 5-5　浮點數值資料類型

| 資料類型 | 可儲存之數值範圍 | 記憶體空間 |
|---|---|---|
| decimal numeric | $-10^{38}$ 到 $10^{38}-1$ | 依精確度佔 5 至 17 個位元組 |

(3) 貨幣資料類型

　　smallmoney、money 資料是一具有小數的 decimal 類型數值，代表金融或貨幣值的資料類型，此類型的資料使用小數點來分隔局部的貨幣單位與完整的貨幣單位。例如 2.15 表示 2 元 15 分。不過使用上最多只能有 4 位小數位數，如果需要更多小數位數，建議可改使用 decimal 類型。輸入時必須在數值前加入幣別符號，如果是負值，則幣別符號後面加「-」符號，不需要每 3 個字加逗號，但在列印時會自動加印逗號，並在前面有貨幣符號的貨幣值。SQL Server 不會儲存任何與符號相關聯的貨幣資訊，它只會儲存數值。

▼ 表 5-6　貨幣資料類型

| 資料類型 | 可儲存之數值範圍 | 記憶體空間 |
|---|---|---|
| smallmoney | -214,748.3648 到 214,748.3647 | 4 個位元組 |
| money | -922,337,203,685,477.5808 到 922,337,203,685,477.5807 | 8 個位元組 |

(4) 位元資料類型

　　位元資料類型 bit 的欄位佔用一個位元組的空間，其值為 0 或 1 或 null。如果輸入異於 0 或 1 的值，都會被視為 1。因為位元資料的值是以 1 或 0 為主，因此特別適合只有兩個值的欄位使用，例如上 / 下、男 / 女、有 / 沒有、真 / 假…等。

## 2. 近似數值

　　近似數值是用來儲存具有小數數值的浮點資料類型。SQL Server 的浮點資料類型是遵循 IEEE 的規範，float 表示倍精度浮點數，real 則表示一般浮點數（Java 也有這兩個資料類型，不過 Java 的 float 是一般浮點數，倍精度浮點數名稱為 double，而 SQL Server 則是使用 float 作為倍精度浮點數，這點需要注意一下）。此類型也稱為不精確小數類型，因為數值非常大或非常小時，儲存的值常常只是近似值。

(1) float[(n)]

　　n 是用來儲存科學記號標記法 float 尾數的位元數目，其值必須介於 1 與 53 之間（SQL Server 會將 n 當做兩個可能值的其中一個來處理。 如果 1<=n<=24，則將 n 當作 24 來處理。 如果 25<=n<=53，則將 n 當作 53 來處理。預設值是 53），表示此類型的二進位精確度。其值的範圍為 -1.79E+308 到 1.79E+308。

▼ 表 5-7 float 的 n 值範圍

| n 值 | 精確度 | 記憶體空間 |
|------|--------|-----------|
| 1-24 | 7 位數 | 4 個位元組 |
| 25-53 | 15 位數 | 8 個位元組 |

(2) real[(n)]

和 float 類型相同。n 可為 1 到 7，因此最多可以有 7 位精確度，其值範圍為 -3.40E+38 到 3.40E+38。

使用 float 或 real 類型定義的資料欄位時，如果數值超過精確度的位數，會以四捨五入方式處理。如果要將 float 或 real 轉換成字元資料時，可使用 STR 字串函數。

▼ 表 5-8 近似數值（浮點）資料類型

| 資料類型 | 可儲存之數值範圍 | 記憶體空間 |
|----------|-----------------|-----------|
| real | -3.40E+38 到 3.40E+38 | 4 個位元組 |
| float | -1.79E+308 到 1.79E+308 | 隨 n 值不同 |

**3. 日期與時間資料類型**

此類型用來儲存日期與時間的資料。SQL Server 支援 date、datetime、datetime2、datetimeoffset、smalldatetime 和 time 共計 6 種日期類型。

(1) date

定義 SQL Server 中的日期。在字串中代表 月（MM）、日（DD）和年（YY），以斜線（/）、連字號（-）或句號（.）為分隔符號，以及 SQL 與 ISO 8601 的 YYYY-MM-DD、YYYYMMDD 標準格式。

(2) datetime

此類型的欄位顯示內定格式為「YYYY-MM-DD hh:mm:ss AM( 或 PM)」，使用 8 個位元組的整數儲存資料，其中 4 個位元組存放從西元 1753 年 1 月 1 日到該日之前或之後所經過的天數，另外 4 個位元組則儲存從零時起至該時間所經過的微秒數（milliseconds）。若輸入資料省略時間部分，系統將以 12:00:00:000AM 作為時間內定值。

(3) datetime2[(n)]

datetime2 可以視為 datetime 類型的延伸，提供更大的日期與時間範圍，以及時間的精確度。預設精確到秒的小數有效位數為 7 位，亦能夠自行指定小數位數（0~7）。

(4) datetimeoffset

datetimeoffset 類型用來指定世界協調時間（Coordinated Universal Time，UTC）。例如中華民國的國家標準時間（National Standard Time，NST），比 UTC 快 8 小時，使用時可以配合系統變數 @MyDatetimeoffset 宣告時區調整位移的範圍。

(5) smalldatetime

同 datetime 類型，但儲存的資料較不精確，此類型只佔用 4 個位元組的儲存空間。其中兩個位元組用來儲存日期，另兩個位元組用來儲存時間，故此類型允許儲存的日期範圍為西元 1990 年 1 月 1 日至西元 2079 年 6 月 6 日，精確度到分鐘。

(6) time

單獨儲存時間的資料類型。輸入格式為「hh:mm:ss」，時間可精確至 100 奈秒。

▼ 表 5-9　日期資料類型

| 資料類型 | 可儲存之數值範圍 | 記憶體空間 |
|---|---|---|
| date | 西元 1 年 1 月 1 日到西元 9999 年 12 月 31 日 | 3 個位元組 |
| datetime | 日期範圍西元 1753 年 1 月 1 日到 9999 年 12 月 31 日，時間範圍 00:00:00 到 23:59:59.997 | 8 個位元組 |
| datetime2 | 日期範圍西元 1 年 1 月 1 日到西元 9999 年 12 月 31 日，時間範圍 00:00:00 到 23:59:59 | 6-8 個位元組 |
| datetimeoffset | 日期範圍西元 1 年 1 月 1 日到西元 9999 年 12 月 31 日，時間範圍 00:00:00 到 23:59:59.9999999，時區位移範圍 -14:00 到 +14:00 | 10 個位元組 |
| smalldatetime | 日期範圍西元 1900 年 1 月 1 日到 2079 年 6 月 6 日，時間範圍 00:00:00 到 23:59:59.9999999 | 4 個位元組 |
| time | 00:00:00.0000000 到 23:59:59.9999999 | 5 個位元組 |

## 4. 字元字串資料類型

字串資料類型包括固定長度與變動長度兩種類型。如表 5-10 所示，固定長度表示宣告的長度即是資料儲存的空間大小，縱使資料內容小於宣告的長度，儲存的空間仍是占用宣告的大小。變動長度則是儲存的空間大小完全依據資料大小而儲存，資料量多則占用較大空間，資料量少則占用較少空間。兩者最大差別是：固定長度的欄位資料比較占用記憶體空間，但處理效率較佳。變動長度的欄位處理資料的效率較差，但節省空間。所以要使用哪一種字串資料類型，還是需要依據資料的特性來考量，例如學號、身分證號這一類的欄位，適合採用固定長度的類型；地址、專長這一類的欄位，因為資料長短不一，較適合使用變動長度的資料類型。

▼ 表 5-10　定長與變長類型的優缺點

| 類型 | 優點 | 缺點 |
|------|------|------|
| 定長 | 存取速度較快 | 占用實際宣告的儲存空間 |
| 變長 | 彈性使用宣告的儲存空間 | 存取速度較慢 |

(1) char[(n)]

char 的 ISO 同義字為 character。n 表示定義可儲存的字元數，最多可儲存 8000 個字元的資料。只要一經宣告，不管輸入的資料長度為何，均固定佔用 n 個位元組的儲存空間。如果輸入字串長度小於 n 時，若該欄位不允許「null」值，則系統會將不足部分補空白；若該欄位允許「null」值，則不足部分不補空白。若輸入資料超過宣告的長度，則其超出部分會被截掉。

SQL Server 2019 之後的版本，當使用 UTF-8 時，這些資料類型會存放完整範圍的 Unicode 字元，並使用 UTF-8 字元編碼。若指定非 UTF-8，則這些資料類型只會存放該定序對應之字碼頁所支援的字元子集。

(2) varchar[(n)|max]

varchar 原意是 character varying 的意思。varchar 類型同 char 類型，都是用來存放字串資料，不過它是變動長度的類型。用 n 表示儲存資料最大允許長度的位元組，該值可以介於 1 到 8000，或使用「max」表示可以最多儲存 2GB（$2^{31}-1=2,147,483,647$ 個位元組）的資料。

此類型資料實際佔用的儲存空間會依據其輸入資料長度而定，但是輸人資料的後置空白（trailing blanks）部分將不會被存入，所以也不列入記憶體空間計算。針對多位元組編碼字元集，儲存體大小是輸入資料的實際長度再加上 2 位元組。

(3) text

用來儲存非 Unicode 字元、Unicode 字元及二進位資料的固定和可變長度資料類型。 text 可以儲存最大字串長度為 2GB（$2^{31}-1$）個字元的變動長度的資料類型。

▼ 表 5-11　字串資料類型

| 資料類型 | 可儲存之數值範圍 |
|------|------|
| char | 1-8000 個字元 |
| varchar | 1-8000 個字元，若宣告為 varchar(max) 則可以儲存上限為 2GB($2^{31}-1$) 個字元 |
| text | 最大字串長度為 2GB($2^{31}-1$) 個字元的變動長度非 Unicode 資料。當伺服器字碼頁使用雙位元組字元時，儲存體大小仍是 2GB，但若使用的是中文則是 1GB |

**5. 萬國碼字元字串資料類型**

　　SQL Server 的欄位如果要同時儲存多國語言的萬國碼（Unicode），宣告的字串類型為：nchar、nvarchar、ntext，其「n」前置詞代表的是 SQL-92 標準中的國家語言（national）之意。此外，在 SQL Server 使用 Unicode 字串的資料時，必須在字串前加上大寫字母 N 做為前置詞。「N」前置詞必須為大寫，例如：N' 萬國碼ユニコード万国码 '。如果您沒有在 Unicode 字串常數前面加上大寫字母 N 做為前置詞，則 SQL Server 會在使用字串前，先將其轉換成目前資料庫的非 Unicode 字碼。

**6. 二進位字串資料類型**

　　二進位資料類型是用來儲存未經解碼的位元組串流，可以用來儲存圖片、影像、聲音，或是各類型電腦檔案 ( 例如 Word 檔、PowerPoint 檔 )。

　　(1) binary[(n)]

　　　　固定長度的二進位資料，其長度為 n 位元組，n 代表 1 到 8000 的值。

　　(2) varbinary[(n|max)]

　　　　varbinary 原意是 binary varying 的意思，用來儲存變動長度的二進位資料。n 可以是 1 到 8000 之間的值。 max 表示儲存體大小上限是 2GB（$2^{31}$-1）。

　　(3) image

　　　　image 類型的欄位可以儲存大量的二進位資料（binary data），最多可儲存 2GB($2^{31}$-1) 的資料，SQL Server 不會嘗試解譯儲存的資料，必須由應用程式來解譯 image 類型的欄位內容。例如，應用程式可以在宣告為 image 類型的欄位內儲存 BMP、TIFF、GIF 或 JPEG 格式的資料，之後從這個欄位讀取資料的應用程式必須能夠辨識資料的格式。

▼ 表 5-12　二進位資料類型

| 資料類型 | 可儲存之數值範圍 |
| --- | --- |
| binary | 固定長度二進位資料 |
| varbinary | 最多 2GB 的變動長度二進位資料 |
| image | 最多 2GB 的變動長度二進位資料 |

**7. 其他資料類型**

　　(1) 標記資料類型

　　　　標記資料類型是顯示在資料庫內自動產生的唯一性二進位數的資料類型，可以用來記錄資料的時間戳記或識別碼。

　　　　■ timestamp

　　　　　　雖然命名為 timestamp，但此一類型完全和日期、時間無任何關聯。它相當於 binary(8) 或 varbinary(8) 類型。但是它有一重要的特性，就是在含有此一類型欄位的紀錄每次被異動時（新增或修改），此欄位值即會自動被更新，而且在同一資料庫內，該欄位值是唯一的。每一資料表內僅能有一個 timestamp 類型的欄位。timestamp 儲存的空間大小是 8 位元組。timestamp 資料類型只是會遞增的數字，因此不會保留日期或時間。若要記錄日期或時間，請使用 datetime 資料類型。

■ uniqueidentifier

uniqueidentifier 類型宣告的欄位內容值，是 16 位元組的「全域唯一性識別碼」（Globally Unique Identifier，GUID），需要使用 newid( ) 或 newsequential( ) 函數來產生。

▼ 表 5-13　標記資料類型

| 資料類型 | 可儲存之數值範圍 | 記憶體空間 |
|---|---|---|
| timestamp | 固定 8 位元組的 2 進位值 | 8 個位元組 |
| uniqueidentifier | 固定 16 位元組的 2 進位值 | 16 個位元組 |

(2) sql_variant

sql_variant 資料類型可以用來儲存除了 text、ntext、image、timestamp 和 sql_variant 之外，所有 SQL Server 支援的資料類型的值。當欄位的內容可能會儲存多種不同類型，或是不確定欄位可處理的資料類型時，就可以宣告使用 sql_variant 類型來儲存數值、日期、字串等資料。

(3) XML 資料類型

xml 資料類型的欄位是用於儲存 XML 文件或 XML 資料，此外 xml 資料類型也支援 XML 索引，而能加速資料的存取。

━━━━━━━━━━━━━━━ 說明 ━━━━━━━━━━━━━━━

在未來的 SQL Server 版本中，預計將移除 ntext、text 和 image 等資料類型。建議避免使用這些資料類型，而改用 nvarchar(max)、varchar(max) 和 varbinary(max)。請參見：http://technet.microsoft.com/zh-tw/library/ms189799.aspx

## 5-4 ‖ 運算子

　　運算子是一個符號，負責指定一個或多個運算式所執行的動作。各運算子的符號與說明分述如下：

### 1. 算術運算子（Arithmetic operators）

　　以數值作為其運算元，並回傳單一數值，包括加、減、乘、除等四則運算與餘數。

▼ 表 5-14　算術運算子

| 運算子 | 說明 | 範例 |
|---|---|---|
| +、- | 單元運算子，表示一個正或負的運算式 | `SELECT * FROM Employee WHERE -(comm-salary)>0` |
| *、/ | 二元運算子，為乘、除運算 | `SELECT salary, salary*1.05,`<br>`(salary*1.05)+comm FROM Employee` |
| +、- | 二元運算子，為加、減運算 | `SELECT salary + comm FROM Employee WHERE`<br>`GETDATE() - hiredate > 365` |
| % | 餘數（或稱模數） | 傳回除法的整數餘數。例如，`12 % 5` 結果是 `2`，因為 `12` 除以 `5` 的餘數是 `2` |

### 2. 指派運算子（Assignment operator）

　　等號（=）是唯一的指派運算子。用於在修改資料或新增資料時，將內容指定給欄位。

　　**例**：將職員編號 (empno) 為 2 的員工部門 (deptno) 改為 10

```
UPDATE Employee SET deptno=10 WHERE empno=2
```

> **解析**
>
> 資料來源表格：Employee。deptno=10 的「=」是指定運算子，表示將 10 指定給 depton 欄位；WHERE 之後的 empno=2 是比較運算子，判斷 empno 欄位的內容是等於 2 的資料錄。

### 3. 位元運算子（Bitwise operators）

　　位元運算子會在兩個整數值之間執行位元操作。位元運算子可將兩個整數值轉換成二進位位元，在每個位元上執行 AND、OR、NOT 運算，產生結果，最後將結果轉換成整數。例如：整數 170 會轉換成二進位 1010 1010；整數 75 會轉換成二進位 0100 1011。

### 4. 比較運算子（Comparison operators）

　　比較運算子用來測試兩個運算式是否相同，比較判斷的結果值為 boolean 資料類型的 TRUE（真）、FALSE（假）或是 UNKNOWN（未知）。除了 text、ntext 或 image 資料類型的運算式，所有運算式都可使用比較運算子。

▼ 表 5-15 比較運算子

| 運算子 | 說明 | 範例 |
|---|---|---|
| = | 相等判斷 | SELECT * FROM Employee WHERE salary = 35000 |
| != 或 <> | 不等判斷 | SELECT * FROM Employee<br>WHERE salary != 35000 |
| ><br>< | 大於判斷<br>小於判斷 | SELECT * FROM Employee WHERE salary > 35000 |
| >=<br><= | 大於等於判斷<br>小於等於判斷 | SELECT * FROM Employee<br>WHERE salary >= 35000 |
| !><br>!< | 不大於<br>不小於 | SELECT * FROM Employee<br>WHERE (salary+comm) !>30000 |

## 5. 複合運算子（**Compound operators**）

複合運算子會執行某項作業，然後將原始值設定為該作業的結果。例如，成績 score 欄位的內容等於 35，則 score += 2 會用 score 的原始值加上 2，結果 score 的值為 37。

例：將學號 5851001 學生修「DB」課程的成績加 5 分。

UPDATE Course SET score+=5 WHERE subject='DB'

▼ 表 5-16 複合運算子

| 運算子 | 說明 |
|---|---|
| += | 將原始值加上某數，然後將原始值設為該結果。 |
| -= | 從原始值減去某數，然後將原始值設為該結果。 |
| *= | 乘以某數，然後將原始值設為該結果。 |
| /= | 除以某數，然後將原始值設為該結果。 |
| %= | 除以某數，然後將原始值設為該計算結果的餘數（模數）。 |
| &= | 執行位元運算 AND，然後將原始值設為該結果。 |
| ^= | 執行位元排除 OR，然後將原始值設為該結果。 |

## 6. 邏輯運算子（**Logical operators**）

用來合併兩個以上的條件，進行邏輯的判斷是否符合某些狀況，並回傳 TRUE、FALSE 或 UNKNOWN 值的 boolean 資料類型。

▼ 表 5-17　邏輯運算子

| 運算子 | 說明 | 範例 |
|---|---|---|
| ALL | 如果一組比較結果全為 TRUE，便是 TRUE。<br>方法類似 ANY，一組比較所有值都成立，才是 TRUE。例如：*比較對象 >ALL(1,2,3)* 表示 比較對象必須大於 1, 2, and 3，也就表示需大於 3<br>[ 其中 1,2,3 表示子查詢之結果 ] | `SELECT * FROM Employee WHERE salary > ALL (SELECT (salary+comm) FROM Employee  WHERE comm >3500)` |
| AND | 如果兩個布林運算式都是 TRUE 時，便是 TRUE。 | `SELECT * FROM Employee WHERE deptno=20 AND salary > 35000` |
| ANY | 對一值與一個資料表中，每一值或查詢傳回的每一值做比較。在該運算子之前必須有比較運算子。<br>如果一組比較中的任何一項是 TRUE，便是 TRUE。例如：*比較對象 >ANY(1,2,3)* 表示 比較對象只要大於 1, 2, 3 任一數，也就表示只需大於 1 即成立。<br>[ 其中 1,2,3 表示子查詢之結果 ] | `SELECT * FROM Employee WHERE salary=ANY (SELECT salary FROM Employee WHERE deptno=30)` |
| [NOT] BETWEEN X AND Y | [ 不 ] 存在 X 和 Y 區間的判斷。如果運算元在範圍內，便是 TRUE。 | `SELECT * FROM Employee WHERE salary BETWEEN 20000 AND 30000` |
| EXISTS | 子查詢有獲得任意數目的資料集，則傳回 TRUE。<br>TRUE 則執行主查詢 SELECT 之結果；FALSE 則不執行主查詢 SELECT 之結果。 | `SELECT * FROM Dept WHERE EXISTS (SELECT * FROM Employee WHERE Dept.id=Employee.deptno)` |
| IN | 存在任何成員的判斷。如果運算元等於運算式清單中的某個運算式，便是 TRUE。 | `SELECT * FROM Employee WHERE job IN (670,671)` |
| X [NOT] LIKE Y | 切截查詢（truncation），也就是部分符合的判斷。 | `SELECT * FROM Employee WHERE firstname LIKE 'JA%'` |
| NOT | 反轉布林運算子的值。 | `SELECT * FROM Employee WHERE salary NOT IN (SELECT salary FROM Employee WHERE deptno=30)` |
| OR | 如果任一個布林運算式是 TRUE，便是 TRUE。 | `SELECT id,score FROM Course WHERE subject='DB' AND (score<=60 OR score>=90)` |
| SOME | ISO 標準中，SOME 就等於 ANY，只要有任一些成立，即為 TRUE | `SELECT * FROM Student WHERE birth=SOME(SELECT min(birth) FROM Student)` |

---

### 說明

> 「> ALL(1,2,3)」 意義等同於 「> 3」
>
> 「> ANY(1,2,3)」 意義等同於 「> 1」

(1) ALL、ANY、EXISTS 必須用於子查詢結果判斷，而 IN 則可用於表列或子查詢結果之判斷。

(2) 基本上「IN 子句」可等於「=ANY 子句」。

(3) IN 與 EXISTS 的區別：

- IN 是一個集合運算，判斷某一資料是否存在於一集合內；
- EXISTS 是一個存在判斷，如果其後的子查詢中有結果，則為 TRUE（真），否則為 FALSE（假）。

(4) EXISTS 與合併（join）查詢的作用相同，例如下列兩個 SELECT 運算式，執行的結果是相同的。

- EXISTS 子查詢：

    SELECT * FROM Employee WHERE EXISTS (SELECT * FROM Dept

    WHERE Dept.id=Employee.deptno AND location LIKE ' 一樓 %')

- 使用合併查詢：

    SELECT Employee.* FROM Employee, dept

    WHERE dept.id = Employee.deptno AND location LIKE ' 一樓 %'

## 7. 關聯式運算子（Relational operators）

關聯式運算子是 SQL Server 專屬於 Transact-SQL 的一個語法元素（syntax element），可以接受一個或多個命名或未命名的輸入參數，並回傳結果集。關聯式運算子在 DML 敘述中當做資料表來源使用。SQL Server 可使用的關聯式運算子如表 5-18 所列。

▼ 表 5-18　關聯式運算子

| | |
|---|---|
| OPENDATASOURCE | 提供特定連接資訊做為物件名稱，而不使用連結伺服器名稱。 |
| OPENQUERY | 在指定連結 OLE DB 資料來源的伺服器上，執行指定的傳遞查詢。 |
| OPENROWSET | 取得包含所有從 OLE DB 資料來源存取遠端資料所需的連接資訊。 |
| OPENXML | 檢視 XML 文件上的資料紀錄。 |
| OPENJSON | 剖析 JSON 內容，並將來自 JSON 輸入的物件和屬性以表格形式回傳。 |
| PREDICT | 根據預儲模型（Stored model）產生預測值或分數。 |

### 8. 範圍解析運算子（Scope resolution operator）

範圍解析運算子，符號使用雙冒號「::」，用於存取複合資料類型的靜態成員。複合資料類型包含多個簡單的資料類型和方法，包括所有微軟內建的通用語言執行環境（Common Language Runtime，CLR）類型和自訂的 SQLCLR 使用者定義型別（User Defined Type，UDT）。

### 9. 集合運算子（Set operators）

SQL Server 提供 except、intersect 和 union 集合運算子，將兩個或多個查詢的結果結合成單一結果集。

(1) EXCEPT：從左側查詢中傳回在右側查詢中找不到的任何個別值。

例：

```
SELECT id FROM Student
    EXCEPT
SELECT id FROM Course WHERE subject='CO'
```

(2) INTERSECT：傳回 INTERSECT 運算元左右兩側查詢都傳回的任何個別值。

例：

```
SELECT id FROM Student
    INTERSECT
SELECT id FROM Course WHERE subject='CO'
```

(3) UNION：將兩個或更多查詢的結果以聯集的方式結合成單一結果集。

例：

```
SELECT id FROM Course WHERE subject not in ('CO','DB')
    UNION
SELECT id FROM Student WHERE gender='M'
```

### 10. 字串串連運算子（String concatenation operator）

字串串連運算子，使用符號如表 5-19 所示，可將兩個以上的資料類型合併成一個運算式，包括：

(1) 字元或二進位字串；

(2) 欄位；

(3) 字串和欄位名稱的組合。

▼ 表 5-19　字串串連運算子

| 運算子 | 說明 | 範例 |
|---|---|---|
| + | 字串銜接。 | SELECT lastname+' '+firstname FROM Employee |
| += | 字串串連的指定。 | UPDATE Employee SET lastname+=' sir.' |
| % | 萬用字元 - 百分比符號「%」可包含任何 0 個或多個字元。 | SELECT * FROM student WHERE address like '台北市%' |
| [] | 萬用字元 - 使用規則表示式（Regular expression）表達要比對的字元。 | SELECT name FROM sys.databases WHERE name LIKE 'm[n-z]%'; |
| [^] | 萬用字元 - 不相符的字元。 | SELECT name FROM sys.databases WHERE name LIKE 'm[^n-z]%'; |
| _ | 萬用字元－底線符號「_」，可包含任何單一字元。 | SELECT * FROM student WHERE address LIKE '__縣%' |

## 11. 一元運算子（Unary operators）

傳回一元運算子的值。一元運算子只能在屬於數值資料類型類別目錄之任何資料類型的單一運算式上執行運算。

▼ 表 5-20　一元運算子

| 運算子 | 說明 | 範例 |
|---|---|---|
| + | 正。數字的正值。 | SELECT +score FROM course WHERE subject='DB' |
| - | 負。數字的負值 | SELECT -score FROM course WHERE subject='DB' |

## 12. 虛值處理

虛值處理使用 IS NULL（大小寫不分）作為運算子，判斷欄位內容是否為虛值。使用時機包括下列 3 種情況：

(1) 如果一列的某行缺少值，就說該行是虛值（Null），或者說包含一個虛值。

(2) 虛值可出現在任何類型的行內。

(3) 要測試一個虛值，只能使用「比較」運算子 IS NULL 和 IS NOT NULL 操作。

**例**：列出 Employee 檔案內 comm 欄位為虛值的資料：

```
SELECT * FROM Employee WHERE comm IS NULL
```

# 本章習題

## 選擇題

( )1. 關聯式資料庫中，定義和處理資料的標準語言，也是一個在商業間應用最廣泛的資料庫語言為：

① SEQUEL　② SQL　③ ACCESS　④ MySQL。

( )2. SQL 的指令包含許多處理資料庫的命令，下列哪一類型不屬於這些指令集：

① DML　② UML　③ DDL　④ DCL。

( )3. 資料的新增（insert）、修改（update）與刪除（delete）屬於下列哪一類型的指令：

① DML　② UML　③ DDL　④ DCL。

( )4. 資料的選擇（select）屬於下列哪一類型的指令：

① DML　② UML　③ DDL　④ DCL。

( )5. 用來處理資料庫系統內各個物件的建立（create）、修改（alter）、刪除（drop）屬於下列哪一類型的指令：

① DML　② UML　③ DDL　④ DCL。

( )6. 交易控制語言（Transaction Control Language，TCL）屬於下列哪一類型的指令：

① DML　② UML　③ DDL　④ DCL。

( )7. 用來授予（grant）和收回（revoke）使用者存取資料庫物件的權限，屬於下列哪一類型的指令：

① DML　② UML　③ DDL　④ DCL。

( )8. SQL Server 的欄位如果要使用多國語言的萬國碼（Unicode），下列宣告的說明何者正確：

①資料類型前置一大寫 N，使用 Unicode 字串的資料前加上小寫 n

②資料類型前置一大小字母 N 或 n，使用 Unicode 字串的資料前加上小寫 n

③資料類型前置一大小字母 N 或 n，使用 Unicode 字串的資料前加上大寫 N

④資料類型前置一大小字母 N 或 n，使用 Unicode 字串的資料前加上大小字母 N 或 n。

( )9. SQL 的算術運算子「%」，下列說明何者正確：

①計算數值資料的百分比　　　②計算數值資料的餘數

③表達數值資料之間的區隔符號　④計算數值資料的除法。

（　）10.　下列關於 SQL「score 欄位不大於 80」比較運算子的表示符號，下列何者錯誤：
　　　　① score <= 80　② score <> 80　③ score !> 80　④ not score > 80。

## 簡答

1. 請列出 SQL 中英文全稱，並說明其用途，與關聯代數有何關係？
2. 發明關聯式代數，並被尊稱為資料庫之父的是哪一位科學家？
3. D. D. Chamberlin 和 R. F. Boyce 依據 Codd's Relational Algebra 所制定處理關聯式資料的語言為何？
4. SQL 的指令集分為哪三大類？
5. 請說明固定長度與變動長度欄位類型的優缺點。
6. 儲存空間最小，適合欄位只有兩種值的資料類型為何？
7. SQL Server 用於儲存整數的資料類型包括哪四種，其差異為何？
8. 資料類型宣告 decimal(10,3) 表示意義為何？

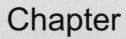

Chapter

# 06

# 資料查詢

## 6-1 ┃ 學習路徑說明

### 1. 學習說明

　　SQL 語法包含 DDL、DML、DCL 三個主要類型的指令，其中 SELECT 指令是 SQL DML 中用途最多、語法較爲複雜，能夠下達相當多元的運算式，相對的也提供了強大的資料篩選能力的指令。包括 DML 的 DELETE、UPDATE 指令也會使用到 SELECT 的條件判斷式。使用運算式時經常需要結合運算子來指定或結合執行的動作。因此，基於方便後續其他指令的學習，如圖 6-1 所示，本書的安排是最先學習 SELECT 指令。其後再逐一介紹 DML 的 INSERT、UPDATE、DELETE 指令，以及 DDL 與 DCL 指令。

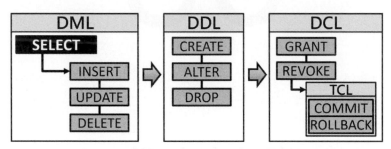

▲ 圖 6-1　SQL 指令的學習路徑

### 2. SELECT 語法

　　SELECT 指令的語法如下：

```
SELECT    欄位項目   FROM   資料表
   [WHERE    查詢條件 ]
   [GROUP BY    分類欄位項目 ]
   [HAVING    查詢條件 ]
   [ORDER BY    排序欄位項目 ]
```

　　語法中，各運算子的意義請參考表 6-1 說明，各運算子子句之間的順序不可對調，先 SELECT 再 FROM，其次是 WHERE 子句，餘此類推。

▼ 表 6-1　SELECT 指令語法

| 運算子 | 說明 |
|---|---|
| SELECT | 顯示查詢結果的欄位，如果欄位不只一個，請用逗號「,」區隔。 |
| FROM | 資料來源的資料表名稱，如果資料表不只一個，請用逗號「,」區隔。 |
| WHERE | 條件判斷式，條件不只一個，可以使用 AND、OR 連接。 |
| GROUP BY | 需要群組聚合的欄位，如果群組的欄位不只一個，請用逗號「,」區隔。 |
| HAVING | 群組後的判斷條件，必須搭配 GROUP BY 子句。 |
| ORDER BY | 指定查詢結果排序依據的欄位，預設爲由小至大排序（ascend）。如果指定排序的欄位不只一個，請用逗號「,」區隔。 |

━━━━━━━━━━━━ **說明** ━━━━━━━━━━━━

語法標示的慣例：

分隔號 |：加上括號或大括號來分隔語法項目，表示只可以選擇其中一個項目。

方括號 []：表示選擇性的語法項目，不使用時，可省略。

大括號 {}：表示必要的語法項目。

━━━━━━━━━━━━ **說明** ━━━━━━━━━━━━

SQL Server 系統預設不分大小寫，所以指令、宣告可以使用大寫或小寫，其作用是一樣的。

(1) SELECT 子句

　　SELECT 搭配 FROM 子句，是資料庫查詢最基本的語法。指定從（FROM）資料表內輸出（SELECT）的欄位。執行結果的任何效果，不會影響實際存放在資料庫內的資料。

　　例：列出 Customer 資料表所有的內容

```
SELECT * FROM Customer;
```

**解析**

如圖 6-2 所示。SELECT 基本語法：「SELECT 顯示結果的欄位 FROM 來源的資料表」。本範例資料來源的資料表：Customer；顯示的欄位：全部，以「*」表示。敘述最後的分號「；」表示結束，可以省略。

SELECT 子句內表示輸出的欄位明細，星號(*)表示全部欄位

WHERE子句內表示篩選資料的條件

SELECT * FROM Customer WHERE name= '張三'；

FROM 子句內表示取得資料來源的資料表

▲ 圖 6-2　SELECT 基本語法

(2) WHERE 子句

　　WHERE 子句表示從資料表中選取資料的條件。透過 WHERE 子句設定查詢的條件，篩選出資料表的紀錄，再依據 SELECT 子句輸出指定的欄位。

　　例：列出 Employee 資料表中，部門編號（deptno 欄位）為 20，且薪資（salary 欄位）低於 30000 的員工資料。

```
SELECT * FROM Employee where deptno=20 AND salary<30000
```

## 說明

在 Java 程式中使用字串，前後需要使用雙引號「"」標示，但是 SQL 指令中，字串前後是使用單引號「'」標示。在 SQL 指令中的雙引號有另外的用途，請勿混淆。

### 3. 範例資料表結構

依據附錄 B，建置練習用的資料庫 School，內容包含下列資料表。作為本單元練習 SQL 語法時的參考對照（＊表示主鍵欄位，FK 表示外來鍵欄位，→表示外來鍵指向資料的來源）。

(1) 學生修課資訊

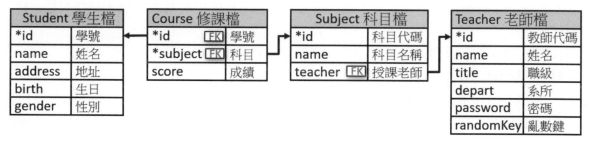

▲ 圖 6-3(a)　學生修課資料表

(2) 商品銷售資訊

▲ 圖 6-3(b)　商品銷售資料表

(3) 圖書採購資訊

| Publisher 出版檔 | |
|---|---|
| *pid | 出版商代碼 |
| name | 公司名稱 |
| city | 城市 |
| addr | 地址 |

| Book 書目檔 | |
|---|---|
| *brn | 書號 |
| title | 書名 |
| author | 作者 |
| price | 價格 |
| publisher FK | 出版者 |

| Orders 訂單檔 | |
|---|---|
| *id | 訂單代碼 |
| vid FK | 書商代碼 |
| *brn FK | 書號 |
| ord_date | 訂購日期 |
| estimate | 預計出貨日數 |
| ship_date | 到貨日期 |
| quantity | 訂購數量 |

| Vendor 書商檔 | |
|---|---|
| *id | 書商代碼 |
| name | 名稱 |
| rank | 等級 |
| city | 城市 |

▲ 圖 6-3(c)　圖書採購資料表

註：這不是標準的資料表圖形表示方式，只是方便參考資料表的結構進行 SQL 語法的練習。在第 16 章「資料庫設計」會介紹描繪資料表結構的視圖。

## 6-2  基本查詢

**1. 一般查詢**

**例 (1)**：列出書目資料（Book 資料表）的書名（title 欄位）、作者（author 欄位）、價格（price 欄位）與出版者（publisher 欄位）資訊。

```
SELECT title, author, price, publisher FROM Book
```

**解析**

FROM 指定資料來源的資料表，SELECT 指定取得的欄位。

**例 (2)**：列出所有書目資料內容。

```
SELECT * FROM Book
```

**解析**

資料來源表格：Book；顯示的欄位：全部，以「*」表示。不指定 WHERE 篩選條件，表示要取得全部的資料錄。

**例 (3)**：列出所有書目資料的價格。

```
SELECT DISTINCT price FROM Book
```

**解析**

DISTINCT 運算子會去除輸出欄位內容相同的紀錄，只顯示一筆。

**2. 算數查詢**

**例 (4)**：列出所有書目資料的書名、價格、打八折後的價格。

```
SELECT title, price, price*0.8 FROM Book
```

**解析**

SELECT 指定取得的欄位，數值欄位可以使用算數運算子執行運算。

**例 (5)**：列出所有書目資料的書名與作者，列出時請以「書名 / 作者」格式輸出。

```
SELECT title+'/'+author FROM Book
```

**解析**

SELECT 指定取得的欄位，文字欄位可以使用字元運算子銜接其他字串（以單引號標示）或是字串欄位的內容。

## 3. 條件子句查詢

條件子句的查詢，使用 WHERE 加上判斷式。注意一個原則：WHERE 決定取得的紀錄，SELECT 決定輸出的欄位。

**例 (6)**：列出書目資料中，書號大於 105 的書號、書名、作者、價格。

```
SELECT brn, title, author, price FROM Book WHERE brn > 105
```

**解析**

條件置於 WHERE 字句。

**例 (7)**：列出書目資料中，書號 101、102、103、104 的書號、書名、作者與價格。

```
SELECT brn, title, author, price FROM Book
WHERE brn=101 OR brn=102 OR brn=103 OR brn=104
```

**解析**

條件：brn 欄位內容是 101、102、103 或 104。關聯表特性：「所有屬性值都是單元值，不可以是一個集合」，也就是不會有一筆紀錄的欄位內容既是 XXX，又是 OOO。所以這一個例子不會使用 AND。AND 表示各判斷式均要符合，所以要使用 OR 連接各個判斷式。

多個相同欄位的 OR 判斷，可以使用 IN 運算子，因此下列 SQL 敘述與上列的敘述執行效果完全一樣。

```
SELECT brn, title, author, price FROM Book
WHERE brn IN (101,102,103,104)
```

如果是數值欄位，且內容是連續的一個區間範圍，便可以使用 BETWEEN … AND。必須要注意的是，數值小的在前，數值大的一定要在後面：

```
SELECT brn, title, author, price FROM Book
WHERE brn BETWEEN 101 AND 104
```

**例 (8)**：列出 Vendor 書商資料表中，所在城市（city 欄位）開頭是「台」的資料。

```
SELECT * FROM Vendor WHERE city LIKE '台%'
```

**解析**

city 欄位開頭為「台」，只要是內容部分符合，就使用 LIKE 運算子，% 代表任意字元，因此條件「台」開頭，就表示第一字是「台」，之後的資料符合任意字元即可。

**例 (9)**：列出等級不是大於等於 20 和城市開頭不是「台」字的其他書商資料。

```
SELECT * FROM Vendor
WHERE NOT rank >=20 AND city NOT LIKE '台%'
```

**解析**

本範例的條件是等級不是大於等於 20 與不是「台」字開頭的城市名稱，因此使用的敘述為：NOT 條件 1 AND NOT 條件 2

使用邏輯運算子 NOT 時，如果要括號合併條件 1 與條件 2，上述敘述等於（注意：AND 轉為 OR）：

```
NOT ( 條件 1 OR 條件 2)
```

當然也可以將 NOT 反向改變條件的判斷內容，例如原本是「不大於 20」，就可以改寫成「小於等於 20」。因此，下列三個判斷式，其執行的效果是一樣的：

```
WHERE NOT ( rank >=20 OR city LIKE  '台%')
WHERE NOT  rank >=20 AND  city NOT LIKE  '台%'
WHERE  rank<20 OR  city NOT LIKE  '台%'
```

**說明**

A and B：邏輯表示式為 A ∩ B（∩發音念作 cap）
A or B：邏輯表示式為 A ∪ B （∪發音念作 cup）
not A：邏輯表示式為 $\overline{A}$
$\overline{A \cap B} = \overline{A} \cup \overline{B}$
$\overline{A \cup B} = \overline{A} \cap \overline{B}$

**例 (10)**：列出 Vendor 書商資料表等級（rank 欄位）不是 20 也不是 30 的書商代碼（id 欄位）、名稱（name 欄位）、等級。

```
SELECT id, name, rank FROM Vendor
WHERE rank NOT IN (20,30)
```

rank 欄位的內容不是 20 也不是 30，用下列 4 種條件表示式執行的效果是一樣的：

- WHERE rank !=20 AND rank !=30
- WHERE NOT (rank=20 OR rank=30)
- WHERE rank NOT IN (20,30)
- WHERE NOT rank IN (20,30)

**例 (11)**：等級是 20 或是 30，且城市是在台北市、台南市，或是在台中市的 Vendor 書商資料表，列出其代碼、名稱、等級與城市。

```
SELECT id, name, rank, city FROM Vendor
WHERE rank IN (20,30) AND city IN ('台北市','台南市','台中市')
```

**解析**

本範例有兩組條件：(a) 等級 (b) 城市，兩組條件均需要滿足，因此使用 AND。

等級需要符合 20 或 30，因此下列二個條件表示式可以擇一使用：

- rank=20 OR rank=30
- rank IN (20,30)

就像數學運算有先乘除後加減的優先順序，AND 的優先權高於 OR，因此一個敘述同時有 AND 與 OR 條件時，請善用括號來區分執行的先後與歸屬。

例如上述的範例，要特別注意的是還有第二組的城市所在地的判斷，如果條件式寫成：

```
WHERE rank =20 OR rank=30 AND city IN ('台北市','台南市','台中市')
```

執行結果是不正確的，因為我們要執行 A OR B AND C，但「A OR B AND C」的表示式，在邏輯上 AND 的優先權高於 OR，所以系統執行的實際情況會是 A OR (B AND C)，因此要先將「A OR B」以括號括住表示其優先權。所以正確的寫法：

```
SELECT id, name, rank, city FROM Vendor
WHERE (rank=20 OR rank=30) AND city IN ('台北市','台南市','台中市')
```

或是直接將 rank=20 OR rank=30 改用 IN 表示：

```
SELECT id, name, rank, city FROM Vendor
WHERE rank IN (20,30) AND city IN ('台北市','台南市','台中市')
```

## 4. 排序查詢

排序查詢使用 ORDER BY 子句，將一個或多個指定的欄位排序查詢結果。同時指定兩個以上欄位排序時，欄位間需以逗號間隔。排序的欄位依序由 ORDER BY 子句內列出欄位的先後次序，第一欄位內容相同時，再依第二欄位內容排序，餘此類推。排序的遞增或遞減由修飾語 DESC 或 ASC 決定，預設欄位排序的方式是 ASC，因此 ASC 可省略。

▼ 表 6-2 排序修飾語

| 修飾語 | 說明 |
|---|---|
| DESC | 表示下降（Descend）之意，由大至小排序。 |
| ASC | 表示上升（Ascend）之意，由小至大排序 ( 預設 )。 |

例 **(12)**：以書商名稱排序，列出書商代碼、名稱、等級與城市。

　　　SELECT id, name, rank, city FROM Vendor ORDER BY name

例 **(13)**：以書商城市排序，列出書商代碼、名稱、等級與城市，若城市相同再依等級
　　　　　　排序。

　　　SELECT id, name, rank, city FROM Vendor ORDER BY city, rank

**解析**

以 city、rank 欄位內容排序。city 先列，表示先以 city 內容排序，若內容相同再依 rank
排序。

例 **(14)**：依價格由高到低，價格相同則依書名由小到大排序，列出書目資料內容。

　　　SELECT * FROM Book ORDER BY price DESC, title ASC

**解析**

以 price、title 欄位內容排序。price 先列，表示先以 price 欄位的內容排序，欄位後加上
DESC 修飾語，表示由大到小排序。若 price 欄位內容相同，再依 title 欄位內容排序。

文字的排序方式會依據內碼排，中文內碼在設計時是以「筆畫、筆順、部首」順序編
列；英文依據字母順序編列，因此 title 欄位後加上 ASC 修飾語（因為是預設，所以
ASC 可以省略），表示由小到大排序。

---

**說明**

text、ntext、image 或 xml 資料類型的欄位無法使用 ORDER BY 排序。

## 5. 合併查詢

　　當結合兩個或兩個以上有關聯的資料表時，稱為合併（Join）查詢。如圖 6-4 所示，資
料表之間必須使用外來鍵連結，若資料表之間沒有關聯或沒有使用適當外來鍵連結，將會
有紀錄數量相乘的錯誤結果產生（參見第 4-7 節「笛卡爾乘積」的代數運算表示式）。

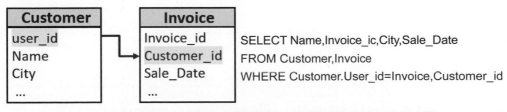

▲ 圖 6-4　透過外來鍵的連結，執行多個資料表的合併查詢

原則

資料來源為兩個或兩個以上的資料表，就一定要執行合併查詢。

外來鍵通常關聯至資料所在資料表的主鍵，目的就是確定取得外來鍵對應的「唯一一筆」資料。（註：當然有可能是關聯至其他資料表的候選鍵而非主鍵，但我們盡量避免談例外，免得越談越複雜）。

參考 6-4 頁的圖 6-3(a) 學生修課資料表的檔案結構，對應圖 6-5 的資料錄，Course 修課檔的學生叫什麼名字，必須使用外來鍵 id 欄位對應到 Student 學生檔的 id 欄位，取得「唯一一筆」學生的資料，如此「5851001」學生的修課就會對應到相同「5851001」學生的個人資料。

**例 (15)**：顯示每位學生姓名（Student 資料表的 name 欄位）、修課的代碼與分數（Course 資料表的 subject 欄位與 score 欄位）。

```
SELECT name, subject, score FROM Student, Course
WHERE Student.id=Course.id
```

| | ID | SUBJECT | SCORE |
|---|---|---|---|
| 1 | 5851001 | CO | 66 |
| 2 | 5851001 | CT | 80 |
| 3 | 5851001 | RF | 65 |
| 4 | 5851002 | CG | 80 |
| 5 | 5851002 | CO | 67 |
| 6 | 5851002 | CT | 68 |

外來鍵

| | ID | NAME | ADDRESS | BIRTH | GENDER |
|---|---|---|---|---|---|
| 1 | 5851001 | 張三 | 基隆市愛三路 | 1979-01-12 00:00:00.000 | F |
| 2 | 5851002 | 李四 | 台北市復興北路 | 1980-10-24 00:00:00.000 | M |
| 3 | 5851003 | 王五 | 台北縣新莊市中正路 | 1981-04-15 00:00:00.000 | M |
| 4 | 5851004 | 錢六 | 台北縣板橋市文化路 | 1980-09-14 00:00:00.000 | M |
| 5 | 5851005 | 趙七 | 台北縣板橋市中正路 | 1982-03-02 00:00:00.000 | F |

主鍵

▲ 圖 6-5　修課資料表以外來鍵關聯至學生資料表，取得學生資料

如圖 6-6 所示，合併查詢可以視為執行資料表之間資料的交集。不過交集也有分成內部合併（Inner Join）與外部合併（Outer Join）兩種交集形式。而外部合併又再分為左合併（Left Join）與右合併（Right Join）兩種。

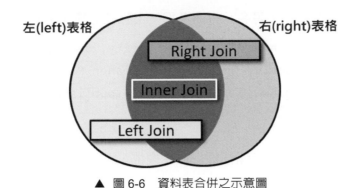

▲ 圖 6-6 資料表合併之示意圖

(1) 內部合併（Inner Join）

合併查詢的「外來鍵關聯至資料所在的主鍵」，屬於查詢的「條件」，因此 Join 的敘述是置於 WHERE 子句內，語法如下：

**資料表 A . 外來鍵欄位 ＝ 資料表 B . 主鍵欄位**

Join 條件式的等號「＝」兩邊只要判斷成立即可，因此左右對調的結果是相同的：

**資料表 B . 主鍵欄位 ＝ 資料表 A . 外來鍵欄位**

如果外來鍵的欄位集不只一個欄位，也就是說，是由多個欄位組合成外來鍵，相對的，關連到資料所在之資料表主鍵的欄位集，也會是多個欄位。假設外來鍵為兩個欄位組成的集合，建議使用括號將整組宣告括起來，以避免與其他判斷式混在一起，導致 AND、OR 優先權造成的執行錯誤狀況：

**( 資料表 A . 外來鍵欄位 \_1 ＝ 資料表 B . 主鍵欄位 \_1**

**AND 資料表 A . 外來鍵欄位 \_2 ＝ 資料表 B . 主鍵欄位 \_2)**

**例 (16)**：列出訂購的書名（Book 資料表的 name 欄位）和所有訂單（Orders 資料表）的欄位。

```
SELECT title, orders.* FROM Book, Orders
WHERE Book.brn=Orders.brn
```

**解析**

Orders 資料表的全部欄位，使用資料表名稱識別為： Orders.*

因為資料來源為 Book 與 Orders 兩個資料表，必須將關聯性的欄位，也就是主鍵與外來鍵連結。

**例 (17)**：列出圖 6-3(c) 中，書名、書商名稱、出版社名稱、訂購數量與訂購金額。

```
SELECT B.title, V.name, P.name, quantity, quantity*price
FROM Book B, Vendor V, Orders O, Publisher P
WHERE O.brn=B.brn AND O.vid=V.id AND B.publisher=P.pid
```

**解析**

在 Publisher 與 Vendor 資料表均有相同的 name 欄位，因此執行時必須加上資料表名稱，以做為區別。

此範例使用的資料表較多，敘述較長，因此使用資料表別名。

在不同資料表有相同的欄位名稱，一定要加上資料表名稱做區隔，稱之為合格名稱（Qualified，或譯為限定名稱。完整的名稱組成，請參見第 13-1 節第 5 項的介紹），否則執行會有如圖 6-7 所示的錯誤發生。不過，縱使不同資料表之間沒有相同的欄位名稱，仍舊可以使用合格名稱。也就是說，缺少合格名稱的標示，會造成不同資料表有相同的欄位名稱模稜兩可的混淆；但不會有模稜兩可的欄位名稱時，仍可使用合格名稱。因為加上合格名稱，只會讓 SQL 敘述更清楚，並不會造成錯誤（這就像是使用括號的時機一樣，少用可能會造成優先權執行先後的錯誤，多用則不會有問題）。

系統以鋸齒狀底線標示此欄位有錯誤狀況。
(可能名稱錯誤，或是模稜兩可)

執行後顯示錯誤狀況

▲ 圖 6-7　缺乏合格名稱造成 SQL 敘述執行的錯誤

(2) 外部合併（Outer Join）

除了上述將資料表「交集」的內部合併查詢方式，合併查詢還有左合併（Left Join）與右合併（Right Join）的外部合併查詢方式。使用的語法為：

```
SELECT 欄位 , …
FROM 資料表 A [LEFT|RIGHT] JOIN 資料表 B
ON 資料表 A.鍵 = 資料表 B.鍵
```

FROM 子句內的資料表 A 即表示左方表格，執行 Left Join 時，會以資料表 A 的紀錄為主，再取得資料表 B 的資料，縱使資料表 A 的資料沒有關聯資料表 B 資料，亦會顯示。

參考圖 6-8 所示的資料範例，Vendor 書商資料表有 12 筆資料錄，Orders 訂單資料表有 17 筆資料錄，其中書商 ARI、TAU、TWI、VIR、SCO、GOA、PIS 並沒有訂單紀錄。

**Vendor 書商資料表的資料錄**

SELECT * FROM Vendor

| | id | name | rank | city |
|---|---|---|---|---|
| 1 | ARI | 白羊書局 | 10 | 台北市 |
| 2 | TAU | 金牛書局 | 20 | 台中市 |
| 3 | TWI | 雙子書局 | 30 | 台東市 |
| 4 | CAN | 巨蟹書局 | 20 | 台東縣 |
| 5 | LEO | 獅子書局 | 10 | 台南市 |
| 6 | VIR | 處女書局 | 20 | 高雄市 |
| 7 | LIB | 天秤書局 | 30 | 台北市 |
| 8 | SCO | 天蠍書局 | 40 | 屏東市 |
| 9 | ARC | 射手書局 | 20 | 台中市 |
| 10 | GOA | 山羊書局 | 10 | 台中市 |
| 11 | CAR | 水瓶書局 | 30 | 屏東縣 |
| 12 | PIS | 雙魚書局 | 20 | 台中市 |

**Orders 訂單資料表的資料錄**

SELECT * FROM Orders ORDER BY vid

| | id | vid | brn | ord_date | estimate | ship_date | quantity |
|---|---|---|---|---|---|---|---|
| 1 | P10007 | ARC | 101 | 2022-11-12 00:00:00 | 80 | 2022-12-05 00:00:00 | 10 |
| 2 | P10008 | ARC | 102 | 2022-12-15 00:00:00 | 80 | 2023-01-10 00:00:00 | 30 |
| 3 | P10001 | CAN | 101 | 2022-12-02 00:00:00 | 80 | 2022-12-10 00:00:00 | 30 |
| 4 | P10002 | CAN | 102 | 2022-10-03 00:00:00 | 80 | 2022-10-10 00:00:00 | 20 |
| 5 | P10003 | CAN | 102 | 2022-12-10 00:00:00 | 80 | 2022-12-11 00:00:00 | 20 |
| 6 | P10004 | CAN | 104 | 2022-12-21 00:00:00 | 80 | 2023-01-10 00:00:00 | 40 |
| 7 | P10005 | CAN | 105 | 2022-12-15 00:00:00 | 80 | 2023-01-10 00:00:00 | 20 |
| 8 | P10006 | CAN | 106 | 2022-09-28 00:00:00 | 80 | 2022-10-10 00:00:00 | 10 |
| 9 | P10017 | CAN | 105 | 2023-02-25 00:00:00 | NULL | 2023-05-10 00:00:00 | 25 |
| 10 | P10009 | CAR | 102 | 2022-12-16 00:00:00 | 80 | 2023-01-10 00:00:00 | 40 |
| 11 | P10013 | LEO | 102 | 2023-02-18 00:00:00 | NULL | 2023-05-10 00:00:00 | 40 |
| 12 | P10014 | LEO | 106 | 2023-02-19 00:00:00 | NULL | 2023-05-10 00:00:00 | 10 |
| 13 | P10015 | LEO | 106 | 2023-02-21 00:00:00 | NULL | 2023-05-10 00:00:00 | 20 |
| 14 | P10016 | LIB | 105 | 2023-02-25 00:00:00 | NULL | 2023-05-10 00:00:00 | 20 |
| 15 | P10010 | LIB | 102 | 2022-12-10 00:00:00 | 80 | 2023-01-10 00:00:00 | 20 |
| 16 | P10011 | LIB | 104 | 2023-02-07 00:00:00 | NULL | 2023-04-10 00:00:00 | 20 |
| 17 | P10012 | LIB | 105 | 2023-02-24 00:00:00 | NULL | 2023-04-10 00:00:00 | 30 |

▲ 圖 6-8 Vendor 書商資料表與 Orders 訂單資料表的資料錄內容

使用 Inner Join 方式，只會顯示如圖 6-9 所示，有訂購的詳細資料：

```
SELECT * FROM Vendor, Orders WHERE Vendor.id=Orders.vid
```

SQLQuery1.sql - DE...school (shu (51))* ☐ ✕
SELECT * FROM Vendor, Orders WHERE Vendor.id=Orders.vid

| | id | name | rank | city | id | vid | brn | ord_date | estimate | ship_date | quantity |
|---|---|---|---|---|---|---|---|---|---|---|---|
| 1 | CAN | 巨蟹書局 | 20 | 台東縣 | P10001 | CAN | 101 | 2022-12-02 00:00:00 | 80 | 2022-12-10 00:00:00 | 30 |
| 2 | CAN | 巨蟹書局 | 20 | 台東縣 | P10002 | CAN | 102 | 2022-10-03 00:00:00 | 80 | 2022-10-10 00:00:00 | 20 |
| 3 | CAN | 巨蟹書局 | 20 | 台東縣 | P10003 | CAN | 102 | 2022-12-10 00:00:00 | 80 | 2022-12-11 00:00:00 | 20 |
| 4 | CAN | 巨蟹書局 | 20 | 台東縣 | P10004 | CAN | 104 | 2022-12-21 00:00:00 | 80 | 2023-01-10 00:00:00 | 40 |
| 5 | CAN | 巨蟹書局 | 20 | 台東縣 | P10005 | CAN | 105 | 2022-12-15 00:00:00 | 80 | 2023-01-10 00:00:00 | 20 |
| 6 | CAN | 巨蟹書局 | 20 | 台東縣 | P10006 | CAN | 106 | 2022-09-28 00:00:00 | 80 | 2022-10-10 00:00:00 | 10 |
| 7 | ARC | 射手書局 | 20 | 台中市 | P10007 | ARC | 101 | 2022-11-12 00:00:00 | 80 | 2022-12-05 00:00:00 | 10 |
| 8 | ARC | 射手書局 | 20 | 台中市 | P10008 | ARC | 102 | 2022-12-15 00:00:00 | 80 | 2023-01-10 00:00:00 | 30 |
| 9 | CAR | 水瓶書局 | 30 | 屏東縣 | P10009 | CAR | 102 | 2022-12-16 00:00:00 | 80 | 2023-01-10 00:00:00 | 40 |
| 10 | LIB | 天秤書局 | 30 | 台北市 | P10010 | LIB | 102 | 2022-12-10 00:00:00 | 80 | 2023-01-10 00:00:00 | 20 |
| 11 | LIB | 天秤書局 | 30 | 台北市 | P10011 | LIB | 104 | 2023-02-07 00:00:00 | NULL | 2023-04-10 00:00:00 | 20 |
| 12 | LIB | 天秤書局 | 30 | 台北市 | P10012 | LIB | 105 | 2023-02-24 00:00:00 | NULL | 2023-04-10 00:00:00 | 30 |
| 13 | LEO | 獅子書局 | 10 | 台南市 | P10013 | LEO | 102 | 2023-02-18 00:00:00 | NULL | 2023-05-10 00:00:00 | 40 |
| 14 | LEO | 獅子書局 | 10 | 台南市 | P10014 | LEO | 106 | 2023-02-19 00:00:00 | NULL | 2023-05-10 00:00:00 | 10 |
| 15 | LEO | 獅子書局 | 10 | 台南市 | P10015 | LEO | 106 | 2023-02-21 00:00:00 | NULL | 2023-05-10 00:00:00 | 20 |
| 16 | LIB | 天秤書局 | 30 | 台北市 | P10016 | LIB | 105 | 2023-02-25 00:00:00 | NULL | 2023-05-10 00:00:00 | 20 |
| 17 | CAN | 巨蟹書局 | 20 | 台東縣 | P10017 | CAN | 105 | 2023-02-25 00:00:00 | NULL | 2023-05-10 00:00:00 | 25 |

已成功執行查詢。 DESKTOP-MLTV6UL (15.0 RTM) | shu (51) | school | 00:00:00 | 17 資料列

▲ 圖 6-9 書商訂購資料的 Inner Join 執行結果

如果將 Vendor 書商資料表作爲左表格，執行左合併（Left Join）查詢，也就是以 Vendor 資料表爲主的查詢。執行結果如圖 6-10 所示，沒有訂單紀錄的 ARI、TAU、TWI、VIR、SCO、GOA、PIS 書商紀錄也會列出：

```
SELECT * FROM Vendor LEFT JOIN Orders ON Vendor.id=Orders.vid
```

SQLQuery1.sql - DE....school (shu (75))*

SELECT * FROM Vendor LEFT JOIN Orders ON Vendor.id=Orders.vid

68 %

結果 訊息

| | id | name | rank | city | id | vid | brn | ord_date | estimate | ship_date | quantity |
|---|---|---|---|---|---|---|---|---|---|---|---|
| 1 | ARI | 白羊書局 | 10 | 台北市 | NULL | NULL | NULL | NULL | NULL | NULL | NULL |
| 2 | TAU | 金牛書局 | 20 | 台中市 | NULL | NULL | NULL | NULL | NULL | NULL | NULL |
| 3 | TWI | 雙子書局 | 30 | 台東市 | NULL | NULL | NULL | NULL | NULL | NULL | NULL |
| 4 | CAN | 巨蟹書局 | 20 | 台東縣 | P10001 | CAN | 101 | 2022-12-02 00:00:00 | 80 | 2022-12-10 00:00:00 | 30 |
| 5 | CAN | 巨蟹書局 | 20 | 台東縣 | P10002 | CAN | 102 | 2022-10-03 00:00:00 | 80 | 2022-10-10 00:00:00 | 20 |
| 6 | CAN | 巨蟹書局 | 20 | 台東縣 | P10003 | CAN | 102 | 2022-12-10 00:00:00 | 80 | 2022-12-11 00:00:00 | 20 |
| 7 | CAN | 巨蟹書局 | 20 | 台東縣 | P10004 | CAN | 104 | 2022-12-21 00:00:00 | 80 | 2023-01-10 00:00:00 | 40 |
| 8 | CAN | 巨蟹書局 | 20 | 台東縣 | P10005 | CAN | 105 | 2022-12-15 00:00:00 | 80 | 2023-01-10 00:00:00 | 20 |
| 9 | CAN | 巨蟹書局 | 20 | 台東縣 | P10006 | CAN | 106 | 2022-09-28 00:00:00 | 80 | 2022-10-10 00:00:00 | 10 |
| 10 | CAN | 巨蟹書局 | 20 | 台東縣 | P10017 | CAN | 105 | 2023-02-25 00:00:00 | NULL | 2023-05-10 00:00:00 | 25 |
| 11 | LEO | 獅子書局 | 10 | 台南市 | P10013 | LEO | 102 | 2023-02-18 00:00:00 | NULL | 2023-05-10 00:00:00 | 40 |
| 12 | LEO | 獅子書局 | 10 | 台南市 | P10014 | LEO | 106 | 2023-02-19 00:00:00 | NULL | 2023-05-10 00:00:00 | 10 |
| 13 | LEO | 獅子書局 | 10 | 台南市 | P10015 | LEO | 106 | 2023-02-21 00:00:00 | NULL | 2023-05-10 00:00:00 | 20 |
| 14 | VIR | 處女書局 | 20 | 高雄市 | NULL | NULL | NULL | NULL | NULL | NULL | NULL |
| 15 | LIB | 天秤書局 | 30 | 台北市 | P10010 | LIB | 102 | 2022-12-10 00:00:00 | 80 | 2023-01-10 00:00:00 | 20 |
| 16 | LIB | 天秤書局 | 30 | 台北市 | P10011 | LIB | 104 | 2023-02-07 00:00:00 | NULL | 2023-04-10 00:00:00 | 20 |
| 17 | LIB | 天秤書局 | 30 | 台北市 | P10012 | LIB | 105 | 2023-02-24 00:00:00 | NULL | 2023-04-10 00:00:00 | 30 |
| 18 | LIB | 天秤書局 | 30 | 台北市 | P10016 | LIB | 105 | 2023-02-25 00:00:00 | NULL | 2023-05-10 00:00:00 | 20 |
| 19 | SCO | 天蠍書局 | 40 | 屏東市 | NULL | NULL | NULL | NULL | NULL | NULL | NULL |
| 20 | ARC | 射手書局 | 20 | 台中市 | P10007 | ARC | 101 | 2022-11-12 00:00:00 | 80 | 2022-12-05 00:00:00 | 10 |
| 21 | ARC | 射手書局 | 20 | 台中市 | P10008 | ARC | 102 | 2022-12-15 00:00:00 | 80 | 2023-01-10 00:00:00 | 30 |
| 22 | GOA | 山羊書局 | 10 | 台中市 | NULL | NULL | NULL | NULL | NULL | NULL | NULL |
| 23 | CAR | 水瓶書局 | 30 | 屏東縣 | P10009 | CAR | 102 | 2022-12-16 00:00:00 | 80 | 2023-01-10 00:00:00 | 40 |
| 24 | PIS | 雙魚書局 | 20 | 台中市 | NULL | NULL | NULL | NULL | NULL | NULL | NULL |

已成功執行查詢。 DESKTOP-MLTVSUL (15.0 RTM) | shu (75) | school | 00:00:00 | 24 資料列

▲ 圖 6-10 書商資料表 Left Join 查詢結果

以上述爲例，若是執行右合併（Right Join）查詢，就會以 Orders 訂單資料表資料爲主，列出如圖 6-11 所示的結果：

```
SELECT * FROM Vendor RIGHT JOIN Orders ON Vendor.id=Orders.vid
```

| | id | name | rank | city | id | vid | brn | ord_date | estimate | ship_date | quantity |
|---|---|---|---|---|---|---|---|---|---|---|---|
| 1 | CAN | 巨蟹書局 | 20 | 台東縣 | P10001 | CAN | 101 | 2022-12-02 00:00:00 | 80 | 2022-12-10 00:00:00 | 30 |
| 2 | CAN | 巨蟹書局 | 20 | 台東縣 | P10002 | CAN | 102 | 2022-10-03 00:00:00 | 80 | 2022-10-10 00:00:00 | 20 |
| 3 | CAN | 巨蟹書局 | 20 | 台東縣 | P10003 | CAN | 102 | 2022-12-10 00:00:00 | 80 | 2022-12-11 00:00:00 | 20 |
| 4 | CAN | 巨蟹書局 | 20 | 台東縣 | P10004 | CAN | 104 | 2022-12-21 00:00:00 | 80 | 2023-01-10 00:00:00 | 40 |
| 5 | CAN | 巨蟹書局 | 20 | 台東縣 | P10005 | CAN | 105 | 2022-12-15 00:00:00 | 80 | 2023-01-10 00:00:00 | 20 |
| 6 | CAN | 巨蟹書局 | 20 | 台東縣 | P10006 | CAN | 106 | 2022-09-28 00:00:00 | 80 | 2022-10-10 00:00:00 | 10 |
| 7 | ARC | 射手書局 | 20 | 台中市 | P10007 | ARC | 101 | 2022-11-12 00:00:00 | 80 | 2022-12-05 00:00:00 | 10 |
| 8 | ARC | 射手書局 | 20 | 台中市 | P10008 | ARC | 102 | 2022-12-15 00:00:00 | 80 | 2023-01-10 00:00:00 | 30 |
| 9 | CAR | 水瓶書局 | 30 | 屏東縣 | P10009 | CAR | 102 | 2022-12-16 00:00:00 | 80 | 2023-01-10 00:00:00 | 40 |
| 10 | LIB | 天秤書局 | 30 | 台北市 | P10010 | LIB | 102 | 2022-12-10 00:00:00 | 80 | 2023-01-10 00:00:00 | 20 |
| 11 | LIB | 天秤書局 | 30 | 台北市 | P10011 | LIB | 104 | 2023-02-07 00:00:00 | NULL | 2023-04-10 00:00:00 | 20 |
| 12 | LIB | 天秤書局 | 30 | 台北市 | P10012 | LIB | 105 | 2023-02-24 00:00:00 | NULL | 2023-04-10 00:00:00 | 30 |
| 13 | LEO | 獅子書局 | 10 | 台南市 | P10013 | LEO | 102 | 2023-02-18 00:00:00 | NULL | 2023-05-10 00:00:00 | 40 |
| 14 | LEO | 獅子書局 | 10 | 台南市 | P10014 | LEO | 106 | 2023-02-19 00:00:00 | NULL | 2023-05-10 00:00:00 | 10 |
| 15 | LEO | 獅子書局 | 10 | 台南市 | P10015 | LEO | 106 | 2023-02-21 00:00:00 | NULL | 2023-05-10 00:00:00 | 20 |
| 16 | LIB | 天秤書局 | 30 | 台北市 | P10016 | LIB | 105 | 2023-02-25 00:00:00 | NULL | 2023-05-10 00:00:00 | 20 |
| 17 | CAN | 巨蟹書局 | 20 | 台東縣 | P10017 | CAN | 105 | 2023-02-25 00:00:00 | NULL | 2023-05-10 00:00:00 | 25 |

▲ 圖 6-11　書商資料表 Right Join 查詢結果

━━━━━━━━━━━━━━━━ **說明** ━━━━━━━━━━━━━━━━

如果只有兩個資料表做左合併或右合併查詢，重點在於 FROM 子句後指定的資料表是左表格；JOIN 子句後指定的資料表是右表格。所以下列兩個 SQL 敘述的執行結果相同：

- SELECT * FROM Vendor LEFT JOIN Orders ON Vendor.id=Orders.vid
- SELECT * FROM Orders RIGHT JOIN Vendor ON Vendor.id=Orders.vid

## 6. 別名（**Alias**）的使用

別名分為「資料表別名」與「欄位別名」（標籤，Label）兩種方式。

(1) 資料表別名

資料表別名是為了避免冗長的資料表名稱，透過定義較短名稱的資料表別名（Alias），簡化 SQL 內資料表名稱的長度。資料表別名宣告方式語法：

**SELECT** 欄位 , … **FROM** 資料表 *資料表別名* , …

(2) 欄位別名

欄位別名用於改變資料呈現時的欄位標籤內容。**欄位別名宣告方式語法：**

**SELECT** 欄位 " *欄位別名* ", … **FROM** 資料表

**注意**

1. 欄位別名宣告方式是在欄位名稱之後，使用雙引號「"」標示，亦可使用 AS 修飾字；
2. 資料表別名宣告方式是在檔案名稱之後以空格間隔標示，亦可使用 AS 修飾字；
3. 欄位別名、資料表別名有效範圍只在同一 SQL 敘述內有效；
4. 使用資料表別名時，該 SQL 敘述內所有該資料表名稱，均要使用該別名，不可再用原資料表名稱。

**例 (18)**：列出書號、書名、作者、出版者名稱、城市與地址，並以書名排序。

```
SELECT brn, B.title, author, P.name, city+addr
FROM Book B, Publisher P
WHERE B.publisher=P.pid ORDER BY B.title
```

**解析**

敘述中使用 B 代替 Book；使用 P 代替 Publisher，這些別名只在此一查詢內有效。包括其他的 SQL 敘述和子查詢如果要使用資料表別名，必須再自行宣告。

別名可使用 AS 修飾字宣告，如下列的敘述，其執行結果與前相同：

```
SELECT brn, B.title, author, P.name, city+addr
FROM BOOK AS B, Publisher AS P
WHERE B.publisher=P.pid ORDER BY B.title
```

**例 (19)**：列出書號、書名、作者、出版者名稱、城市與地址，欄位標籤以中文標示。

```
SELECT brn" 書號 ", B.title" 書名 ", author" 作者 ",
       P.name" 出版者 ", city+addr" 地址 "
FROM Book B, Publisher P
WHERE B.publisher=P.pid ORDER BY B.title
```

欄位別名是在 SELECT 子句內輸出的欄位名稱後方，以雙引號「"」標示，即會作為輸出的欄位標籤，如圖 6-12 所示，前一個 SELECT 敘述沒有使用欄位別名，輸出時保留原欄位名稱；後一個 SELECT 敘述使用欄位別名，輸出的內容相同，只有欄位標籤會改為指定的標籤名稱。

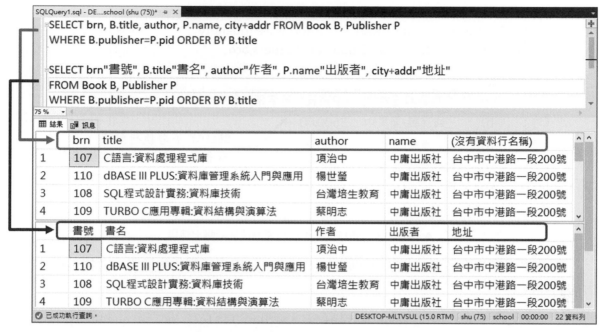

▲ 圖 6-12　使用欄位別名改變輸出的欄位標籤

　　如同資料表別名的使用方式，欄位別名亦可使用 AS 修飾字宣告，如下列的敘述，其執行結果與前相同（使用 AS 提供系統識別其後的文字為欄位別名，可以省略雙引號，若別名內含空格，則一定要用雙引號標示）：

```
SELECT brn AS " 書號 ", B.title AS " 書名 ", author AS " 作者 ",
P.name AS " 出版者 ", city+addr AS " 地址 "
FROM Book B, Publisher P
WHERE B.publisher=P.pid ORDER BY B.title
```

　　使用欄位別名的主要時機是 SELECT 子句的欄位在運算後，不會顯示原始的欄位名稱。沒有欄位名稱的結果，並不方便應用程式存取資料。雖然應用程式可以用「序號」存取特定欄位的資料，但「指名道姓」的方式存取欄位資料，較能避免存取錯誤欄位的情況。

　　**例 (20)**：列出訂單 Orders 資料表內訂購的「書名 / 作者」與訂購金額（書本單價乘以訂購數量）。

```
SELECT Book.brn, book.title+'/'+author, price*quantity
FROM Book, Orders WHERE Book.brn=Orders.brn
```

　　上述 SQL 敘述的 SELECT 子句因為有欄位的運算，執行的結果如圖 6-13 所示，不會顯示運算欄位的名稱。

▲ 圖 6-13 SELECT 子句有運算情況的輸出結果

因此使用欄位別名，執行結果如圖 6-14 所示，明確表達欄位的性質，並提供程式較為方便的存取：

```
SELECT Book.brn, book.title+'/'+author'Title', price*quantity'Amount'
FROM Book, Orders WHERE Book.brn=Orders.brn
```

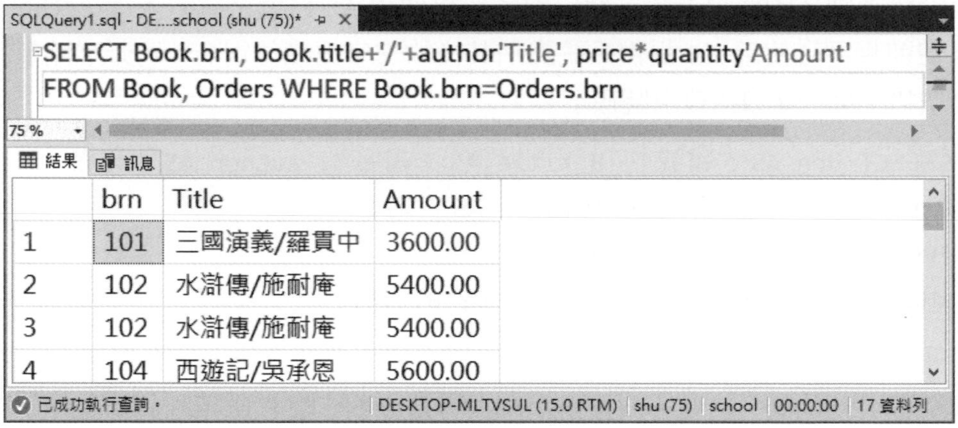

▲ 圖 6-14 使用欄位別名表達欄位名稱

# 本章習題

## 選擇題

( ) 1. SELECT 敘述的 FROM 子句是指資料來源的資料表名稱，如果資料表不只一個時，使用的區隔符號為：
①分號 ②逗號 ③空格 ④雙引號。

( ) 2. SELECT 敘述中搭配 GROUP BY 群組聚合的條件判斷為：
① WHERE ② HAVING ③ IF ④ ORDER BY。

( ) 3. 下列哪一個模糊查詢，可以查詢出以「ST」開頭的所有字串：
① LIKE 'ST_' ② LIKE 'ST*' ③ LIKE 'ST%' ④ LIKE 'ST'。

( ) 4. SELECT 敘述中欄位使用 * 的意義為：
①全部欄位 ②任一欄位 ③無名稱的欄位 ④虛值。

( ) 5. SQL 敘述中，日期前後的標示符號為：
①不須標示符號 ②雙引號 ③單引號 ④逗號。

( ) 6. 邏輯表示式 $(\overline{A \cap B})$，下列何者為非：
①等同於 $\overline{A} \cup \overline{B}$ ②等同於 not A and not B ③等同於 not A or not B ④ not (A and B)。

( ) 7. 多個相同欄位的 OR 判斷，可以使用下列哪一個運算子取代：
① IN ② ALL ③ LIKE ④ ANY。

( ) 8. 判斷資料內容部分符合的邏輯運算子為：
① IN ② ALL ③ LIKE ④ ANY。

( ) 9. 排序查詢使用 ORDER BY 子句，下列何者錯誤：
①預設使用 DESC
② DESC 表示由大到小排列
③ ASC 表示由小到大排列
④排序可以指定多個欄位，且個別可以有不同排序方式。

( ) 10. 當結合兩個或兩個以上有關聯的資料表時，需要執行下列哪一種查詢方式：
①別名 (alias) ②子查詢 (subquery) ③群組查詢 (group) ④合併 (join)。

( ) 11. 別名可以使用下列哪一個修飾字宣告：
① ALIAS ② AS ③ FOR ④ LIKE。

## 簡答

1. 請寫出 SELECT 指令的完整語法。

2. SELECT 執行結果若要列出所有欄位，使用符號為何？

3. 多個相同欄位的 OR 判斷條件，可以改用哪一個運算子？

4. 當結合兩個或兩個以上有關聯的資料表的查詢，稱為什麼？必須加入什麼條件判斷？

5. 合併查詢可以視為執行資料表之間資料的交集，可以再分為哪兩種合併查詢形式？

6. SELECT 敘述使用的別名分為哪兩種？標示別名使用的運算子為何？

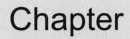

Chapter

07

# 進階查詢

# 7-1 ‖ 聚合查詢

　　資料庫的函數，執行結果一定會回傳一個單一的值。不同的資料庫統系統會提供許多函數，有些是特有、有些功能相同但函數名稱不同，不過聚合函數是 ISO 定義的標準函數，所以各個廠商的關聯式資料庫系統產品均會具備。

　　聚合函數（Aggregate functions）是用來總結（summarize）多筆資料紀錄的函數。SQL 語法提供五種內建的聚合函數，可將傳入的欄位所有資料做計算，並回傳一個單一的值。各函數的功能請參考表 7-1 所示，其中 COUNT( ) 函數會傳回指定欄位的資料錄個數，也就是值組數目；SUM( )、AVG( )、MIN( )、MAX( ) 則是將指定欄位的資料集合，傳回這些數值的計算結果：

▼ 表 7-1　聚合函數。

| 函數名稱 | 說明 |
|---|---|
| COUNT( ) | 計算指定欄位之資料集數目 |
| SUM( ) | 計算欄位內容之總和 |
| AVG( ) | 計算欄位內容之平均值 |
| MIN( ) | 計算欄位內容之最小值 |
| MAX( ) | 計算欄位內容之最大值 |

**例 (1)**：計算學生（Student 資料表）的人數。

```
SELECT count(*) FROM Student
```

**解析**

Student 資料表內每一筆資料錄存放個別學生的資料，因此計算資料表的資料錄數量，就等於是學生的人數。

重點：COUNT( ) 函數需要傳入一欄位名稱，以便計算該欄位的資料數目，但如果該欄位內容為虛值（null）時，不被列入計算。因此若要計算資料錄的筆數，建議使用「*」代表整筆資料錄。

**例 (2)**：列出 'CO' 科目所有修課的人數、總分、平均成績、最高分與最低分。

```
SELECT count(*), sum(score), avg(score), max(score), min(score)
FROM Course WHERE subject='CO'
```

**解析**

COUNT( ) 計算資料錄數目；SUM( ) 計算指定欄位內容的加總 。

例 **(3)**：列出學生「王五」的所有修課數目、總分、平均成績、最高分與最低分。

```
SELECT count(*), sum(score), avg(score), max(score), min(score)
FROM Course, Student
WHERE Course.id=Student.id AND Student.name=' 王五 '
```

**解析**

資料來源包含 Course 與 Student 兩個資料表，需要加入合併查詢（Join）條件。

請特別注意，一般在 SELECT 敘述有下列 3 項使用的限制 ( 特別強調，是在「一般」的 SELECT 敘述，若在 GROUP BY 子句，則不受此限 )：

(1) 聚合函數不能與一般欄位並列，因為 SELECT 的結果，一般欄位會有多筆資料的可能，但聚合函數只會有一個值。聚合函數與一般欄位並列會有一對多，違反關聯式資料庫二維表格的規則。

【錯誤範例】：列出價格最高的書名與價格。

```
SELECT name, max(price), price FROM Book
```

(2) 聚合函數不能直接使用在判斷條件，也就是不能直接與一般欄位做比較判斷。因為資料庫管理系統必須掃描完整個資料表，才能計算出聚合函數的值，而一般欄位的值則是逐一讀取各筆資料錄便可取得。

在一般 SELECT 敘述，需要在條件中使用聚合函數判斷，這時必須使用下一節介紹的巢狀查詢。

【錯誤範例】：請列出購買價格高於平均購買價格的圖書資料。

```
SELECT * FROM Book WHERE price > avg(price)
```

(3) 聚合函數不能使用在 ORDER BY 排序，除非使用 GROUP BY 子句。

# 7-2 ┃┃ 巢狀查詢

　　巢狀查詢（Nested query）也稱為子查詢（Subquery），簡單的講就是 SELECT 查詢內含有下一層的 SELECT 敘述。如圖 7-1 所示，子查詢稱為內部查詢或內部選取，而包含子查詢的敘述又稱為外部查詢或外部選取。

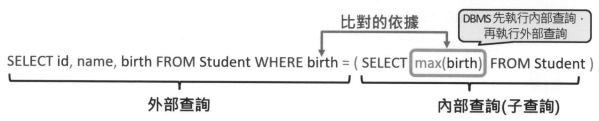

▲ 圖7-1　巢狀查詢（子查詢）由外部與內部查詢組合

　　在 SQL 的 SELECT 查詢敘述內，子查詢允許在運算式的任何位置使用。執行時 DBMS 會先執行子查詢的敘述，再將結果套入上一層（主查詢）執行。

　　**例 (4)**：列出學生學號（Student.id 欄位）為 5851001 的姓名與修課平均分數。

```
SELECT id, name,  (select avg(score) from Course WHERE id='5851001')
FROM Student WHERE id='5851001'
```

**解析**

一般欄位不能與聚合函數並列。本範例使用子查詢，先計算學號 5851001 的修課平均成績，再將結果與主查詢合併。

　　**例 (5)**：列出班上年齡最長的學生學號、姓名與生日。

```
SELECT id, name, birth FROM Student
WHERE birth = (SELECT max(birth) FROM Student)
```

**解析**

在 WHERE 使用子查詢，DBMS 會最先執行子查詢，再將子查詢的結果作為條件判斷的依據。

本範例會將子查詢的 max(birth) 結果為 2004/7/10（以本書所附之資料為例的計算結果）比對主查詢每一個學生資料的生日欄位。所以對系統而言，SQL 敘述等於是：

SELECT id, name, birth FROM Student WHERE birth = ('2004/7/10')

　　**例 (6)**：請列出購買價格高於平均購買價格的圖書資料。

```
SELECT * FROM Book WHERE price > (SELECT AVG(price) FROM Book)
```

**解析**

DBMS 先執行子查詢敘述，得到購買平均價格 293.636363 的結果（以本書所附之資料為例的計算結果），所以對系統而言，SQL 敘述等於是：

SELECT * FROM Book WHERE price > (293.636363)

　　不過，子查詢的結果可能會像上述範例只有一個值，但也有可能會有多個結果的值。如果子查詢的結果只有一個值，且資料型態是數值，則可以直接使用等於、大於、小於比較運算子執行判斷；資料型態是字串，可以使用比較或字串處理的函數。如果子查詢的結果不只一個，就必須使用 IN、SOME、ANY 等判斷方式。也就是說，子查詢結果有多個值，就不能直接用比較運算子進行比較。

(1) 子查詢只有一個值

**例 (7)**：列出評比等級低於平均等級的書商名稱，以及評比的等級。

```
SELECT name,rank FROM Vendor
WHERE rank < (SELECT AVG(rank) FROM Vendor)
```

**解析**

平均等級使用 AVG( ) 函數計算 rank 欄位獲得。比較各個資料錄的 rank 內容是否比平均等級低，因為 rank 欄位不能與聚合函數並列的限制，所以必須使用子查詢計算平均等級。

**例 (8)**：列出價格介於最高價與 ( 最高價 -100) 範圍內的書目資料。

```
SELECT * FROM Book
WHERE price > (SELECT MAX(price) FROM Book)-100
```

**解析**

使用 MAX( ) 函數計算指定欄位 price 內容的最大值，只要各個資料錄的 price 欄位內容大於計算之最高價格減去 100 的數，便可符合題目要求的條件。

**例 (9)**：列出比 ( 姓 )Green 薪水少的員工資料。

```
SELECT * FROM Employee WHERE salary <
(SELECT salary FROM Employee WHERE lastname='Green')
```

**解析**

Green 領多少錢在查詢的當下不知道，必須先使用子查詢求得 Green 的薪水，再作為外部查詢的比較依據。

(2) 子查詢傳回一個集合

如果子查詢的執行結果有可能會有不只一筆資料時，就必須使用 IN 運算子進行比較判斷（IN 運算子的比較判斷，等同於多個相同欄位的 OR 判斷）。使用 IN 運算子的子查詢判斷，通常也可以使用合併（Join）查詢達成相同的結果。

**例 (10)**：列出訂單有訂購書號 '101' 的書商名稱。

```
SELECT name FROM Vendor
WHERE id IN (SELECT vid FROM Orders WHERE brn='101')
```

**解析**

執行最初並不知道哪些訂購單有書號 '101'，且題目要求找出訂購的書商，以便將書商名稱列出。因此可以使用子查詢先行求得有書號 '101' 訂購單的書商代碼。因為書商代碼是書商資料表的主鍵，所以可以據此列出該書商的名稱。

重點：子查詢的執行結果有可能會有不只一筆資料時，就必須使用 IN 運算子進行比較。判斷的欄位一定要與子查詢結果的欄位性質一致。以本例題為例，子查詢結果的 Orders.vid 欄位是書商代碼，主查詢就也是要以書商代碼（Vendor.id 欄位）與之比較。

因為子查詢的 IN 運算子判斷，SQL 敘述通常也可以使用 Join 判斷達成相同的結果。因此上述例題，與下列兩個 SQL 敘述的執行結果相同：

```
SELECT name FROM Vendor, Orders
WHERE Vendor.ID=Orders.VID AND brn='101'

SELECT NAME FROM Vendor
WHERE EXISTS(SELECT * FROM Orders
            WHERE Orders.vid=Vendor.id AND brn='101')
```

**例 (11)**：找出沒人訂購書的書商。

```
SELECT * FROM Vendor WHERE id NOT IN (SELECT vid FROM Orders)
```

**解析**

訂單資料表記錄所有訂購的紀錄，包括書目與書商的資訊，所以書商代碼不存在於訂單資料表的書商，就是沒人訂購的書商。

**例 (12)**：找出沒人訂購的書。

```
SELECT * FROM Book WHERE brn NOT IN (SELECT brn FROM Orders)
```

等同於：

```
SELECT * FROM Book WHERE NOT EXISTS
  (SELECT * FROM Orders WHERE Book.brn=Orders.brn)
```

相同的觀念，以學生選課為例，修課 Course 資料表代表有修課的學生與成績。

例 (13)：列出沒有修 'DB' 課程的學生資料。

```
SELECT * FROM Student WHERE id not IN
(SELECT id FROM Course WHERE subject='DB')
```

子查詢使用於條件判斷，因此可以搭配邏輯運算子（AND、OR）合併其他條件。

例 (14)：列出薪水比部門編號開頭為 2 的員工平均薪水還高的其他部門員工資料。

```
SELECT * FROM Employee WHERE salary >
(SELECT AVG(salary) FROM Employee WHERE deptno LIKE '2%')
AND deptno NOT LIKE '2%'
```

**解析**

本範例的員工資料需滿足兩個條件判斷：
1. 薪水比部門編號開頭為 2 的員工平均薪水還高；
2. 部門編號開頭為 2 以外的其他部門。
重點：部門編號開頭為 2 的員工平均薪水，在執行前並不知道，需要先以子查詢求得。

例 (15)：列出和姓（Lastname 欄位）Green 同部門的員工資料。

```
SELECT * FROM Employee WHERE deptno IN
(SELECT deptno FROM Employee WHERE lastname='Green')
```

**解析**

姓 Green 員工的部門在執行前並不知道，需要先以子查詢求得該員工的部門。考量可能的情況：
1. 姓 Green 的員工不只一人；
2. 姓 Green 的員工只有一人，但擔任多個部門的職務。
因此，條件使用 IN 邏輯運算子，而非使用 = 比較運算子較為適當。

例 (16)：列出與 Green 相同部門或薪水比他高的員工姓名、部門名稱和工資。

```
SELECT lastname+' '+firstname, description, salary
FROM Employee, Dept WHERE Dept.ID=Employee.deptno AND
        (deptno IN (SELECT deptno FROM Employee WHERE lastname='Green')
              OR salary > (SELECT salary FROM Employee WHERE
                           lastname='Green'))
```

**重點**

注意括號的時機。

## 7-3　┃┃ 分組與條件

### 1. 群組功能（**GROUP BY**）

　　GROUP BY 子句是從 WHERE 所選出的資料重新組合，也就是說，SELECT 敘述執行的先後順序是：先執行 WHERE 篩選符合條件的資料，再依據 GROUP BY 子句所指定的欄位將資料依內容分組。SQL 使用 GROUP BY 群組功能將資料分組，能夠獲得較為複雜的執行結果，需要特別注意下列 6 項使用原則：

(1) 必須在 GROUP BY 有使用的欄位，才能使用於 SELECT、HAVING、ORDER BY 之處。

**例 (17)**：下列 SQL 敘述是錯誤的，因為 id 並未列在 GROUP BY 的群組欄位，因此不能在 SELECT 子句中出現。

```
SELECT gender, id, COUNT(*) FROM Student GROUP BY gender
```

(2) 有使用在 GROUP BY 分組的欄位，可以不一定要出現於 SELECT、HAVING、ORDER BY 等處。

**例 (18)**：下列 SQL 敘述是正確可以執行的。列在 GROUP BY 的 gender 欄位，可以沒有使用在 SELECT。

```
SELECT COUNT(*) FROM Student GROUP BY gender
```

(3) 使用在 GROUP BY 有多個群組的欄位時，不需分先後次序。

**例 (19)**：依據課目、性別分別計算學生人數與平均分數。

```
SELECT subject, gender, COUNT(*), AVG(score)
FROM Student, Course WHERE Student.id=Course.id
GROUP BY gender, subject
```

---

**重點**

在 GROUP BY 的 gender、 subject 兩個欄位的先後次序更換，不會影執行結果。

---

(4) 如果 GROUP BY 的欄位不包含主鍵，需考量欄位內容是否有相同，但實際是不同的疑慮。若有，則須加上主鍵。

07_15.sql - DESKTO....school (shu (75))*

```
SELECT * FROM Student
```

| | id | name | address | birth | gender |
|---|---|---|---|---|---|
| 1 | 5851001 | 張三 | 基隆市愛三路 | 2002-01-12 00:00:00.000 | F |
| 2 | 5851002 | 李四 | 台北市復興北路 | 2002-10-24 00:00:00.000 | M |
| 3 | 5851003 | 王五 | 台北縣新莊市中正路 | 2003-04-15 00:00:00.000 | M |
| 4 | 5851004 | 錢六 | 台北縣板橋市文化路 | 2003-09-14 00:00:00.000 | M |
| 5 | 5851005 | 趙七 | 台北縣板橋市中正路 | 2004-03-02 00:00:00.000 | F |
| 6 | 5851006 | 陳八 | 台北市忠孝東路 | 2002-07-30 00:00:00.000 | M |
| 7 | 5851007 | 吳九 | 基隆市中正路 | 2000-10-24 00:00:00.000 | F |
| 8 | 5851008 | 畢十 | 苗栗市世界一路 | 2000-04-09 00:00:00.000 | M |
| 9 | 5851009 | 任閑齊 | 台北縣新莊市思源路 | 2001-05-18 00:00:00.000 | M |
| 10 | 5851010 | 吳奇農 | 桃園縣莊敬二路 | 2004-02-19 00:00:00.000 | M |
| 11 | 5851011 | 錢六 | 台北市木柵路 | 2003-04-21 00:00:00.000 | F |
| 12 | 5851012 | 賁多分 | 台北市介壽路 | 2004-07-10 00:00:00.000 | F |
| 13 | 5851013 | 許十一 | 台北縣板橋市縣民... | 2003-09-17 00:00:00.000 | M |
| 14 | 5851014 | 紀十二郎 | 新竹市仁愛路200號 | 2004-01-01 00:00:00.000 | F |
| 15 | 5851015 | 楊十三 | 新竹市仁愛路200號 | 2004-01-01 00:00:00.000 | F |

已成功執行查詢。 DESKTOP-MLTVSUL (15.0 RTM) | shu (75) | school | 00:00:00 | 15 資料列

▲ 圖 7-2　群組的欄位有相同但不同資料時，需加入主鍵分組

如圖 7-2 學生資料表的資料中如有多位學生同姓名，卻只以姓名方式分組，執行結果會如圖 7-3 所示，相同姓名（但不同人）均會被群聚在同一組而造成錯誤。

**例 (20)**：請依姓名分別列出各學生的平均成績與修課數。

SQLQuery1.sql - DE...school (shu (75))*

```
SELECT * FROM INFORMATION_SCHEMA.COLUMNS
WHERE TABLE_NAME IN ('Student', 'Course', 'Subject','Teacher')
```

| | TABLE_CATALOG | TABLE_SCHEMA | TABLE_NAME | COLUMN_NAME | ORDINAL_POSITION | COLUMN_DEFAULT | IS_NULLABLE | DATA_TYPE | CHARACTER_MAXIMUM_LENGTH |
|---|---|---|---|---|---|---|---|---|---|
| 1 | school | dbo | Course | id | 1 | NULL | NO | char | 10 |
| 2 | school | dbo | Course | subject | 2 | NULL | NO | char | 3 |
| 3 | school | dbo | Course | score | 3 | NULL | YES | numeric | NULL |
| 4 | school | dbo | Student | id | 1 | NULL | NO | char | 10 |
| 5 | school | dbo | Student | name | 2 | NULL | YES | varchar | 8 |
| 6 | school | dbo | Student | address | 3 | NULL | YES | varchar | 30 |
| 7 | school | dbo | Student | birth | 4 | NULL | YES | datetime | NULL |
| 8 | school | dbo | Student | gender | 5 | NULL | YES | char | 1 |
| 9 | school | dbo | Subject | id | 1 | NULL | NO | char | 3 |
| 10 | school | dbo | Subject | name | 2 | NULL | YES | varchar | 20 |
| 11 | school | dbo | Subject | teacher | 3 | NULL | NO | char | 3 |
| 12 | school | dbo | Teacher | id | 1 | NULL | NO | char | 3 |
| 13 | school | dbo | Teacher | name | 2 | NULL | YES | varchar | 20 |
| 14 | school | dbo | Teacher | title | 3 | NULL | YES | varchar | 10 |
| 15 | school | dbo | Teacher | depart | 4 | NULL | YES | varchar | 30 |
| 16 | school | dbo | Teacher | password | 5 | NULL | YES | varchar | 10 |

已成功執行查詢。 DESKTOP-MLTVSUL\SQLEXPRESS ... | shu (75) | school | 00:00:00 | 16 資料列

▲ 圖 7-3　未以主鍵分組的不正確結果

　　因為依題意，只將姓名分組，使得同名同姓但不同人的資料群組在一起，而造成不正確結果的 SQL 敘述如下：

```
SELECT name, COUNT(*), AVG(score) FROM Student, Course
WHERE Student.id=Course.id
GROUP BY name
```

　　正確的 SQL 敘述，必須加上學生的主鍵，使得相同姓名但不同人的資料，基於主鍵的唯一性，而能夠正確地分組：

```
SELECT name, COUNT(*), AVG(score) FROM Student, Course
WHERE Student.id=Course.id
GROUP BY name, Student.id
```

　　執行結果如圖 7-4 所示，可以和圖 7-3 未以主鍵分組的不正確結果相互比較。

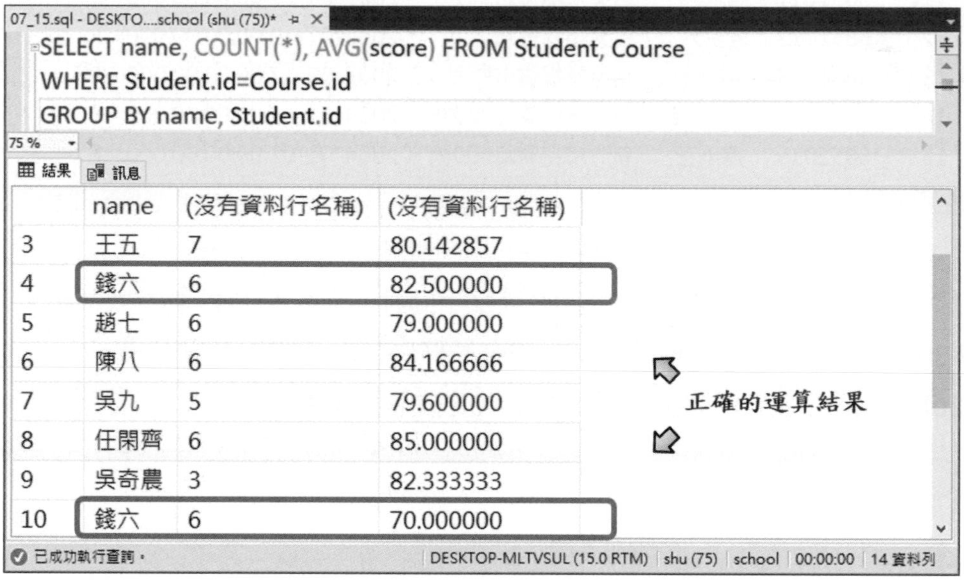

▲　圖 7-4　以主鍵分組的正確結果

　　不過並非所有資料都需要加入主鍵分組，主要還是考量資料的特性，是否有相同內容但需要分開統計的情況。例如計算學生之中，不同性別的平均分數，因為性別沒有「內容相同但實際是不同」的情況，因此只要使用性別分組即可，不用考慮主鍵。

　　例 (21)：列出各系所老師開課的數量。

```
SELECT depart, COUNT(*) FROM Teacher, Subject
WHERE Subject.teacher=Teacher.id
GROUP BY depart
```

解析

在一所學校內，系所不會有同名稱但不同系的情況發生。所以可以不用考量主鍵的唯一性。

**例 (22)**：列出各老師姓名與開課的數量。

```
SELECT Teacher.name, COUNT(*) FROM Teacher, Subject
WHERE Subject.teacher=Teacher.id
GROUP BY Teacher.name, Teacher.id
```

解析

在一所學校內，授課老師可能有同名但不同人的情況發生。所以 GROUP BY 分組時，必須加入主鍵以確保唯一性。

(5) GROUP BY 表示 DBMS 必須掃描整個資料表之後，才能將指定的資料分好群組。因此，可以在 SELECT、WHERE、ORDER BY 之後直接使用聚合函數。

回顧一般性的 SELECT 敘述，欄位不可以直接與聚合函數並列，所以下列 SQL 敘述是錯誤的：

```
SELECT id,COUNT(*) FROM Course
```

SQL 敘述執行的順序是先處理 WHERE 條件，篩選符合的條件後再執行 GROUP BY 字句進行資料的分組。當分組完成後，表示 DBMS 已完成整個資料表的掃描，能夠計算出聚合函數的結果，因此下列 SQL 敘述是正確的。

**例 (23)**：請以學生個人的平均分數排序，列出每位學生的學號與修課數目。

```
SELECT id, COUNT(*) FROM Course GROUP BY id ORDER BY AVG(score)
```

**例 (24)**：求訂單 Orders 資料表中，列出各書號與被訂購的次數。

```
SELECT brn, COUNT(brn) FROM Orders GROUP BY brn
```

解析

如同商業訂單一定有訂購的商品編號一樣，訂單中的書號不會是空值或虛值，所以使用 COUNT(brn) 和 COUNT(*) 結果是一樣的。

**例 (25)**：求訂單資料表中，列出各書號與被訂購的次數，並以書號由大到小排序。

```
SELECT brn, SUM(quantity) FROM Orders GROUP BY brn ORDER BY brn DESC
```

**例 (26)**：列出訂單中，各訂購商購買各種書本的數量，並以書商代碼、書號排序。

```
SELECT vid, brn, SUM(quantity) FROM Orders
GROUP BY vid, brn ORDER BY vid, brn
```

**例 (27)**：列出各學生的學號與平均成績。

```
SELECT id, AVG(score) FROM Course GROUP BY id
```

**例 (28)**：列出學生中男生、女生的人數與平均分數，列出時欄位標籤以中文表示。

```
SELECT gender" 性別 ", COUNT(*)" 人數 ", AVG(score)" 平均分數 "
FROM Student, Course WHERE Student.id=Course.id
GROUP BY gender
```

**例 (29)**：求各書商訂購書的總數，請列出書商代碼與名稱。

```
SELECT ORDERS.VID, VENDOR.NAME, SUM(quantity)
FROM Orders, Vendor WHERE Orders.vid=Vendor.id
GROUP BY Orders.vid, Vendor.name
```

(6) 群組之後，資料庫系統便以「組」為單位，可以列出各組的基本資料，但無法列出各組內容的「細節」。如果要列出群組後各組的細節，則該「群組的敘述」要以子查詢方式處理。

---
**說明**
---

此一使用原則需要搭配下一單元介紹的 HAVING 子句，如果還不熟悉 HAVING 子句的使用方式，可以先學習下一單元之後再回頭練習此原則。

**例 (30)**：列出部門平均薪水超過 35000 的部門的員工資料。

```
SELECT * FROM Employee
WHERE deptNo IN (SELECT deptNo FROM Employee
                 GROUP BY deptNo HAVING AVG(salary) > 35000)
```

**解析**

依題意 SQL 敘述可先表示為：

SELECT * FROM Employee WHERE deptNo IN ( 平均薪水超過 35000 的部門 ) ……①

其中「部門平均薪水超過 35000 的部門」SQL 敘述為：

SELECT deptNo FROM Employee GROUP BY deptNo HAVING AVG(salary) > 35000 ……②

將②帶入①即完成本題的解答。

━━━━━━━━━━━━━━━━━━━━━━ **說明** ━━━━━━━━━━━━━━━━━━━━━━

Course 修課資料表包括學生、科目、成績的資訊，因此：

■ 以學生分組，可以計算各學生的修課數量、學生的成績分數；

■ 以科目分組，可以計算各科目的學生人數、科目的成績分數。

## 2. 群組條件（**HAVING**）

　　HAVING 是隸屬在 GROUP BY 子句之後，作用與 WHERE 類似，但它是過濾由 GROUP BY 分組後的資料。

━━━━━━━━━━━━━━━━━━━━━━ **訣竅** ━━━━━━━━━━━━━━━━━━━━━━

HAVING 與 WHERE 均是用於條件的判斷。

■ WHERE 的條件是執行於 GROUP BY 分組之前或不需要分組的判斷；

■ HAVING 的條件則是執行於 GROUP BY 分組後的判斷；

■ SQL 敘述先執行 WHERE 條件判斷，再將結果的資料集執行 GROUP BY 分組，分組後再依據 HAVING 進行條件判斷。

　　**例 (31)**：列出住在台北地區男女生人數。

```
SELECT gender, COUNT(*) FROM Student
WHERE address LIKE '台北%' GROUP BY gender
```

**解析**

地址住在「台北」，並非等於「台北」，使用 LIKE 運算子執行部分符合的條件判斷。地址的判斷僅是單純篩選符合的資料錄，不需分組即可執行，所以置於 WHERE 子句。

　　**例 (32)**：列出男生（gender 欄位內容 ='M'）修課數目超過 3 門的學生姓名、修課數與平均成績。

```
SELECT name, COUNT(*), AVG(score)
FROM Student, Course
WHERE Student.id=Course.id AND gender='M'
GROUP BY Student.id, name HAVING COUNT(*)>3
```

> **解析**
>
> 本題的 SQL 敘述具備 3 個條件判斷：
>
> (1) 資料來源為 Student 和 Course 資料表，因此在 WHERE 子句要 Join 此兩個資料表。
>
> (2) 性別的判斷僅是單純篩選符合的資料錄，不需分組即可執行，所以置於 WHERE 子句。
>
> (3) 個別學生的修課數需大於 3 門，此條件必須以學生分組後才能執行的判斷，因此置於 HAVING。

例 (33)：以平均成績由高到低，列出修課低於 5 門科目的學生學號、修課數目與平均成績。

```
SELECT id, COUNT(*), AVG(score) FROM Course
GROUP BY id  HAVING COUNT(*) < 5
ORDER BY AVG(score) DESC
```

例 (34)：列出訂單檔中各商品購買總數超過 20 的訂單編號與購買總數（依訂單分組）。

```
SELECT id, SUM(quantity) FROM Orders
GROUP BY id HAVING SUM(quantity) >20
```

> **解析**
>
> 依訂單分組，因此 GROUP BY 的欄位為 Orders 資料表的 id 欄位。
>
> 購買總數是依各訂單分組後計算各訂單購買數量的加總，因此使用 HAVING 執行 SUM(quantity) 是否大於 20 的判斷。

---

**訣竅**

---

> 特定數值欄位內容的加總，使用函數：SUM( 欄位 )
>
> 計算資料錄的筆數，使用函數：COUNT(*)

例 (35)：列出同一筆書目資料下所有館藏總計被借超過 20 次的書目編號、書名與作者。

```
SELECT Bib.brn, title, author FROM Holding, Bib
WHERE Holding.brn = Bib.brn
GROUP BY Bib.brn, title, author
HAVING SUM(amount) > 20
```

### 解析

- 資料來源為 Holding 和 Bib 資料表，因此在 WHERE 子句要 Join 此兩個資料表。
- 因為 Holding 與 Bib 兩個資料表均有相同名稱的 brn 欄位，因此必須標示合格名稱 (Qualify)。
- 判斷條件為同一本書的館藏總計被借超過 20 次以上，表示需要以「書」為依據分組之後，計算各「書」館藏的借閱總和，因此判斷條件屬於 HAVING( 分組後的判斷 )。
- 有分組的情況時，顯示 brn、title、author 欄位，必須在 GROUP BY 有這些欄位的分組。

--- 說明 ---

對圖書館的組織而言，一個圖書館可能擁有多個分館（Branch）；以書目資料管理而言，「書」會有一筆書目紀錄，但相同的書可能會購買多本，稱為複本（Copies）。應用在圖書館的資料庫表格，需要考量到「書」－「分館」－「複本」間的關係。在名詞上，分館收藏的圖書，稱為館藏（Holding）。

例 (36)：求出修課人數最多的課程，列出該課程的老師姓名、修課人數與平均成績。

解題的方式可以先思考下列程序：

```
SELECT … FROM … WHERE … GROUP BY 依科目分組
HAVING 課目的修課人數 = ( 科目最多的修課人數 )
```

分組後使用 COUNT(*) 可計算得到各科目的修課人數。但因為無法在 COUNT(*) 聚合函數之上再使用 MAX( )，也就是不允許執行 MAX( COUNT(*) ) 的方式求出各修課最多的人數，因此需要使用下列 ALL 邏輯運算子的方式：

```
SELECT … FROM … WHERE … GROUP BY 依科目分組
  HAVING 課目的修課人數 >= ALL( 各科目的修課人數 )
```

依據上述解題程序，完成之 SQL 敘述如下：

```
SELECT subject, S.name,COUNT(*), AVG(score)
FROM Course C, Subject S
WHERE C.subject=S.id
GROUP BY subject, S.name
HAVING COUNT(*) >= ALL(SELECT COUNT(*) FROM Course GROUP BY subject)
```

╌╌╌╌╌╌╌╌╌╌╌╌╌╌╌╌╌╌╌╌╌╌╌╌╌╌╌╌╌╌╌ **說明** ╌╌╌╌╌╌╌╌╌╌╌╌╌╌╌╌╌╌╌╌╌╌╌╌╌╌╌╌╌╌╌

函數 MAX(*欄位*) 能夠計算最大值，但因為分組後會以組為單位，也就是結果就會有分組後的組數，是不能再以函數 MAX() 來找出各組中最大數的一組，也就是說，下列的 SQL 敘述是不能執行的：

```
HAVING COUNT(*)=(SELECT MAX(COUNT(*)) FROM Course GROUP BY subject)
```

而且子查詢的結果只能使用比較運算子（>=、>、=、<、<=）和 IN、ANY、SOME、ALL 等判斷，不能再使用聚合函數進行運算。也就是說，下列的 SQL 敘述是**不能**執行的：

```
HAVING COUNT(*)=MAX(SELECT COUNT(*) FROM Course GROUP BY subject)
```

**例 (37)**：列出修課平均成績最高的科目名稱與老師姓名。

```
SELECT subject, S.name, T.name, AVG(score)
FROM Course C, Subject S, Teacher T
WHERE C.subject=S.id AND S.teacher=T.id
GROUP BY C.subject, S.name, T.name
HAVING AVG(score) >= ALL(SELECT AVG(score) FROM Course GROUP BY subject)
```

## 7-4 ┃ 綱要查詢

### 1. 系統綱要資料表

　　SQL 的 SELECT 指令，能夠將資料表整個內容傾印（dump）出來。除了可使用 SELECT 指令透過資料表取得「運算資料」（Operational data），也可以透過系統綱要資料表取得資料庫內所包含的資料表結構。

　　SQL Server 提供三個與資料表有關的綱要表（Schema tables），這三個綱要表均為 INFORMATION_SCHEMA 系統物件的屬性：

　　(1) INFORMATION_SCHEMA.TABLES　　　記錄此資料庫中所有資料表的資訊。

　　(2) IFORMATION_SCHEMA.COLUMNS　　　記錄此資料庫各個資料表所有欄位的定義資訊。

　　(3) INFORMATION_SCHEMA.VIEWS　　　記錄此資料庫的視界（VIEW，虛擬表格）的資訊。

**說明**

- INFOMRATION_SCHEMA 結構的實施是依據 ANSI/ISO SQL 的標準。
- 除了這三個綱要表，SQL Server 另外還有一個常用來列出資料庫所有物件的 SYS.ALL_OBJECTS 綱要表。管理者可以使用此一綱要表，列出該資料庫內所有的使用者表格、視界、預儲程序、綱要表…等各種物件。
- 使用 INFORMATION_SCHEMA 的登入者，必須具備此資料庫的擁有者權限。

## 2. INFORMATION_SCHEMA.TABLES

**例 (38)**：列出所在資料庫的資料表清單。

```
SELECT * FROM INFORMATION_SCHEMA.TABLES
```

使用練習資料庫 School，執行結果列出如圖 7-5 所示，具備下列 4 個欄位：

(1) TABLE_CATALOG 欄位：資料庫名稱；

(2) TABLE_SCHEMA 欄位：資料表的擁有者（dbo 表示所有權限的 DbOwner）；

(3) TABLE_NAME 欄位：資料表的名稱；

(4) TABLE_TYPE 欄位：資料表的型態。「BASE TABLE」表示實體表格（就是一般的資料表）；「VIEW」表示視界（虛擬表格）。

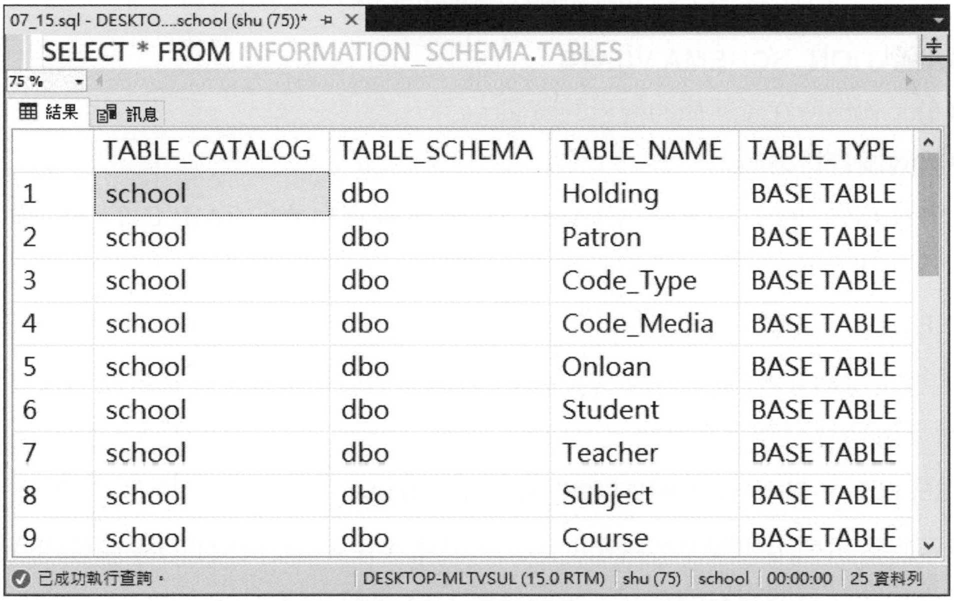


| | TABLE_CATALOG | TABLE_SCHEMA | TABLE_NAME | TABLE_TYPE |
|---|---|---|---|---|
| 1 | school | dbo | Holding | BASE TABLE |
| 2 | school | dbo | Patron | BASE TABLE |
| 3 | school | dbo | Code_Type | BASE TABLE |
| 4 | school | dbo | Code_Media | BASE TABLE |
| 5 | school | dbo | Onloan | BASE TABLE |
| 6 | school | dbo | Student | BASE TABLE |
| 7 | school | dbo | Teacher | BASE TABLE |
| 8 | school | dbo | Subject | BASE TABLE |
| 9 | school | dbo | Course | BASE TABLE |

▲ 圖 7-5 由系統綱要取得資料庫內資料表的資訊

## 3. INFORMATION_SCHEMA.COLUMNS

例 **(39)**：列出練習資料庫 School 內 Student、Course、Subject、Teacher 資料表的欄位
資訊。

```
SELECT * FROM INFORMATION_SCHEMA.COLUMNS
WHERE TABLE_NAME IN ('Student', 'Course', 'Subject','Teacher')
```

各資料表的欄位資訊列出如圖 7-6 所示的結果：

| | TABLE_CATALOG | TABLE_SCHEMA | TABLE_NAME | COLUMN_NAME | ORDINAL_POSITION | COLUMN_DEFAULT | IS_NULLABLE | DATA_TYPE | CHARACTER_MAXIMUM_LENGTH |
|---|---|---|---|---|---|---|---|---|---|
| 1 | school | dbo | Course | id | 1 | NULL | NO | char | 10 |
| 2 | school | dbo | Course | subject | 2 | NULL | NO | char | 3 |
| 3 | school | dbo | Course | score | 3 | NULL | YES | numeric | NULL |
| 4 | school | dbo | Student | id | 1 | NULL | NO | char | 10 |
| 5 | school | dbo | Student | name | 2 | NULL | YES | varchar | 8 |
| 6 | school | dbo | Student | address | 3 | NULL | YES | varchar | 30 |
| 7 | school | dbo | Student | birth | 4 | NULL | YES | datetime | NULL |
| 8 | school | dbo | Student | gender | 5 | NULL | YES | char | 1 |
| 9 | school | dbo | Subject | id | 1 | NULL | NO | char | 3 |
| 10 | school | dbo | Subject | name | 2 | NULL | YES | varchar | 20 |
| 11 | school | dbo | Subject | teacher | 3 | NULL | NO | char | 3 |
| 12 | school | dbo | Teacher | id | 1 | NULL | NO | char | 3 |
| 13 | school | dbo | Teacher | name | 2 | NULL | YES | varchar | 20 |
| 14 | school | dbo | Teacher | title | 3 | NULL | YES | varchar | 10 |
| 15 | school | dbo | Teacher | depart | 4 | NULL | YES | varchar | 30 |
| 16 | school | dbo | Teacher | password | 5 | NULL | YES | varbinary | 512 |
| 17 | school | dbo | Teacher | randomKey | 6 | NULL | YES | varbinary | 4 |

▲ 圖 7-6　由系統綱要取得資料庫內資料表的欄位資訊

## 4. INFORMATION_SCHEMA.VIEWS

例 **(40)**：列出所在資料庫的視界的資訊。

可使用兩個資料來源：

(1) INFORMATION_SCHEMA.TABLES：依據該資料表的 TABLE_TYPE 欄位內容為
「VIEW」表示視界（虛擬表格）。

```
SELECT * FROM INFORMATION_SCHEMA.TABLES WHERE TABLE_TYPE='VIEW'
```

(2) INFORMATION_SCHEMA.VIEWS：此資料表除了可取得此資料庫的視界，也包含
視界最初建立的完整語法。

```
SELECT * FROM INFORMATION_SCHEMA.VIEWS
```

各視界的資訊列出如圖 7-7 所示的結果，其中 VIEW_DEFINITION 欄位內容為該視界
建立的宣告語法（有關視界的建立，請參見第 11-3 節的介紹）。

透過 INFORMAITON_SCHEMA.VIEWS 系統綱要表格的 VIEW_DEFINITION 欄位內
容，不僅可以提供系統管理者（DBA）檢視視界的結構與資料來源，也可以提供學習者了
解一些視界宣告的語法。

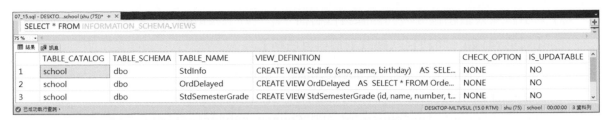

▲ 圖 7-7 列出資料庫內各視界的資訊

# 7-5 │ 單元練習

SELECT 查詢是 SQL 中語法最為複雜，但也是使用需求最多的指令。畢竟資料庫儲存與管理資料最大的目的，就是為了提供有效的使用。本節列出一些練習題目，提供自我學習的評量，與回顧 SELECT 查詢語法的執行特性。

(1) 列出各科修課人數。

【依科目分組，統計各組數量】

```
SELECT subject, COUNT(*) FROM Course GROUP BY subject
```

(2) 列出每位學生修課的數目與平均成績。

【依學生分組，統計各組數量與 score 欄位的平均】

```
SELECT id, COUNT(*), AVG(score) FROM Course GROUP BY id
```

(3) 列出修課人數超過 8 人的修課科目代碼。

【依科目分組，分組後的條件判斷】

```
SELECT subject, COUNT(*) FROM Course
GROUP BY subject HAVING COUNT(*)>8
```

(4) 列出修課人數超過 8 人的修課科目代碼、學生姓名及成績。

```
SELECT subject, name, score FROM Student, Course
WHERE Student.id=Course.id
AND subject IN （修課人數超過 8 人的科目） --- ①
```

修課人數超過 8 人的科目：

```
SELECT subject FROM Course
GROUP BY subject HAVING COUNT(*)>8 --- ②
```

將②併入①得：

```
SELECT subject, name, score FROM Student, Course
WHERE Student.id=Course.id AND subject IN
(SELECT subject FROM Course GROUP BY subject HAVING COUNT(*)>8)
```

(5) 列出修課人數超過 8 人的修課科目名稱、學生姓名及成績。

　【同第 (4) 題，將科目代碼改列為科目名稱】

```
SELECT Subject.name, Student.name, score
FROM Student, Course, Subject
WHERE Student.id=Course.id AND Course.subject=Subject.id
      AND subject IN
(SELECT subject FROM Course GROUP BY subject HAVING COUNT(*)>8)
```

(6) 列出修課人數超過 8 人的修課科目名稱、學生姓名及成績，並依科目名稱、成績、學號排序。

　【同第 (5) 題，僅增加排序。因資料表較多，故使用資料表別名方式簡化 SQL 敘述】

```
SELECT J.name, S.name, score FROM Student S, Course C, Subject J
WHERE S.id=C.id and C.subject=J.id AND subject IN
(SELECT subject FROM Course GROUP BY subject HAVING COUNT(*)>8)
ORDER BY J.name, score, S.name
```

(7) 列出學生平均成績低於 80 分的學生學號、姓名、平均成績。

```
SELECT Student.id, name, AVG(score)
FROM Student, Course WHERE Student.id=Course.id
GROUP BY Student.id, name
HAVING AVG(score)<80
```

(8) 列出科目平均成績高於 70 分的科目名稱、授課老師姓名、平均分數。

　【依科目分組，要注意有無相同科目名稱、相同老師姓名，但實際是不同科、不同人的情況。因資料表較多，故使用資料表別名方式簡化 SQL 敘述】

```
SELECT S.name, T.name, AVG(score)
FROM Subject S, Teacher T, Course C
WHERE S.teacher=T.id and S.id=C.subject
GROUP BY S.id, T.id, S.name, T.name
HAVING AVG(score)>80
```

(9) 列出修課平均成績比「5851006」平均成績還高的學生學號及其平均成績。

　【當下不知道 5851006 的平均分數，因此需要先使用子查詢得知】

```
SELECT id, AVG(score) FROM Course GROUP BY id
HAVING AVG(score)> ( 5851006 的平均分數 ) --- ①
```

【依學生分組後，計算學生個人的平均分數是否高於 5851006 的平均分數】

5851006 的平均分數：SELECT AVG(score) FROM Course WHERE id='5851006' --- ②

【不需要使用 group by】

將②併入①得：

```
SELECT id, AVG(score) FROM Course GROUP BY id HAVING AVG(score)>
      (SELECT AVG(score) FROM Course WHERE id='5851006' )
```

(10) 列出修課男生、女生的平均成績。

```
SELECT gender, AVG(score) FROM Course, Student
WHERE Course.id=Student.id GROUP BY gender
```

(11) 求課目代碼 "DB" 最高分學生的所有科目成績。

【DB 最高分幾分？DB 最高分是哪些同學？】

```
SELECT * FROM Course WHERE id IN（課目代碼 "DB" 最高分的學生）--- ①
```

課目代碼 "DB" 最高分的學生：

```
SELECT id FROM Course WHERE subject='DB' AND score = (DB最高分) --- ②
```

DB 最高分：

```
SELECT MAX(score) FROM Course WHERE subject='db' --- ③
```

將③併入②後，再將②併入①得：

```
SELECT * FROM Course WHERE id IN
    (SELECT id FROM Course WHERE subject='DB' AND
    score = (SELECT MAX(score) FROM Course WHERE subject='db' ))
```

(12) 求資料庫最高分學生的所有科目成績。

【資料庫不是完整科目名稱，最高分幾分？DB 最高分是哪些同學？】

```
SELECT * FROM Course WHERE id IN
   (SELECT C.id FROM Course C, Subject S
     WHERE C.subject=S.id AND S.name like '%資料庫%' AND
          score=(SELECT MAX(score) FROM Course C, Subject S
               WHERE C.subject=S.id  and S.name like '%資料庫%'))
```

(13) 列出老師的開課數量。

【將科目與老師 join 後，依老師分組，計算資料的數量】

```
SELECT Teacher.id, COUNT(*) FROM Subject, Teacher
WHERE Subject.teacher=Teacher.id GROUP BY  Teacher.id
```

(14) 列出老師的姓名、開課科目數量。

【SELECT 結果只需列出老師姓名，但 GROUP BY 時因為可能有同名不同人，所以要加上主鍵來分組】

```
SELECT Teacher.name, COUNT(*) FROM Subject, Teacher
WHERE subject.teacher=teacher.id
GROUP BY Teacher.id, Teacher.name
```

(15) 列出有開課成功的老師姓名與開課數量。

【WHERE 判斷：Subject.id IN (SELECT subject FROM Course) 是基於科目代碼必須存在修課檔（Course），才表示有開課成功】

```
SELECT T.name, COUNT(*) FROM Subject S, Teacher T
WHERE S.teacher=T.id AND S.id IN (SELECT subject FROM Course)
GROUP BY T.id, T.name
```

(16) 列出老師的姓名、開課科目名稱、各科目修課學生人數、修課的平均成績。

【以老師分組，然後聚合科目與各科目的學生】

```
SELECT T.name, S.name, COUNT(*), AVG(score)
FROM Teacher T, Subject S, Course C
WHERE T.id=S.teacher and S.id=C.subject
GROUP BY T.id, T.name, S.id, S.name
```

# 本章習題

## 選擇題

( )　1.　下列哪一個函數可用來計算指定欄位之資料集數目：
　　　　① COUNT( )　② SUM( )　③ TOTAL( )　④ AMOUNT( )。

( )　2.　下列哪一個函數可用來計算指定欄位內容之加總：
　　　　① COUNT( )　② SUM( )　③ TOTAL( )　④ AMOUNT( )。

( )　3.　日期類型的資料可以使用下列哪一個聚合函數：
　　　　① AVG( )　② SUM( )　③ MONTH( )　④ MAX( )。

( )　4.　關於函數的說明，下列何者錯誤：
　　　　① 函數內不可再指定函數
　　　　② 函數執行結果一定有一個，且只有一個回傳值
　　　　③ 除非配合 GROUP BY，否則一般欄位不可以和函數並存在同一 SQL 子句內。

( )　5.　關於子查詢的說明，下列何者錯誤：
　　　　① 又稱巢狀查詢
　　　　② 包含子查詢的敘述又稱為外部查詢或外部選取
　　　　③ 子查詢內仍可以再有下一層的子查詢
　　　　④ 執行的次序是先執行外部查詢，再執行內部查詢。

( )　6.　關於查詢條件的說明，下列何者正確：
　　　　① 執行次序是先 WHERE，次 GROUP BY，最後 HAVING
　　　　② 執行次序是先 GROUP BY，次 WHERE，最後 HAVING
　　　　③ 執行次序是先 WHERE，次 HAVING，最後 GROUP BY
　　　　④ 執行次序是先 GROUP BY，次 HAVING，最後 WHERE。

( )　7.　關於查詢條件的說明，下列何者錯誤：
　　　　① WHERE 和 GROUP BY 都是條件判斷
　　　　② WHERE 和 GROUP BY 都可以具備子查詢
　　　　③ WHERE 和 GROUP BY 都可以與聚合函數比較判斷
　　　　④ 沒有群組的欄位，不可以使用在 HAVING 判斷內。

## 簡答

1. 列出修 DB 課的學生學號、姓名與成績。

2. 列出修 DB 課程且該科成績高於 80 分的學號、姓名與成績。

3. 列出修 CO、CT、RF 科目中，成績高於 90 分學生的學號、科目、成績，列出時請以科目排序，並以成績由高到低排序。

4. 列出沒有修 CO、CT、RF 科目中，平均成績高於 90 分的學生學號、各科目與各科成績。

5. 列出修課平均成績介於 60 到 80 分的學生學號、姓名與 'DB' 課程成績。

6. 列出有修 ' 李老師 ' 課程的學生學號、姓名、課程與成績。

7. 使用資料表別名，重新執行上述題目。

8. 列出出生於 2000 年 1 月 1 日到 2021 年 12 月 31 日之間的學生學號、修課科目數量與平均分數。列出時欄位名稱請以中文顯示。

9. 列出修 DB 科目最高分的學生學號與姓名。

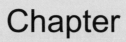

Chapter

# 08

# 查詢輸出格式

# 8-1 輸出 XML 格式

SQL Server 支援 XML 的方式分為兩種：

(1) 關聯式資料表的欄位內容仍是標準的欄位資料類型，但允許輸出成 XML 文件格式。

(2) 關聯式資料表的單一欄位內容即是完整的 XML 文件。

SQL Server 2000 之後的版本，開始支援第一種形式，提供將關聯式資料表的資料紀錄，使用 SELECT 敘述執行並輸出成 XML 文件格式的功能。產生的方式只須在 SELECT 敘述最後加上 FOR XML 相關的指令宣告即可。

指令宣告：

```
FOR XML
{RAW | AUTO | EXPLICIT | PATH
[, XMLData]
[, ELEMENTS]
[, BINARY base64]}
```

SELECT 查詢中指定 FOR XML 子句，表示以 XML 格式輸出結果。在 FOR XML 子句中，可以指定下列四種模式之一：

(1) RAW：指定將查詢結果的每一列資料，以通用的 <row> 元素表示，各欄位內容以屬性方式表示。

(2) AUTO：指定將多種資料表查詢結果，轉換成一個 XML 的巢狀元素，各欄位內容以屬性方式表示。

(3) EXPLICIT：傳回應建立之 XML 樹狀形式。EXPLICIT 模式可以混合屬性和元素、建立包裝函數和巢狀的複雜屬性，以及建立以空格分隔的值和混合的資料內容。相對地，EXPLICIT 模式的查詢比較繁雜。

(4) PATH：提供比較簡單的方式來混合元素與屬性。可以使用 EXPLICIT 模式查詢來建構 XML 格式的文件，但是 PATH 模式會比 EXPLICIT 模式提供較簡單的替代方案。

除了產生 XML 格式的文件之外，亦可再加上下列宣告，產生文件的綱要或編碼形式：

■ XMLData：指定查詢結果產生之 XML 內，包含該資料表綱要（Schema）之 DTD。

■ ELEMENTS：指定查詢結果之各欄位，以元素型態傳回（須配合 AUTO）。

■ BINARY base64：指定傳回之二進位資料，以標準的 base64 編碼。

**例 (1)**：以 XML 格式，列出學生個別的學號、姓名、修課數目與平均成績。

```
SELECT S.ID, NAME, COUNT(*)"Course_Num", AVG(SCORE)"Average_Score"
FROM STUDENT S, COURSE C WHERE S.ID=C.ID GROUP BY S.ID, NAME
FOR XML RAW
```

使用 FOR XML 的 RAW 模式，在 SQL Server 上執行的結果顯示如圖 8-1，每筆資料紀錄均個別以 <raw> 元素表示，所有欄位內容均以屬性方式置於 <raw> 元素內。

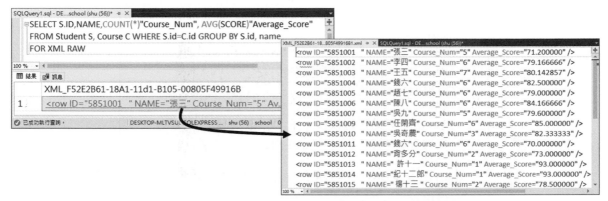

▲ 圖 8-1　SELECT 敘述執行輸出成 XML 文件格式

若要以資料表名稱作為元素的標籤名稱，可以使用 FOR XML 的 AUTO 模式，請參考下列執行結果如圖 8-2 所示的範例。

**例 (2)**：以 AUTO 模式，列出所有學生資料表資料。

```
SELECT * FROM Student FOR XML AUTO
```

```
<Student id="5851001 " name="張三" address="基隆市愛二路" birth="2002-01-12T00:00:00" gender="F" />
<Student id="5851002 " name="李四" address="台北市復興北路" birth="2002-10-24T00:00:00" gender="M" />
<Student id="5851003 " name="王五" address="台北縣新莊市中正路" birth="2003-04-15T00:00:00" gender="M" />
<Student id="5851004 " name="錢六" address="台北縣板橋市文化路" birth="2003-09-14T00:00:00" gender="M" />
<Student id="5851005 " name="趙七" address="台北縣板橋市中正路" birth="2004-03-02T00:00:00" gender="F" />
<Student id="5851006 " name="陳八" address="台北市忠孝東路" birth="2002-07-30T00:00:00" gender="M" />
<Student id="5851007 " name="吳九" address="基隆市中正路" birth="2000-10-24T00:00:00" gender="F" />
<Student id="5851008 " name="畢十 " address="苗栗市世界一路" birth="2000-04-09T00:00:00" gender="M" />
<Student id="5851009 " name="任閑齊" address="台北縣新莊市思源路" birth="2001-05-18T00:00:00" gender="M" />
<Student id="5851010 " name="吳奇農" address="桃園縣莊敬二路" birth="2004-02-19T00:00:00" gender="M" />
<Student id="5851011 " name="錢六" address="台北市木柵路" birth="2003-04-21T00:00:00" gender="F" />
<Student id="5851012 " name="背多分" address="台北市介壽路" birth="2004-07-10T00:00:00" gender="F" />
<Student id="5851013 " name=" 許十一" address="台北縣板橋市縣民大道100號" birth="2003-09-17T00:00:00" gender="M" />
<Student id="5851014 " name="紀十二郎" address="新竹市仁愛路200號" birth="2004-01-01T00:00:00" gender="F" />
<Student id="5851015 " name=" 楊十三 " address="新竹市仁愛路200號" birth="2004-01-01T00:00:00" gender="F" />
```

▲ 圖 8-2　以資料表名稱作為標籤名稱的 AUTO 模式 (1)

不過，FOR XML 的 AUTO 模式不支援 GROUP BY 的查詢，而且如果查詢 JOIN 多個資料表，各資料表的資料會分開在不同元素（因為 AUTO 模式是以資料表名稱作為元素的標籤名稱），請參考如圖 8-3 所示下列範例的執行結果。

例 (3)：以 XML 格式，列出學生的學號、姓名、各修課科目名稱與科目成績。

```sql
SELECT STD.id, STD.name, SBJ.name, score
FROM Student STD, Course CUR, Subject SBJ
WHERE STD.id=CUR.id AND CUR.subject=SBJ.id
FOR XML AUTO
```

▲ 圖 8-3　以資料表名稱作為標籤名稱的 AUTO 模式 (2)

　　若將內容自行加上一個根元素，確定符合 XML 文法規範（Validation），以 .xml 副檔名存入電腦端，便可以如同標準的 XML 文件，提供檢視與傳播。

# 8-2 ┃ 輸出 JSON 格式

　　JavaScript Object Notation (JSON) 為將結構化資料呈現為 JavaScript 物件的格式。雖然 JSON 是以 JavaScript 語法為基礎，但可以獨立使用。JSON 與 XML 格式均常用於網站上的資料呈現、傳輸，是現今許多開放資料（Open Data）採用的主要資料結構。兩者相較，XML 擴充的延伸技術眾多，應用範圍較廣泛，但相對的，學習這些延伸技術門檻較高；JOSN 則是屬於輕量級的資料交換語言，易於閱讀與使用。

## 1. 格式語法

　　JSON 是以文字為基底的簡單結構化語言，如同標準的 JavaScript 物件，可在 JSON 內加入相同的基本資料類型，如字串、數字、陣列、布林值、虛值（null），以及其他物件，並且還可以再建構出資料繼承。格式使用的規則為：

(1) 包括陣列與物件兩種類型。陣列資料使用方括號 [ ] 包含資料；物件使用大括號 { } 包含資料。

(2) 屬性名稱（name）與內容值（value）是成對的，使用雙引號 " 標示。名稱與值之間使用冒號 : 區隔。屬性與屬性之間使用逗號 , 區隔。

　　**陣列格式**：[ " 值 1", " 值 2", 值 3 ]
　　**物件格式**：{ " 屬性 1" : " 值 1" ," 屬性 2" : " 值 2" }

　　例如下列 JOSON 的範例：

```
{ "name" : " 系統部門 ",
  "city" : " 臺北市 ",
  "since": "2000/1/5",
  "active" : true,
  "members" : [
    { "name" : " 張三 ",
      "age" : 39,
      "title" : " 主任 ",
      "powers" : [
        "expertise",
        "System Analysis",
        "Project Management"  ]
    },
    { "name" : " 李四 ",
      "age" : 29,
      "title" : " 程式設計師 ",
      "expertise" : [
        " 軟體開發 ",  " 資料庫應用 ",  " 網站建置 "  ]
    }
  ]
}
```

　　SQL Server 具備將資料輸出成 JSON 格式的文件的功能，也可以將 JSON 文件儲存在 NVARCHAR 資料類型的欄位內，相容於既有資料庫的索引、預儲程序、函數、檢索等功能。但是，並未如 XML 有專屬的資料類型與應用技術（請參見第十四章）。

　　SQL Server 提供下列 JSON 的功能：

(1) 將 SQL 查詢結果輸出 JSON 格式。

(2) 剖析 JSON 文字，並讀取或修改值。

(3) 將 JSON 物件的陣列轉換成資料表格式。

(4) 在已轉換的 JSON 物件上執行任何 Transact-SQL 查詢。

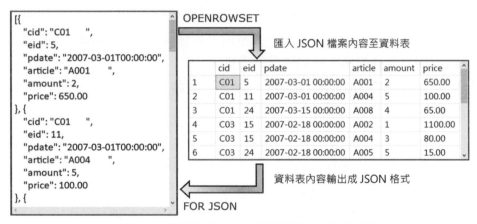

▲ 圖 8-4　資料庫與 JSON 檔案的資料匯入與匯出

## 2. 匯入 JSON 文件

　　OPENROWSET 函數是使用 OLE DB 單次連接和存取遠端資料的方法，可以利用 OPENROWSET 的特性取得 JSON 檔案的內容。需要注意的是：登入的使用者必須具備「bulkadmin」伺服器角色的權限，否則會有「您沒有大量載入陳述式的使用權限」的限制。

(1) JSON 文件剖析為名稱為 BulkColumn 的單一欄位

　　將 JSON 檔案讀取至資料庫的欄位名稱固定為 BulkColumn，且所有資料均整合成單一的欄位。

**例 (4)**：於現有資料庫，讀入 D 槽目錄內檔名為 Purchase.json 的 JSON 檔案內容。

```
SELECT  BulkColumn
FROM OPENROWSET (BULK 'D:\Purchase.json', SINGLE_CLOB) as j;
```

▲ 圖 8-5　依單一欄位型態讀入 JSON 檔案

(2) 將 JSON 文件剖析成資料錄

　　將 JSON 檔案讀取至資料庫，並將 JSON 檔案的內容剖析成行（欄位）與列（資料錄）的型態。

**例 (5)**：於現有資料庫，以資料錄的型態讀入 D 槽目錄內檔名為 Purchase.json 的 JSON 檔案內容。

```
SELECT *
FROM OPENROWSET (BULK 'D:\Purchase.json', SINGLE_CLOB) as j
CROSS APPLY OPENJSON(BulkColumn)
```

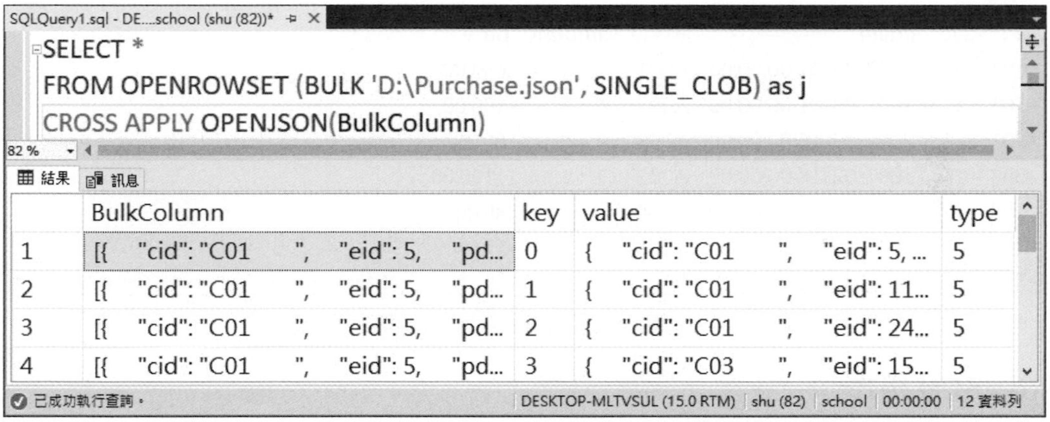

▲ 圖 8-6　依資料錄型態讀入 JSON 檔案內容

(3) 將 JSON 文件匯入至資料表內

　　將 JSON 檔案內容讀入，並結合 SQL DML 的 INSERT 指令新增至資料表內。因為 JSON 文件本身不具備資料表的欄位資料型態的定義，必須在匯入時確實指定。

**例 (6)**：將 JSON 檔案匯入至資料庫內的 Purchase 資料表內。

```
INSERT INTO Purchase
  SELECT Purchase.*
  FROM OPENROWSET (BULK 'D:\Purchase.json', SINGLE_CLOB) as j
   CROSS APPLY OPENJSON(BulkColumn)
   WITH (cid CHAR(10),  -- 客戶編號
     eid INT,
     pdate SMALLDATETIME,
     article CHAR(12),
     amount SMALLINT,
     price DECIMAL(10,2)) AS Purchase
```

▲ 圖 8-7 將 JSON 檔案內容匯入至指定資料表內

## 3. 輸出 JSON 格式

使用 SQL 的 SELECT 敘述，輸出 JSON 格式的指令，比輸出 XML 格式單純，其語法宣告為：

```
FOR JSON
{ AUTO | PATH }
[, INCLUDE_NULL_VALUES]
[, ROOT ]
[, WITHOUT_ARRAY_WRAPPER ]
```

### (1) JSON AUTO

在 SELECT 查詢敘述最後加上 FOR JSON AUTO 模式，將查詢結果以 JSON 格式輸出。在 AUTO 模式中，SELECT 陳述式的結構，決定 JSON 輸出的格式。參考下列範例：

**例 (7)**：以 JSON 格式，列出學生的學號、姓名、各修課科目名稱與科目成績。

```
SELECT STD.id, STD.name, SBJ.name, score
FROM Student STD, Course CUR, Subject SBJ
WHERE STD.id=CUR.id AND CUR.subject=SBJ.id
FOR JSON AUTO
```

在 SSMS 工具軟體上呈現的執行結果，顯示如圖 8-8 所示。

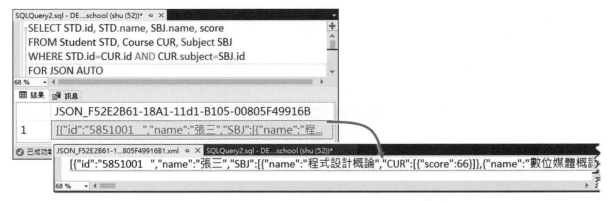

▲ 圖 8-8 SELECT 敘述執行輸出成 JSON 文件格式

因為 SSMS 工具軟體主要是用來設定、監督、應用 SQL Server 執行個體和資料庫的管理工具。輸出的 JSON 格式的內容，可以另存成 json 檔案，再透過適當的軟體，例如圖 8-9 所示的畫面，檢視文件的內容。

▲ 圖 8-9 使用專用工具軟體或網站檢視 SELECT 輸出的 JSON 格式內容

SELECT 敘述輸出 JSON 格式的結果，預設不會輸出內容為 null 的欄位。如果需要包含 null 的欄位，則需要搭配使用 INCLUDE_NULL_VALUES。

例 (8)：列出姓 Johnson 所在部門的員工薪資。

```
SELECT empno, lastname, salary, comm FROM Employee
WHERE deptno IN (SELECT deptno FROM EMPLOYEE WHERE lastname='Johnson')
```

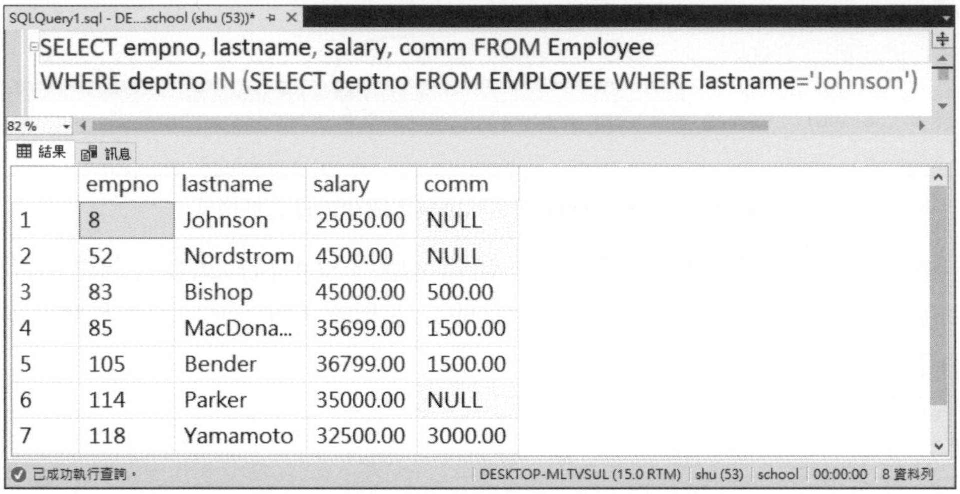

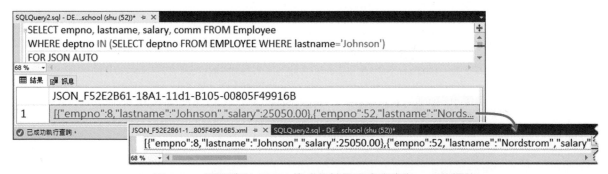

▲ 圖 8-10　SELECT 列出含有內容為 null 的欄位

Johnson 所在部門的員工：Johnson, Nordstorm 和 Paker 三人的加給 comm 欄位是 null 值。預設輸出 JSON 格式的結果如圖 8-11 所示，不會輸出內容為 null 的 comm 欄位。

```
SELECT empno, lastname, salary, comm FROM Employee
WHERE deptno IN (SELECT deptno FROM EMPLOYEE WHERE lastname='Johnson')
FOR JSON AUTO
```

▲ 圖 8-11　預設輸出 JSON 格式的結果不含內容為 null 的欄位

以 JSON 專用工具軟體檢視內容，顯示如圖 8-12 所示：

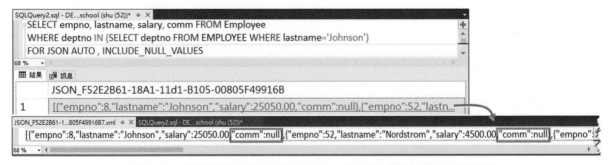

**JSON格式化在線工具**

```
1  [{"empno":8,"lastname":"Johnson","salary":25050.00},
   {"empno":52,"lastname":"Nordstrom","salary":4500.00},
   {"empno":83,"lastname":"Bishop","salary":45000.00,"comm":500.00},
   {"empno":85,"lastname":"MacDonald","salary":35699.00,"comm":1500.00},
   {"empno":105,"lastname":"Bender","salary":36799.00,"comm":1500.00},
   {"empno":114,"lastname":"Parker","salary":35000.00},
   {"empno":118,"lastname":"Yamamoto","salary":32500.00,"comm":3000.00},
   {"empno":136,"lastname":"Johnson","salary":30588.00,"comm":500.00}]
```

▲ 圖 8-12　預設輸出 JSON 格式的結果不含內容為 null 的欄位

如果需要包含 null 的欄位，搭配使用 INCLUDE_NULL_VALUES，輸出的結果顯示如圖 8-13 所示：

**例 (9)**：以 JSON 格式列出姓 Johnson 所在部門員工薪資，執行結果需包含有 null 值的欄位。

```
SELECT empno, lastname, salary, comm FROM Employee
WHERE deptno IN (SELECT deptno FROM EMPLOYEE WHERE lastname='Johnson')
FOR JSON AUTO, INCLUDE_NULL_VALUES
```

SQLQuery2.sql - DE....school (shu (52))* ⊕ ×
SELECT empno, lastname, salary, comm FROM Employee
WHERE deptno IN (SELECT deptno FROM EMPLOYEE WHERE lastname='Johnson')
FOR JSON AUTO , INCLUDE_NULL_VALUES

68 % ▾ ◂

田 結果　訊息

| JSON_F52E2B61-18A1-11d1-B105-00805F49916B |
|---|
| 1　[{"empno":8,"lastname":"Johnson","salary":25050.00,"comm":null},{"empno":52,"lastn... |

JSON_F52E2B61-1...805F49916B7.xml ⊕ ×　SQLQuery2.sql - DE....school (shu (52))*
[{"empno":8,"lastname":"Johnson","salary":25050.00,"comm":null},{"empno":52,"lastname":"Nordstrom","salary":4500.00,"comm":null},{"empno"
68 % ◂

▲ 圖 8-13　搭配使用 INCLUDE_NULL_VALUES 輸出包含 null 的欄位

另外，可以在 SELECT 敘述的 FOR JSON AUTO 後面搭配 ROOT，加上自訂的根節點名稱（Root key）。

**例 (10)**：以 JSON 格式，使用自訂根節點名稱為 Staff，列出姓 Johnson 所在部門員工薪資，執行結果需包含有 null 值的欄位。

```
SELECT empno, lastname, salary, comm FROM Employee
WHERE deptno IN (SELECT deptno FROM EMPLOYEE WHERE lastname='Johnson')
FOR JSON AUTO , INCLUDE_NULL_VALUES, ROOT('Staff')
```

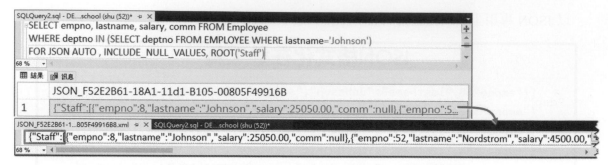

▲ 圖 8-14　搭配使用 ROOT 指定 JSON 文件的根節點名稱

若要移除預設使用方括號 [ ] 括住的內容，可以加上 WITHOUT_ARRAY_WRAPPER 選項。

**例 (11)**：以 JSON 格式，列出部門編號 20、30 和 40 各個部門的平均薪資。

```
SELECT deptno, avg(salary) "avgSalary" FROM Employee
WHERE deptno in (20, 30, 40)
GROUP BY deptno
FOR JSON AUTO
```

執行結果（以 JSON 工具軟體顯示）內容為：

```
[{
    "deptno": 20,
    "avgSalary": 33276.750000
}, {
    "deptno": 30,
    "avgSalary": 33896.000000
}, {
    "deptno": 40,
    "avgSalary": 21749.666666
}]
```

使用 WITHOUT_ARRAY_WRAPPER 選項，執行結果（以 JSON 工具軟體顯示）內容為：

```
SELECT deptno, avg(salary) "avgSalary" FROM Employee
WHERE deptno in (20, 30, 40)
GROUP BY deptno
FOR JSON AUTO, WITHOUT_ARRAY_WRAPPER
```

```
{
    "deptno": 20,
    "avgSalary": 33276.750000
}, {
    "deptno": 30,
    "avgSalary": 33896.000000
}, {
    "deptno": 40,
    "avgSalary": 21749.666666
}
```

(2) JSON PATH

執行 SELECT 敘述，預設輸出的 JSON 格式是將所有資料錄包含在一陣列 [ ] 之下，每一筆資料錄使用物件 {} 再包含以屬性方式表示的欄位與內容。如圖 8-15 所示，在該陣列內，每一欄位均為相同節點的屬性。在 PATH 模式中，可以搭配欄位別名格式化輸出的結果，改變 JSON 文件的結構。

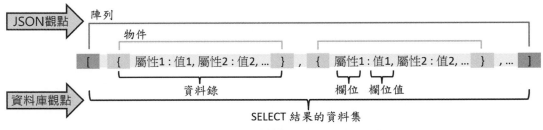

▲ 圖 8-15　SELECT 資料輸出 JSON 格式預設的結構

例 (12)：列出學生學號、姓名、修課數與修課平均成績。JSON 格式以 class 為根節點名稱，學號與姓名包含在 student 物件內。修課數與修課平均成績包含在 grade 物件內。

```
SELECT S.id "student.id", S.name"student.name", COUNT(*)"grade.
amount", AVG(score)"grade.averageScore" FROM Student S, Course C
WHERE S.id=C.id GROUP BY S.id, S.name
FOR JSON PATH, ROOT('class')
```

執行結果如圖 8-16 所示：

| | student.id | student.name | grade.amount | grade.averageScore |
|---|---|---|---|---|
| 1 | 5851001 | 張三 | 5 | 71.200000 |
| 2 | 5851002 | 李四 | 6 | 79.166666 |
| 3 | 5851003 | 王五 | 7 | 80.142857 |
| 4 | 5851004 | 錢六 | 6 | 82.500000 |
| 5 | 5851005 | 趙七 | 6 | 79.000000 |
| 6 | 5851006 | 陳八 | 6 | 84.166666 |

```sql
SELECT S.id "student.id", S.name"student.name",
       COUNT(*)"grade.amount", AVG(score)"grade.averageScore"
FROM Student S, Course C
WHERE S.id=C.id GROUP BY S.id, S.name
FOR JSON PATH, ROOT('class')
```

```json
{
    "class": [{
        "student": {
            "id": "5851001   ",
            "name": "張三"
        },
        "grade": {
            "amount": 5,
            "averageScore": 71.200000
        }
    }, {
        "student": {
            "id": "5851002   ",
            "name": "李四"
        },
        "grade": {
            "amount": 6,
            "averageScore": 79.166666
        }
    }, {
        "student":
```

▲ 圖 8-16　指定根結點產生 JSON 的執行結果

# 本章習題

## 選擇題

( )　1.　SQL 敘述，FOR XML 的指令宣告，指定下列哪一種模式可將執行結果各欄位內容以屬性方式表示 XML 的巢狀元素：

① RAW　② AUTO　③ EXPLICIT　④ PATH。

( )　2.　SQL 敘述，FOR XML 的指令宣告，指定下列哪一種模式可將查詢結果每一列資料以通用的 <row> 元素表示：

① RAW　② AUTO　③ EXPLICIT　④ PATH。

( )　3.　下列何種格式的資料無法儲存於 JSON 格式中：

①字串　②數值　③布林　④圖片。

( )　4.　相較於 XML 格式，下列哪一點是 JSON 格式的優勢：

① JSON 延展性高　② JSON 擴充功能高　③ JSON 具備多種延伸技術　④ JSON 剖析較快。

## 簡答

1.　SELECT 敘述表示以 XML 格式輸出結果的方式為何？

2.　SELECT 敘述表示以 JSON 格式輸出結果的方式為何？

3.　SQL Server 支援 XML 格式的方式有哪兩種？

4.　請說明 JSON 資料格式。

5.　請以 XML 資料格式，輸出 Employee 職員資料表，部門編號 deptNo 為 2 字頭部門的職員資料。列出時一個元素表示一筆資料錄為單位，欄位以型態存在元素內。

6.　以 JSON 資料格式，輸出 Employee 職員資料表，部門編號 deptNo 為 2 字頭部門的職員資料。

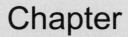

Chapter

# 09

# SQL 函數

# 9-1 函數

SQL Server 使用的 Transact-SQL（簡稱 T-SQL）是在遵循 SQL 的標準之外，內建許多擴充功能的資料庫物件開發語言。Transact-SQL 處理和運算資料表內容的函數，除了提供 ISO 標準的聚合函數 ( 表 7-1)，另外還包含日期、字串與系統等較常使用於資料處理的函數。

────────────────────── 說明 ──────────────────────

SQL Server 的 Transact-SQL（簡稱 T-SQL）提供內建的函數種類非常多，包括：日期函數、字串函數、數學函數、轉換函數、系統函數…等，本書並不著重介紹 SQL Server 整個系統完整函數的使用細節，而是在於資料處理的觀念與技巧。完整的 SQL Server 內建函數請參見微軟 TechNet 技術文件庫（網址：https://docs.microsoft.com/zh-tw/sql/t-sql/functions/functions?view=sql-server-ver15）

這些函數均為 Transact-SQL 所擴充定義的函數，並不相同於其他資料庫系統的函數。

函數可以使用在 SQL 敘述的條件判斷，也可以應用在執行結果的資料輸出，也可以逕行使用 SELECT 指令，不經由任何資料表執行函數。例如下列方式：

(1) 使用於條件判斷

    *-- 列出當月學生壽星名單*

    ```
    SELECT * FROM Student WHERE MONTH(birth)=MONTH(GETDATE())
    ```

(2) 使用結果的資料輸出

    *-- 列出員工職號、薪資、加給與到職年度。加給為虛值時，以 0 計算。*

    ```
    SELECT empno, salary, ISNULL(comm, 0), YEAR(hiredate) FROM Employee
    資料表
    ```

(3) 不經由任何資料表執行

    ```
    SELECT HOST_ID();        -- 列出使用者執行 SQL 的 PID 編號
    SELECT HOST_NAME();      -- 列出使用者的電腦名稱
    SELECT NEWID();          -- 產生一個 GUID 序號
    ```

# 9-2 日期時間函數

SQL Server 提供用於處理日期與時間的函數（Date and Time Functions），分為五大類型：

(1) 精確度較高的系統日期和時間函數；

(2) 精確度較低的系統日期和時間函數；

(3) 取得部分日期和時間的函數；

(4) 取得日期和時間差異的函數；

(5) 修改日期和時間值的函數。

部分日期時間函數，需要搭配如表 9-1 所列的 Datepart 參數，用於處理日期時間的部分區段。

▼ 表 9-1 DATEPART 參數對應值一覽表

| Datepart 全稱 | Datepart 簡寫 | 回應值範圍 |
|---|---|---|
| YEAR | YY、YYYY | 1753-9999 |
| QUARTER | QQ、Q | 1-4 |
| MONTH | MM、M | 1-12 |
| DAYOFYEAR | DY、Y | 1-366 |
| DAY | DD、D | 1-31 |
| WEEK | WK、WW | 1-53 |
| WEEKDAY | DW | 1-7( 星期日 - 星期六 ) |
| HOUR | HH | 0-23 |
| MINUTE | MI、N | 0-59 |
| SECOND | SS、S | 0-59 |
| MILLISECOND | MS | 0-999 |

## 1. 精確度較高的系統日期和時間函數

▼ 表 9-2 高精確日期時間函數

| 函數 | 回傳值 資料類型 | 說明 |
|---|---|---|
| SYSDATETIME( ) | datetime2(7) | 取得執行 SQL Server 實體電腦不含時區位移的日期時間。 |
| SYSDATETIMEOFFSET( ) | datetimeoffset(7) | 取得執行 SQL Server 實體電腦含時區位移的日期時間。 |
| SYSUTCDATETIME( ) | datetime2(7) | 取得執行 SQL Server 實體電腦的國際標準時間（Coordinated Universal Time，UTC）。 |

**例 (1)**：列出系統不含與包含時區位移以及 UTC 現在當下的標準日期時間。

```
SELECT SYSDATETIME( ), SYSDATETIMEOFFSET( ), SYSUTCDATETIME( )
```

## 2. 精確度較低的系統日期和時間函數

▼ 表 9-3　低精確日期時間函數

| 函數 | 回傳值資料類型 | 說明 |
|---|---|---|
| CURRENT_TIMEZONE ( ) | varchar | 取得執行 SQL Server 實體電腦所在的時區 |
| CURRENT_TIMESTAMP( ) | datetime | 取得執行 SQL Server 實體電腦不含時區位移的日期時間。 |
| GETDATE( ) | | |
| GETUTCDATE( ) | datetime | 取得執行 SQL Server 實體電腦的國際標準時間（Coordinated Universal Time，UTC）。 |

**例 (2)**：列出系統所在的時區。

```
SELECT CURRENT_TIMEZONE( )
```

**例 (3)**：列出系統現在日期時間及 UTC 標準時間。

```
SELECT GETDATE( ), GETUTCDATE( )
```

## 3. 取得部分日期和時間的函數

▼ 表 9-4　取部分日期時間函數

| 函數 | 回傳值資料類型 | 說明 |
|---|---|---|
| DATENAME(datepart, date) | nvarchar | 傳回代表指定日期之 datepart 的名稱。指定的 datepart 參數請參見表 9-1。 |
| DATEPART(datepart, date) | int | 傳回指定 date 之 datepart 單位的整數。指定的 datepart 參數請參見表 9-1。 |
| DAY(date) | int | 取得指定日期的日。 |
| MONTH(date) | int | 取得指定日期的月。 |
| YEAR(date) | int | 取得指定日期的年。 |

**例 (4)**：依學生生日的月份名稱排序，列出學號、生日月份與星期的名稱。

```
SELECT id, DATENAME(MM, birth) '月份', DATENAME(DW, birth) '星期'
FROM Student ORDER BY DATENAME(MM,birth)
```

▲ 圖 9-1 以日期名稱顯示日期內容

**解析**

datepart( ) 與 datename( ) 函數均是取得指定 datepart 參數的日期內容，datepart( ) 函數取得的值為數字，datename( ) 函數取得的值則依據類型而可能是字串或數字。本範例依據中文的月份名稱排序，中文是依據筆畫、筆順、部首先後次序排列，例如「九」會排在「二」之前。

例 (5)：分別使用 MONTH( ) 及 DATEPART( ) 函數，列出學生的學號、姓名與出生月份。

```
SELECT id, name, MONTH(birth), DATEPART(MM, birth) FROM Student
```

例 (6)：列出學生的學號、姓名與年齡。

```
SELECT id, name, YEAR( GETDATE() )-YEAR(birth)  FROM Student
```

**解析**

年齡以今年減去出生年為計算原則。使用 GETDATE( ) 函數可獲得今天的日期，再將今天的日期傳入 YEAR( ) 函數執行，便可獲得今年的年度。同樣的方式，將 birth 欄位的內容傳入 YEAR( ) 函數執行，便可獲得學生生日的年度。將今年的年度減去學生生日的年度，便可獲得學生的年齡。

例 (7)：列出學生學號、姓名和出生的民國年。

```
SELECT id, name, YEAR(birth)-1911 '民國年' FROM Student
```

**解析**

將 birth 欄位的內容傳入 YEAR( ) 函數，獲得學生生日的年，再減去 1911，便可換算得到民國的年度。

## 4. 取得日期和時間差異的函數

▼ 表 9-5　日期時間差距函數

| 函數 | 回傳值<br>資料類型 | 說明 |
|---|---|---|
| DATEDIFF ( datepart , startdate , enddate ) | int | 計算 startdate 至 enddate 距離多少個 datepart 單位。指定的 datepart 參數請參見表 9-1。 |

**例 (8)**：列出 Orders 訂單資料表中，各訂單出貨日期 ship_date 與訂貨日期 ord_date 的相距日數。

```
SELECT id, DATEDIFF(DD, ord_date, ship_date) FROM Orders
```

解析

使用 DATEDIFF( ) 搭配 DATEPART 參數，計算相距的間隔日期單位。

## 5. 修改日期和時間值的函數

▼ 表 9-6　日期時間增減函數

| 函數 | 回傳值<br>資料類型 | 說明 |
|---|---|---|
| DATEADD (datepart , number , date ) | date | 日期加上指定的 datepart 單位值。指定的 datepart 參數請參見表 9-1。 |
| SWITCHOFFSET<br>(DATETIMEOFFSET , time_zone) | datetimeoffset | 變更 DATETIMEOFFSET 值的時區時差，並保留 UTC 值。 |
| TODATETIMEOFFSET<br>(expression , time_zone) | datetimeoffset | 將 datetime2 資料類型的值轉換成 datetimeoffset 資料類型的值。 |

**例 (9)**：列出訂單的訂購日、預定 2 周後的出貨日、實際出貨日、以及實際出貨日與預訂出貨日的差距日數。

```
SELECT ord_date "訂購日 ",
    DATEADD(WK, 2, ord_date) "預定出貨日 ", ship_date "實際出貨日 ",
    DATEDIFF(DD, DATEADD(WK, 2, ord_date), ship_date ) "出貨延遲日 "
FROM Orders
```

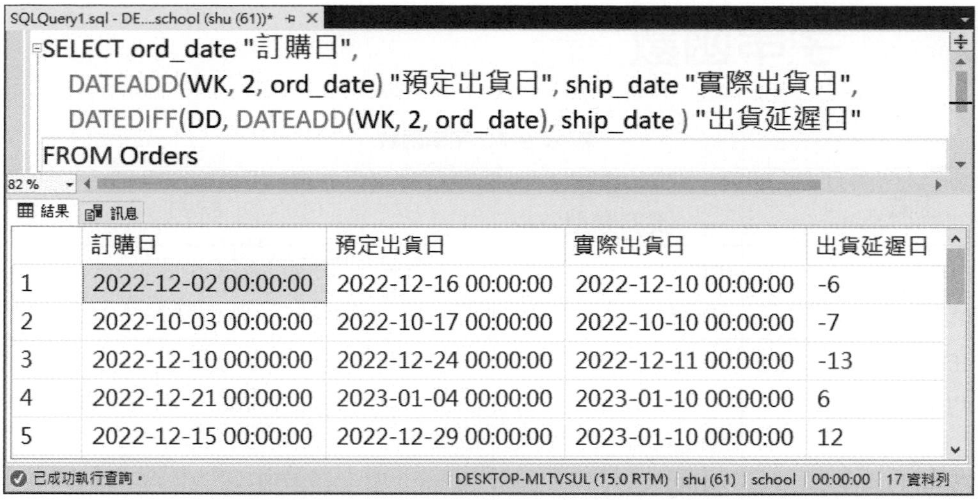
SQLQuery1.sql - DE....school (shu (61))*
SELECT ord_date "訂購日",
DATEADD(WK, 2, ord_date) "預定出貨日", ship_date "實際出貨日",
DATEDIFF(DD, DATEADD(WK, 2, ord_date), ship_date ) "出貨延遲日"
FROM Orders
82 %
結果
訊息
訂購日 | 預定出貨日 | 實際出貨日 | 出貨延遲日
1 | 2022-12-02 00:00:00 | 2022-12-16 00:00:00 | 2022-12-10 00:00:00 | -6
2 | 2022-10-03 00:00:00 | 2022-10-17 00:00:00 | 2022-10-10 00:00:00 | -7
3 | 2022-12-10 00:00:00 | 2022-12-24 00:00:00 | 2022-12-11 00:00:00 | -13
4 | 2022-12-21 00:00:00 | 2023-01-04 00:00:00 | 2023-01-10 00:00:00 | 6
5 | 2022-12-15 00:00:00 | 2022-12-29 00:00:00 | 2023-01-10 00:00:00 | 12
已成功執行查詢。
DESKTOP-MLTVSUL (15.0 RTM) | shu (61) | school | 00:00:00 | 17 資料列

▲ 圖 9-2 訂單出貨日期狀況之範例顯示結果

**解析**

- 2 周的日數不建議直接加上 14 天計算，建議使用 DATEADD( ) 函數，計算增加 2 周後的日期。
- 「實際出貨日與預訂出貨日的差距日數」使用 DATEDIFF( ) 函數計算實際交貨日欄位與預定 2 周出貨日之間差距的日數。

# 9-3　字串函數

▼ 表 9-7　字串函數

| 函數 | 回傳值<br>資料類型 | 說明 |
|---|---|---|
| ASCII( char ) | int | 求字串最左字元的 ASCII 值。 |
| CHAR( int ) | char(1) | 將指定的（0-255）數值轉為 ASCII 碼。 |
| CHARINDEX( str1, str2 [,start_loc] ) | int | str2 內搜尋是否存在 str1 的內容。如果找到時，回傳找到的位置。函數可以指定起始搜尋的字串位置。 |
| CONCAT( str1, str2 ) | string<br>（長度和類型取決於輸入的字串值） | 將 str1 與 str2 字串值連結。等同字串使用 + 加號運算子的功用。 |
| LEFT( str_expr, int_expr ) | varchar 或 nvarchar | 從字串的最左邊位置取 int_expr 個字元。<br>例：LEFT('abcdefg',5) 結果為 「abcde」。 |
| RIGHT( str_expr, int_expr ) | | 從字串的最右邊往回取 int_expr 個字元。<br>例：RIGHT('abcdefgh',5) 結果為 「defgh」。 |
| LEN( str ) | int | 求字串內容的長度。 |
| LOWER( str ) | varchar 或 nvarchar | 將字串全部轉為小寫。 |
| UPPER( str ) | | 將字串全部轉為大寫。 |
| LTRIM( str ) | varchar 或 nvarchar | 去除字串前置的空白。 |
| RTRIM( str ) | | 去除字串後方的空白。 |
| TRIM( str ) | | 去除字串前、後方的空白。 |
| NCHAR( int ) | nchar 或 nvarchar | 依照 Unicode 標準所定義，回傳指定整數碼的 Unicode 字元。 |
| UNICODE( str ) | | 依照 Unicode 標準所定義，回傳 str 第一個字元的 Unicode 內碼。 |
| REPLACE( str_expr, str1,str2 ) | 其中一個引數是 nvarchar 便 回 傳 nvarchar；否則回傳 varchar | 將字串 str_expr 的內容為 str1 取代成 str2。 |
| REVERSE( str) | varchar | 將字串的內容反轉。 |
| SPACE( int ) | varchar | 回傳指定數量的空格。 |
| STR( float, [len, [decimal]] ) | varchar | 將數字轉為字串，len 為字串總長度，decimal 為小數位數。 |
| STUFF( str1, start, len, str2 ) | 字元資料或二進位資料 | 將 str1 字串由 start 位置，刪除 len 個字元，並將 str2 字串由 start 處插入。 |
| SUBSTRING( str_expr, start, len ) | varchar 或 nvarchar | 由字串左邊算起第 start 位置，取長度為 len 的字串。 |

　　早期電腦使用美國標準資訊交換碼（American Standard Code for Information Interchange，ASCII）做為電腦系統運作的內碼。ASCII 只使用 7 個 bits，定義了 128 個字元，無法滿足多國語文的使用需求。因此，在 90 年代初期，整合了 Unicode 組織與 ISO-10646 工作小組，將萬國碼 Unicode（亦譯為統一碼）列為資訊系統字碼運作的標準。SQL Server 處理字碼的函數比較，請參見表 9-8 所示。

▼ 表 9-8　字碼函數比較

|  | 字元轉字碼 | 字碼轉字元 |
|---|---|---|
| ASCII 函數 | ASCII( ) | CHAR( ) |
| Unicode 函數 | UNICODE( ) | NCHAR( ) |

**例 (10)**：列出字元 'A' 與 'a' 的美國資訊標準交換碼（ASCII），及 ASCII 66 和 98 的字元。

```
SELECT ASCII('A'), ASCII('a'), CHAR(66), CHAR(98)
```

**例 (11)**：列出 Employee 職員資料表的姓和第一字母的 ASCII 值。

```
SELECT lastname, ASCII( LEFT(lastname, 1) ) FROM Employee
```

因為 ASCII( ) 函數只以字串的第一字計算其內 ASCII 值，所以 SQL 敘述可簡化為：

```
SELECT lastname, ASCII( lastname ) FROM Employee
```

**例 (12)**：列出 Student 學生資料表的姓名和第一字母的 Unicode 值與 ASCII 值。

```
SELECT name, UNICODE( name ), ASCII(name) FROM Student
```

**例 (13)**：列出地址內含有「中正」，學生學號、地址與「中正」於地址內出現的位置。

```
SELECT id, address,  CHARINDEX('中正', address) FROM Student
WHERE CHARINDEX('中正', address) > 0
```

**解析**

地址內含有「中正」的判斷條件，可以使用 LIKE 邏輯運算子，也可以使用 CHARINDEX( ) 函數。但是如果需要獲得字串存在另一字串內的位置，必須使用 CHARINDEX( ) 函數。

**例 (14)**：列出學生學號、地址，以及地址左邊三個字與右邊剩餘的其他內容。

```
SELECT id, address, LEFT(address, 3),
RIGHT(address, LEN(address)-3 ) FROM Student
```

**解析**

- 使用 LEFT( ) 函數，取得指定欄位內字串左方字串。
- 使用 RIGHT( ) 函數，取得指定欄位內字串右方字串。本範例取得右方字串，須扣除原先取得的左方 3 個字，因此使用 LEN( ) 函數計算欄位內容總長度後再扣除 3。

例 (15)：分別以大寫及小寫列出員工的姓。

```
SELECT UPPER(lastname), LOWER(lastname) FROM Employee
```

SQL Server 預設不分大小寫時，資料較無轉大寫及小寫的需求。但是，如果資料有分大小寫時，條件判斷必須完全符合資料的大小寫，否則無法搜尋到所要的資料。

許多情況資料內容會夾雜大小寫，如果系統設定的是區分大小寫，則比對時可以使用 UPPER( ) 或 LOWER( ) 函數，分別將查詢的資料與資料表內的資料先做處理再比對，就能避開大小寫的限制，找到相符的資料。尤其是使用者輸入的查詢字串，很可能存在大小寫混雜的情況。

例 (16)：若資料庫系統區分大小寫，請查詢 Employee 職員資料表，姓氏為 johnsoN 的員工資料。

```
SELECT * FROM Employee WHERE LOWER( 'johnsoN' ) = LOWER(lastname)
```

**解析**

查詢姓氏「johnsoN」其中最後的 N 故意使用大寫字母，模擬使用者輸入大小寫不一的情況。在設定區分大小寫的系統環境內，使用 UPPER( ) 或 LOWER( ) 函數能夠避開大小寫比對資料的限制。

### 說明

因為 SQL Server 預設不分大小寫，也就是 A 跟 a 是相同的。如果資料表的內容在判斷上需要區分大小寫，可以透過資料庫定序（Collation）的設定：

(1) CS：區分大小寫（Case sensitivity）；
(2) CI：不分大小寫（Case Insensitive）。

例如，欲將 Employee 資料表的姓 lastname、名 firstname 欄位改成區分大小寫，使用變更欄位的 SQL 敘述如下：

```
ALTER TABLE Employee
    ALTER COLUMN lastname nvarchar(15) COLLATE Chinese_Taiwan_Stroke_CS_AS
ALTER TABLE Employee
    ALTER COLUMN firstname nvarchar(20) COLLATE Chinese_Taiwan_Stroke_CS_AS
```

執行完成後，Employee 資料表的 lastname、firstname 欄位內容就會區分大小寫，進行資料的比對條件判斷時，大小寫必須完全符合，才會被篩選出來。

　　資料建檔時，可能會鍵入額外的空格。如果程式沒有執行多餘空格的處理，而逕行將資料存入資料庫，容易造成資料運作的困擾。例如練習的 Student 學生資料表內，學生 name 姓名欄位有數筆資料，前後夾雜空格。

　　例 (17)：將左方或右方含有多餘空格的學生姓名，去除空格後列出。

```
SELECT LTRIM( RTRIM(name) ), TRIM(name) FROM Student
    WHERE LEFT(name,1)=' ' OR RIGHT(name,1)=' '
```

解析

條件使用 LEFT( ) 和 RIGHT( ) 函數分別判斷姓名欄位內容左右第一字元是否含有空格。符合條件的資料錄，列出時使用 RTRIM( ) 和 LTRIM( ) 函數先後將右方與左方的空格去除。或是，直接使用 TRIM( ) 同時去除左方與右方的空格。

　　例 (18)：將全部學生的地址欄位，內容「台」均更改爲正體字「臺」。

```
UPDATE Student SET address = REPLACE (address, '台','臺')
```

　　例 (19)：將全部學生的地址欄位，內容爲「臺北縣」均更改爲「新北市」。

```
UPDATE Student SET address = REPLACE(address, '臺北縣','新北市')
```

　　例 (20)：列出 Customer 客戶資料表的帳號、姓名、密碼與反轉密碼欄位內容。

```
SELECT id, name, password, REVERSE(password) FROM Customer
```

　　例 (21)：請於內容加上文字標示，以民國年列出學生的生日。

```
SELECT id, '民國 '+TRIM(STR( YEAR(birth)-1911 ))+'年 '
        +TRIM(STR( MONTH(birth) ))+'月 '+TRIM(STR( DAY(birth) ))+'日 '
FROM Student
```

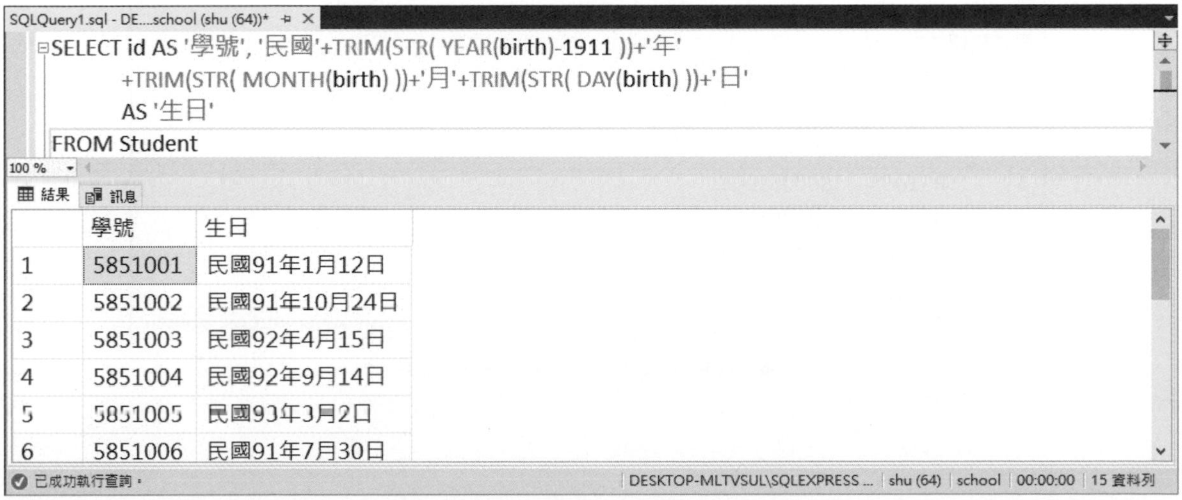

▲ 圖 9-3　以民國年月日格式列出學生生日

> **解析**
>
> 使用 YEAR( )、MONTH( )、DAY( ) 等日期函數計算回傳的結果為數值，無法直接與字串銜接，因此必須轉換成字串。但又因為轉換字串時，會將原數值資料的資料類型所宣告的空間保留為空格，以致「數字轉成資料後，前方會保留空格」。所以要再將轉換成的字串傳入給 TRIM( ) 函數，去掉左方（也就是字串前方）的空格。

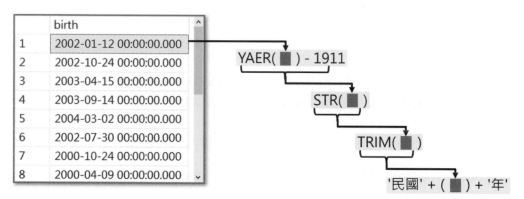

▲ 圖 9-4 民國年換算使用函數之流程

**例 (22)**：學生學號由原先的 7 碼改為 10 碼，請列出原先內容與第 3 碼補上 '000' 後的學號內容。

```
SELECT id" 原先學號 ", STUFF(id, 3, 0, '000')" 變更後的學號 " FROM Student
```

範例 (22) 的執行結果如圖 9-5 所示。使用 STUFF( ) 函數，需要指定 4 個參數。如圖 9-6 所示，Str1 表示原始字串，Start 與 len 表示刪除 Str1 字串的起始位置與長度的內容，再填入 Str2 字串。如果 len 為 0，表示不刪除內容，直接將 Str2 字串填入至 Str1 內。

| | 原先學號 | 變更後的學號 |
|---|---|---|
| 1 | 5851001 | 5800051001 |
| 2 | 5851002 | 5800051002 |
| 3 | 5851003 | 5800051003 |
| 4 | 5851004 | 5800051004 |
| 5 | 5851005 | 5800051005 |
| 6 | 5851006 | 5800051006 |

▲ 圖 9-5 STUFF( ) 範例執行結果

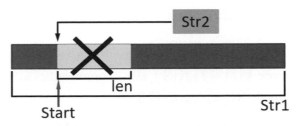

▲ 圖 9-6 STUFF( ) 函數各個參數的作用

**例 (23)**：列出學生學號、姓名與地址前三字（縣市別）。

```
SELECT id, name, SUBSTRING(address, 1,3) FROM Student
```

**例 (24)**：只列出學生學號、姓名、平均成績。姓名只列出第一字，其餘以隱碼表示。

```
SELECT Student.id, SUBSTRING(name, 1, 1)+'X', AVG(score)
FROM Student, Course WHERE Student.id=Course.id
GROUP BY Student.id, name
```

SUBSTRING( ) 函數用於取得字串的部分內容，如果取得範圍是字串前方或後方，作用等同於 LEFT( ) 與 RIGHT( ) 函數。SUBSTRING( ) 與上述兩個函數最主要的差異是可以取得字串內的範圍。例如下列範例：

**例 (25)**：先前範例 (19) 已將學生地址「臺北縣」均更改為「新北市」。請再將原先地址的縣轄市更改為「區」。

```
SELECT STUFF(address, 4, 3, REPLACE(SUBSTRING(address,4,3),
              '市','區') )
FROM Student WHERE LEFT(address, 3)=' 新北市 '
```

# 9-4 │ 系統函數

▼ 表 9-9　系統函數

| 函數 | 回傳值<br>資料類型 | 說明 |
|---|---|---|
| HOST_ID( ) | char(10) | 取得使用者端電腦上應用程式的程序 ID （PID）。 |
| HOST_NAME( ) | nvarchar(128) | 取得使用者端電腦的名稱。 |
| NEWID( ) | uniqueidentifier | 建立一個全域唯一識別碼（GUID）。 |
| ISNULL(expr, val) | 與 expr 相同的類型 | 將 expr 中為 NULL 的內容以 val 值取代。 |
| ISNUMERIC( 運算式 ) | int | 運算式或欄位資料錄內容為有效數值資料類型時，就會回傳 1，否則回傳 0。 |

**例 (26)**：列出現在前端連線資料庫系統運行軟體的 PID 與電腦名稱。

```
SELECT HOST_ID( ), HOST_NAME( )
```

**例 (27)**：列出 Employee 職員資料表內，加給 comm 欄位為虛值的職員編號、薪水、加給，以及薪水與加給合計的薪資。

```
SELECT empno, salary, ISNULL(comm, 0), salary + ISNULL(comm,0)
FROM Employee WHERE comm IS NULL
```

### 解析

欄位內容含有虛值（NULL），會造成運算的錯誤。本範例計算 salary 欄位與 comm 欄位加總時，先將 comm 欄位經由 ISNULL( ) 函數處理：若為 NULL 時則以 0 計算。

# 本章習題

## 選擇題

( ) 1. 下列哪一個函數可以取得系統現在的日期與時間：

① DATEPART( )　② GETDATE( )　③ GETDATETIME( )　④ SYSDATE( )。

( ) 2. DATEPART(M, date) 函數執行的作用與下列哪一函數相同：

① YEAR(date)　② MONTH(date)　③ DAY(date)　④ DATENAME(M, date)。

( ) 3. 將 Unicode 字碼轉字元的字碼函數為：

① ASCII( )　② CHAR( )　③ UNICODE( )　④ NCHAR( )。

( ) 4. SUBSTRING(data,len(data)-2,3) 執行的結果和下列哪一函數的結果相同：

① LEFT(data, 1)　② RIGHT(data, 1)　③ LEFT(data, 3)　④ RIGHT(data, 3)。

( ) 5. 執行下列哪一個函數可以去除資料前後空白：

① TRIM(data)　② RTRIM(LTRIM(data))　③ LTRIM(RTRIM(data))　④ 以上皆是。

( ) 6. 下列函數何者是替換指定位置的資料內容：

① REPLACE( )　② CHANGE( )　③ STUFF( )　④ SUBSTRING( )。

( ) 7. HOST_NAME( ) 函數執行取得的資訊為何：

①使用者端電腦的名稱

②使用者端電腦上應用程式的程序 ID

③資料庫系統主機電腦的名稱

④資料庫系統主機電腦上應用程式的程序 ID。

## 簡答

1. 列出各年度出生的學生人數。

2. 依月份先後次序，以名稱方式顯示各月份學生生日的人數。

3. 列出 Orders 訂購檔中，訂貨日期到出貨日期差距超過 3 個月的訂單資料。

4. 請列出學生出生到今天經過的日數。

5. 計算學號、學生姓名及地址欄位內容的長度。

6. 列出學生學號，並將學號第四位數更改顯示成 AA 的新學號。

7. 請將學生地址欄位之中，台北市的「中正路」更改顯示成「凱達格蘭大道」。

8. 請列出本月份的學生壽星人數。

# 資料處理語言

　　SQL Server 處理資料表的資料，包括新增、修改與刪除資料錄的內容，可以使用兩種方式：

(1) 使用 SQL 的 DML 指令操作。

(2) 使用 SSMS 提供的視覺化操作工具。

　　資料處理語言（Data Manipulation Language，DML。或譯為資料調處語言、資料操作語言）的指令是用來處理資料表內的資料。在學習完 DML 的 SELECT 指令的語法，本單元接下來學習其餘 DML 的指令，包括如表 10-1 所列的新增、修改與刪除資料表的資料錄。

▼ 表 10-1　DML 指令

| 指令 | 功能 |
|---|---|
| SELECT | 選擇 |
| INSERT | 新增資料錄 |
| UPDATE | 修改資料錄的欄位內容 |
| DELETE | 刪除資料錄 |

# 10-1 ‖ 修改資料錄

　　修改資料錄內容的指令，可以有兩種語法：

(1) 透過子查詢的結果更改指定資料表的欄位內容：

> **UPDATE 資料表 SET（欄位 1, 欄位 2...)=(子查詢）[WHERE 查詢條件 ]**

　　子查詢結果的欄位，必須 1 對 1 地對應 SET 之後所列的欄位，否則會發生錯誤。

(2) 直接將新的內容值指定給欄位：

> **UPDATE 資料表 SET 欄位 1= 值 1, 欄位 2= 值 2... [WHERE 查詢條件 ]**

　　修改的語法主要是掌握 **UPDATE 資料表 SET 欄位 = 新值 WHERE 條件**，只要條件滿足的資料錄，其欄位內容都會被改為新值，如果沒有條件，就表示所有資料錄中，該欄位的內容都改為新值。

　　**例 (1)**：將學生 5851001 的生日更改為 1989 年 2 月 12 日。

```
UPDATE Student SET birth='1989/2/12' WHERE id=5851001
```

**解析**

日期格式前後須以單引號「'」標示，年月日的區隔可以使用斜線「/」或 ISO8601 標準所規範的連字符號「-」。

例 **(2)**：將所有學生的地址欄位內的「台」，更改成正體字「臺」。

```
UPDATE Student SET address=REPLACE(address,'台','臺')
```

**解析**

本範例並不需要執行條件，使用 REPLACE( ) 函數，將每筆資料錄的地址欄位中，含有簡體字的 '台' 轉換成正體字 '臺' 之後，再指定給原先的地址欄位。

## 說明

程式語言「指定」的原則：右邊的值指定給左邊的變數 / 物件，只是現在指定符號的左邊是資料表物件的屬性，也就是欄位。

例 **(3)**：修課平均成績高於 80 分，且修課數量超過 4 門的學生，請將其 DB 課程成績開根號乘以 10。

```
UPDATE Course SET score=SQRT(score)*10
WHERE subject='DB' AND id IN
    (SELECT id FROM Course GROUP BY id
    HAVING AVG(score)>80 AND COUNT(*)>4)
```

**解析**

- 開根號的數學函數為 SQRT( )。
- 依據題意，需先經過條件判斷，選出「修課平均成績高於 80 分」且「修課數量超過 4 門」的學生學號（因為學號是主鍵），再將符合這些學號的 DB 課程成績做修改。

修改時可同時變更每一筆資料錄的多個欄位內容。

例 **(4)**：將編號 23 部門中姓（lastname 欄位）Johnson 的員工更換到編號 10 部門，且將薪水調高 1000 元，加給加倍。

```
UPDATE Employee SET deptno=10, salary+=1000, comm*=2
WHERE deptno=23 AND lastname='Johnson'
```

## 10-2 ▎新增資料錄

**1. 新增單筆資料錄**

新增資料錄使用 INSERT 指令。基本語法如圖 10-1 所示：

INSERT INTO 資料表 [(欄位1, 欄位2, …)] VALUES (欄位值1, 欄位值2, …)

▲ 圖 10-1　新增資料錄使用 INSERT 指令的基本語法

**例 (5)**：新增一筆學號為「5851020」、性別為「M」、姓名為「張三」的學生資料錄。

INSERT INTO Student (id,gender,name) VALUES (5851020, 'M',' 張三 ')

解析

■ 欄位的資料類型如果是文字（如：CHAR、VARCHAR）、日期型態，欄位值前後要加上單引號。

■ 下列情況的處理原則：(1) 未指定的欄位如果沒有預設值，則其內容會是 null。(2) 新增敘述內所指定的欄位，一定要與欄位值數量與資料類型相匹配。

執行新增完成後，學生資料表即會增加一筆學號為 5851020 的資料錄。由於新增資料時，並未指定地址、生日欄位的值，所以顯示時會如圖 10-2 所示，地址、生日欄位的內容為 null。

SQLQuery1.sql - DE....school (shu (60))* ⊕ ×

INSERT INTO Student (id,gender,name) VALUES (5851020, 'M','張三')
SELECT * FROM Student WHERE id=5851020

100 %

結果　訊息

| | id | name | address | birth | gender |
|---|---|---|---|---|---|
| 1 | 5851020 | 張三 | NULL | NULL | M |

▲ 圖 10-2　新增時未指定欄位值其內容會是 null

如果 INSERT INTO 指定的欄位包含該資料表的全部欄位，且次序亦依據資料表建立時宣告的次序，則欄位名稱可以省略，如圖 10-3 所示：

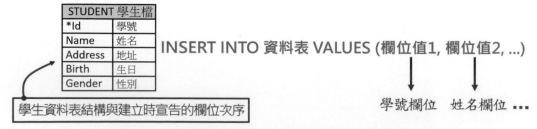

| STUDENT 學生檔 | |
|---|---|
| *Id | 學號 |
| Name | 姓名 |
| Address | 地址 |
| Birth | 生日 |
| Gender | 性別 |

學生資料表結構與建立時宣告的欄位次序

INSERT INTO 資料表 VALUES (欄位值1, 欄位值2, …)

學號欄位　姓名欄位 …

▲ 圖 10-3　新增資料錄使用 INSERT 指令省略指定欄位的宣告

**例 (6)**：新增一筆學號「5851021」、姓名「李四」、地址「臺北市文山區」、生日「2003 年 3 月 28 日」、性別爲「M」的學生資料錄。

SQL 敘述可以完整撰寫如下：

```
INSERT INTO Student (id, name, address, birth, gender) VALUES
            (5851021,' 李四 ',' 臺北市文山區 ','2003/3/28','M' )
```

因爲新增紀錄所指定的欄位，包含該資料表的全部欄位，且次序亦依據資料表建立時宣告的次序，因此可以省略欄位名稱，而簡寫如下：

```
INSERT INTO Student VALUES (5851021,' 李四 ',' 臺北市文山區 ','3003/3/28','M')
```

**說明**

如何知道資料表建立時宣告的欄位次序？

- 使用系統綱要：INFORMATION_SCHEMA.COLUMNS，其中「ORDINAL_POSITION」欄位內容即是記錄資料表建立時欄位宣告的次序。如圖 10-4 所示，列出「Student」資料表的欄位資訊，可以由資料錄的「COLUMN_NAME」欄位知道「STUDENT」資料表有哪些欄位；由「ORDINAL_POSITION」欄位知道「Student」資料表建立時欄位宣告的次序。
- 使用「SELECT * FROM 資料表」敘述顯示該資料表的內容，預設顯示的欄位次序即是資料表建立時宣告的欄位次序。

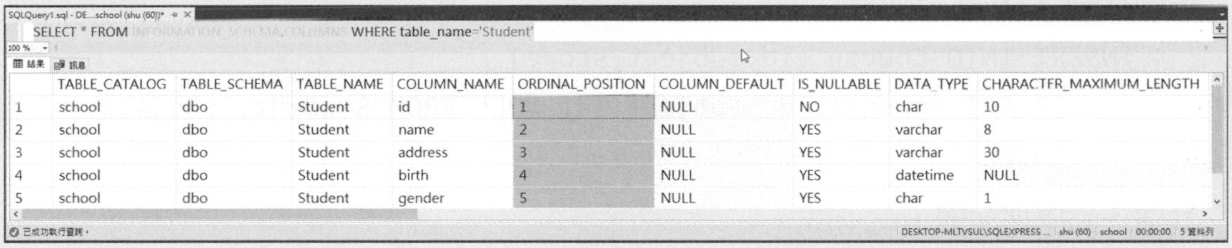


| | TABLE_CATALOG | TABLE_SCHEMA | TABLE_NAME | COLUMN_NAME | ORDINAL_POSITION | COLUMN_DEFAULT | IS_NULLABLE | DATA_TYPE | CHARACTFR_MAXIMUM_LENGTH |
|---|---|---|---|---|---|---|---|---|---|
| 1 | school | dbo | Student | id | 1 | NULL | NO | char | 10 |
| 2 | school | dbo | Student | name | 2 | NULL | YES | varchar | 8 |
| 3 | school | dbo | Student | address | 3 | NULL | YES | varchar | 30 |
| 4 | school | dbo | Student | birth | 4 | NULL | YES | datetime | NULL |
| 5 | school | dbo | Student | gender | 5 | NULL | YES | char | 1 |

▲ 圖 10-4 使用 INFORMATION_SCHEMA.COLUMNS 系統綱要表，檢視資料表的欄位資訊

**例 (7)**：學期由授課教師代碼爲「T7」的老師，新開了一門科目代碼爲「EC」的「電子商務」課程。

```
INSERT INTO Subject VALUES ('EC',' 電子商務 ', 'T7')
```

### 2. 新增多筆資料錄

在單一 SELECT 敘述內，使用 VALUES 指定包含多筆資料錄的欄位值，就可以同時新增多筆資料錄。其語法爲：

```
INSERT [INTO] 資料表 [(欄位 1, 欄位 2, ...)]
VALUES (表示式 1), (表示式 2), ...
```

例 **(8)**：於 Course 修課資料表依據下表，新增學生學號 5851008 的三筆修課紀錄。

| 欄位<br>內容值 | subject | score |
|:---:|:---:|:---:|
| 1 | CO | 86 |
| 2 | CT | 77 |
| 3 | LM2 | 92 |

```
INSERT INTO Course (id, subject, score) VALUES
    ('5851008','CO',86),
    ('5851008','CT',77),
    ('5851008','LM2',92)
```

### 3. 使用 INSERT SELECT 新增多筆資料錄

新增資料錄時，欄位值的內容如果是由其他資料表而來，可以搭配使用 SELECT 指令，取得其他資料表的內容做為欄位值。INSERT 敘述中使用 SELECT 子查詢，將一個或多個資料表或視界中的值，加入到另一個資料表。INSERT SELECT 敘述的語法：

**INSERT [INTO] 資料表 [(欄位1，欄位2，...)]**
**[SELECT 欄位A，欄位B，... FROM 資料表，... WHERE 條件]**

例 **(9)**：因為「EC」這門課是必修，所以請在修課資料表加入所有學生，分數欄位內容為 null。

```
INSERT INTO Course (id,subject,score)
    SELECT Student.id, Subject.id, NULL FROM Student, Subject
    WHERE Subject.id='EC'
```

其運作的原理如圖 10-5 所示。

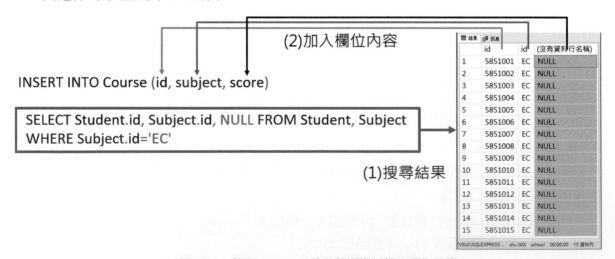

▲ 圖 10-5　使用 SELECT 子句新增資料錄的運作原理

**例 (10)**：Std_Score 資料表記錄學生修課的數量、平均成績。請批次將學生的修課成績加入此表格。

```
INSERT INTO Std_Score
   SELECT Student.id, name, COUNT(*), AVG(score)
   FROM Student, Course WHERE Student.id=Course.id
   GROUP BY Student.id, name
```

如果學生修課紀錄已經存在，因主鍵為學號，所以不允許重複建立相同學號的資料。必須使用 UPDATE 更新。

**例 (11)**：將已存在於 Std_Score 資料表的學生修課的平均成績，依據實際修課的平均成績開根號 *10（這是筆者過去在學時，老師曾經給予同學加分的方式）。

```
UPDATE Std_Score SET average =
   (SELECT SQRT(AVG(score))*10 FROM Course
    WHERE Std_Score.id=Course.id GROUP BY id)
```

## 10-3 ｜ 刪除資料錄

DELETE 指令用來將資料表內，符合指定條件的資料錄刪除，其基本語法為：

**DELETE FROM 資料表 [WHERE 查詢條件 ]**

如果沒有指定任何條件，表示刪除指定資料表的全部資料錄（如同 UPDATE 指令一樣，如果沒有指定條件，表示資料表的所有資料錄）。

**例 (12)**：刪除學號 5851001 的所有修課紀錄。

```
DELETE FROM Course WHERE id=5851001
```

**例 (13)**：刪除教師代碼為「T1」所有開課的學生修課紀錄。

```
DELETE FROM Course WHERE subject IN
   (SELECT Subject.id FROM Subject, Teacher
    WHERE Teacher.id=Subject.teacher AND Teacher.id='T1')
```

**解析**

因為並不知道教師代碼「T1」開了哪些課，需先使用子查詢列出「T1」所開課程的科目代碼（可能會不只一門課程，因此需使用 IN 邏輯運算子）。DELETE 敘述再刪除掉符合上述 WHERE 條件找出的科目代碼。

## 10-4　使用 SSMS 異動資料錄

除了使用 DML 的指令，也可以使用 SSMS 提供的視覺化操作工具執行資料的異動。以 school 資料庫內的 Student 學生資料表作為資料異動的練習：

(1) 啟動 SSMS，並以具備 school 資料庫擁有者權限的帳戶登入。

(2) 如圖 10-6 所示。展開「物件總管」樹狀表列「資料庫 | school」節點。

(3) 滑鼠右鍵點選「dbo.Student」資料表，於顯示的浮動視窗內選擇「編輯前 200 個資料列 (P)」選項。

▲ 圖 10-6　使用 SSMS 物件總管開啟 Student 資料表

(4) SSMS 展開如圖 10-7 所示 Student 資料表的內容。

標示欄位　　　　　　　　資料欄位

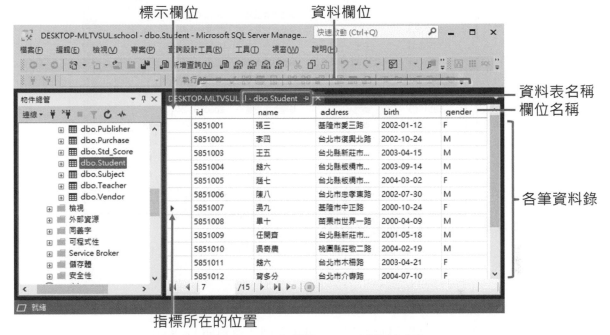

資料表名稱

欄位名稱

各筆資料錄

指標所在的位置

▲ 圖 10-7　SSMS 顯示 Student 資料表內容

(a) 沒有輸入資料的欄位顯示為 NULL。

(b) 如果欄位不允許為空值，就一定要輸入內容。

(c) 標示欄位不可輸入內容。

(d) 資料錄前方的標示欄有一實心三角箭頭，表示指標所在位置。

(e) 主鍵欄位不可輸入重複的值。

(f) 欄位內容必須符合所屬的資料類型。

## 1. 修改資料

使用 SSMS 提供的視覺化視窗，操作資料的修改相當方便與直覺。

(1) 以滑鼠左鍵點選欲修改的欄位內容，並輸入欲修改的內容。

(2) 如圖 10-8 所示，輸入資料時，標示欄位會顯示筆式圖案，表示資料修改中，視窗下方亦會顯示「資料格已經過修改」的提示訊息。

(3) 離開欄位即表示修改完成。

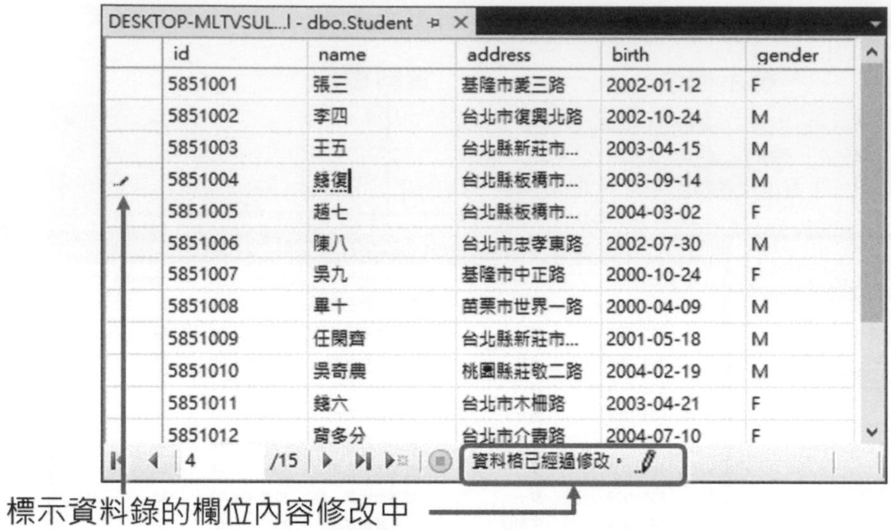

標示資料錄的欄位內容修改中

▲ 圖 10-8　使用 SSMS 操作資料的修改

## 2. 新增資料

以 school 資料庫內的 Student 學生資料表，新增一筆資料錄的操作步驟為例：

(1) 如圖 10-9 所示，展開「物件總管」樹狀表列「資料庫 | school」節點。

(2) 滑鼠右鍵點選「dbo.Student」資料表，於顯示的浮動視窗內選擇「編寫資料表的指令碼為 (S)」選項 | INSERT 至 (I) | 新增查詢編輯器視窗」。

▲ 圖 10-9　使用 SSMS 物件總管新增資料錄

(3) 如圖 10-10 所示,在視窗右側工作區的查詢視窗,顯示新增資料錄的預設基本 INSERT 敘述框架。

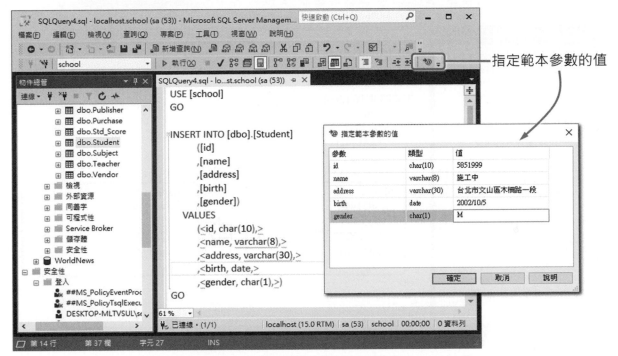

▲ 圖 10-10 系統帶出預設基本 INSERT 敘述框架

預設的 INSERT 敘述框架分爲兩部分:

(a) 前半部分(INSERT INTO 部分)顯示新增資料的欄位名稱;

(b) 後半部分(VALUE 部分)顯示新增資料的欄位與其資料類型,並與前半部分 的欄位一一對應。如果該欄位爲空值,需保留逗號,不可刪除。

(4) 點選「指定範本參數的值」(或使用熱鍵 Ctrl+Shift+M),可於顯示的視窗內逐一 輸入各欄位的內容值。按下「確定」按鈕,即會將值填入 VALUES 敘述內,顯示 如圖 10-11 的結果。

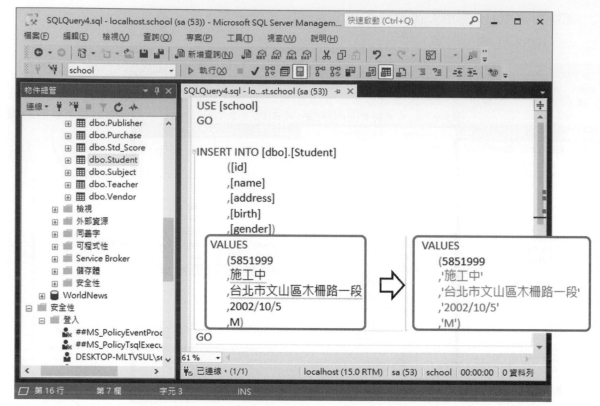

▲ 圖 10-11　依據「指定範本參數的值」填入 INSERT INTO 敘述內

INSERT 敘述必須遵循下列規範：

　(a) 輸入值為文字和日期類型時，資料前後必須要加上單引號。

　(b) INSERT INTO 後方的欄位名稱，必須與 VALUES 內容值的資料類型和順序保持一致。

　(c) 如果欄位有定義預設值，可以在 VALUES 內容值以 default 來代替具體的值。

━━━━━━━━━━━━━━━━━━━━ 說明 ━━━━━━━━━━━━━━━━━━━━

使用 SSMS 提供的視覺化操作工具執行新增資料錄的方式，遠遠不如直接使用 INSERT 敘述方便。這一個功能只是作為忘記 INSERT 語法或不確定欄位資料類型時的替代性方案。

**3. 刪除資料**

刪除資料的操作方式如同新增資料,其步驟如下:

(1) 展開「物件總管」樹狀表列「資料庫 | school」節點。

(2) 滑鼠右鍵點選「dbo.Student」資料表,於顯示的浮動視窗內選擇「編寫資料表的指令碼為 (S)」選項 | DELETE 至 (D) | 新增查詢編輯器視窗」。

(3) 在視窗右側工作區的查詢視窗,顯示刪除資料錄的預設基本 DELETE 敘述框架。

(4) 於 WHERE 敘述輸入刪除的條件,執行完成後即會刪除指定條件的所有資料錄。

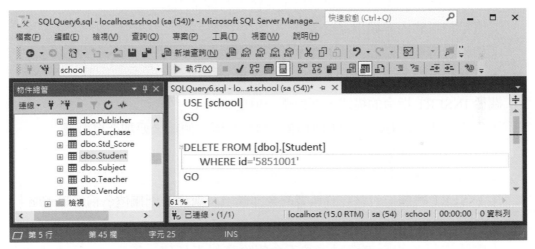

▲ 圖 10-12 刪除資料表內符合條件的所有資料錄

# 本章習題

## 選擇題

( )　1.　下列哪一個不是 DML 指令：
①  INSERT　②  UPDATE　③  DROP　④  SELECT。

( )　2.　關於 UPDATE 指令的描述，下列哪一項是錯誤：
① 可以透過子查詢的結果更改指定資料表的欄位內容
② 直接將新的內容值指定給欄位
③ 如果沒有指定條件，則不會執行任何更新
④ 可同時更新多筆資料及多個欄位的內容。

( )　3.　關於 INSERT 指令的描述，下列哪一項是錯誤：
① 文字（如：CHAR、VARCHAR）類型的欄位值前後要加上單引號
② 日期型態的欄位值前後要加上單引號
③ 未指定的欄位如果沒有預設值，會產生錯誤
④ INSERT 的欄位包含該資料表的全部欄位及次序，則欄位名稱可以省略。

( )　4.　刪除某一資料表的資料時，如果沒有指定條件，執行的結果為：
① 刪除資料表的全部資料　② 不會刪除資料表任何一筆資料　③ 產生錯誤狀況
④ 僅刪除指定的欄位內容。

## 簡答

1. 請寫出 DML 中英文全稱，其具備哪四項指令。

2. 請於 Student 學生資料表，新增一筆學號：5851901、姓名：「張大」的資料錄。

3. 請於 Student 學生資料表，新增一筆具備完整欄位內容的學生資料：

   學號：5851902、姓名：「張二」、地址：「台北市文山區」、生日：「1990/5/30」、性別為「M」的資料錄。

4. 請刪除 18 歲（生日至今日為止，不足 18 年）以下的學生資料。

5. 將學生姓名「張二」更名為「張貳」，並將地址的文山區改為中山區。

6. 請將地址是 null 的紀錄，更改為「不詳」。

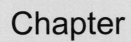

Chapter

# 11

# 資料定義語言

資料定義語言（Data Definition Language，DDL）是 SQL 負責資料結構定義與資料庫物件定義的語言，由 CREATE、ALTER 與 DROP 三個指令所組成的語法。參見表 11-1，DML 與 DDL 均有新增、修改與刪除三個類型的指令，差異是 DML 專用於處理資料表的內容，而 DDL 則是處理資料庫的物件。

▼ 表 11-1　DML 與 DDL 命令

| DML<br>處理對象：資料表內的資料錄 | | DDL<br>處理對象：資料庫系統內各種物件 |
| --- | --- | --- |
| INSERT | 新增 | CREATE |
| DELETE | 刪除 | DROP |
| UPDATE | 修改 | ALTER |
| SELECT | 選擇 | 無 |

## 1. CREATE

CREATE 是負責資料庫系統內各種物件的建立，包括登入、資料庫、資料表、索引、預儲程序、觸發程序、函數…等物件。

## 2. ALTER

ALTER 是用於資料庫系統內修改物件結構的指令，例如更改資料庫儲存的空間、更改資料表的結構、更改資料表的欄位宣告、增加一個資料表的欄位、或是刪除一個資料表的欄位…等。

## 3. DROP

DROP 是刪除資料庫系統內物件的指令，只要登入帳號具備足夠的權限，使用 DROP 指令即可刪除指定的物件。

# 11-1 資料庫

資料庫的維護，包括新增、刪除、修改。首先必須注意兩點：

(1) 簽入的「登入」（資料庫的使用帳號）必須具備管理資料庫的權限；

(2) 必須登入至系統資料庫（建議 master 資料庫），方能維護資料庫。

## 1. 新增資料庫

建立資料庫基本的宣告語法為：

```
CREATE DATABASE database_name [CONTAINMENT = {NONE|PARTIAL}]
[ON
        [PRIMARY ]<filespec>[ ,...n]
        [LOG ON <filespec>[ ,...n]]
]
```

語法之參數說明如下表所示：

▼ 表 11-2　建立資料庫語法之參數說明

| 參數名稱 | 說明 |
|---|---|
| database_name | 資料庫名稱，最多可有 128 個字元。 |
| CONTAINMENT | 指定資料庫的內含項目狀態。<br>NONE：非自主資料庫。PARTIAL：部分自主資料庫。 |
| ON | 定義用來儲存資料庫之資料區段（資料檔案）的磁碟檔案。當其後接著一份定義主要檔案群組之資料檔案的 <filespec> 項目清單（以逗號分隔）時，必須使用 ON。主要檔案群組中的檔案清單後面可以用逗號分隔，接著一份定義使用者檔案群組及其檔案之選擇性 <filegroup> 項目清單。 |
| PRIMARY | 指定相關聯的 <filespec> 清單必須定義的主要檔案。主要檔案群組中 <filespec> 項目所指定的第一個檔案會成為主要檔案。資料庫只能有一個主要檔案。如果未指定 PRIMARY，CREATE DATABASE 敘述中列出的第一個檔案會成為主要檔案。 |
| LOG ON | 指定必須明確定義用來儲存資料庫記錄（交易檔）的磁碟檔案。 LOG ON 後面會接著定義交易檔的 <filespec> 項目清單（如有多筆，需以逗號分隔）。如果未指定 LOG ON，系統會自動建立一個交易檔，該檔案的大小是資料庫之所有交易檔的大小總和的 25% 或 512 KB 其中較大者。這個檔案會放置在預設的交易檔位置中。 |

控制檔案 <filespec> 的詳細語法為：

```
<filespec> ::=
{(   NAME = logical_file_name ,
     FILENAME = {'os_file_name'|'filestream_path'}
  [ , SIZE = size [KB|MB|GB|TB]]
  [ , MAXSIZE = {max_size[KB|MB|GB|TB]|UNLIMITED}]
  [ , FILEGROWTH = growth_increment [KB|MB|GB|TB|%]]
)}
```

語法之參數說明如下表所示：

▼ 表 11-3　建立資料庫語法之控制檔案參數說明

| 參數名稱 | 說明 |
|---|---|
| NAME | 指定檔案的邏輯名稱。 |
| FILENAME | 指定作業系統（實體）的檔案名稱。 |
| SIZE | 指定檔案的大小，未指定大小時預設為 1MB，未指定單位時預設為 MB。 |
| MAXSIZE | 檔案所能成長的大小上限，UNLIMITED 表示無限，直到硬碟最大空間，一般而言，交易檔（Log）上限是 2TB，資料檔的上限是 16TB。 |
| FILEGROWTH | 指定檔案的自動成長遞增大小。 |

新增資料庫最簡單的宣告方式，僅指定資料庫的名稱，其餘皆採用預設值。

**例 (1)**：建立一個名稱為 Business 的資料庫。

```
USE master          -- 切換至 master 系統資料庫
GO                  -- 執行前一 SQL 敘述
CREATE DATABASE Business    -- 建立資料庫
```

若是需要指定資料庫的資料檔、交易紀錄檔儲存的實體檔案位置、最初建置時的容量大小，以及成長的上限…等，可以參考下列範例：

**例 (2)**：建立一個名稱為 Accounting 的資料庫，儲存運算資料的初始容量為 100 MB，若容量不足時，每次增加 10 MB，上限最多允許 500 MB；儲存交易資料的初始容量為 20 MB，若容量不足時，每次增加 5 MB，上限最多允許 80 MB。

```
USE master;
GO
CREATE DATABASE Accounting
ON
( NAME = Accounting_dat,
   FILENAME = 'D:\myDB\Accounting.mdf',
   SIZE = 100MB,
   MAXSIZE = 500MB,
   FILEGROWTH = 10MB )
LOG ON
( NAME = Accounting_log,
   FILENAME = 'D:\myDB\Accounting_log.ldf',
   SIZE = 20MB,
   MAXSIZE = 80MB,
   FILEGROWTH = 5MB );
```

此指令的執行方式，同圖 11-1 所示，透過 SSMS 軟體的圖形操作方式新增資料庫。因為本範例的實體資料儲存在硬碟 D 槽的 myDB 目錄，此硬碟槽與目錄必須事先存在。運算資料副檔名為 mdf；交易資料副檔名為 ldf。

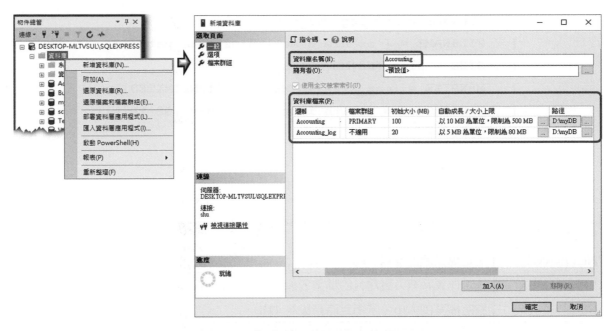

▼ 圖 11-1 使用 SSMS 軟體新增資料庫的方式

## 2. 修改資料庫

修改資料庫使用的基本語法如下，各參數說明如表 11-4 所示：

```
ALTER DATABASE {database_name|CURRENT}
{   MODIFY NAME = new_database_name }
```

▼ 表 11-4 修改資料庫語法之參數說明

| 參數名稱 | 說明 |
|---|---|
| database_name | 資料庫名稱。 |
| CURRENT | 指定正在使用中的目前資料庫。 |
| MODIFY NAME | 將資料庫名稱更改為 new_database_name 的名稱。 |

如需修改資料庫相關聯的實體檔案，除了上述 ALTER DATABASE 的宣告外，需要再加上下列的宣告語法，各參數說明如表 11-5 所示：

```
ALTER DATABASE database_name
{   ADD FILE <filespec> [ ,...n ]
  | ADD LOG FILE <filespec> [ ,...n ]
  | REMOVE FILE logical_file_name
  | MODIFY FILE <filespec>
}

<filespec>::=
(   NAME = logical_file_name
```

```
[ , NEWNAME = new_logical_name ]
[ , FILENAME = {'os_file_name'|'filestream_path'}]
[ , SIZE = size [KB|MB|GB|TB]]
[ , MAXSIZE = {max_size[KB|MB|GB|TB]|UNLIMITED}]
[ , FILEGROWTH = growth_increment [KB|MB|GB|TB|%]]
[ , OFFLINE ]
)
```

▼ 表 11-5　修改資料庫語法的參數說明

| 參數名稱 | 說明 |
|---|---|
| NAME | 指定檔案的邏輯名稱。 |
| NEWNAME | 指定檔案新的邏輯名稱。 |
| FILENAME | 指定作業系統（實體）的檔案名稱。 |
| SIZE | 指定檔案的大小，未指定時預設為 1MB。 |
| MAXSIZE | 檔案所能成長的大小上限，UNLIMITED 表示無限，直到硬碟最大空間，一般而言交易檔（Log）上限是 2TB，資料檔的上限是 16TB。 |
| FILEGROWTH | 指定檔案的自動成長遞增大小。 |
| OFFLINE | 將檔案設成離線，使檔案群組中的所有物件都無法存取。 |

例 (3)：修改 Accounting 資料庫，增加一大小為 50 MB，實體檔案名稱為 Testdata2. mdf 的資料檔。

```
ALTER DATABASE Accounting
ADD FILE
(   NAME = Accounting2,
    FILENAME = 'D:\myDB\Testdata2.mdf',
    SIZE = 50MB,
    MAXSIZE = 100MB,
    FILEGROWTH = 5MB
);
```

執行完成後，可在 SSMS 檢視此資料庫的屬性，如圖 11-2 所示，顯示新增的資料儲存的檔案資訊。

▲ 圖 11-2　使用 SSMS 軟體檢視新增存放運算資料的實體檔案

如圖 11-3 所示，實體檔案存放硬碟槽的目錄內，亦可檢視檔案的存在：

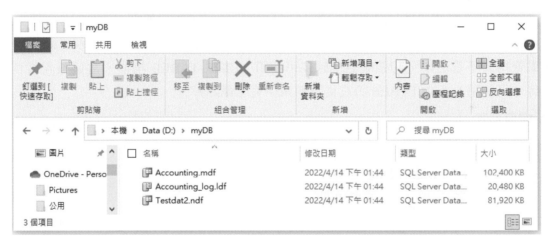

▲ 圖 11-3　資料庫的資料實際儲存於硬碟內的實體檔案

**例 (4)**：將上述例子在 Accounting 資料庫增加的 Testdata2.mdf 資料檔大小改為 80MB。

```
ALTER DATABASE Accounting
MODIFY FILE
    (NAME = Accounting2,
    SIZE = 80MB);
```

**說明**

改變儲存資料的實體檔案大小，不允許改小，只能改大，是為了避免資料庫已經存放的資料，因為改小而造成儲存上的問題。

### 3. 刪除資料庫

刪除資料庫，使用 DROP DATABASE ，並指定資料庫名稱，即可將該資料庫所有內容刪除。

**例 (5)**：刪除 Accounting 資料庫。

```
DROP DATABASE Accounting
```

最後，資料庫管理師（DBA）除了維護資料庫的效能之外，如需了解現有資料庫系統實體上已建置哪些資料庫，可以使用系統資料表 sys.databases 檢視現有各個資料庫的資訊。

**例 (6)**：檢視現有系統內，所有資料庫的相關資訊。

```
SELECT * FROM  sys.databases
```

## 11-2 ‖ 資料表

資料庫的資料表（Table）是由列（row）和行（column）所組成的二維矩陣，使用 CREATE TABLE 來新增資料表。一旦資料表產生後，就可以開始填入資料。新增的資料表如果覺得有不妥之處，想改變結構時，可使用 ALTER TABLE 指令。當資料表沒有使用價值時，可使用 DROP TABLE 將它從資料庫中完全刪除掉。

### 1. 新增資料表

新增資料表的基本語法如下：

**CREATE TABLE 資料表名稱**

```
(      欄位名稱        資料類型        [ 限制 ],
       欄位名稱        資料類型        [ 限制 ],
                  ......
           [ 主鍵宣告 , ]
           [ 外來鍵宣告 ]
)
```

▼ 表 11-6　資料表結構範例 1

| 資料表名稱：Article | | | |
|---|---|---|---|
| 欄位 | 型態 | 長度 | 說明 |
| id | 定長文字 | 10 | 商品條碼 |
| name | 變長文字 | 200 | 品名 |
| inventory | 整數 | | 庫存量 |
| cost | 浮點數 | 2 位小數 | 成本 |
| price | 浮點數 | 2 位小數 | 售價 |

**例 (7)**：新增一個如表 11-6 所示的 Article 資料表。

```
CREATE TABLE Article
  (id CHAR(10),
   name VARCHAR(200),
   inventory INT,
   cost DECIMAL(10,2),
   price DECIMAL(10,2))
```

新增資料表時，欄位宣告可以加上欄位限制 (Constraint)，較常使用的限制宣告包括：

(1) 主鍵宣告（資料表的主鍵只有一個欄位時）：PRIMARY KEY

(2) 預設值：DEFAULT '*值*'

(3) 檢查（資料輸入時驗證的語法）：CHECK (*條件*)

(4) 不允許虛值：NOT NULL

▼ 表 11-7　資料表結構範例 2

| 資料表名稱：Discipline | | | | |
|---|---|---|---|---|
| 欄位 | 型態 | 長度 | 限制 | 說明 |
| id | 定長文字 | 5 | 主鍵 | 課程代碼 |
| name | 變長文字 | 200 | | 課程名稱 |
| year | 整數 | | 預設為現在的年度 | 年度 |
| semester | 整數 | | 不可虛值，預設 1 | 學期 |
| teacher | 定長文字 | 10 | | 老師 |
| credit | 整數 | | 學分數必須低於 5 | 學分數 |

**例 (8)**：新增一個如表 11-7 所示的 Descipline 學科資料表。

```
CREATE TABLE Discipline
  (id CHAR(5) PRIMARY KEY,
   name VARCHAR(200),
   year INT DEFAULT YEAR(GETDATE( )),
   semester INT NOT NULL DEFAULT 1,
   teacher CHAR(10),
   credit INT CHECK( credit>=0 AND credit<5) )
```

若資料表的主鍵包含不只一個欄位，則主鍵必須單獨宣告（若主鍵僅一個欄位，亦可使用此種宣告方式），置於 CREATE TABLE 內所有欄位的宣告之後：

**PRIMARY KEY (** 欄位 **,** 欄位 **,…)**

▼ 表 11-8　資料表結構範例 3

| 資料表名稱：**Purchase** | | | | |
|---|---|---|---|---|
| 欄位 | 型態 | 長度 | 限制 | 說明 |
| oid | 定長文字 | 10 | 主鍵 | 訂單編號 |
| aid | 定長文字 | 10 | | 商品條碼 |
| amount | 整數 | | | 購買數量 |
| price | 浮點數 | 2 位小數 | | 銷售單價 |

**例 (9)**：新增一個如表 11-8 所示的 Purchase 購物資料表。

```
CREATE TABLE Purchase
 (oid char(10),
  aid char(10),
  amount int,
  price decimal(6,2),
  PRIMARY KEY (oid, aid) )
```

關聯式資料庫必須藉由外來鍵，將具備關係的資料表，連結主要資料表的主鍵（少數情況是連結替代鍵，而非主鍵，重點是連結主要資料表具備唯一性的鍵），這也是系統稱為關聯式的主因。外來鍵的宣告語法為：

**FOREIGN KEY（欄位 1，欄位 2，…）REFERENCES 主檔檔名（欄位 1，欄位 3，…）**
**[ON DELETE CASCADE][ON UPDATE CASCADE]**

- ON DELETE CASCADE：表示外來鍵參照的資料表資料被刪除時，會連同此資料表的資料一併刪除；
- ON UPDATE CASCADE：表示外來鍵參照的資料表資料鍵值被修改時，會連同此資料表的外來鍵值一併更改。

**例 (10)**：宣告如圖 11-4 所示的三個資料表。圖中以 FK 表示外來鍵，PK 表示主鍵。各資料表的欄位規格如下：

- Clerk 員工資料表：職號為五位數的文數字、部門編號為四位文數字，不可為虛值、到職日預設為當日、薪資為整數且不能低於 28000 元。
- Project 專案資料表：專案編號為 6 位文數字、起始日期不能是虛值，且預設為當日、預算須包含兩位小數。
- Task 專案工作表：一個專案包含多個執行的工作，因此 Task 資料表為 Project 資料表的副檔。工作序號為整數、工作名稱為文數字。

▲ 圖 11-4　練習建立的資料表欄位結構

**解析**

由本題題意說明，Project 專案資料表的專案負責人（也是員工）欄位為外來鍵，參見 Clerk 員工資料表的主鍵：員工職號欄位。因此，Clerk 員工資料表為主檔，Project 專案資料表為副檔。因為副檔有外來鍵要參見主檔的資料，因此建立資料表時必須先宣告主檔，再宣告副檔。

```
CREATE TABLE Clerk
( id CHAR(5) PRIMARY KEY,
   name VARCHAR(10),
   depart CHAR(4) NOT NULL,
   start DATETIME DEFAULT GETDATE(),
   salary INT check (salary>=28000)
)


CREATE TABLE Project
( id CHAR(6) PRIMARY KEY,
   empNo CHAR(5),
   sdate DATETIME NOT NULL DEFAULT GETDATE(),
   edate DATETIME,
   budget DECIMAL(10,2),
   FOREIGN KEY (empNo) REFERENCES Clerk(id)
      ON DELETE CASCADE ON UPDATE CASCADE
)
```

若主鍵欄位多於一個，則宣告必須另起一行，例如宣告 Task 專案工作表的敘述：

```
CREATE TABLE Task
( id CHAR(6),
   seq INT,
   name VARCHAR(50),
```

```
    sdate DATETIME NOT NULL,
    days INT DEFAULT 1,
    PRIMARY KEY (id, seq),
    FOREIGN KEY (id) REFERENCES Project (id)
        ON DELETE CASCADE ON UPDATE CASCADE
)
```

外來鍵宣告 ON DELETE CASCADE 表示主檔資料被刪除時，會連同副檔資料一併刪除。宣告 ON UPDATE CASCADE 表示主檔的主鍵資料更改時，會連同副檔資料一併更改，以確保外來鍵與參照的主鍵能保持一致。

以這三個表格為例，先新增一些資料錄，以便提供稍後的說明。新增資料錄時，亦須遵照外來鍵的順序，先新增主檔的資料錄，再新增副檔（也就是外來鍵的資料表）的資料錄。以本範例為例，TASK 有外來鍵關聯至 Project，Project 有外來鍵關聯至 Clerk。因此必須先有 Clerk 的資料錄，才能再有 Project 表的資料錄，餘此類推。

---

- 資料表建立、資料新增順序：（先）Clerk ➜ Project ➜ Task （後）
- 資料表移除、資料刪除順序：（先）Task ➜ Project ➜ Clerk （後）

---

(1) 新增 Clerk 資料表的資料錄：

```
INSERT INTO Clerk Values ('11201',' 張三 ','MK','2023/2/1',32000)
INSERT INTO Clerk Values ('11202',' 李四 ','SE','2023/3/1',30000)
INSERT INTO Clerk Values ('11203',' 李四 ','RD','2024/5/15',38000)
```

(2) 新增 Project 資料表的資料錄：

```
INSERT INTO PROJECT VALUES ('A0001','11202','2022/9/1',null,400000)
INSERT INTO PROJECT VALUES ('C0002','11201','2023/10/1','2023/10/31'
,550000)
```

(3) 新增 Task 資料表的資料錄：

```
INSERT INTO Task VALUES ('A0001',1, ' 專案擬定 ', '2022/9/1',15);
INSERT INTO Task VALUES ('A0001',2, ' 系統安裝 ', '2022/9/12',10);
INSERT INTO Task VALUES ('A0001',3, ' 網頁規劃 ', '2022/9/22',45);
INSERT INTO Task VALUES ('A0001',4, ' 介面設計 ', '2022/10/15',30);
INSERT INTO Task VALUES ('C0002',1, ' 活動規劃 ', '2023/10/1',7);
INSERT INTO Task VALUES ('C0002',2, ' 場地布置 ', '2023/10/5',25);
```

## 說明

可以嘗試再次新增相同主鍵內容的資料，系統會回應：「PRIMARY KEY 違反條件約束」的錯誤訊息，而不允許再次輸入，確保主鍵的唯一性。

如果刪除 Project 專案資料表中編號 C0002 的專案紀錄，實際必須連同 Task 專案工作表的相關工作項目紀錄一併刪除。因為表格建立時，有宣告 ON DELETE CASCADE，因此如圖 11-5 所示，刪除 Project 資料表中編號 C0002 紀錄後，系統會自動將 Task 表格內所有編號 C0002 的紀錄一併刪除。

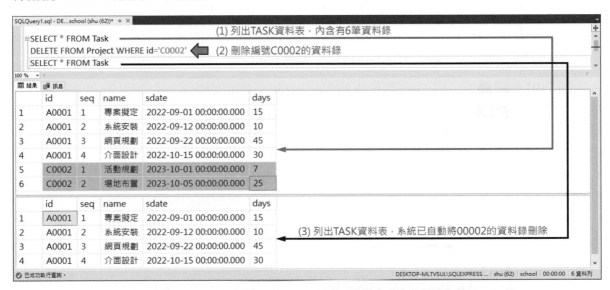

▲ 圖 11-5　ON DELETE CASCADE 串聯式刪除資料錄示範

## 2. 修改資料表

資料表建立之後，隨著開發的功能修改，有時資料表的結構需要有所改變。例如下列變更的需求：

(1) 增加一個新欄位；

(2) 刪除一個既有的欄位；

(3) 更改某一個欄位的名稱；

(4) 更改某一個欄位的資料類型；

(5) 更改某一欄位的限制條件。

修改資料表使用 ALTER 指令，其語法為：

**ALTER TABLE** 資料表名稱　　修改類型　　欄位宣告

語法的「修改類型」包括下列 3 個子句：

(1) ADD：增加一個新欄位

(2) DROP：刪除既有的欄位

(3) ALTER：更改既有欄位的性質（資料類型、限制…等）

───────────────── **說明** ─────────────────

> SQL Server 的 ALTER 指令，並未提供更改欄位名稱的語法。更改資料表欄位的名稱，需要使用系統內建的預儲程序：sp_rename。語法：
>
> **sp_rename** '資料表 . 更名前的欄位名稱',　'更名後的欄位名稱'
>
> 其中名稱前後的單引號不可省略。

例 **(11)** 增加欄位：於 Dept 部門資料表增加一個最多可儲存 10 個文字的 position 位址欄位。

```
ALTER TABLE Dept ADD position VARCHAR(20)
```

例 **(12)** 刪除欄位：將 Dept 部門資料表的 position 欄位刪除。

```
ALTER TABLE Dept DROP COLUMN position
```

例 **(13)** 更改欄位的型態：將 Dept 部門資料表的 location 欄位原先宣告的 VARCHAR 資料類型的長度更改為 30。

```
ALTER TABLE Dept ALTER COLUMN location VARCHAR(30)
```

例 **(14)** 增加限制：將 Dept 部門資料表的 location 欄位，增加預設值「非固定地點」的限制宣告。

```
ALTER TABLE Dept ADD CONSTRAINT dept_loc_def -- 自訂此限制的名稱
         DEFAULT '非固定地點' FOR location
```

例 **(15)** 刪除限制：將 Dept 部門資料表內，名稱為 dept_loc_def 的限制刪除。

```
ALTER TABLE Dept DROP CONSTRAINT dept_loc_def
```

## 3. 刪除資料表

刪除資料表使用 DROP 指令，其語法為：

> **DROP TABLE** *資料表名稱*

如同刪除資料錄（DELETE FROM …）需要注意外來鍵關聯的情況一樣，刪除資料表時，必須注意外來鍵影響的刪除順序：先刪除副檔，再刪除主檔。

例如先前建立的：Clerk、Project、Task 三個資料表：

■ 建立資料表的次序：

（最先）Clerk → （其次）Project → （最後）Task

■ 刪除資料表時，則必須反過來：

（最先）Task → （其次）Project → （最後）Clerk

**例 (16)**：刪除 Clerk、Project 與 Task 這三個資料表。

```
DROP TABLE Task;
DROP TABLE Project;
DROP TABLE Clerk;
```

## 4. 字碼

(1) 字碼長度

參考下列範例，先建立一個包含兩個欄位的資料表，其中 note 欄位宣告為長度 9 的變長字串：

```
CREATE TABLE Temp (id CHAR(3) PRIMARY KEY, note VARCHAR(9) );
```

接著，請試著輸入下列 SQL 敘述資料，新增 Temp 資料表的三筆資料錄：

```
INSERT INTO Temp VALUES ('001',' 三個字 ');
INSERT INTO Temp VALUES ('002',' 四個 words');
INSERT INTO Temp VALUES ('003',' 這有五個字 ');
```

依據建立 Temp 資料表的宣告，note 欄位應該可以存放 9 個字元的資料，但實際輸入第 3 筆資料時，卻會出現如圖 11-6 的錯誤訊息：

▲ 圖 11-6 輸入的字串長度超過欄位宣告的長度

訊息表示已經超過允許長度。若是以函數 LEN( ) 檢查資料內容，如圖 11-7 所示，系統能夠很正確地依據字元數目計算出欄位內容的文字長度：

```
SELECT note, LEN(note) FROM Temp
```

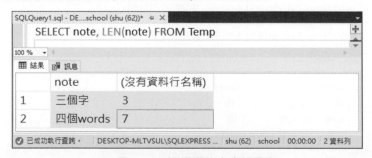

▲ 圖 11-7 檢視欄位內容的長度

　　所以，注意字串型態的欄位輸入的文數字資料，無論是中文、英文、符號或數字，「計算長度」都是以字元為處理單位，也就是說中文、英文等每一字均是 1 個字元。但在輸入時，因為中文是以 2 個位元組為單位，而英文、符號或數字則是以 1 個位元組為單位，資料類型所宣告的長度是指位元組，因此需要注意是否會超過宣告的長度。

(2) 多國語文並存

　　雖然 SQL Server 支援 Unicode，但資料處理的模式是依據字元而非位元組，實際儲存資料若是非指名使用 Unicode，系統預設仍是以預設字碼處理（例如在台灣的環境，系統會以 Big5 字碼為預設字元）。一般在使用上並不會有問題，但如果資料庫儲存的內容包含多國語文，例如繁體中文、簡體中文、日文、韓文時，就需要使用 Unicode 作為儲存的字碼。

　　SQL Server 存取 Unicode 字碼，必須同時結合下列兩項使用方式：

■ 宣告欄位的資料類型必須使用 nchar、nvarchar（大小寫不限）；

■ 存入資料時必須在資料前加上一個 N 字元 ( 必須大寫 )。

　　參考下列範例，建立一個練習使用的 TempChar 資料表，包含三個字串欄位：

```
CREATE TABLE TempChar
( seq INTEGER,              -- 數字欄位
  field1 NCHAR(5),          --Unicode 定長字串欄位
  field2 NVARCHAR(10),      --Unicode 變長字串欄位
  field3 VARCHAR(10)        -- 一般變長字串欄位
)
```

接著，新增下列三筆資料錄：

```
INSERT INTO TempChar VALUES ( 1, '山東', '包兆芃', '经理' )
INSERT INTO TempChar VALUES ( 2, N'山東', N'包兆芃', N'经理' )
INSERT INTO TempChar VALUES ( 3, '山東', N'包兆芃图书馆', N'經理' )
```

　　新增至資料表後，使用 SELECT 查詢指令，檢視 TempChar 資料表的內容。顯示的結果如圖 11-8 所示：

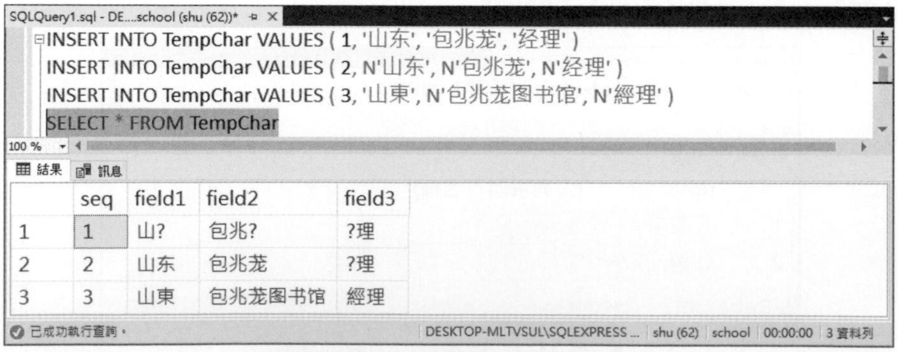

▲ 圖 11-8　顯示資料表內容

> **解析**
>
> 第一筆紀錄完全沒有在資料前加上「N」字母標示，所以資料並不會以 Unicode 字碼處理。第二筆所有欄位均有加上「N」字母標示，但因為 title 欄位宣告時並未宣告為 NVARCHAR()，所以仍舊會以預設的字碼處理。第三筆的 ID 欄位宣告為 NCHAR()，但輸入的資料是一般預設的資料字碼（Big5），所以沒有加上「N」字母標示，仍可以正常輸入。

如表 11-9 所示，資料類型的宣告與儲存資料時，資料前是否標示「N」字元，會是直接影響資料是否以 Unicode 字碼儲存的必要關鍵。重點如下：

- 輸入資料時在前面加一「N」字元，就算是該欄位為非 Unicode 亦可，並不會產生錯誤訊息。
- 欄位宣告為 Unicode 字碼型態（NCHAR 或 NVARCHAR），若沒在字串前加上「N」字母標示，則不會存入 Unicode。

▼ 表 11-9　資料類型與儲存宣告的 Unicode 處理

| 使用資料類型 | 儲存資料的前方<br>有無加上一個 N 字元 | 資料字碼儲存為 Unicode |
|---|---|---|
| char, varchar | ✕ | ✕ |
| | ○ | ✕ |
| nchar, nvarchar | ✕ | ✕ |
| | ○ | ○ |

## 5. 自動編流水號

主鍵中的每一筆資料都是資料表中的唯一值，它是用來獨一無二地辨識一個資料表中的每一筆資料錄。主鍵也可能必須由多個欄位組成，才能達成唯一識別性，但是過多的欄位相對也會降低系統使用的便利性，因此有時會另新增一個「流水號」欄位來做為主鍵。所謂流水號，就是欄位內容為自動遞增的編號。要宣告一個流水號欄位可以使用欄位宣告的 IDENTITY 限制達成。IDENTITY 限制的宣告語法為：

**IDENTITY（起始值，遞增）**

**例 (17)**：建立一個 TempMember 會員資料表，包含 id 與 name 兩個欄位。其中 id 為流水號，流水號由 1000 起，每筆新增的紀錄遞增 1 號。

```
CREATE TABLE TempMember
( id INTEGER PRIMARY KEY identity(1000,1),
  name VARCHAR(20))
```

參考圖 11-9 所示，輸入兩筆未指定 id 主鍵欄位的值，系統會自動填入 id 欄位的流水號。

```
INSERT INTO TempMember (name) VALUES ('張三')
INSERT INTO TempMember (name) VALUES ('李四')
```

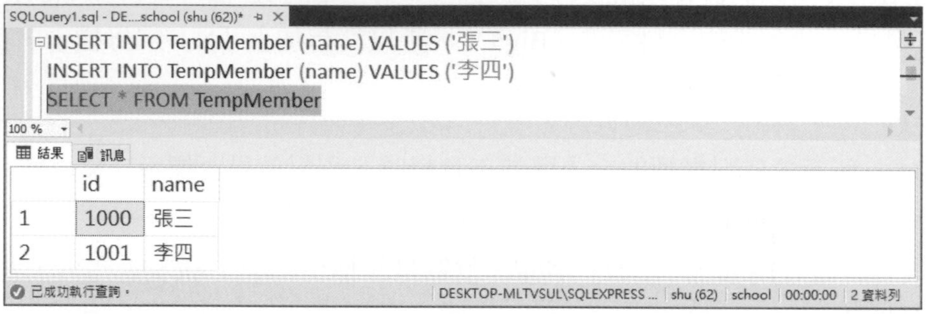

▲ 圖 11-9　系統自動產生欄位的流水號內容

如果需要**取得最近產生的流水號編號**，也就是現有資料錄中最後產生的流水號碼，可使用 IDENT_CURRENT( ) 函數，使用語法如下：

**SELECT　IDENT_CURRENT('資料表名稱')**

**例 (18)**：取得 TempMember 資料表最後一筆資料錄的**流水號碼**。

```
SELECT IDENT_CURRENT('TempMember')
```

# 11-3 │ 視界

視界（VIEW）可以視為一種虛擬的資料表。和資料表一樣，視界也是由數個欄位所組成，只不過視界的欄位定義與欄位內容，是來自實際資料表的欄位。視界如同一般資料表的使用方式，可以對視界執行 SELECT、INSERT、UPDATE 和 DELETE 的動作，或是利用 GRANT 指令將視界的使用權開放給特定的使用者等。

### 1. 建立視界

新增一個視界的宣告語法為：

**CREATE VIEW 視界名稱 (欄位，…)**
　**AS**
**SELECT 欄位，… FROM 資料表，… WHERE 條件 …**

建立視界的敘述之中，使用的 SELECT 子句有以下的限制：

- 不能單獨使用 order by, compute 或 compute by 語句
- 不能使用 union 語句
- 不能使用 into 語句

(1) 由資料表建立視界

**例 (19)**：應用 Student 資料表，建立學生地址在台北地區的 StdInfo 視界，欄位內容包
括學號、姓名與生日。

```
CREATE VIEW StdInfo (sno, name, birthday)
  AS
SELECT id, name, birth FROM STUDENT WHERE address like '台北%'
```

如圖 11-10 所示，本範例的視界內容是透過 SELECT 子句執行結果，實際視界並不存
在任何資料，而只是反映出 SELECT 執行的結果，所以視界只是虛擬的資料表。

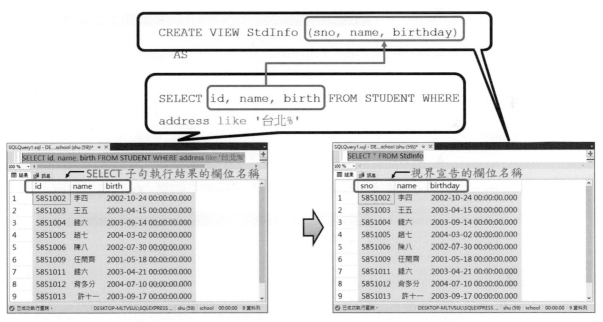

▲ 圖 11-10　視界是反映 SELECT 子句執行結果的虛擬資料表

視界的欄位必須與 SELECT 輸出結果的欄位數量一致。當 SELECT 輸出結果的欄位名
稱沒有重複且均有名稱時，可以省略視界的欄位宣告，沿用原先的欄位名稱。例如此範例
的視界，沒有自訂欄位，而逕行沿用 SELECT 子句執行結果之欄位名稱。

```
CREATE VIEW StdInfo
  AS
SELECT id, name, birth FROM STUDENT WHERE address like '台北%'
```

視界的欄位內容來自於其他資料表，所以異動資料內容，實際就是異動實際資料表的
內容。唯一一種情況是不允許透過視界異動資料內容：視界的欄位是經由運算處理的結
果。因為，系統無法由運算處理結果的內容逆推實際資料表的內容，所以不允許異動這一
類型的資料。請參考下列示範異動資料的狀況：

例 (20)：應用 Student 資料表，建立學生地址在台北地區的 StdBirth 視界，欄位內容包括學號、姓名與生日月份。

```
CREATE VIEW StdBirth (sno, name, month)
  AS
SELECT id, name, MONTH(birth) FROM Student
WHERE address like '台北 %'
```

■ 透過 StdBirth 視界，將學號 5851001 的姓名更改成「李四端」。 ← 可以執行

```
UPDATE StdBirth SET name=' 李四端 ' where sno='5851002'
```

▲ 圖 11-11　可以透過視界異動經運算產生之欄位內容

■ 透過 StdBirth 視界，將學號 5851001 的生日月份更改成 5 月。 ← 不可以執行

▲ 圖 11-12　無法透過視界異動經運算產生之欄位內容

例 (21)：應用 ORDERS 資料表，建立名稱為 OrdDelayed 的視界，內容包含所有出貨日期距訂貨日期超過 100 天訂單資料。

```
CREATE VIEW OrdDelayed
  AS
SELECT * FROM Orders WHERE DATEDIFF(DD,ord_date,ship_date)>100
```

**解析**

SELECT 子句執行結果不會有重複的欄位名稱，因此本例所建立的視界並未指定欄位名稱，直接沿用原本 SELECT 結果的欄位名稱。

例 **(22)**：應用 Student 與 Course 資料表。建立名稱為 Results 的視界，內容包含所有學生學號、姓名、修課數目與總分。

```
CREATE VIEW Results (id, name, number, total)
   AS
SELECT Student.id, name, COUNT(*), SUM(score)
FROM Student, Course
WHERE Student.id=Course.id
GROUP BY Student.id, name
```

**解析**

因為 SELECT 子句查詢的結果，運算的欄位（題中的 COUNT(*) 與 SUM(score)）並不會顯示出欄位名稱，因此必須在 CREATE VIEW 的子句指定所有的欄位名稱。宣告的數量，必須與 SELECT 子句結果的欄位數量相符。

(2) 建立視界的視界（VIEW of VIEW）

除了資料實際是儲存於原始資料表之內，視界相同於一般資料表的使用方式，因此也可以將視界再建立出新的視界。

例 **(23)**：依據例 (22) 建立的 Results 視界，新增一個只取平均成績前三名的 Std_TOP 視界。

```
CREATE VIEW Std_TOP (id, name, average)
   AS
SELECT TOP 3  id, name, total/number
FROM Results ORDER BY total/number DESC
```

**解析**

- SELECT 子句使用「TOP 3」表示只取前三筆紀錄，結合排序（ORDER BY）的 DESC 遞減（由大到小）排列，可取得平均成績較高分數前 3 筆的學生資料。
- ORDER BY 子句並非單獨使用在 CREATE VIEW 敘述內，而是搭配「TOP 3」排序後取前三筆資料，所以是可以執行的。

## 2. 修改視界

修改視界的語法為：

```
ALTER VIEW 視界名稱 (欄位 , …)
   AS
SELECT 欄位 , … FROM 資料表 , … WHERE 條件 …
```

　　　　系統實際的運作方式是先將視界原先的 SELECT 宣告刪除，再指定新的 SELECT 敘述。亦可直接使用 DROP VIEW 指令刪除原先的視界，再使用 CREATE VIEW 新增視界。使用 ALTER VIEW 的時機是不希望影響此視界相依的預儲程序或觸發程序，且不改變已指定權限的情況。

　　**例 (24)**：更改先前例 (23) 建立的 Std_TOP 視界，將原先取平均前三名的條件改爲取前五名。

```
ALTER VIEW Std_TOP (id, name, average)
  AS
SELECT TOP 5  id, name, total/number
FROM Results ORDER BY total/number DESC
```

## 3. 刪除視界

　　從資料庫中刪除一個已存在的視界，執行的語法爲：

　　　**DROP VIEW 視界名稱**

　　**例 (25)**：刪除先前建立的 StdInfo、StdBirth、Std_TOP 視界。

```
DROP VIEW StdInfo;
DROP VIEW StdBirth;
DROP VIEW Std_TOP;
```

## 4. 檢視視界的宣告

　　對於資料庫管理而言，可以使用系統綱要表：INFORMATION_SCEMA.VIEWS 和 INFORMATION_SCHEMA.TABLES 列出資料庫內的視界。兩者的差別在於 INFORMATION_SCEMA.VIEWS 包含視界的宣告，INFORMATION_SCHEMA.TABLES 包含資料庫現有的資料表名稱與視界名稱。

　　**例 (26)**：使用 INFORMATION_SCHEMA.VIEWS 列出此一資料庫有哪一些視界。

```
SELECT * FROM INFORMATION_SCHEMA.VIEWS
```

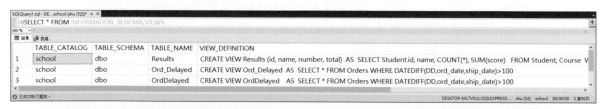

　　▲ 圖 11-13　使用系統綱要 INFORMATION_SCHEMA.VIEWS 檢視此資料庫內的視界宣告

　　**例 (27)**：使用 INFORMATION_SCHEMA.TABLES 列出此一資料庫有哪一些視界。

```
SELECT * FROM INFORMATION_SCHEMA.TABLES WHERE table_type='VIEW'
```

```
SQLQuery1.sql - DE....school (shu (52))* ⊣ ×
    SELECT * FROM INFORMATION_SCHEMA.TABLES
```

| | TABLE_CATALOG | TABLE_SCHEMA | TABLE_NAME | TABLE_TYPE |
|---|---|---|---|---|
| 1 | school | dbo | CurrentContent | BASE TABLE |
| 2 | school | dbo | BOOK | BASE TABLE |
| 3 | school | dbo | VENDOR | BASE TABLE |

▲　圖 11-14　使用系統綱要 INFORMATION_SCHEMA.TABLES 檢視此資料庫內的視界

# 11-4 索引

　　對關聯式資料庫，索引（Index）是相當重要的表格，系統透過索引直接指向我們所需的資料，因此能夠改善資料的存取速度。此外，若設定為唯一性（Unique）索引的欄位，可強制該欄位資料在表格內的唯一性。索引並不是獨立存在的表格，而是如圖 11-15 所示，附加在某一資料表或是視界之下。系統設計或資料庫管理師（DBA）可依實際所需手動建立索引檔，系統會自動維護其內容。當資料表或視界被刪除時，系統亦會自動將該索引表格刪除。一個資料表可以宣告建立一個以上的索引表，每個索引表負責將特定的欄位集建立成索引。

■ 沒有索引，系統必須為找尋一筆資料，而掃描整個資料表。

■ 有索引，系統透過索引表格，計算出資料儲存在資料表中的位置後，直接讀取出。

　　相對的，處理索引會減緩資料異動速度，因為每次資料異動，無論是新增、修改、刪除狀況，均會觸發系統更新所屬欄位的索引內容，因此，越多的索引表，會造成資料異動的處理效率降低。雖然索引影響資料異動的速度有限，但對於上線人數眾多、資料異動頻繁的即時性系統，建議仍須謹慎建立適當而不多餘的索引。

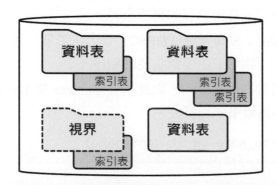

▲　圖 11-15　資料表與視界可以具備 0 至多個索引表

---------- 說明 ----------

由於「設定爲唯一性索引的欄位，可強制該欄位資料在表格內的唯一性」，因此宣告爲主鍵的欄位集，系統會自動爲其建立一個唯一性的索引表。反過來說，宣告爲主鍵的欄位就沒有必要自行再建立一個唯一性的索引表。

歸納上述索引表建立之重點：

(1) 一個資料表或視界可以有 0 至多個索引表。

(2) 每個索引表需指定建立資料表的欄位，而該欄位可以在不同索引表重複。

(3) 索引表一定附屬於某一個資料表或視界。

(4) 索引表種類包含一般索引與唯一性索引（Unique）兩種。「唯一性」即表示建立該索引之欄位內容不可重複。

(5) 系統會自動依據主鍵欄位宣告一個唯一性索引表。

(6) 索引表建立後，系統自動維護，不需人爲介入。

(7) 索引加快資料搜尋速度，但會減緩資料異動速度。

## 1. 建立索引表

建立索引表的宣告語法爲：

```
CREATE [UNIQUE] [CLUSTERED|NONCLUSTERED] INDEX 索引表名稱
    ON { 資料表名稱 | 視界名稱 } ( 欄位名稱 [ASC|DESC],...)
```

■ UNIQUE 對資料表或視界建立一個唯一性索引（亦即任何兩個資料列都不能有相同索引值的索引）。建立 UNIQUE 索引時，會將多個 NULL 值視爲重複。

■ CLUSTERED 指定建立一個叢集的索引表。反之，NONCLUSTERED 表示非叢集的索引表。每個資料表內只能建立一個叢集索引表，但可以建立多個非叢集的索引表，未指明時預設爲非叢集。非叢集索引單純只存放指標資料，指標再指向磁碟中儲存的實體資料。叢集索引則是指標資料先指向一個經排序的樹狀結構，再透過樹狀結構的節點對應到磁碟中儲存的實體資料。

■ 排序不是遞增「ASC」就是遞減「DESC」，若未註明，預設爲「ASC」。欄位名稱左至右的順序表示「索引」主要到次要的順序。

例 (28)：學生姓名經常被用來檢索，因此請在 Student 學生資料表，宣告一個以 name 姓名欄位作爲索引的索引表。

```
CREATE INDEX Std_Name ON Student(name)
```

解析

■ 索引建立後由系統自動維護，所以索引表名稱的命名規則可以比較寬鬆。

■ 索引附屬於某一資料表或視界，索引表名稱可以和該資料表或視界相同。

例 **(29)**：Employee 職員資料表的員工姓名分置於 lastname 與 firstname 兩個欄位，但搜尋資料時常以姓與名共同查詢。因此，請將姓與名兩個欄位宣告一個索引表。

```
CREATE INDEX Emp_Name ON Employee (lastname, firstname)
```

例 **(30)**：請將圖書館 Patron 讀者資料表的 pin 身分證欄位宣告為唯一性的索引表。

```
CREATE UNIQUE INDEX Patron_Pin ON Patron(pin)
```

**解析**

Patron 讀者資料表的主鍵是 id 讀者編號欄位，但需要確保 pin 身分證欄位內容的唯一性，以防止重複辦證。因此，可以藉由建立唯一性索引的方式，既可加快以讀者身分證號搜尋資料的效率，亦可確保讀者身分證號的唯一性。

## 2. 刪除索引表

從某一資料表刪除一個現存的索引表，其刪除的語法為：

**DROP INDEX** *索引表名稱* **ON** *資料表名稱*

例 **(31)**：刪除 Student 學生資料表的 Std_Name 索引表。

```
DROP INDEX Std_Name ON Student
```

**解析**

因為索引附屬於某一資料表或視界，所以刪除索引表時，需要指定該索引表所在的資料表或視界名稱。

## 3. 檢視索引表

如圖 11-16 所示，索引表的資訊記錄於 SYSINDEXES 系統表格內，可以透過 SP_HELPINDEX 預儲程序，列出特定某一個資料表的索引表，或使用 SP_STATISTICS 預儲程序，列出特定某一個資料表索引檔的較多細節。

例 **(32)**：列出 Student 學生資料表的索引表清單。

```
SP_HELPINDEX Student
```

例 **(33)**：列出 Student 學生資料表的索引表與統計明細。

```
SP_STATISTICS Student
```

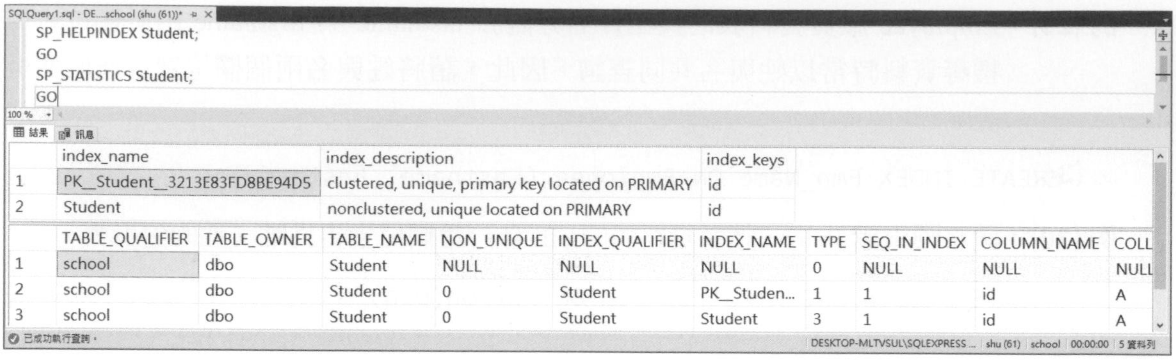

▲ 圖 11-16　執行 SP_HELPINDEX 與 SP_STATISTICS 預儲程序顯示索引檔的資訊

# 11-5 ‖ 預儲程序

　　預儲程序（Stored Procedure，亦譯為預存程序）是依據資料庫系統專屬的開發語言，將一個或多個敘述的群組儲存在資料庫內的物件，以便在往後重複使用。SQL Server 的資料庫物件開發語言為 Transact-SQL（簡稱 T-SQL，請參見第十三章的介紹）。

　　預儲程序和程式語言的副程式（subroutine）及函數（function）的作用完全相同：

　　(1) 接受傳入的參數，執行後將多個數值或執行成功與否的狀態值，回傳呼叫的程式。

　　(2) 包含可在資料庫中執行作業的程式敘述。

　　預儲程序將執行的 Transact-SQL 程式、SQL 敘述預先編譯，並儲存在伺服器端的資料庫內，因此具備許多優點，包括：重複使用的便利、降低網路流量的負荷、提升處理的效能等。不過，因為必須使用資料庫系統專屬的程式語法（例如 SQL Server 使用 Transact-SQL、Oracle 使用 PL/SQL 語法），各家資料庫系統互不相容，因此會妨礙結合資料庫之應用程式的可攜性。畢竟魚與熊掌不可兼得，預儲程序的優點是效率高，但相對的缺點便是專屬的語法，限制了資料庫移轉的開放性。

## 1. 建立預儲程序

　　建立預儲程序的語法為：

```
CREATE PROC[EDURE] 預儲程序名稱
    [{@ 參數名稱 資料類型 } [ = 預設值 ] [OUTPUT] ] [, …n]
AS
    SQL 敘述 […n]
```

依據語法的結構，預儲程序包含了兩個部分：

　　(1) 標頭（Header）：定義了預儲程序的名稱、輸入和輸出參數，以及一些其他的處理選項。可以將標頭視為一個應用程式介面（Application Programming Interface，API）或預儲程序的宣告。

　　(2) 主體（Body）：當預儲程序被呼叫時，所應該執行的 Transact-SQL 敘述。

　　預儲程序的標頭和主體是由 AS 這個關鍵字來區隔。預儲程序的標頭包含了參數的清單，而每個參數之間則使用逗號「,」加以區隔。每個參數的定義都包含了一個識別項和資料類型。參數的識別項必須以 @ 字元做為開頭。

　　**例 (34)**：建立一個指定書名，即可取得該書名的書目（BIB 資料表）資料的預儲程序。

```
CREATE PROC getTitle
  @Tit varchar(50)
AS
  SELECT * FROM Bib WHERE title=@Tit
```

**解析**

此範例建立一個名稱為「getTitle」的預儲程序，當中包含了一個輸入長度允許 50 個字元的參數。如圖 11-17 所示，執行 getTitle 預儲程序時，它會傳回一個結果集（Result Set），當中包含了所有在 BIB 資料表中，title 欄位的值等於輸入參數值的所有資料錄。

▲ 圖 11-17　預儲程序的建立與執行

　　**例 (35)**：建立一個指定部分書名且部分作者，即可取得該書名的書目（BIB 資料表）資料的預儲程序。

**解析**

此範例練習 SELECT 的 WHERE 子句使用 like 邏輯運算子執行部分符合的查詢。請注意預儲程序內部分符合的撰寫方式。

```
CREATE PROC getBib
  @Tit VARCHAR(50),
  @Aut VARCHAR(6)
AS
  SELECT * FROM Bib
  WHERE title like  '%'+@Tit+'%' AND author like '%'+@Aut+'%'
```

例 (36)：建立一個傳入「訂購日期」與「數量」兩個參數的預儲程序，能夠取得 Orders 訂單資料表中，訂購日期 ord_date 欄位的內容大於「訂購日期」參數，以及數量 quantity 欄位的內容大於等於「數量」參數的訂單紀錄。

```
CREATE PROC getOrder
    @ODate DATETIME, @ONum INTEGER
AS
    SELECT * FROM Orders
    WHERE ord_date > @ODate AND quantity >= @Onum
```

## 2. 執行預儲程序

使用預儲程序的主要好處，就是依據預先撰寫的程式流程，從 SQL Server 的資料庫中傳回有用且既定格式的資訊，並且可以重複使用。執行預儲程序時，可使用 EXECUTE（可簡寫為 EXEC，大小寫不限）加上該預儲程序的名稱，或直接使用該預儲程序名稱，並於名稱後至少隔一空格，輸入參數的值。

例 (37)：執行 getTitle 預儲程序，並指定參數為「土地徵收之比較研究」。

```
EXECUTE getTitle '土地徵收之比較研究'
```

或簡寫為：

```
EXEC getTitle '土地徵收之比較研究'
```

或直接使用預儲程序名稱執行：

```
getTitle '土地徵收之比較研究'
```

例 (38)：執行 getBib 預儲程序，並指定 @Tit 書名參數值為「資料」，@Aut 作者參數值為「黃」。

```
EXEC  getBib '資料', '黃'
```

此範例等同執行下列 SQL 敘述：

```
SELECT * FROM Bib WHERE title like  '%資料%' AND author like '%黃%'
```

執行 getBib 預儲程序需要指定兩個參數值，如果不指定內容，也需指定一空字串。

例 (39)：執行 getBib 預儲程序，並指定 @Tit 書名參數值為「資料」，作者不限。

```
EXEC  getBib '資料', ''
```

此範例等同執行下列 SQL 敘述，條件為 title 欄位部分符合「資料」，author 欄位不限任何內容：

```
SELECT * FROM Bib WHERE title like  '%資料%' AND author like '%%'
```

**例 (40)**：執行 getOrder 預儲程序，ODate 參數值指定為 '2022/10/1'；Onum 參數值指定為 30（預儲程序執行：求訂購日期大於 '2022/10/1'，且訂購數量大於等於 30 的訂購資料）。

```
EXEC getOrder '2022/10/1', 30
```

此範例等同執行下列 SQL 敘述：

```
SELECT * FROM Orders WHERE ord_date > '2022/10/1' AND quantity >= 30
```

### 3. 刪除預儲程序

當不需要再使用某一個預儲程序時，刪除預儲程序的語法為：

**DROP PROC[EDURE]** *預儲程序名稱*

**例 (41)**：刪除 getBib 預儲程序。

```
DROP PROC getBib;
```

### 4. 修改預儲程序

預儲程序可以有兩種修改方式：一是刪除原先的預儲程序再重新建立。另一種方式則是使用 ALTER PROCEDURE 敘述來修改。

(1) 刪除原有，再重新建立：

**例 (42)**：將 getTitle 預儲程序條件更改為 price 價格欄位需大於指定的參數值。

```
DROP PROC getTitle    -- 先刪除
GO    -- 執行先前的敘述
CREATE PROC getTitle    -- 重新建立預儲程序
  @Price Integer
AS
    SELECT * FROM Bib WHERE price > @Price
```

**解析**

上述包含兩個獨立的敘述，在第一個敘述（DROP PROC getTitle）之後加上 GO 指令，此命令是要求執行 GO 指令之前的敘述。因此系統會先將 getTitle 預儲程序刪除，之後才會再執行建立判斷 price 價格欄位大於參數值的 getTitle 預儲程序。

預儲程序的相關資訊儲存於系統綱要 sysobjects 資料表內。如果不確定一個預儲程序是否存在時，可以先撰寫一段 Transact-SQL 程式來加以檢查，以避免刪除一個並不存在的預儲程序時，產生錯誤訊息。

例 (43)：確認若資料庫存在 getTitle 預儲程序，則將 getTitle 預儲程序條件更改為 price 價格欄位需大於指定的參數值。

```
IF EXISTS (SELECT * FROM sysobjects
  WHERE id=OBJECT_ID('getTitle')
    AND OBJECTPROPERTY(id, 'isProcedure')=1)
  DROP PROC getTitle
  GO
  CREATE PROC getTitle
      @Price Integer
    AS
      SELECT  * FROM Bib WHERE price > @Price
```

**解析**

系統綱要 sysobjects 資料表記錄資料庫的物件，使用 OBJECT_ID( ) 函數取得 getTitle 預儲程序的 id 編號（系統內部編號），判斷是否存在於 sysobjects 資料表內，並使用 OBJECTPROPERTY( ) 函數判斷該 id 編號的物件是否為預儲程序。如果條件符合，就依序執行刪除再建立的程序。

(2) 使用修改方式：

　　修改預儲程序使用 ALTER PROCEDURE 敘述，實際內部運作的方式也是將原有的預儲程序刪除，再依據敘述重新建立新的預儲程序：

例 (44)：將 getTitle 預儲程序條件更改為 price 價格欄位需大於指定的參數值。

```
ALTER PROC getTitle
  @Price Integer
AS
  SELECT  * FROM Bib WHERE price > @Price
```

## 5. 系統預儲程序

　　除了使用者自行建立的預儲程序，SQL Server 資料庫系統亦內建了許多系統預儲程序（以 sp_ 名稱開頭）和擴充預儲程序（以 xp_ 名稱開頭），許多管理和參考活動，都可以利用系統預儲程序加以執行。SQL Server 提供了超過數百個系統預儲程序，其中常用的一些系統預儲程序簡述如表 11-10 所列，詳細的預儲程序介紹與說明，請參見微軟線上說明（網址：http://technet.microsoft.com/zh-tw/library/ms187961.aspx）。

▼ 表 11-10　常用的系統預儲程序

| 名稱 | 參數 | 說明 |
|---|---|---|
| sp_help | [ @objname=] 'name' | 參數指定目前資料庫的物件名稱，會傳回該物件的基本資訊。若未指定參數時，會傳回目前資料庫中所有類型物件的摘要資訊名稱。 |
| sp_helpdb | [ [ @dbname= ] 'name' ] | 列出指定的資料庫資訊；若未指定資料庫名稱，會列出所有資料庫的相關資訊。 |
| sp_helpuser | [ @name_in_db = ] 'security_account' | 列出登入帳號的資訊。若未指定會傳回所有登入帳號的資訊。 |
| sp_helpindex | [ @objname = ] 'name' | 列出資料表或視界的索引資訊。 |
| sp_helplanguage | [ [ @language = ] 'language' ] | 列出指定的語言或所有語言的資訊。 |
| sp_helptext | [ @objname = ] 'name' | 列出指定的視界、預儲程序、自訂函數或觸發的宣告內容。 |
| sp_procoption | [@ProcName = ] 'procedure' | 設定或清除自動執行預儲程序。每當啟動 SQL Server 的執行個體時，就會執行一個設為自動執行的預儲程序。 |
| sp_who | [ [ @loginame = ] 'login'] | 列出目前登入帳號、工作階段和處理程序的資訊。 |
| xp_loginconfig | ['config_name'] | 列出 SQL Server 實例在 Windows 上運行時的登錄安全組態的配置。（未來的 SQL Server 版本將移除這項功能） |
| xp_logininfo | [ [ @acctname = ] 'account_name' ] | 列出有關 Windows 使用者和 Windows 群組的資訊。 |
| xp_msver | 無 | 列出 SQL Server 的版本資訊。 |

　　除了上述常用的一些系統預儲程序之外，若要列出現在資料庫使用者設定的預儲程序清單，可以使用系統預儲程序 sp_stored_procedures 列出指定的預儲程序名稱、擁有者、類型等資訊。若未指定，則會列出此一資料庫已宣告的所有預儲程序清單。此外，預儲程序名稱儲存在系統綱要 sysobjects 資料表中，而 CREATE PROCEDURE 敘述的文字則儲存於 syscomments 中。

　　**例 (45)**：列出所在資料庫的預儲程序資訊。

```
SELECT * FROM sysobjects WHERE xtype='P'
```

**例 (46)**：列出預儲程序建立時的宣告內容。

```
SELECT id, text FROM syscomments
```

結合上述兩個系統資料表執行合併（Join）查詢，列出如圖 11-18 所示的預儲程序的相關資訊與宣告內容：

```
SELECT sysobjects.id, name, crdate, text
FROM sysobjects, syscomments
WHERE xtype='P' and sysobjects.id=syscomments.id
```

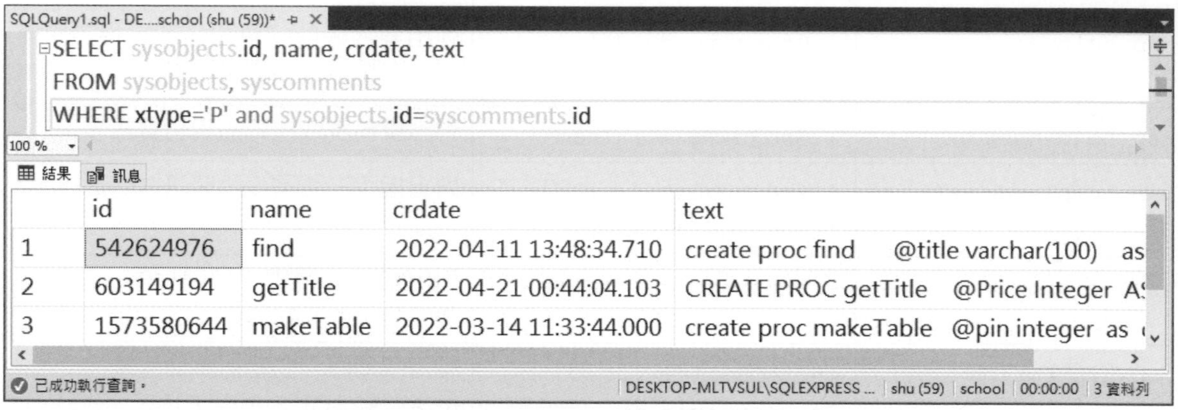

▲ 圖 11-18　由系統資料表列出預儲程序的資訊內容

# 11-6 ‖ 觸發

觸發（Trigger）程序是藉由設定某種條件來引發動作，當資料表出現特定事件且滿足指定的條件，便會開始進行對應的程序。如同預儲程序一樣，觸發程序也是一組 Transact-SQL 指令的敘述，但是與預儲程序不同的是：觸發程序沒有傳入的參數，也沒有回傳值。

觸發程序使用的時機是執行 Transact-SQL 語言的 DDL 指令或 DML 指令時，需要自動執行一些自動化的操作。主要使用的情境是在異動資料時（如 INSERT、UPDATE、DELETE），能依據商務邏輯（Business Logic）自動異動相關的其他資料表內容。例如因學生休退學而刪除學生資料表的資料時，需要檢查圖書館借閱紀錄是否都已完成歸還作業。商品銷售出去時，要連同計算庫存量，當庫存量低於安全存量時，要自動新增一筆進貨的訂單等等。

SQL Server 的觸發程序支援 DML 指令（INSERT、UPDATE、DELETE）與 DDL 指令（CREATE、ALTER、DROP）。觸發程序的時機分為資料異動後（AFTER）、異動前（INSTEAD OF）兩種觸發執行方式：

(1) AFTER 觸發程序：

在執行過 INSERT、UPDATE、DELETE 等 DML 的 SQL 敘述後才執行。發生強制違規時絕對不會執行 AFTER 觸發程序。所以，這些觸發程序無法使用在可能妨礙強制違規的任何處理動作。

(2) INSTEAD OF 觸發程序：

用於資料異動前觸發的程序，可以定義 INSTEAD OF 觸發程序對一或多筆資料執行錯誤或內容值的檢查，然後在異動記錄之前執行其他動作。

## 1. 邏輯資料表

在 SQL Server 執行異動資料（DML 指令：INSERT、UPDATE、DELETE）的觸發過程中，系統自動會生成兩個臨時的資料表：Inserted 和 Deleted。參考表 11-11 的說明，這兩個資料表的結構與原始異動的資料表是完全相同的，Inserted 資料表用於存放新增的資料錄，Deleted 資料表用於存放原有的資料錄。

- 當新增資料錄時，新資料可以在 Inserted 資料表中得到。
- 當更新資料錄時，更新後的新資料，可以在 Inserted 資料表獲得。被更新原資料錄是舊的，所以可以在 Deleted 資料中取得。
- 當刪除資料錄時，可以在 Deleted 表中獲得刪除的資料錄。

▼ 表 11-11　觸發臨時資料表儲存內容

| DML 指令 | Inserted 資料表 | Deleted 資料表 |
|---|---|---|
| INSERT | 保存新增的資料錄 | 無 |
| UPDATE | 保存更新後的新資料錄 | 保存更新前的舊資料錄 |
| DELETE | 無 | 保存刪除前的資料錄 |

## 2. 新增觸發程序

新增觸發程序的語法為：

```
CREATE TRIGGER 觸發程序名稱 ON 資料表名稱
FOR| AFTER| INSTEAD OF
[INSERT, UPDATE, DELETE]    -- 觸發的條件
AS
BEGIN
       -- 執行的 Transact-SQL 敘述
END
```

使用 FOR 或 AFTER 識別字表示建立事後觸發程序，INSTEAD OF 識別字表示建立事前觸發程序。觸發事件的 DML 指令包括 INSERT、UPDATE、DELETE 的 SQL 敘述，如果觸發的事件不只一個 SQL 敘述，須使用分號「；」區隔。

AS 識別字之後是執行的 Transact-SQL 敘述，但並非所有的 Transact-SQL 均可使用於此，在 DDL 觸發程序中，不允許使用表 11-12 所列 Transact-SQL 指令的敘述。

▼ 表 11-12　不支援觸發程序的 DDL 與 Transact-SQL 指令

| ALTER DATABASE | CREATE DATABASE |
|---|---|
| DROP DATABASE | LOAD DATABASE |
| RESTORE DATABASE | RECONFIGURE |
| LOAD LOG | RESTORE LOG |

此外，當 DML 觸發程序觸發動作的目標是資料表或視界時，在 DML 觸發程序的主體內，也不允許有表 11-13 所列的 DML 指令的 SQL 敘述。

▼ 表 11-13　不支援觸發程序的 DML 與 Transact-SQL 指令

| CREATE INDEX（包括 CREATE SPATIAL INDEX 和 CREATE XML INDEX） |
|---|
| ALTER INDEX |
| DROP INDEX |
| DBCC DBREINDEX |
| ALTER PARTITION FUNCTION |
| DROP TABLE |
| 用來執行下列動作的 ALTER TABLE：<br>(1) 新增、修改或移除資料欄位。<br>(2) 切換資料分割。<br>(3) 加入或移除 PRIMARY KEY 或 UNIQUE 限制條件。 |

練習範例之前，首先先建立一個用來儲存學生平均成績前三名的 Student_Ranking 資料表，以便作為觸發程序的練習資料表：

```
CREATE TABLE Student_Ranking
( id INTEGER PRIMARY KEY IDENTITY(1,1), -- 宣告為自動編號
  sno CHAR(10),
  name VARCHAR(8),
  average DECIMAL(5,2))
```

(1) AFTER 觸發程序

**例 (47)**：建立一個觸發程序，只要 Course 資料表有異動，就將前三名學生的平均成績重新新增至 Student_Ranking 資料表內。

```
CREATE TRIGGER TG_Score_Ranking ON Course
FOR INSERT, UPDATE, DELETE
AS
```

```
TRUNCATE TABLE Student_Ranking     -- 清除資料表原有的資料
GO
INSERT INTO Student_Ranking (sno, name, average)
    SELECT TOP 3 Student.id, name, AVG(score)
    FROM Student, Course WHERE Student.id=Course.id
    GROUP BY Student.id, name ORDER BY AVG(score) DESC
```

### 解析

此範例使用 CREATE TRIGGER 建立一個名稱為 TG_Score_Ranking 的觸發程序，並指定當 Course 資料表的資料有 INSERT、UPDATE、DELETE 的異動狀況時，就會觸發執行 AS 之後所指定，將前三名學生的平均成績重新新增至 Student_Ranking 資料表的 SQL 敘述。執行包括 2 個 SQL 敘述：

■ 先清除 Student_Ranking 資料表原有的資料。因為 Student_Ranking 的 id 欄位為自動編號的流水號，因此使用 TRUNCATE TABLE 指令刪除資料錄並讓自動編號歸零；

■ 選擇學生修課資料平均成績前三名的資料，並將之新增（INSERT）至 Student_Ranking 資料表。

(2) INSTEAD OF 觸發程序

練習範例之前，先建立 Client 資料表與 Client_Info 視界：

```
CREATE TABLE Client   -- 資料表
 (id      INT PRIMARY KEY IDENTITY(1,1),   -- 自動產生流水號
  lastname   VARCHAR(20) not null,
  firstname   VARCHAR(30) not null,
  name AS (lastname+','+firstname), -- 結合 Last_Name 與 First_Name 兩個欄位
  tel     VARCHAR(20));

GO -- 執行上述 SQL 敘述

CREATE VIEW Client_Info -- 視界
AS
   SELECT id, lastname, firstname, name, tel FROM Client
```

爾後，若執行下列新增的 SQL 敘述，因為 id 欄位宣告為自動產生流水號，不允許自訂值，系統會因此產生錯誤，無法新增此資料。

```
INSERT INTO Client_Info (id, lastname, firstname, tel)
VALUES ('111','張','三','091099999')
```

　　若執行下列新增的 SQL 敘述，則會因爲 name 欄位是由 lastname 與 firstname 結合而成的運算欄位，系統也是不允許新增此資料。

```
INSERT INTO Client_Info (lastname, firstname, name, tel)
VALUES ('張','三','張三', '091099999');
```

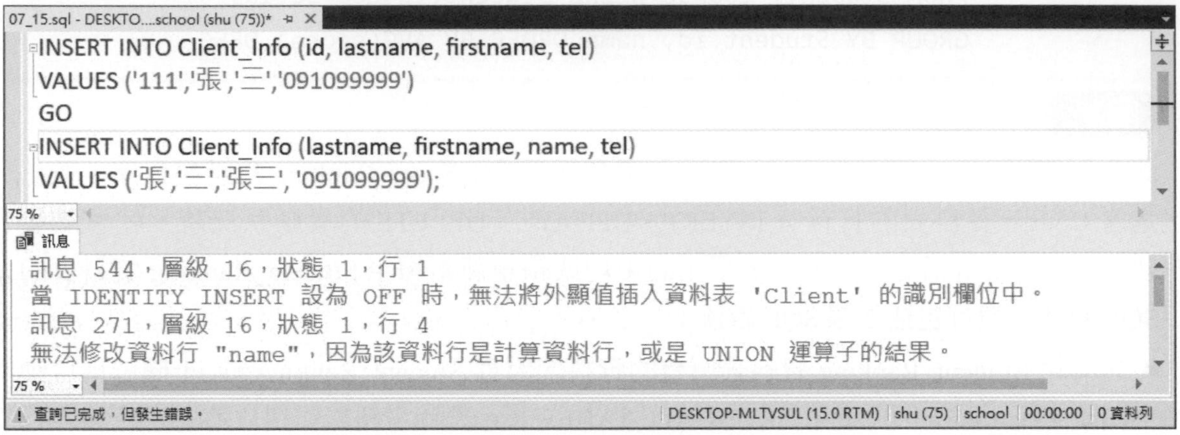

```
07_15.sql - DESKTO....school (shu (75))* + ×
INSERT INTO Client_Info (id, lastname, firstname, tel)
VALUES ('111','張','三','091099999')
GO
INSERT INTO Client_Info (lastname, firstname, name, tel)
VALUES ('張','三','張三', '091099999');
```

```
75 %
訊息
訊息 544，層級 16，狀態 1，行 1
當 IDENTITY_INSERT 設為 OFF 時，無法將外顯值插入資料表 'Client' 的識別欄位中。
訊息 271，層級 16，狀態 1，行 4
無法修改資料行 "name"，因為該資料行是計算資料行，或是 UNION 運算子的結果。
75 %
查詢已完成，但發生錯誤。          DESKTOP-MLTVSUL (15.0 RTM)  shu (75)  school  00:00:00  0 資料列
```

▲ 圖 11-19　無法新增資料到視界的 SQL 敘述範例

爲了避免此種無法新增資料的情況，可使用宣告 INSTEAD OF 事前觸發的程序：

**例 (48)**：建立名稱爲 TG_Client 的觸發程序，使新增資料至 Client_Info 視界時，實際是執行新增資料到此視界實際的 Client 資料表的程序。

```
CREATE TRIGGER TG_Client on Client_Info
INSTEAD OF INSERT
AS
BEGIN
   INSERT INTO Client SELECT lastname, firstname, tel FROM INSERTED
END
```

　　在執行新增 Client_Info 視界的資料前，先將符合欄位宣告（以本範例，只需輸入 lastName、firstName 與 tel 欄位）的資料新增至 Client 資料表，如圖 11-20 所示，就可以正常執行下列 SQL 敘述新增資料至 Client_Info 視界，而實際是新增至 Client 資料表。

```
INSERT INTO Client_Info (LastName, FirstName, Name, Tel)
    VALUES ('張','三','張三', '091099999')
INSERT INTO Client_Info (ID, LastName, FirstName, Tel)
    VALUES ('999','李','四', '0911888888')
```

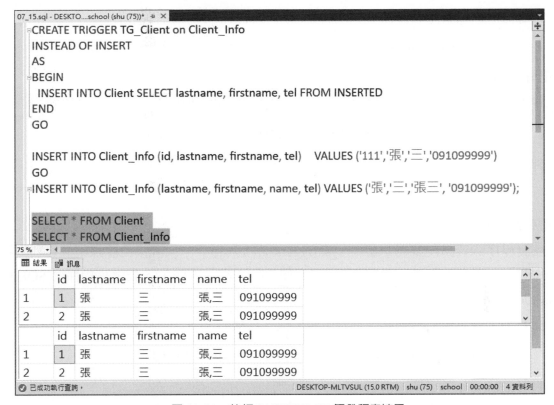

▲ 圖 11-20　執行 INSTEAD OF 觸發程序結果

　　視界具備不讓使用者直接處理資料表的資訊隱藏功能，亦有組合資料欄位，簡化顯示內容的優點，但常常會限制，無法直接由視界異動其資料內容。如果要設計一個資料表，其中某個欄位要符合多個外來鍵，或者欄位值需要判斷是否合法，這時候就可以採用 INSTEAD OF 觸發程序，或者限制不可更新視界。因為無法直接異動視界的資料，這時候也可以在視界建立 INSTEAD OF 觸發程序，來達到透過實際的資料表異動資料的功能。如此，不但可以達到資訊隱藏、簡化顯示內容的優點，亦可實現透過視界異動資料的方便性（透過觸發程序，實際是對資料表操作，但對使用者而言，完全可以不知道實際資料表的存在，而達到真正的資訊隱藏目的）。

### 3. 停用／啓用觸發程序

　　除了刪除觸發程序，若考量只是暫停某一位登入帳號的使用權，可採用停用觸發程序的方式。停用觸發桯序的語法爲：

> **DISABLE TRIGGER {** *觸發程序名稱* **[ ,...n ]|ALL} ON** *資料表或視界名稱*

**例 (49)**：停用在 Client_Info 視界使用 TG_Client 觸發程序。

```
DISABLE TRIGGER TG_Client ON Client_Info
```

停用之後，若要恢復該登入帳號的觸發使用權，啓用觸發程序的語法爲：

> **ENABLE TRIGGER {** *觸發程序名稱* **[ ,...n ]|ALL} ON** *資料表或視界名稱*

例 **(50)**：恢復啟用在 Client_Info 視界的所有觸發程序。

```
ENABLE TRIGGER ALL ON Client_Info
```

### 4. 刪除觸發程序

當不需要再使用某一個觸發程序時，刪除觸發程序的語法為：

> **DROP TRIGGER 觸發程序名稱**

例 **(51)**：刪除 TG_Client 觸發程序。

```
DROP TRIGGER TG_Client
```

### 5. 檢視觸發程序

觸發程序的資訊記錄可以使用 sys.triggers 系統資料表，或直接由記錄整個資料庫物件的 sysobjects 資料表取得。資料表的 xtype 欄位內容若為「TR」，表示該物件為 SQL 的觸發程序；「TA」表示該物件為組件（CLR）觸發程序。

例 **(52)**：列出現有資料庫內宣告的觸發程序名稱。

```
SELECT name FROM sys.triggers WHERE type='TR'
```

或

```
SELECT name FROM sysobjects WHERE type='TR'
```

若要刪除觸發程序時，可以使用 sys.triggers 系統資料表，或直接由記錄整個資料庫物件的 sysobjects 資料表，在刪除前先判斷觸發程序是否存在，以避免因刪除一個並不存在的觸發程序，造成 SQL Server 產生的錯誤訊息。

例 **(53)**：請先判斷，若資料庫內存在 TG_ Score_Ranking 預儲程序，再將之刪除。

```
IF EXISTS(SELECT name FROM sysobjects
            WHERE name='TG_Score_Ranking' AND xtype='TR')
     DROP TRIGGER TG_Score_Ranking
```

# 本章習題

## 選擇題

(　) 1.　建立訂單資料表時，設定訂單編號要小於 1000，應採用何種限制：
①外來鍵限制　②預設值限制　③主鍵限制　④檢查限制。

(　) 2.　建立資料庫時，代表主資料檔案初始大小的是：
① FILENAME　② NAME　③ SIZE　④ MAXSIZE。

(　) 3.　資料表建立時，欄位宣告限制的目的：
①限制資料數量　②確保資料的完整性　③保護資料庫大小　④限制資料的輸入。

(　) 4.　建立資料庫時，無法指定下列何種屬性：
①資料庫的存取權限　②資料庫的存放位置　③資料庫的物理名和邏輯名　④資料庫的初始大小。

(　) 5.　下列何者是 DDL 指令：
① SELECT　② CREATE　③ UPDATE　④ INSERT。

(　) 6.　刪除資料表使用下列何種指令：
① DELETE　② DROP　③ ALTER　④ CANCEL。

(　) 7.　外來鍵宣告 ON DELETE CASCADE 表示：
①副檔資料刪除時，會連同將主檔資料一併刪除
②主檔資料被刪除時，會連同將副檔資料一併刪除
③主檔資料刪除時，會連同將所有有外來鍵關聯的副檔一併刪除
④副檔資料刪除時，會連同將所有有外來鍵關聯的副檔一併刪除。

(　) 8.　ALTER TABLE 指令無法執行下列哪一項改變：
①更改欄位的資料類型　②更改欄位的限制條件　③更改欄位的資料內容　④增加一個新欄位。

(　) 9.　若 A 資料表有外來鍵關聯 B 資料表的主鍵，則下列哪一個是正確的描述：
①建立資料表時，必須先 A 後 B　②建立資料表時，必須先 B 後 A　③建立資料表時，A、B 次序先後均可。

(　) 10.　若 A 資料表有外來鍵關聯 B 資料表的主鍵，則下列哪一個是正確的描述：
①刪除資料表時，必須先 A 後 B　②刪除資料表時，必須先 B 後 A　③刪除資料表時，A、B 次序先後均可。

(　) 11.　資料表的欄位是否以 Unicode 字碼儲存，下列哪一個是正確的描述：
①文字資料類型使用 nvarchar 或 nchar 才能儲存 Unicode 資料
②輸入資料時必須在前面加一「N」字元
③欄位資料為非 Unicode 時，不可以在資料前面加一「N」字元

　　④資料類型宣告為 nvarchar 或 nchar，或資料前面加一「N」字元，擇一即可儲存 Unicode 資料。

(　) 12. 關於視界的描述，下列何種錯誤：

①視界的欄位內容來自於其他資料表，所以異動資料內容，實際就是異動實際資料表的內容

②視界的欄位內容來自於其他資料表，所以刪除實際的資料表，會連同視界一併刪除

③可以經由視界異動實際資料表的內容，除非視界的欄位是經由運算處理的結果

④可以建立視界的視界。

(　) 13. 關於索引的描述，下列何種錯誤：

①使用索引的主要目的是改善資料存取速度，如資料庫空間許可，應將所有欄位均建立索引

②索引並不是獨立存在的實體表格，而是附加在某一資料表或是視界之下

③索引可自行增加或刪除，若刪除資料表時，會自動刪除索引

④設定為唯一性索引的欄位，可強制該欄位資料在表格內的唯一性，因此系統會自動為主鍵宣告唯一性索引。

## 簡答

1. 請寫出 DDL 中英文全稱，其具備哪三項指令。
2. 宣告一 StdScore 視界（View），包括學生學號、姓名、修課數與成績平均。
3. 分別列出資料庫具有哪些實體資料表、哪些視界。
4. 列出 Student、Course、Subject、Teacher 資料表擁有哪些欄位與欄位的相關資訊。
5. 列出 StdScore 視界建立的宣告內容。
6. 建立 getBrithList 預儲程序，只要指定整數月份值，即會分別列出該月份生日學生人數，以及學生學號、姓名與出生日期。
7. 建立一個名稱為 getScore 的預儲程序，執行時只要指定分數與課程代碼，即會列出該科目高於指定分數的學生學號、姓名、科目名稱與分數。
8. 請宣告一個能夠儲存 Unicode 資料，且具備兩個欄位：loc（主鍵，定長資料，長度最多 10 字元）、field（變長資料，長度最多 20 字元）的資料表：testCode。宣告完畢請新增一筆 id 為「宜兰」、field 為「台湾」的資料錄。
9. 將先前建立的 testCode 資料表，field 欄位的長度增加為 50。另外再增加一個固定長度為 2 的一般性文字欄位 code。
10. 試建立一名稱為 stdStudy 的學生修課成績資料表。

　　欄位包含學號（主鍵，定長，長度最多 9 個字元）、學年（三位整數，預設今年度）、學期（0 表示上學期、1 表示下學期，預設 0）、科目數量（整數，不可虛值）、平均成績（介於 0~100 之小數最多一位的浮點數）。
11. 觸發分為哪兩種觸發程序。

# 12

# 資料控制語言

資料控制語言（Data Control Language，DCL）：包括用於保護資料庫權限的管理，以及包含資料交易控制語言（Transaction Control Language，TCL）。

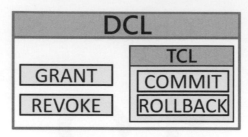

▲ 圖 12-1 DCL　包含的指令

# 12-1 ‖ 資料授權

DCL 包括：GRANT、REVOKE 兩個指令，具備用在多個登入帳號環境執行資料庫存取的授權管理。DCL 指令由於涉及安全管理，因此限定只有具備資料庫管理師（DBA）權限的登入帳號，或該資料庫的擁有者，才可以提供對資料庫權限的處理。

(1) GRANT：授予權利。用來授予使用資料庫物件的權限。

(2) REVOKE：撤銷權利。用來取消使用 GRANT 指令所授予的權利。

## 1. GRANT

GRANT 指令是用來提供給登入帳號對資料庫物件的存取權利。其宣告的語法為：

```
GRANT {ALL| privilege_list}
ON object_name
TO {user_name |PUBLIC |role_name}
[WITH GRANT OPTION];
```

參數說明：

- ALL| privilege_list　　授予給登入帳號存取資料庫物件的權限，ALL 表示全部。
- privilege_list　　存取權限範圍，如 SELECT、INSERT、UPDATE、DELETE 列表。
- object_name　　包括資料表、視界或預儲程序等資料庫物件的名稱。
- user_name　　將存取權限授權給指定的登入帳號。
- PUBLIC　　將存取權限授權給所有登入帳號。
- role_name　　將存取權限授權給指定的角色。
- WITH GRANT OPTION 允許被授權的登入帳號授予存取權限給其他登入帳號。

使用 WITH GRANT OPTION 必須特別小心，因為其允許被授權的登入帳號可以再將此一使用權限授予其他登入帳號。例如：使用了 WITH GRANT OPTION 授予對 Employee 資料表的 SELECT 權利給 user1，則 user1 便可以將 Employee 資料表的 SELECT 權利授予給其他登入帳號，如 user2。如果之後使用 REVOKE 從 user1 收回使用 SELECT 的權利，但沒有加上 cascade 宣告，並不會收回 user2 對 Employee 資料表的 SELECT 權利。

示範 GRANT 與 REVOKE 的指令使用之前，先針對範例的環境說明。如圖 12-2 所示。假設 school 資料庫現有 shu、user1、user2 三位登入帳號，shu 為資料庫擁有者，user1 與 user2 的資料庫角色均為 public。

▲ 圖 12-2　設定只具備 public 角色使用 school 資料庫的 user1、user2 兩個登入帳號

## 說明

預設所有新增的登入帳號，都會自動設定為 public 這個伺服器角色。
public 角色只有允許連接 SQL Server 的權利而已，並沒有任何資料庫物件的存取權限。

請使用具備 school 資料庫擁有者權限的登入帳號，進入 school 資料庫練習下列範例：

**例 (1)**：授予 user1 登入帳號使用 Student 學生資料表 SELECT 與 INSERT 的權利。

```
USE school; -- 進入 school 資料庫
GO -- 執行前指令
GRANT SELECT, INSERT ON Student TO user1
```

**例 (2)**：授予 user2 登入帳號使用 Student 學生資料表 DELETE 的權利。

```
GRANT DELETE ON Student TO user2
```

執行授予權利必須是 school 資料庫的擁有者（具備 db_owner 角色）或是系統管理者。當執行完成，user1 便具備 SELECT 與 INSERT 學生資料表的權利，user2 便具備 DELETE 學生資料表的權利。如圖 12-3 所示，使用 user1 登入 school 資料庫時，可以選擇、新增，但無法修改、刪除 Student 學生資料表的資料錄。使用 user2 登入 school 資料庫，只允許選刪除，但不能使用 SELECT、INSERT、UPDATE 處理 Student 學生資料表的資料錄。

▲ 圖 12-3　登入帳號 user1 無法執行刪除 Student 學生資料表的資料錄

## 2. REVOKE

用於撤銷授予給登入帳號存取資料庫物件的權利。其宣告的語法為：

```
REVOKE {All | privilege_list}
ON object_name
FROM {user_name |PUBLIC |role_name}
[cascade]
```

參數說明：

- ALL | privilege_list　　授予給登入帳號存取資料庫物件的權限，ALL 表示全部。
- privilege_list　　　　存取權限的範圍，如 select、insert、update、delete 的列表。
- object_name　　　　包括資料表、視界或預儲程序等資料庫物件的名稱。
- user_name　　　　　指定的登入帳號。
- PUBLIC　　　　　　所有登入帳號。
- role_name　　　　　指定的角色。
- cascade　　　　　　將原先被授權登入帳號擴散出去的使用權限回收。

**例 (3)**：撤銷先前授權給 user1 使用 school 資料庫 Student 學生資料表的 INSERT 權利。

```
REVOKE INSERT ON Student FROM user1
```

## 3. 角色

　　角色（Role）是存取權限的集合。當一個資料庫有多個登入帳號時，很難逐一對每一個登入帳號授予或撤銷各個資料庫物件的使用權限。因此，先定義角色的權限範圍，再指定登入帳號的角色（Role Based），便可以很方便地自動授予或撤銷權限。

　　參見表 12-1、12-2 所列。SQL Server 預設的系統角色，包括伺服器層級與資料庫層級的系統角色。伺服器層級的系統角色，權限範圍為整個伺服器，用於管理登入帳號進入資料庫系統後的使用權限。而資料庫層級的系統角色，則用於管理擁有此角色的登入帳號存取資料庫的權限。

▼ 表 12-1　伺服器層級的系統角色

| 系統角色 | 說明 |
|---|---|
| bulkadmin | 具備此伺服器角色的登入帳號可以執行 BULK INSERT 敘述。 |
| dbcreator | 具備此伺服器角色的登入帳號可以建立資料庫，還可以改變和還原本身的資料庫。 |
| duskadmin | 用來管理磁碟檔案的伺服器角色。 |
| processadmin | 擁有此伺服器角色的登入帳號能夠關閉在 SQL Server 執行個體中執行的處理程序（Process）。 |
| public | 最基本的伺服器角色，擁有 CONNECT 的連結資料庫權限。 |
| securityadmin | 此伺服器角色可以管理登入及其屬性。包括具備 GRANT、DENY、REVOKE 伺服器層級的權限。也具備 GRANT、DENY 和 REVOKE 資料庫層級的權限。之外，還包括可以重設 SQL Server 的登入密碼。 |
| serveradmin | 擁有此伺服器角色的登入帳號具備可以變更整個伺服器組態選項與關閉伺服器的權限。 |
| setupadmin | 具備新增、移除連結伺服器，以及執行一些系統預儲程序（Stored Procedure）的權限。 |
| sysadmin | 擁有此伺服器角色的登入帳號可以執行伺服器中的所有活動。<br>預設 Windows BUILTIN\Administrators 群組的所有成員（也就是本機系統管理員群組），都是系統管理員（sysadmin）伺服器角色的成員。 |

▼ 表 12-2 資料庫層級的系統角色

| 系統角色 | 說明 |
|---|---|
| db_accessadmin | 具備此資料庫角色的登入帳號可以新增、移除 Windows 登入、Windows 群組以及 SQL Server 登入的存取權。 |
| db_backupoperator | 具備資料庫備份的權限。 |
| db_datareader | 具備針對資料庫中的任何資料表或檢視執行 SELECT 敘述的操作權限。 |
| db_datawriter | 具備新增、刪除或變更所有登入帳號資料表中的資料的操作權限。 |
| db_ddladmin | 可在資料庫中執行任何 SQL 的「資料定義語言」（DDL）敘述。 |
| db_denydatareader | 限制不能讀取資料庫中任何登入帳號資料表的資料。 |
| db_denydatawriter | 限制不能新增、修改或刪除資料庫中任何登入帳號資料表的資料。 |
| db_owner | 可以在資料庫上執行所有的組態和維護作業。 |
| db_securityadmin | 擁有修改登入帳號具備的角色資格與管理權限。<br>db_owner 與 db_securityadmin 比較，兩者均具備管理資料庫角色登入帳號的資格，但只有 db_owner 資料庫角色的登入帳號可以新增登入帳號到 db_owner 資料庫角色。 |

　　除了預設的系統角色，爲了方便管理，可以考慮自行建立一些角色。例如系統開發工程師的角色、公司職員登入帳號的角色、客戶登入帳號的角色…等。建立角色的指令屬於 DDL，不過因爲角色的使用時機是藉由 DCL 的指令授予登入帳號，因此將角色指令的介紹放置於本章。

(1) 建立角色

　　新增角色的宣告語法爲：

```
CREATE ROLE role_name [ AUTHORIZATION owner_name ]
```

參數說明：

■ role_name　　　　　　　　　　建立的角色名稱。

■ AUTHORIZATION owner_name　　擁有新角色的資料庫登入帳號或角色。如果未指定任何登入帳號，預設由建立該角色的登入帳號擁有。

　　參考下列建立角色的範例，必須使用具有該資料庫的擁有者（db_owner）或是系統管理權限的登入帳號方可執行。

例 (4)：先建立授予登入帳號的角色，再授予該角色相關權限：建立一個登入帳號 user1 所擁有的資料庫角色 customer，並授予 customer 角色使用 school 資料庫 Student 學生資料表 SELECT、INSERT、UPDATE，以及建立資料表的權利。

```
USE school;  -- 進入 school 資料庫
CREATE ROLE customer AUTHORIZATION user1
GRANT SELECT, INSERT, UPDATE ON Student TO customer
GRANT CREATE TABLE TO customer
```

例 **(5)**：新增一個資料庫角色 manager，其擁有 db_securityadmin 固定資料庫的角色。

```
CREATE ROLE manager AUTHORIZATION db_securityadmin
```

============================== **說明** ==============================

建立角色的程序，通常會包括下列三個項目：
1. 新增一個角色；
2. 授予權利給此一角色；
3. 將角色授予登入帳號。

(2) 修改角色

在資料庫角色中加入成員，或變更 SQL Server 中登入帳號定義的角色名稱時，可以使用 ALTER ROLE 指令更改。其使用的語法為：

```
ALTER ROLE role_name
{
    [ ADD MEMBER database_principal ]
    | [ DROP MEMBER database_principal ]
    | WITH NAME = new_name
}
```

參數說明：

- role_name　　　　　　　　角色名稱。
- database_principal　　　　資料庫主體。可以是登入帳號或是角色。
- ADD MEMBER　　　　　　將指定的資料庫主體加入此一角色。
- DROP MEMBER　　　　　　將指定的資料庫主體從此一角色移除。
- WITH NAME =new_name　　指定新的角色名稱。這個名稱不可以是在此資料庫中已存在的角色名稱。

============================== **說明** ==============================

在雲端 Azure 上的 SQL Server，ALTER ROLE 只能更改角色名稱。

例 **(6)**：新增一名稱為 engineer 的角色，授予 SELECT 的權利給此一角色，將角色授予登入帳號 user2。

```
USE school   -- 先確定至 school 資料庫
CREATE ROLE engineer   -- 新增名稱為 engineer 的角色
GRANT select TO engineer   -- 授予 SELECT 的權利給角色 engineer
ALTER ROLE engineer  ADD MEMBER user2   -- 將角色 engineer 授予登入帳號 user2
```

(3) 刪除角色

撤銷角色的部分權利，使用 REVOKE 指令。如果是要完全取消某一角色全部的權利，最直接的方式就是刪除該角色。刪除角色的語法為：

```
DROP ROLE role_name
```

例 **(7)**：在資料庫 school 中，刪除資料庫角色 customer。

```
USE school  -- 先確定至 school 資料庫
DROP ROLE customer
```

**解析**

範例 (4) 先建立並授予 user1 customer 角色，之後再授予該角色相對的權利。當刪除 customer 角色後，表示 user1 即喪失 customer 角色被授予的權利。

例 **(8)**：若要刪除角色 engineer，必須先撤銷此角色被授予的登入帳號。

```
ALTER ROLE engineer DROP MEMBER user2   -- 撤銷角色 engineer 授予的登入帳號
DROP ROLE engineer          -- 刪除角色
```

**解析**

範例 (6) 先建立 engineer 角色後，再使用 ALTER ROLE 的 ADD MEMBER 敘述將此角色指定給登入帳號 user2。因此，刪除角色前，必須先使用 ALTER ROLE 的 DROP MEMBER 敘述撤銷 user2 的指定，方能使用 DROP ROLE 指令刪除。

# 12-2 ▍交易管理

交易（Transaction）是指每次交付執行的一連串異動的動作，而這些動作形成一個工作單位，且每次的交易必須是完全執行，或完全不執行，而不允許只執行部分。

資訊系統許多運作的程序，需要異動不只一個資料表，萬一執行異動的過程到一半，遭遇系統當機、停電、網路中斷等狀況時怎麼辦？當資料庫系統重新啟動時，假若資料庫未損毀，則系統會執行一個復原（recovery）的動作，回復資料異動前最初的狀態（此復原動作需視不同資料庫系統而有不同動作模式），確保不會發生部分資料異動完成，另有部分資料卻尚未執行異動的不一致（inconsistency）狀況。

交易是資料庫處理一個作業時，不可分割的邏輯單元。不過，一筆交易應該包含哪些異動的資料範圍？實際上，系統並不知道一筆交易需要處理哪些資料表，因此需要透過交易控制語言（Transaction Control Language，TCL）來指定。TCL 包括：COMMIT、

ROLLBACK 兩個指令，藉由 BEGIN TRANSACTION 啟動交易的控制（簡寫為 BEGIN TRAN），並可搭配 SAVE TRANSACTION（簡寫為 SAVE TRAN）設定交易保留點（Savepoint）：

(1) COMMIT：確認交易

　　將自 BEGIN TRANSACTION 啟動交易至當前交易所執行的全部異動永久化，同時刪除交易所設定的所有保留點，並釋放該交易執行中所建立的資料鎖（Lock）。

(2) ROLLBACK：放棄交易

　　撤銷自 BEGIN TRANSACTION 啟動交易至當前交易的全部異動，回復原先資料的內容，刪除該交易中所設定的所有保留點，並釋放該交易執行中所建立的資料鎖。

使用的語法如下：

```
BEGIN TRAN[SACTION] [交易名稱]
COMMIT [TRAN[SACTION]] [交易名稱]
ROLLBACK [TRAN[SACTION]]
SAVE TRAN[SACTION] 保留點名稱    （可 Rollback 至此名稱所異動的部分）
```

如圖 12-4 所示，交易的過程包括下列五種狀態，藉由上述的交易控制指令，分別針對各個狀態的處理予以執行。：

(1) 啟動狀態（Active state）
(2) 部分確認／失敗狀態（Partially committed/failed state）
(3) 確認狀態（Committed state）
(4) 失敗狀態（Failed state）
(5) 結束狀態（Terminated state）

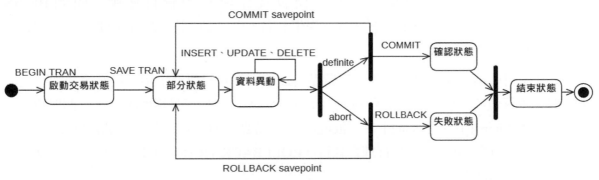

▲ 圖 12-4　交易流程狀態圖

## 1. 使用 COMMIT

**例 (9)**：啓動交易，執行修改學生姓名與新增該學生修習 'AG' 科目的 SQL 敘述，完成後執行確認交易。

```
BEGIN TRAN    -- 啓動交易控制

UPDATE STUDENT SET NAME=' 張參 ' WHERE ID='5851001'
INSERT INTO COURSE (ID, SUBJECT, SCORE) VALUES ('5851001','AG',85)

COMMIT    -- 確認交易，正式將資料更新至資料表，並釋放資料鎖
```

　　兩個 SQL 敘述包含在 BEGIN TRANSACTION 和 COMMIT 之中，資料庫系統會確保這組 SQL 敘述一定會完全做完，如果執行中發生系統狀況（當機、停電、網路斷訊等事件）便會將資料回復原狀，而不會只做一半，以避免導致學生資料與選課資料不一致情形。

## 2. 使用 ROLLBACK

**例 (10)**：將上述範例的 COMMIT 更換成 ROLLBACK，執行更新學號 5851001 的姓名，並刪除其 'AG' 修課紀錄。

```
BEGIN TRAN

UPDATE STUDENT SET NAME=' 張三 ' WHERE ID='5851001'
DELETE FROM COURSE WHERE ID='5851001' AND SUBJECT='AG'

ROLLBACK
```

　　當系統遇到 ROLLBACK 命令時，便會復原所有的資料變動，回到 BEGIN TRANSACTION 前的狀態，也就是未執行學生更名，也未刪除該生修習 'AG' 的課程紀錄。

## 3. 使用保留點

　　交易控制可結合保留點的使用。保留點可以使資料在復原時，指定復原至先前特定的 SQL 敘述執行位置。參考下列範例，BEGIN TRANSACTION 交易範圍設立了三個保留點，分別命名為「item1」、「item2」、「item3」（保留點名稱必須符合通用變數的命名規則，但不能超出 32 個字元），可自行練習執行「ROLLBACK TRANSACTION 保留點名稱」，檢視資料異動的狀況：

```
BEGIN TRAN
  SAVE TRAN item1
    UPDATE Student SET name=' 張參豐 ' WHERE id='5851001'
    INSERT INTO Course (id, subject, score) VALUES ('5851001', 'DS', 79)
  SAVE TRAN item2
```

```
    INSERT Student (id, name) VALUES  ('5951007',' 孫九 ')
    INSERT INTO Course VALUES ('5951007', 'DS', '80')
    INSERT INTO Course VALUES ('5951007', 'ML', '75')
  SAVE TRAN item3
    UPDATE Course SET score='85' WHERE id='5951007' and subject='DS'
    DELETE course WHERE id='5851006'


-- ROLLBACK TRAN item3
-- ROLLBACK TRAN item2
-- ROLLBACK TRAN item1
-- COMMIT
```

　　執行上述的敘述，參考圖 12-5 所示，若是執行 ROLLBACK TRAN item3，則表示指定回復到 item3 所執行的位置，放棄 item3 之後的更新與刪除的動作。若是執行 ROLLBACK TRAN item2，則表示指定回復到 item2 所執行的位置，放棄 item2 之後的新增，與 item3 之後的更新與刪除的動作。但若是執行了 COMMIT 指令，則表示完成所有異動，執行 ROLLBACK 無法再回復異動前的狀態。

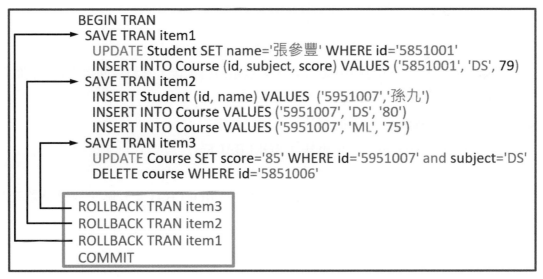

▲ 圖 12-5　執行 ROLLBACK 指定回復至保留點

# 本章習題

## 選擇題

( ) 1. 關於 DCL 指令的描述，下列何種錯誤：
① GRAND 授予使用資料庫物件的權限
② CANCEL 用來取消使用 GRANT 指令所授予的權利
③ WITH GRANT OPTION 允許被授權的登入帳號，可以再將此一使用權限授予其他登入帳號
④可以授予或取消部分或全部的權利。

( ) 2. 關於 TCL 指令的描述，下列何種錯誤：
①交易（Transaction）是指每筆資料內容變更（新增、刪除、修改）的作業
②使用 BEGIN TRANSACTION 指令啟動交易的控制
③使用 ROLLBACK 指令放棄交易
④使用 SAVE TRANSACTION 可指定交易的保留點。

( ) 3. 關於 TCL 指令的描述，下列何種錯誤：
①交易控制是針對執行 DML 指令的異動
②交易控制的目的是確保資料的一致性（consistency）
③啟動交易後，系統發生中斷狀況，系統重新啟動後，資料會回復異動最初的狀態
④系統並不知道交易的範圍，而需要透過人工指定。

( ) 4. 有關交易 COMMIT 指令的描述，下列何種錯誤：
①執行 COMMIT 後，不可再執行 ROLLBACK
②執行 COMMIT 後，可再執行 ROLLBACK
③執行 COMMIT 後，只可再執行保留點的 ROLLBACK，無法執行整體交易的 ROLLBACK。

## 簡答

1. 交易控制通常是以什麼指令開始？以什麼指令表示正常結束？以什麼指令表示撤銷對資料表已完成的處理？

2. 參考下列 SQL 敘述：

```
CREATE TABLE income
( year int, -- 年度
  month int check (month>=1 and month<=12),  -- 月份
  salary int,  -- 薪資
  primary key(year,month)
)
BEGIN TRAN
  SAVE TRAN point1
    INSERT INTO income VALUES (2014,10,22000)
    INSERT INTO income VALUES (2014,11,24000)
  SAVE TRAN point2
    INSERT INTO income VALUES (2014,12,30000)
    INSERT INTO income VALUES (2015,1,25000)
    INSERT INTO income VALUES (2015,2,26000)
    UPDATE income SET salary=25000 WHERE year=2014 AND month=11
  SAVE TRAN point3
    DELETE income where year=2014 and month=10
```

   若執行 ROLLBACK TRAN point3 敘述，結果會包含幾筆資料？其中 2014 年 11 月的薪資會是多少？

3. 承上題，若再執行 COMMIT，其結果會包含幾筆資料？

4. 承上題，若再執行 ROLLBACK TRAN point2，其結果會包含幾筆資料？

5. 欲授予登入帳號 user1 使用 school 資料庫的 Student 資料表與 Course 資料表 SELECT、INSERT、UPDATE 的權利，其執行的 SQL 敘述為何？

6. 承上題，撤銷授予登入帳號 user1 使用 school 資料庫的 Student 資料表所有權利，其執行的 SQL 敘述為何？

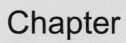

Chapter

# 13

# Transact-SQL

Transact-SQL（簡稱爲 T-SQL），是 Microsoft SQL Server 和 Sybase SQL Server 的資料庫語言，和 Oracle 的 PL/SQL 性質相近，不僅涵蓋標準 SQL 的指令，也具備自身資料庫系統特性的實作，可以視爲 SQL 的延伸版。

# 13-1 基本概念

## 1. Transact-SQL 的分類

Transact-SQL 指令的敘述，基本可區分如表 13-1 所示的類型：

▼ 表 13-1　Transact-SQL 指令敘述的類型

| 類型 | 說明 | 本書章節 |
|---|---|---|
| 資料處理語言（DML） | 包括 SELECT、INSERT、UPDATE 和 DELETE 指令 | 第 6 章、 第 7 章、第 10 章 |
| 資料定義語言（DDL） | 包括 CREATE、ALTER、DROP 指令 | 第 10 章 |
| 資料控制語言（DCL） | 包含資料授權的 GRANT、REVOKE 與交易控制語言（TCL）的 COMMIT、ROLLBACK 指令 | 第 11 章 |
| 其他語言元素 | 資料類型 | 第 5 章 |
| | 函數 | 第 9 章 |
| 例外處理 | 例外的引發，與結構化的處理方式 | 第 13-2 節 |
| 流程控制 | 與程式設計語言類似的條件判斷、迴圈等控制指令 | 第 13-3 節 |

## 2. 註解

Transaction-SQL 註解沒有長度上限，標記的方式有兩種：

(1) 單行註解：

使用雙連字符號「--」。從雙連字符號開始到該行結尾之處，都是註解的內容。參考下列範例內容使用的單行註解：

```
-- 選擇使用 school 資料庫。
USE school;
GO
-- 選擇列出 學生資料表所有資料錄的全部欄位。
SELECT *
FROM Student
ORDER BY id ASC;   -- 升冪排序，因為是預設，可以省略 ASC。
```

(2) 多行註解：

使用斜線星號「/*」起始，直到星號斜線「*/」結束的範圍內均是註解。

Transact-SQL 支援巢狀註解，如果現有註解內的任何位置出現 /* 字元模式，就會視爲巢狀註解的開頭，因此，需要一個結束的 */ 註解標記。如果結束的註解標示不存在，就會產生錯誤。參考下列範例內容使用的多行註解，且多行註解內還有包含一多行註解，使整個註解形成巢狀註解：

```
USE school;  -- 選擇使用 school 資料庫。
/* 【多行註解】
   資料表：
            Orders 訂單
            Vendor: 訂購商
   /*  【巢狀註解】
      如果將書商 Vendor 資料表作為左表格，執行左合併（Left Join）查詢，
      沒有訂單紀錄的  ARI、TAU、TWI、VIR、SCO、GOA、PIS  書商紀錄也會列出。
   */
*/
SELECT * FROM Vendor LEFT JOIN Orders ON Vendor.id=Orders.vid
```

## 3. 自訂變數

Transact-SQL 變數分爲區域變數（local variable）與全域變數（global variable）：

(1) 區域變數

使用者自己定義的變數稱爲區域變數。區域變數用於保存特定類型的單一個資料值，在 Transact-SQL 中，區域變數使用 DECLARE 來宣告變數，使用 SET 來設定變數值，使用 SELECT @var = column 的方式，由一個語句的回傳值指定變數值。重要的是區域變數必須先定義後才能使用。參考下列宣告自訂變數的範例：

```
DECLARE @mark int   -- 宣告一個整數類型，名稱為 mark 的變數
SET @mark = 60 -- 指定 mark 變數的內容為 60
```

(2) 全域變數

全域變數是由系統定義和維護的變數，用於記錄伺服器活動狀態的資料。全域變數名稱由 @@ 符號開始。使用者不能自訂全域變數，也不能修改全域變數的值。全域變數以系統函數的形式使用。例如：@@version 全域變數的值是當前 SQL Server 伺服器的版本和處理器類型，@@language 全域變數的值是當前 SQL Server 伺服器使用的語言。

例 **(1)**：使用自訂變數方式，先將 Course 資料表 subject 欄位為「DB」課程的平均成績，記錄於自訂變數。再以此變數判斷，列出修「DB」課程分數高於該平均成績的學生資料。

*-- 宣告一個整數類型，名稱為 mark 的變數*

```
DECLARE @mark int
```

*-- 指定 mark 變數的內容為「DB」課程的平均分數*

```
SELECT @mark = AVG(score) FROM COURSE WHERE subject='DB'
```

*-- 修「DB」課程分數高於 @mark 變數值的學生與成績資料*

```
SELECT Student.* FROM Student, Course
WHERE Student.id=Course.id AND subject='DB' AND score > @mark
```

## 4. 分隔識別字

分隔識別字包含在雙引號「" "」或方括號「[ ]」內。符合識別字格式規則的識別字可以分隔，也可以不分隔；不符合所有識別字規則的識別字必須進行分隔。參考下列範例內容使用的分隔識別字，兩種寫法都可以：

```
SELECT*      FROM    [Student]  WHERE [id]=5851001
或
SELECT*      FROM    "Student"  WHERE "id"=5851001
```

例 **(2)**：列出「Team Item」資料表的所有資料。

```
SELECT * FROM "Team Item"
```

例 **(3)**：列出「Job」資料表的 syear 年度欄位與「project item」專案項目欄位的內容。

```
SELECT syear, "project title"  FROM Job
```

解析

由於「Team Item」資料表名稱，與「Job」資料表的「project item」欄位名稱，內含有空格，所以使用分隔識別字。如果不進行分隔，SQL Server 會將名稱視為兩個識別字，而出現錯誤。

## 5. 資料庫物件名稱的組成

資料庫物件名稱可以由四部分組成，格式如下：

```
[ 伺服器名稱 . [資料庫名稱]. [綱要名稱]
      綱要名稱 . [綱要名稱]
      綱要名稱 .
] 物件名稱
```

當使用某個特定物件時，不必指定標識該物件完整組合的名稱，可以省略中間級節點的名稱。物件合格（Qualified）名稱的格式如表 13-2 所示：

▼ 表 13-2　物件名稱的有效格式

| 物件合格名稱的格式 | 說明 |
|---|---|
| server, database, schema, object | 具備完整 4 個部分的名稱 |
| server, database, object | 省略綱要名稱 |
| server, schema, object | 省略資料庫名稱 |
| server, object | 省略資料庫和綱要名稱 |
| database, schema, object | 省略伺服器名稱 |
| database, object | 省略伺服器和綱要名稱 |
| schema, object | 省略伺服器和資料庫名稱 |
| object | 省略伺服器、資料庫和綱要名稱 |

如圖 13-1 所示，由 INFORMATION_SCHEMA.TABLES 系統綱要表可獲知 Student 學生資料表的隸屬階層的資訊：

▲ 圖 13-1　Student 資料表的隸屬階層資訊

例 (4)：以上述 Student 資料表隸屬階層的資訊為例，列出 Student 資料表的所有資料。

(a) 具備完整 4 個部分名稱的 SQL 敘述：

```
SELECT * FROM "DESKTOP-MLTVSUL".school.dbo.Student
```

解析

因為範例所屬的伺服器名稱 ( 也就是筆者的電腦 )，內含有連字符號「-」，非屬於 SQL Server 合格名稱，所以需要加上分隔識別字。

(b) 省略伺服器名稱：

```
SELECT * FROM school.dbo.Student
```

(c) 省略伺服器、資料庫名稱：

```
SELECT * FROM dbo.Student
```

(d) 省略伺服器、資料庫名稱、綱要：

```
SELECT * FROM Student
```

## 6. GO 公用陳述指令

GO 不是 Transact-SQL 的指令，但它是 sqlcmd 和 osql 公用程式以及 SQL Server Management Studio（SSMS）工具軟體都能辨識的命令。GO 是用來表示一個批次敘述結束的指令，如果整個敘述在最後加上 GO 指令且執行，SQL Server 資料庫引擎就會執行整個批次的敘述。GO 指令的語法：

```
GO [ count ]
```

count 是一個正整數的參數，指示執行 GO 之前批次敘述的次數。GO 的使用有下列規則限制：

(1) 使用者自訂變數的範圍只限於批次，在 GO 命令之後，就被回收而失效。

(2) 在批次內第一個敘述之後，執行預儲程序必須包括 EXECUTE（或簡寫為 EXEC）關鍵字。

參考下列使用 GO 指令的範例：

```
USE school;
GO
DECLARE @MyMsg VARCHAR(50)      -- 宣告變數 @MyMsg
SET @MyMsg = 'Hello, World.'    -- 指定變數 @MyMsg 內容
GO -- 變數 @MyMsg 在執行此批次敘述 GO 之後就失效。

/*-- 無法再使用變數 @MyMsg，
因為在前一 GO 指令執行完畢後即失效 */
PRINT @MyMsg
GO

/*  如果預儲程序 sp_who 不是在批次敘述的第一行，
    必須使用 EXEC sp_who 執行，否則會發生錯誤。*/
SELECT @@VERSION;
sp_who
GO
```

例 (5)：重複執行兩次「DB」課程成績開根號乘 10 的加分作業。

```
UPDATE Course SET score = SQRT(score)*10 WHERE Subject='DB'
GO 2
```

## 7. PRNT 顯示敘述

PRINT 用於向使用者端傳回自訂的訊息。語法：

**PRINT 訊息字串 | @ 區域變數 | 字串表示式**

例 (6)：使用自訂變數指定學號與及格分數下限 70，顯示指定的學生平均分數是否及格。

```
DECLARE @std VARCHAR(10) = '5851001',
        @pass INT = 70
IF EXISTS (SELECT id FROM Course WHERE id=@std
           GROUP BY id HAVING AVG(score) > @pass )
    PRINT @std+'平均有及格'
ELSE
    PRINT @std+'平均沒有及格'
```

# 13-2 例外處理

## 1. RAISERROR 引發例外敘述

產生錯誤訊息並起始工作階段的錯誤處理。 RAISERROR 可以參考儲存在 sys. messages 系統資料表的使用者自訂訊息，或是動態建立訊息。訊息以伺服器錯誤訊息傳回給呼叫應用程式，或傳回給 TRY ... CATCH 建構的區塊。微軟建議新應用程式應改用 THROW，而不用 RAISERROR。

sys.messages 系統資料表是針對系統定義和使用者自訂的訊息，包含系統中每個 message_id 或 language_id 錯誤訊息的資料列。其表格結構說明如表 13-3 所示。

▼ 表 13-3 sys.messages 資料表的結構

| 資料行名稱 | 資料類型 | 描述 |
|---|---|---|
| message_id | int | 訊息編號。伺服器中的唯一性編號。小於 50000 的訊息識別碼，都是系統訊息。 |
| language_id | smallint | 使用文字的語言標示，如 syslanguages 中所定義。對指定的 message_id 是唯一的。 |
| severity | tinyint | 訊息的嚴重性層級，整數值須介於 1 至 25 之間。這對 message_id 內的所有訊息語言都相同。 |
| is_event_logged | bit | 設定為 1，表示當引發錯誤時，會以記錄事件的方式記錄訊息。這對 message_id 內的所有訊息語言都相同。 |
| text | nvarchar(2048) | 對應的 language_id 所使用之訊息內容。 |

## 2. THROW 拋出例外敘述

引發例外狀況，並將執行傳送至 TRY 的 CATCH 區塊。語法：

```
THROW [ { 錯誤編號 | @ 區域變數 },
        { 訊息   | @ 區域變數 },
        { 狀態   | @ 區域變數 } ]
```

參數說明：

- 錯誤編號（error_number）：代表自訂例外狀況的常數或變數，必須是介於 50000 至 2147483647 之間的整數。
- 訊息（message）：描述例外狀況的字串或變數。
- 狀態（state）：介於 0 和 255 之間的常數或變數，表示要與訊息相關聯的狀態。

▼ 表 13-4　RAISERROR 與 THROW 差異

| RAISERROR | THROW |
|---|---|
| 如果將 **訊息編號** 傳遞給 RAISERROR，則編號必須定義在 sys.messages 中。 | **錯誤編號** 不需要定義在 sys.messages 中。 |
| **訊息字串** 可以包含 **printf** 格式化樣式。 | **訊息字串** 不接受 **printf** 格式化樣式。 |
| **severity** *嚴重性層級* 參數指定例外狀況的嚴重性。 | 沒有任何 **severity** *嚴重性層級* 參數。 當使用 THROW 起始例外狀況時，嚴重性一律設為 16。 不過，使用 THROW 重新拋回現有的例外時，嚴重性會設定為該例外狀況的嚴重性層級。 |
| 不接受 SET XACT_ABORT。 | 若 SET XACT_ABORT 為 ON， 則 中 止 並 回 復（rollback）交易。 |

## 3. TRY … CATCH 例外攔截與處理敘述

　　類似於 C++、Java 等程式語言中的例外處理。TRY … CATCH 構造包括兩部分：一個 TRY 區塊和一個 CATCH 區塊。如果在 TRY 區塊中的 Transact-SQL 敘述發生例外的狀況，控制將被傳遞到 CATCH 區塊。因此，可在 CATCH 區塊內處理該例外。語法：

```
BEGIN TRY
      { 敘述區塊 }
END TRY
BEGIN CATCH
      [ { 處理例外的敘述區塊 } ]
END CATCH
```

# 13-3 ‖ 控制流程

## 1. BEGIN … END 區塊敘述

　　BEGIN … END 用於將多個 Transact-SQL 敘述組合為一個邏輯區塊，達到一起執行的目的。語法：

```
BEGIN
      { SQL 敘述 | 敘述區塊 }
END
```

　　其中敘述區塊可以是單個敘述或一組敘述。參考下列使用 BEGIN…END 區塊敘述的範例：

```
DECLARE @id VARCHAR(10)  ='5851001'
DECLARE @subject VARCHAR(5)  ='AG'


IF NOT EXISTS (SELECT * FROM Course WHERE id = @id AND subject= @subject )
BEGIN
  PRINT  N' 新增 '+@id+N' 修 '+@subject+N' 課程的資料 '
  INSERT INTO Course VALUES(@id, @subject, null)
END
```

## 2. IF…ELSE 條件陳述式

　　IF … ELSE 實現程式的選擇條件。語法：

```
IF 條件式
      { SQL 敘述 | 敘述區塊 }
[ ELSE
   { SQL 敘述 | 敘述區塊 } ]
```

　　IF 執行流程如圖 13-2 所示，如果條件式的值為 TRUE，就會執行條件式後面的敘述區塊。如果有 ELSE，條件式的值為 FALSE，則執行 ELSE 之後的敘述區塊。

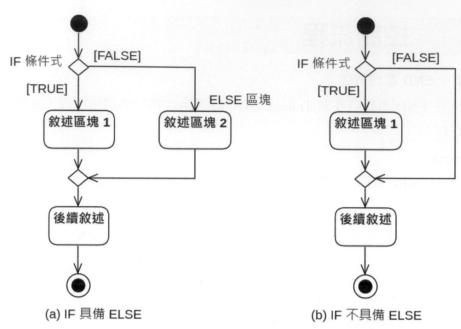

▲ 圖 13-2　IF 條件敘述的執行流程

參考下列使用 IF … ELSE 條件敘述的範例。

```
USE school
GO
DECLARE @avgSalary MONEY -- 定義區域變數 @avgSalary 儲存平均工資
SELECT @avgSalary=AVG (salary) FROM Employee  -- 查詢平均工資

IF @avgSalary>5000 -- 判斷平均薪資大小
   PRINT '員工的平均工資超過 30000 元'   -- 條件為真時執行
ELSE
   PRINT '員工的平均工資不超過 30000 元' -- 條件為假時執行
GO
```

## 3. CASE 多重分支敘述

　　CASE 提供程式多重分支的判斷，雖然 IF … ELSE 也能夠實現多重分支的判斷結構，但是 CASE 的可讀性較高。SQL Server 的 CASE 有兩種格式：

(1) 簡單 CASE 表示式

　　依據條件列表的判斷，並回傳多個可能結果的表示式。語法：

　　**CASE** 輸入表示式

　　　　**WHEN** 條件表示式 **THEN** 結果表示式 **[ ...n ]**

　　　　**[ ELSE** 其他結果表示式 **]**

　　**END**

簡單 CASE 表示式的執行過程，是將輸入表示式與各 WHEN 子句後面的表示式比較，如果相等，則回傳對應的結果表示式的值，並結束 CASE 敘述，不再執行後面的敘述，如果都沒有輸入表示式與 WHEN 子句的表示式相等，則回傳 ELSE 子句後面的其他結果表示式的值。

**例 (7)**：使用 school 資料庫，列出 Patron 讀者資料表的 id 編號、name 姓名、type 類型、addr 地址和 loancount 借閱數量等欄位內容，其中 type 類型若為「S」則顯示「學生」、「T」則顯示「老師」、「E」則顯示「職員」。

```
USE school
GO
SELECT   id, name , type =
     (CASE type
         WHEN 'S' THEN '學生'
         WHEN 'T' THEN '老師'
         WHEN 'E' THEN '職員'
         ELSE ' 未定義 '
     END), addr, loancount
FROM Patron
GO
```

執行結果如圖 13-3 所示。

▲ 圖 13-3 簡單 CASE 範例執行結果

(2) 搜尋 CASE 表示式

搜尋 CASE 表示式是依據布林運算式來得出結果。語法：

**CASE**
  **WHEN** 布林表示式 **THEN** 結果表示式 **[ ...n ]**
  **[ ELSE** 其他結果表示式 **]**
**END**

　　搜尋 CASE 的執行過程，是按計算對第一個 WHEN 子句後面的邏輯表示式的值，如果值為 TRUE（真），則 CASE 表示式的值為 THEN 結果表示式的值。如果為 FALSE（假），則按順序繼續計算後續 WHEN 子句的布林表示式的值。如果所有 WHEN 布林表示式的計算結果都不為 TRUE 的情況下，如果有指定 ELSE 子句，則返回其 THEN 結果表示式的值，否則返回 NULL。

　　例如下列範例，依據 CASE 判斷的布林表示式是否成立，而回傳對應的值。其執行結果顯示如圖 13-4 所示。

**例 (8)**：使用 school 資料庫，列出 Student 學生資料表的 id 學號、name 姓名、birth 生日月份等欄位內容，其中月份以季節名稱顯示。

```
USE school
GO
SELECT id, name,
(CASE WHEN MONTH(birth) IN (12, 1, 2) THEN '冬季'
      WHEN MONTH(birth) IN (3, 4, 5) THEN '春季'
      WHEN MONTH(birth) IN (6, 7, 8) THEN '夏季'
      WHEN MONTH(birth) IN (9, 10, 11) THEN '秋季'
END) AS season
FROM Student
GO
```

▲ 圖 13-4　搜尋 CASE 範例執行結果

## 4. WHILE 迴圈敘述

WHILE 敘述實現迴圈結構。如果指定的條件為 TRUE，就重複執行區塊內的敘述，直到邏輯表示式為 FALSE。語法：

```
WHILE 布林表示式
    { SQL 敘述 | 區塊敘述 | BREAK | CONTINUE }
```

參數說明：

■ BREAK：無條件地退出 WHILE 迴圈。

■ CONTINUE：結束本次迴圈，進入下次迴圈，忽略 CONTINUE 之後面的任何敘述。

例 **(9)**：計算 1+2+3+…+1000 的結果。

```
DECLARE @i INT, @sum INT
SET @sum = 0
SET @i = 1
WHILE @i <= 100  BEGIN
    SET @sum = @sum+ @i
    SET @i=@i + 1
END
PRINT @sum
```

例 **(10)**：分別計算 1～1000 之間的奇數與偶數的和。

```
DECLARE @i INT = 1,@odd INT = 0, @even INT = 0
WHILE @i >= 0 BEGIN
    SET @i = @i+1
    IF @i > 100  BEGIN
        SELECT '1-100 之間的奇數和 ' = @odd
         SELECT '1-100 之間的偶數和 ' = @even
        BREAK
    END
    IF @i%2 = 0
            SET @even = @even + @i
    ELSE
            SET @odd = @odd + @i
END
GO
```

如圖 13-5 所示，執行結果奇數和為 2499；偶數和為 2550。

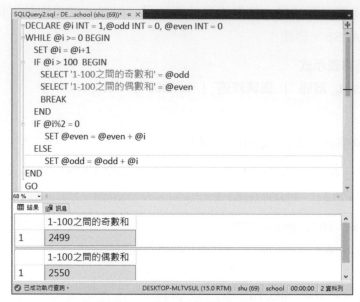

▲ 圖 13-5　WHILE 迴圈範例執行結果

## 5. GOTO 跳躍

GOTO 用於將執行流程跳轉到指定的標籤處。如圖 13-6 所示，當敘述執行到 GOTO 指令時，忽略 GOTO 之後的敘述，直接跳到定義的標籤處繼續執行。

▲ 圖 13-6　GOTO 跳轉的執行程序

例 (11)：計算 5 的階乘。

```
DECLARE @i INT =1, @factorial INT=1

Label1:
    SET @factorial = @factorial * @i
    SET @i = @i + 1
IF @i <= 5
    GOTO Label1

SELECT '5 的階乘 '= @factorial
GO
```

如圖 13-7 所示，執行結果 5! 的值為 120。

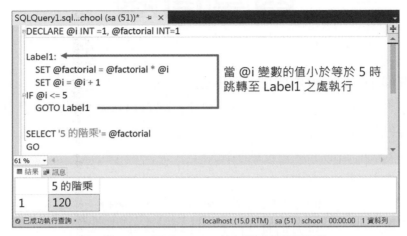

▲ 圖 13-7　運用 GOTO 執行階乘的迴圈運算

## 6. RETURN 返回

RETURN 實現從執行過程中無條件地結束查詢或程序。參考下列建立一個預儲程序的範例。如圖 13-8 所示，執行此預儲程序時，如果沒有指定學號，會顯示提示「必須輸入一個學號」的訊息後直接返回，不會往下執行。

```
CREATE PROCEDURE findStudent @id CHAR(10) = NULL
AS
IF @id IS NULL
    BEGIN
        PRINT '必須輸入一個學號'
        RETURN
    END
ELSE
    BEGIN
        SELECT S.id, name, AVG(score) "average score"
          FROM Student S, Course C
        WHERE S.id=C.id AND S.id=@id
          GROUP BY S.id, name
    END;
```

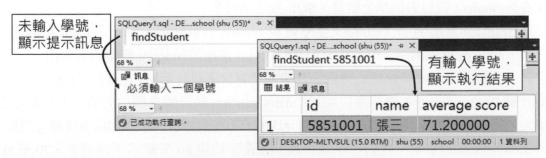

▲ 圖 13-8　應用 RETURN 執行的範例

# 本章習題

## 選擇題

( ) 1. 下列有關 Transact-SQL 的描述何種錯誤：
①簡稱爲 T-SQL　②是通行於各資料庫系統的 SQL 延伸版　③具備指定、迴圈、條件等判斷的流程控制語法　④使用雙連字符號「--」表示單行註解。

( ) 2. Transact-SQL 自訂的區域變數，使用下列哪一個符號標示：
① #　② !　③ --　④ @。

( ) 3. Transact-SQL 名稱的分隔識別字，使用下列哪一個符號標示：
①雙引號「""」　②方括號「[ ]」　③以上皆可。

( ) 4. 資料庫物件名稱可以由四部分組成，不必指定標識該物件完整組合的名稱時，下列哪一個名稱絕對不可省略：
①伺服器名稱　②資料庫名稱　③綱要名稱　④物件名稱。

( ) 5. 下列哪一個不是 Transact-SQL 的指令：
① GO　② USE　③ SET　④ THROW。

( ) 6. 用於將多個 Transact-SQL 敘述組合爲一個邏輯區塊的指令爲：
① BEGIN...END　② IF...ELSE　③ WHEN..THEN　④ CASE...WHEN。

( ) 7. Transact-SQL 執行時，無條件地退出 WHILE 迴圈，使用之指令爲：
① RETURN　② GOTO　③ BREAK　④ CONTINUE。

( ) 8. Transact-SQL 敘述內能夠從執行過程中，無條件地結束查詢或程序的指令爲：
① RETURN　② GOTO　③ BREAK　④ CONTINUE。

## 簡答

1. Transact-SQL 單行與多行的註解形式爲何？

2. 請建立一名稱爲「annual tour」的資料表，包含「tour date」旅遊日期、整數值的「spend」花費、unicode 變長文字的「tourist attraction」地點欄位。

3. 有一登入帳號具備使用 school 資料庫內 Student 資料表的權利。若在 master 資料庫內，欲查詢 Student 資料表的學生數量，SQL 敘述爲何？

4. 使用 Transact-SQL 宣告：name 文字變數與 amount 整數變數。並指定 name 內容爲「張三」，amount 爲查詢張三學生修課的科目總分。最後將 amount 變數內容列出。

5. 宣告一整數的 comm 年終加給變數，其值爲計算當年度訂單銷售額的百分之一，銷售額是計算 Book.price 書本價格欄位乘以 Orders.quantity 購買數量欄位的值。若加給變數的值大於 10000 則顯示「年終加給達到萬元門檻」，否則顯示「年終加給未達萬元門檻」。

6. 列出學生修課的學號、姓名、平均分數，以及平均達 80 分顯示「通過」，70 至 80 之間顯示「補考」，低於 70 分顯示「不及格」。

Chapter

# 14

# 資料庫與 XML

可延伸標示語言（eXtensible Markup Language，XML）具備結構性與嚴格語法規範，並兼具使用者自訂標籤的彈性，同時具備了機器與人類可讀的特性，能夠提供不僅只有資料處理的應用範圍，其簡潔的文法與明確的結構，亦使其非常適合在大型的專案中應用。XML 比現有的資料格式更容易傳遞、調整、處理、分解和重製。

SQL Server 具備將 SELECT 執行結果輸出為 XML 資料格式的能力（請參見第 8-1 節），但是它支援的只是將關聯式資料表輸出的資料轉換成 XML 格式，而不是儲存 XML 資料的原生 XML 資料庫（Native XML Database）。所幸後來 SQL Server 還是趕上實務上的需求，除了具備了 xml 資料類型，也整合 W3C 公布的 XQuery 查詢語言，真正提供了原生 XML 資料庫的完整功能。

# 14-1　XML 資料表建立

XML 資料表的宣告方式，可使用一般資料表的資料類型（請參見第 5-3 節）與 xml 資料類型。欄位宣告為 xml 資料類型時，表示可存放 XML 文件的資料。xml 資料類型宣告的欄位，可分為「強制型態 XML 欄位」（Typed XML Column）或「非強制型態的 XML 欄位」（Un-typed XML Column）。

(1) 強制型態 XML 欄位：需有 XML Schema 文件。存放的 XML 文件資料可使用 XML Schema 文件進行驗證（Validate）。

(2) 非強制型態的 XML 欄位：存放的 XML 文件資料無指定驗證的 XML Schema 文件。

## 說明

W3C 在 1998 年 2 月 10 日公布 XML 時，原本是採用 SGML（ISO 8879-1986）宣告文件型別定義（Data Type Definition，DTD）的語法，透過 DTD 的規範及驗證 XML 文件的結構。不過 DTD 的語法和 XML 語法完全不同、不支援名稱空間（namespace）、不支援多種資料類型…等限制。因此，W3C 在接受微軟等公司的建議後，於 2001 年 5 月 2 日發布了 XML Schema Definition（簡稱為 xsd）。

xsd 是使用 XML 語法的文件，如同 DTD 也是用來規範 XML 文件資料的結構。我們可以自訂任何的 XML 文件，但是如果要考慮要能在各行各業之間的資訊系統執行，或資料互通（interoperation）的交換處理，就必須遵守各行業制定的 xsd。

建立強制型態的宣告，使用 DDL 的 CREATE 指令。不過，宣告的語法並非是 SQL 的標準，而是 SQL Server 的 Transact-SQL（T-SQL）語法，在其他資料庫系統是不支援的。宣告的語法為：

**CREATE XML SCHEMA COLLECTION sql_identifier AS Expression**

參數說明：

- sql_identifier　　表示 XML 結構描述集合的 SQL 識別碼。
- Expression　　　表示是 varchar、varbinary、nvarchar 或 xml 類型的常數或變數。

**例 (1)**：建立一個「教師」 Faculty 的資料表，其中「研究計劃」 Research 為強制型態 XML 欄位。建立資料表之前，需要先使用 CREATE XML SCHEMA COLLECTION 宣告一份結構如圖 14-1 所示，名稱為 Project 的 XML Schema 文件至資料庫（宣告的 T-SQL 敘述如果執行完成，這一份 XML Schema 文件對於資料庫而言，就是其中的一個「物件」）。

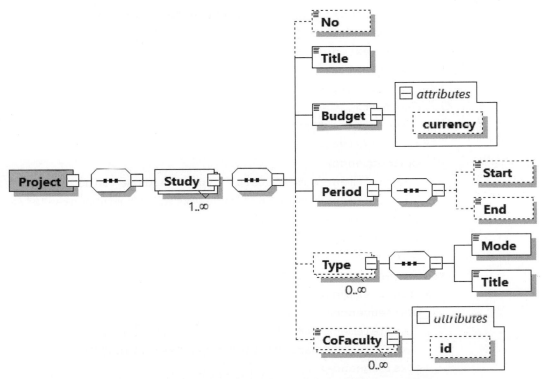

▲ 圖 14-1 「Project 研究計畫」文件的 XML Schema 圖示

宣告時，整份 xsd 文件前後以單引號「'」，包含在 CREATE XML SCHEMA COLLECTION 的 AS 指令之後。宣告一個名稱為 Project 的 xsd 文件內容的完整 T-SQL 敘述如下：

```
USE School; -- 確定使用本書練習的 School 資料庫
CREATE XML SCHEMA COLLECTION Project
AS '
<xs:schema xmlns:xs="http://www.w3.org/2001/XMLSchema"
elementFormDefault="qualified" attributeFormDefault="unqualified">
  <xs:element name="Project">
    <xs:complexType>
      <xs:sequence>
        <xs:element name="Study" maxOccurs="unbounded">
          <xs:complexType>
            <xs:sequence>
              <xs:element name="No" type="xs:string" minOccurs="0"/>
              <xs:element name="Title" type="xs:string"/>
              <xs:element name="Budget">
                <xs:complexType>
                  <xs:simpleContent>
                    <xs:extension base="xs:integer">
                      <xs:attribute name="currency" type="xs:string" default="NT"/>
                    </xs:extension>
                  </xs:simpleContent>
                </xs:complexType>
              </xs:element>
              <xs:element name="Period">
                <xs:complexType>
                  <xs:sequence>
                    <xs:element name="Start" type="xs:date" minOccurs="0"/>
                    <xs:element name="End" type="xs:date" minOccurs="0"/>
                  </xs:sequence>
                </xs:complexType>
              </xs:element>
              <xs:element name="Type" minOccurs="0" maxOccurs="unbounded">
                <xs:complexType>
                  <xs:sequence>
                    <xs:element name="Mode" type="xs:string"/>
                    <xs:element name="Title" type="xs:string"/>
                  </xs:sequence>
                </xs:complexType>
              </xs:element>
              <xs:element name="CoFaculty" minOccurs="0" maxOccurs="unbounded">
                <xs:complexType>
                  <xs:simpleContent>
                    <xs:extension base="xs:string">
                      <xs:attribute name="id">
                        <xs:simpleType>
```

```
                    <xs:restriction base="xs:string">
                        <xs:maxLength value="6"/>
                    </xs:restriction>
                </xs:simpleType>
            </xs:attribute>
          </xs:extension>
        </xs:simpleContent>
      </xs:complexType>
    </xs:element>
   </xs:sequence>
  </xs:complexType>
 </xs:element>
</xs:schema>
'
```

#### 說明

上述的 xsd 文件內容，並沒有 Prolog 宣告，也就是沒有 <?xml version="1.0" encoding="UTF-8"?> 這一行 XML 文件必備的宣告。是因為這一個 XML 的 Prolog 宣告稱之為處理指令（Processing Instruction，PI），PI 的標示使用 <?...?>，是用來告知應用程式的處理指示。對 SQL Server 而言，PI 在於指示執行 T-SQL 敘述的 CREATE XML SCHEMA COLLECTION，而關於 XML 文件的版本、字碼，則是由 SQL Server 來處理，因此不需要 Prolog 的宣告。

#### 說明

如果宣告 xsd 文件的內容含有多國語文而需使用 Unicode 時，AS 指令後的單引號前需加上「N」宣告。

　　如圖 14-2 所示，新增完成的 xsd 物件可以在 SQL Server Management Studio（SSMS）工具軟體內，此資料庫下的「可程式性」的「類型」項目的「XML 結構描述集合」子項目內列出這一個物件。亦可使用系統資料表 sys.xml_schema_collections 列出此資料庫已宣告的 xsd 物件名稱。系統資料表 sys.xml_schema_elements 列出 xsd 物件宣告的元素。系統資料表 sys.xml_schema_attributes 列出 xsd 物件宣告的屬性。如果要刪除這一個 xsd 物件，可以使用 DROP XML SCHEMA COLLECTION 指令刪除，不過如果已經有資料表的欄位宣告使用了這一個 xsd 物件，就不允許刪除這一個 xsd 物件。

▲ 圖 14-2　檢視 XML Schema 物件

　　新增完成「Proejct」xsd 物件後，就可以在一個資料表內，宣告具備該 xsd 物件的強制型態的 XML 欄位。參考下列建立一個教師 Faculty 資料表的宣告敘述：

```
CREATE TABLE Faculty
(  Id     char (6) PRIMARY KEY, -- 教師職號
  Name    varchar (20),         -- 教師姓名
  Duty    date,                 -- 到職日
  Title   varchar (10),         -- 職稱
  Research xml (DOCUMENT Project),
  Note    xml
)
```

此 Faculty 資料表，具備下列欄位：

(1) 四個一般性的欄位：Id、Name、Duty、Title。

(2) 一個強制型態 XML 欄位：Research。此欄位強制參照名稱為 Project 的 xsd。

(3) 一個非強制型態 XML 欄位：Note。

解析

Research 欄位的資料類型為 xml，其後括號內以 DOCUMENT 識別字指定 xsd 物件的名稱，表示建立一個強制型態的 XML 欄位。如果沒有括號及指定的 xsd 物件，就表示是建立一個非強制型態的 XML 欄位，例如宣告中的 Note 欄位。

　　建立完成 Faculty 資料表，可以使用 INSERT 敘述新增資料錄，需注意的是這一個資料表有 XML 的欄位，因此輸入的資料必須符合 XML 的文法規範。

```
INSERT INTO Faculty (Id, Name, Duty, Title, Research) VALUES
('104001',' 張三 ','2015/1/1',' 教授 ',
'<Project>
  <Study>
    <No>NSC 95-2413-H-128 -001</No>
    <Title> 用 RFID 管理特色館藏研究 </Title>
    <Budget currency="NT">50000</Budget>
    <Period><Start>2006-05-01</Start><End>2007-04-30</End></Period>
    <Type>
      <Mode> 人文社會 </Mode>
      <Title> 技術發展 </Title>
    </Type>
  </Study>
  <Study>
    <No>NSC 99-2631-H-128 -004</No>
    <Title> 台灣本土畫家作品數位典藏 </Title>
    <Budget currency="NT">100000</Budget>
    <Period><Start>2010-08-01</Start><End>2012-07-31</End></Period>
    <Type>
      <Mode> 人文社會 </Mode>
      <Title> 應用研究 </Title>
    </Type>
    <CoFaculty id="095008"> 李四 </CoFaculty>
    <CoFaculty id="098020"> 王老五 </CoFaculty>
    <CoFaculty id="092055"> 錢六 </CoFaculty>
  </Study>
</Project>')
```

上述 INSERT 敘述輸入資料表的 Research 欄位，內容是一個 XML 字串（前後需要使用單引號標示），其內容不僅需要遵循 XML 的文法規範，且必須是符合先前宣告名稱為 Project 的 xsd 規範。資料輸入完成，如果需要檢視內容，可直接使用 SQL 的 SELECT 敘述，列出資料表的資料錄內容。如圖 14-3 於 SQL Server Manager Studio（SSMS）工具軟體顯示的結果。不過，在實際應用上，SQL Server 資料表 xml 資料類型的欄位，所儲存的內容是 XML 文件，對資料庫而言就是一個物件。因此若要查詢的是資料表某一個 xml 欄位的某一個元素或某一個屬性，必須要使用的為 XML 制訂的 XQuery 語法。

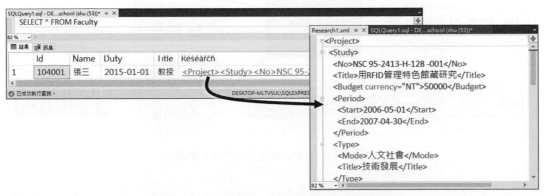

▲ 圖 14-3 檢視具備 xml 資料類型內容的資料錄

## 14-2 ｜ XPath

　　XML 物件（也就是儲存在資料表 xml 資料類型欄位內的 XML 文件），需要透過 XQuery 語法執行查詢。基於 XML 文件是樹狀的結構，因此 XQuery 需要透過 XPath 提供在樹狀結構中找尋節點的能力。XPath 是 XML 的路徑語言（XML Path Language），使用路徑表達式，指引從一個 XML 節點到另一個節點或一組節點的步驟，而獲得路徑最終指向的節點所在。簡單的講，XPath 就是用來描述 XML 文件內的元素（或屬性）位置，如同作業系統表示磁碟目錄的路徑一樣。例如，一個名稱為 Project.xsd 的檔案，存在於 D 槽磁碟機 Edit 目錄的 XML 子目錄的 Define 子目錄內，則該檔案的目錄路徑為：

```
D:\Edit\XML\Define\Project.xsd
```

### 說明

　　XQuery 和 XPath 使用相同的資料模型，及相同的函數和運算子，因此建議學習 XQuery 先要能夠了解 XPath。

### 說明

　　W3C 為 XML 制訂了許多延伸技術，包括樣式定義與文件轉換的 XSLT、標示路徑的 XPath、查詢使用的 XQuery、文件超連結的 XLink、將超連結指向 XML 文件的 XPointer、以及宣告文件結構的 XML Schema 等。XPath 應用在許多需要表達元素位置的延伸技術，例如 XSLT、XLink 及 XQuery。這些技術之間的關係可以參考圖 14-4 所示。

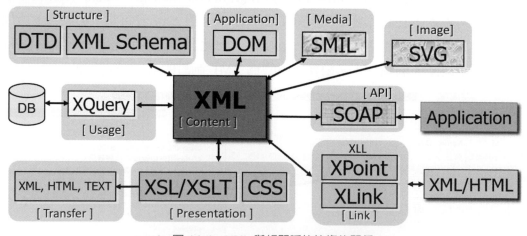

▲ 圖 14-4　XML 與相關延伸技術的關係

我們以圖 14-1 所示的 xsd 文件結構規範（Project.xsd 檔案）編寫的研究計畫 XML 文件為例，其樹狀結構顯示如圖 14-5 所示：

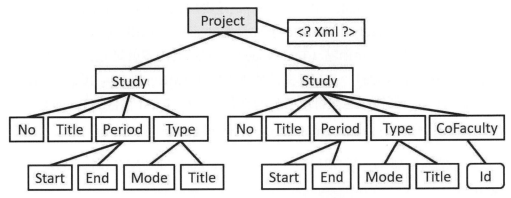

▲ 圖 14-5　XML 文件的樹狀結構圖

## 1. XPath 資料模型（XPath Data Model）

XPath 將每份 XML 文件均視為一棵有標籤且有順序節點的樹狀結構，也就是說 XML 文件是一棵樹，樹的根節點就是 XML 文件的根元素。樹的分支即為節點，每個節點皆有一個標籤名稱，我們可以使用完整的路徑指定一個特定的元素，如：/Study/Period/Start。依據 W3C 規範，XPath 樹狀結構共分為如表 14-1 所示的七種節點類型：

▼ 表 14-1　XPath 節點的類型

| 類型 | 目標 | 名稱空間字首 | 說明 | 圖 8-2 範例內容 |
|---|---|---|---|---|
| 根 | 將所有子元素節點的內容依照原本元素的順序連接起來 | 無 | 表示 XML 文件的根元素，該節點位於樹的最頂端，包含所有元素、屬性、註解等子節點 | root |
| 元素 | 將該元素所有子元素節點的內容依照原本元素的順序連接起來 | 包括標籤名稱與名稱空間的字首名稱（prefix） | 表示 XML 文件的一個元素，包含該元素和該元素的屬性、內文、註解等子節點 | 如 Staff, Teacher, DeuDate, FirstName, LastName, Project, Funding, Title 等元素 |
| 屬性 | 屬性值 | 屬性名稱與名稱空間的字首名稱 | 表示元素的　個屬性。 | 如 dept_id, rank, teacher_id, project_id 等屬性 |
| 內文 | 內文所有的資料 | 無 | 表示元素的內文 | 所有的 text |
| 註解 | 註解內所有的資料 | 無 | 表示一個 XML 註解 | |
| 處理指令 | | 處理指令的目標 | 表示一個 XML 處理指令 | 如 <?xml?> |
| 名稱空間 | 名稱空間的 URI | 名稱空間的字首名稱 | 表示一個 XML 名稱空間 | |

以圖 14-5 所示 XML 文件的樹狀結構圖為例，其根節點（Root Node）為 Project 元素；處理指令節點（PI Node）為 <?xml ?> 也就是 XML 的 Prolog 宣告（在 SQL Server 的資料表欄位，不需指定）。Study、Period、Type 元素為元素節點（Element Node），表示元素內容為子元素。CoFaculty 元素的 Id 屬性是屬性節點（Attribute Node）。No、Title、Start、End、Mode 元素為文字節點（Text Node），表示其內容就是元素值。這一個例子沒有註解節點（Comment Node），XML 文件使用如同 HTML，以 <!-- 起始 --> 結束的範圍做為註解。此外，這一個例子也沒有使用名稱空間，但在其 xsd 宣告的 Project.xsd：

```
xmlns:xs="http://www.w3.org/2001/XMLSchema"
```

就是宣告一個名稱為 xs，其 URI 為「http://www.w3.org/2001/XMLSchema」的名稱空間。

**2. 路徑表示式**

位置路徑表示式包括「絕對路徑」與「相對路徑」兩種表示方式：

(1) 絕對路徑：指一個絕對的位置做為起點，預設起始於斜線「/」，表示根節點（也就是根元素 ) 作為起點；

(2) 相對路徑：是以現在所在節點對應到目的節點，也就是相對於現在節點的路徑表示法。

以圖 14-5 為例，假設現在節點位置的指標是在 No 元素，表達 Project 根元素之下的 Study 元素的 Type 子元素，以絕對路徑表示為：

**/Project/Study/Type**

使用相對路徑表示，必須由 No 元素來表達其對應的相對路徑如下：

**../Type**

**3. 運算子**

(1) 路徑

XPath 主要是用來描述節點與節點之間相對的位置，類似於作業系統的磁碟目錄的路徑表示方式。如表 14-2 所示，路徑中，每一個以斜線「/」分隔稱為步（step）。置於路徑最前的斜線表示為根節點，置於各步之間的表示是分隔符號。節點以「..」表達現在所在元素往上一層，也就是 No 元素的上一層 Study，再接著標示 /Type 表達其下一層的 Type 元素。

▼ 表 14-2　路徑運算子

| 運算子 | 說明 |
|---|---|
| 節點名稱 | 選取此節點的所有子節點 |
| / | ◆ 置於路徑最前表示為根節點；<br>◆ 置於各步之間的分隔，表示為節點路徑的運算子，作為節點與子節點的分隔 |
| // | 遞迴下層節點的運算子，表示該節點之下所有符合子節點的節點 ( 不只子節點，也包含子子節點 ) |

▼ 表 14-2 路徑運算子（續）

| 運算子 | 說明 |
|---|---|
| . | 目前的節點 |
| .. | 上一層節點 |
| @ | 元素的屬性 |
| \| | 組合多個路徑，每個路經使用此運算子分隔 |

(2) 謂語

謂語是針對節點的篩選，也就是用來定位某一個特定的節點或某一個包含指定值的節點。可以將謂語視為一個篩選條件，使用時是將謂語框在表達式的方括號 [ ] 內。

(3) 運算與比較符號

XPath 的定位提供等號、加號、減號…等符號運算子的使用，如表 14-3 所示，提供運算或比較判斷的使用：

▼ 表 14-3 符號運算子

| 名稱 | | 說明 | 範例 | 結果 |
|---|---|---|---|---|
| 運算符號運算子 | \| | 組合兩個節點集 | //Staff\|//Teacher | 取得所有具備 Staff 元素和 Teacher 元素的節點集 |
| | + | 加 | 4+6 | 10，等同數學的加法運算 |
| | - | 減 | 20-5 | 15，等同數學的減法運算 |
| | * | 乘 | 3*7 | 21，等同數學的乘法運算 |
| | div | 除 | 60 div 5 | 12，等同數學的除法運算 |
| | mod | 餘數 | 12 mod 5 | 2，計算 12 除以 5 的餘數 |
| 比較符號運算子 | = | 等於 | price=120 | 如果 price 內容是 120 則傳回 true，否則傳回 false |
| | != | 不等於 | price!=120 | 如果 price 內容不是 120 則傳回 true，否則傳回 false |
| | < | 小於 | price<120 | 如果 price 內容小於 120 則傳回 true，否則傳回 false |
| | <= | 小於等於 | price<=120 | 如果 price 內容小於等於 120 則傳回 true，否則傳回 false |
| | > | 大於 | price>120 | 如果 price 內容大於 120 則傳回 true，否則傳回 false |
| | >= | 大於等於 | price>=120 | 如果 price 內容大於等於 120 則傳回 true，否則傳回 false |
| | or | 或 | price>120 or price<50 | 如果 price 內容大於 120 或小於 50 則傳回 true，否則傳回 false |
| | and | 且 | price>50 and price<120 | 如果 price 內容大於 50 且小於 120 則傳回 true，否則傳回 false |

(4) 萬用字元

▼ 表 14-4　萬用字元運算子

| 運算子 | 說明 |
|---|---|
| * | 目前節點的所有子節點，也就是目前元素之下所有的子元素與屬性 |
| @* | 目前節點的所有子節點的屬性 |
| node() | 目前節點之下任何類型的節點 |

## 4. 坐標軸

XPath 的坐標軸（axis，簡稱軸）是用來表達相對於現在節點的節點集，透過軸指出節點的對應方向。XML 文件資料呈現爲樹狀結構，在樹狀結構內的元素有下列關係：

(1) 父（parent）：除根元素之外，每一個元素及屬性都有一個父節點。

(2) 子（children）：元素的節點可以有零個、一個或多個子節點。

(3) 同層（sibling）：擁有相同父節點的節點，也就兄弟姊妹節點。

(4) 先輩（ancestor）：某一節點的父、父的父…等節點。

(5) 後代（descendant）：某節點的子、子的子…等節點。

軸表示與（當前）上下節點的關係，用於定位樹狀結構中與該節點相關的其他節點。就像是數學表示的軸，以 0 爲原點，左方爲負，右方爲正。XPath 的作用就類似於數學，以當前節點爲原點，向上爲父節點，向下爲子節點。參考表 14-5 所列之軸使用的名稱，用來表示如圖 14-6 的節點關係：

▼ 表 14-5　軸名稱一覽表

| 名稱 | 說明 |
|---|---|
| ancestor | 選擇現在節點的所有先輩節點（父節點、父父節點…等） |
| ancestor-or-self | 選擇現在節點與所有先輩節點 |
| attribute | 選擇現在節點的全部屬性，等同運算子「@」的功用 |
| child | 選擇現在節點的所有子節點 |
| descendant | 所有下層的節點，包括子節點 |
| descendant-or-self | 選擇節點本身與其所有下層的節點，等同運算子「//」的功用 |
| following | 選擇在此節點下層所有節點 |
| following-sibling | 選擇現在節點之後的同一層的節點 |
| namespace | 選擇現在節點的所有名稱空間節點 |
| parent | 選擇現在節點的父節點，等同運算子「..」的功用 |
| preceding | 選擇現在節點上層的所有節點，但排除先輩節點、屬性節點和名稱空間節點 |
| preceding-sibling | 選擇現在節點的同一層的節點 |
| self | 選擇節點本身，等同運算子「.」的功用 |

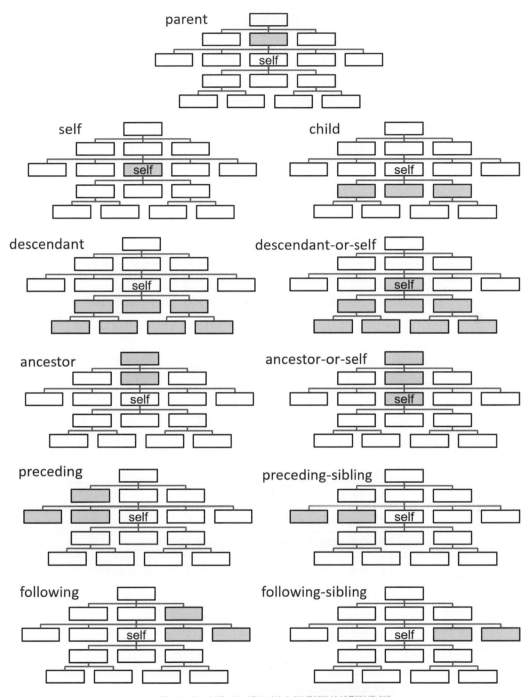

▲ 圖 14-6 XPath 軸所代表節點範圍的關係圖

　　在 XPath 的使用軸，可以搭配先前介紹的索引條件，位置的路徑是根據位置步（location steps）構建的。每個位置步指定目標文件中的一個點，而這個點必須相對於其他明確已知的點，例如文件的開頭或先前的位置步。這個明確已知的點稱為上下文節點（context node）。位置步使用的語法包含三個部分：軸（axis），節點（node test）和非必須的謂語：

　　*軸 :: 節點 [ 謂語 ]*

參考表 14-6 所列之使用軸表達一些路徑的範例：

▼ 表 14-6　坐標軸「步」表示語法的範例

| 範例 | 說明 |
|---|---|
| child::Type | 選取所有屬於當前節點的子元素的 Type 元素 |
| attribute::Id | 選取當前節點的 Id 屬性 |
| child::* | 選取當前節點的所有子元素 |
| attribute::* | 選取當前節點的所有屬性 |
| child::text( ) | 選取當前節點的所有文字子節點 |
| child::node( ) | 選取當前節點的所有子節點 |
| descendant::Study | 選取當前節點的所有 Study 元素之所有下層的後代元素 |
| ancestor::Type | 選擇當前節點的所有 Type 上層節點的元素 |
| child::*/child::Study | 選取當前節點的所有 Study 孫節點（子節點的子節點） |

## 5. 函數

除了路徑位置的表示，XPath 也提供了函數庫以方便計算運算式。如表 14-7 所列，函數分為節點函數、字串函數、布林函數和數值函數。

▼ 表 14-7　XPath 函數

| 節點函數 | |
|---|---|
| last( ) | 取得節點集最後一個元素節點 |
| position( ) | 取得節點的位置索引 |
| count( ) | 取得節點的元素數量 |
| id( ) | 取得節點集中，其 ID 等於指定名稱的的值 |
| local-name( ) | 取得節點集中第一個節點的元素名稱，指定的值不包含名稱空間的字首名稱 |
| namespace-URI( ) | 取得節點集中第一個節點的名稱空間 URI |
| name( ) | 取得節點的元素名稱 |
| 字串函數 | |
| concat( ) | 連接兩個或多個字串 |
| contains( ) | 若第一個字串包含第二個字串則傳回 true，否則傳回 false |
| normalize-space( ) | 刪除字串前後的空格 |
| starts-with( ) | 若第一個字串的開頭是第二個字串則傳回 true，否則傳回 false |
| string-length( ) | 計算字串的長度 |
| substring( ) | 從字串指定位置開始，取得指定長度的內容 |
| substring-after( ) | 從字串指定位置開始，取得之後的內容 |

▼ 表 14-7　XPath 函數（續）

| substring-before( ) | 從字串指定位置開始，取得之前的內容 |
|---|---|
| translate( ) | 更換字串內容 |
| **布林函數** | |
| boolean( ) | 取得布林值 |
| false( ) | 設定為假 |
| not( ) | 反向判斷 |
| true( ) | 設定為真 |
| **數值函數** | |
| ceiling( ) | 取得不小於指定數值的最小整數 |
| floor( ) | 取得不大於指定數值的最大整數 |
| number( ) | 將字串類型的數轉換成數值類型 |
| round( ) | 取得指定數值的四捨五入 |
| sum( ) | 取得指定節點內容的加總 |

例如下列使用函數運算的結果，結合 [] 運算子進行元素的判斷：

//*[count(CoFaculty)>=1]　　　　　子元素具備一個以上 CoFaculty 元素的所有元素。

/Project/Study[position( )=1]　　　Project 元素下層的第一個 Study 元素。

/Project/Study[not (CoFaculty)]　　沒有 CoFaculty 子元素的 Study 元素。

## 14-3 ∣ xml 資料類型的方法

SQL Server 提供許多如表 14-8 所列應用於 xml 資料類型的方法：

▼ 表 14-8　SQL Server 處理 xml 資料類型的方法

| 方法 | 說明 |
|---|---|
| exist( ) | 執行 XQuery 運算式傳回非空的結果，也就是至少有一個 XML 節點，則回傳值為 1，若查詢結果為空資料，則回傳結果為 0 |
| modify( ) | 修改 XML 文件的內容。使用此方法來修改資料行的 xml 物件內容。此方法採用 XML DML 敘述來新增、修改或刪除 XML 資料的節點。 xml 資料類型的 modify( ) 方法只能用在 UPDATE 敘述的 SET 子句中 |
| modes( ) | 將 XML 物件切割成關聯式資料 |
| query( ) | 針對 XML 物件執行 XQuery，並回傳 XML 資料 |
| value( ) | 對 XML 物件執行 XQuery，並傳回 SQL 類型的值。此方法會傳回純量值 |

## 說明

不同地方使用的「物件」名詞有些許差異。

■ 程式語言中，類別（Class）經過建構（Create）產生實際可以使用的個體，稱為物件（Object）。

■ 在 SQL Server 中，許多具體可使用的個體，也稱為物件。不過這裡指的是依據 XML 資料類型，宣告資料表（Table）的欄位，該欄位所存放的 XML 文件，就稱為 XML 物件，也稱為執行個體（Instance）。

SQL Server 的 query( ) 方法使用 XQuery（請參考下一節的介紹）的 XPath 運算式來執行。透過執行方法內指定的運算式的結果，代入原本 SELECT 敘述之內。參考下列使用 XPath 執行的範例，了解 query( ) 使用的方式。

例 (2)：列出 Faculty 資料表中，Id 欄位、Name 欄位，以及 Research 欄位內的 Title 元素。

```
SELECT Id, Name, Research.query('/Project/Study/Title') FROM Faculty
```

解析

Research 是宣告儲存 XML 的欄位。存取 XML 文件的欄位需要使用 query() 方法，本範例存取 XML 文件的 Title 元素，依據結構（參見圖 14-5 ），Title 元素位於 Project 根元素的 Study 元素之下，因此以 XPath 語法須指定為： /Project/Study/Title

執行結果顯示如圖 14-7 所示。

▲ 圖 14-7　SELECT 列出資料表內 XML 欄位內容之範例

例 (3)：列出 Faculty 資料表中，Resarch 欄位內的 XML 文件中，有協同主持人（具有 CoFaculty 元素）的 Title 元素。

```
SELECT Research.query('/Project/Study/Title[count(../CoFaculty)>0]')
FROM Faculty
```

### 解析

本範例對於 XML 文件有一項條件：需要具備有 CoFaculty 元素，因此使用 XPath 的謂語，將索引的判斷以 [ ] 框住。列出 /Project/Study/Title 元素內容時，「指標」位置在 Title 元素上，而 CoFaculty 元素與 Title 同一層，因此判斷條件透過「..」回上一層，也就是回到 Study 元素，再經由「/」進入下一層到 CoFaculty 元素，透過 count( ) 函數判斷此元素的數量是否大於 0。

# 14-4　XQuery 查詢語言

　　XQuery 是由全球資訊網聯盟（World Wide Web Consortium，W3C），以及包括微軟公司在內的各個主要資料庫廠商聯合設計，於 2007 年 1 月 23 日正式被 W3C 通過，並公佈 XQuery 1.0 規格建議書。XQuery 是以 XPath 路徑語言為基礎，加上額外支援以獲取更佳的反覆運算、更好的排序結果，提供查詢結構化或半結構化 XML 資料的語言，以及建構必要 XML 的能力。簡單的比喻，XQuery 相對於 XML 的關係，等於 SQL 相對於資料庫的關係。

#### 說明

　　W3C 發行它自己的規範（Specification），通常並不直接稱為標準（Standard），是因為 W3C 並不是一個政府組織，而是由全球資訊網（World Wide Web）的發明人：英國物理學家 Tim Berners-Lee 與美國麻省理工大學計算機實驗室（Laboratory for Computer Science，LCS）、歐洲粒子物理研究中心（European Particle Physics Laboratory，法文縮寫 CERN）、美國國防部先進研究計劃管理局（Defense Advanced Research Projects Agency，DARPA）等機構，於 1994 年 10 月共同成立的「非政府機構」。由於 W3C 是全球資訊網協定的實際規範機構，所以當某一技術規範通過 W3C 而成為建議時，便可以視為全球資訊網的國際標準。W3C 公佈相關技術規範的文件分成四種不同的等級：

1. 註解（Note）：由 W3C 會員組織提交到 W3C 的技術規格，尚未成為正式 W3C 規範之前，W3C 會先以「註解」形式發佈此一規格，提供各界討論參考。
2. 工作草案（Working draft）：工作草稿代表已經是被 W3C 考慮中的技術規格，這一階段可以說是成為 W3C 最終建議的第一階段。
3. 候選建議（Candidate recommendation）：當某一工作草案被 W3C 接受後，該規範的技術文件即成為候選建議書。
4. 建議（Recommendation）：當某一候選建議被 W3C 接受後，該規範即成為 W3C 建議。之所以會使用「建議」一詞，當然一方面是因為 W3C 並非官方機構，另一方面 W3C 並無強制要求所有業者遵循的「手段」，只能透過公開發表，建議各方業者採納使用。

XQuery 是一種類似 SQL 敘述的表示式，其語法組成包括 XPath 路徑語言、FLWOR（發音為 flower）運算式、條件運算式和 XQuery 函數。

## 1. XQuery 語法規則

### (1) 基本規則

如同 XML 的語法規則一般，XQuery 嚴格區分英文字母大小寫，通常慣例是使用小寫英文。XQuery 基本規則如下：

- 元素、屬性以及變數必須是合法的 XML 名稱。
- 字串值需要使用單引號或雙引號標示。
- 變數由金錢符號「$」再加上一個名稱來進行定義，例如：$bookstore。
- 註釋前後使用左括弧冒號「(:」和冒號右括弧「:)」標示，例如：

(: 這是 XQuery 的註解 :)

### (2) 比較運算子

XQuery 使用的各類運算子和 XPath 相同，但 XQuery 的比較運算子分為兩種：

- 通用值的比較：=, !=, <, <=, >, >=
- 單一值的比較：eq, ne, lt, le, gt, ge

其中，eq（等於，equal）、ne（不等於，not equal）、lt（小於，less than）、le（小於等於）、gt（大於，great than）、ge（大於等於）比較的結果只能傳回一個值，如果成立就是 true。如果傳回的是超過一個值（例如一組元素），就會產生錯誤。

## 2. FLWOR 運算式

FLWOR 是 "For、Let、Where、Order by、Return" 只取首字母縮寫的意思。每個 FLWOR 運算式是由一個或多個 for 子句、選擇性的 let 子句、選擇性的 where 子句、選擇性的 order by 子句，以及 return 子句組合而成。for 子句將節點指定到一個變數，以便繼續到迴圈序列中的每一個節點。let 子句為一個變數、一個值或一個序列。return 子句定義要回傳的內容。where 子句，如果其布林邏輯值為 true（真），那麼該元素就被保留，並且它的變數會用在 return 子句中，如果其布林邏輯值為 false（假），則該元素就被捨棄。

### (1) for 子句

for 子句表示使用迴圈方式。從 in 所表達的路徑逐一取出內容，指定給 in 指令前的變數，最後透過 return 回傳變數的內容。

**例 (4)**：參考先前建立的 Faculty 資料表，及依據圖 14-5 結構所宣告 xml 資料類型的 Research 欄位，列出教師編號（Id 欄位）為 104001 的所有研究計畫（Research 欄位）的預算金額（XML 文件的 Budget 元素）。

```
SELECT Research.query( 'for $price in //Budget  return $price' )
FROM Faculty where Id='104001'
```

**解析**

for 子句執行迴圈，逐一取得 in 之後所指路徑的元素內容，也就是 //Budget 元素的內容，將該內容指定給變數 $price。變數名稱前一定要有金錢符號。指定完畢後，透過 return 將指定的 $price 內容回傳給 SELECT 子句。

執行結果回傳的資料集為：

```
<Budget currency="NT">50000</Budget>
<Budget currency="NT">100000</Budget>
```

例 (5)：列出 Faculty 資料表中，研究計畫預算高於 10000 元的計畫名稱與金額。

```
SELECT Research.query
( '  for $i in //Budget where $i>10000
     return <Price>{$i/../Title, $i}</Price>   ')
FROM Faculty
```

**解析**

使用 for 迴圈逐一處理所指路徑 //Budget 元素的內容，指定給變數 $i（此時變數 i 即等同於 <Budget> 元素），判斷其內容如果是大於 10000，則回傳結果：

```
<Price>{$i/../Title, $i}</Price>
```

其中 $i/../Title 是使用相對位置，表示要回傳包括 <Title> 元素。

執行結果如圖 14-8 所示：

▲ 圖 14-8　XQuery 執行條件判斷回傳結果

(2) let 子句

XQuery 指定變數的值，其前方使用 let 子句作爲前引符號，如同宣告變數並指定內容值的標示作用。因爲 let 指定的變數只需運算一次，因此當 XML 中資料量很大時，使用 let 子句可以顯著的提高性能。

**例 (6)**：列出 Faculty 資料表中，Research 欄位內各研究計畫的 <Title> 元素與 <Price> 元素內容，前後加上 <Price> 起始標籤與 </Price> 結束標籤。

```
SELECT Research.query
('  for $study in /Project/Study/Title
    let $price:= //Budget
    return <Price>{$study, $price}</Price>  ')
FROM Faculty
```

**解析**

本例只是簡單示範使用 let 宣告一個 $price 變數，並使用冒號等於符號「:=」指定其值爲 //Butget 元素，也就是 XML 文件內所有子元素爲 Budget 的元素，使得最後回傳的結果 $price 均固定爲所有子元素爲 Budget 的元素內容。

執行結果如圖 14-9 所示：

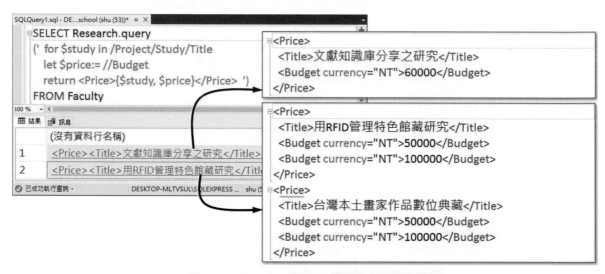

▲ 圖 14-9　XQuery 使用 let 變數指定的執行結果

(3) where 子句

where 子句使用條件運算式來判斷查詢結果，當判斷結果為 true 時，才會執行 return 子句。

**例 (7)**：列出 Faculty 資料表中，Research 欄位內各研究計畫，有共同主持人編號（CoFaculty 元素的 id 屬性）為 "098020" 的計畫名稱（Title 元素）。

```
SELECT Research.query
('  for $study in /Project/Study
    where $study/CoFaculty/@id="098020"
    return $study/Title  ' )
FROM Faculty
```

本例使用 where 判斷「有共同主持人編號為 "098020"」，回傳「計畫名稱」。其執行結果為：

```
<Title> 台灣本土畫家作品數位典藏 </Title>
```

如同一般條件運算式，where 子句也可以使用 and、or 等邏輯運算子執行多個條件的判斷。

**例 (8)**：列出 Faculty 資料表中，Research 欄位內各研究計畫，有共同主持人編號（CoFaculty 元素的 id 屬性）為 "098020"，或是預算金額（Budget 元素）小於十萬的計畫名稱（Title 元素）。

```
SELECT Research.query
('  for $study in /Project/Study
    where $study/CoFaculty/@id="098020"
                or ( $study/Budget <100000 )
    return $study/Title' )
FROM Faculty
```

**解析**

本例包括兩個條件：一是判斷 /Project/Study/CoFaculty 元素的 id 屬性內容為 "098020"；另一是判斷 /Project/Budget 元素內容小於十萬。執行結果回傳 /Project/Study/Title 元素內容。

其執行結果顯示如圖 14-10 所示：

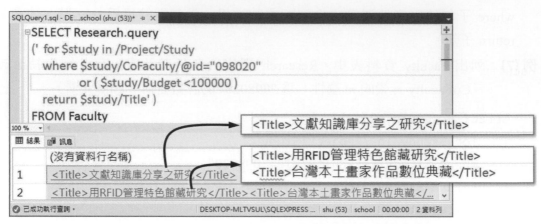

▲ 圖 14-10　XQuery 於 where 子句使用邏輯運算子執行結果

(4) order by 子句

如同 SQL 的 ORDER BY 子句，針對執行結果的資料集排序。order by 子句用於指定 XQuery 輸出的 XML 結果執行排序。

**例 (9)**：列出 Faculty 資料表中，各研究計畫的共同主持人資料（CoFaculty 元素），結果請依人員編號（CoFaculty 元素的 id 屬性）排序。

```
SELECT Research.query
('   for $study in /Project/Study/CoFaculty
     order by $study/@id
     return $study   ' )
FROM Faculty
```

執行結果為依據 CoFaculty 元素的 id 屬性內容排序，排列如下：

```
<CoFaculty id="092055"> 錢六 </CoFaculty>
<CoFaculty id="095008"> 李四 </CoFaculty>
<CoFaculty id="098020"> 王老五 </CoFaculty>
```

XQuery 排序結果預設為由小到大排列。若排序的 order by 指定為由大到小排列，則需在 order by 子句最後加上 descending 識別字：

```
SELECT Research.query
('   for $study in /Project/Study/CoFaculty
     order by $study/@id descending
     return $study   ' )
FROM Faculty
```

執行結果爲：

```
<CoFaculty id="098020"> 王老五 </CoFaculty>
<CoFaculty id="095008"> 李四 </CoFaculty>
<CoFaculty id="092055"> 錢六 </CoFaculty>
```

### 3. XQuery 條件運算式

　　XQuery 支援 if-then-else 條件運算式。當 if 之後指定的條件爲 true，就執行 then 子句後的運算式。當 if 之後指定的條件爲 false 時，就執行 else 子句後的運算式。

━━━━━━━━━━━━━━━━━━━━━━━━ 說明 ━━━━━━━━━━━━━━━━━━━━━━━━

請勿與 XQuery 的 FLWOR 運算式之 where 子句混淆。

■ where 字句是用來篩選的判斷。

■ if-then-else 則是處理回傳結果的內容條件。

例 (10)：列出 Faculty 資料表中，各研究計畫名稱（Title 元素）以 <Project> 起始、結束標籤包覆，若有共同主持人，則 <Project> 起始標籤以 co 屬性列出共同主持人的編號（原 CoFaculty 元素的 id 屬性）。

```
SELECT Research.query
('  for $study in /Project/Study
   return if  ($study/CoFaculty/@id !="")
   then <Project co="{data($study/CoFaculty/@id)}">{$study/Title}</Project>
   else  <Project>{$study/Title}</Project>   ')
FROM Faculty
```

**解析**

執行結果加上 if-then-else 判斷。if($study/CoFaculty/@id !="") 判斷 CoFaculty 元素的屬性是否爲空值，若是空值則回傳 then 子句的結果：

```
<Project co="{data
    ($study/CoFaculty/@id)}">{$study/Title}</Project>
```

結果輸出字串：

```
<Project co=" + 使用 data() 函數取得 coFaculty 元素的 id 屬性值 +
"> + Title 元素 + </Project>
```

判斷 CoFaculty 元素的屬性若不是爲空值，則回傳 else 子句的結果：

```
<Project>{$study/Title}</Project>
```

因此，可以獲得輸出的結果：

```
<Project> + Title 元素 + </Project>
```

執行結果如圖 14-11 所示：

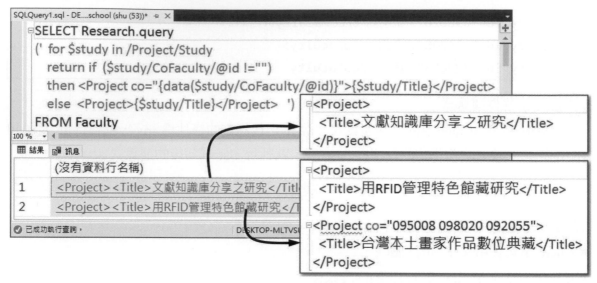

▲ 圖 14-11　XQuery 執行條件判斷的結果

## 4. XQuery 函數

　　請參考表 14-9 至表 14-17 所列，XQuery 提供相當多針對 xml 資料類型的內建函數，包括數值、字串、節點、序列、聚合、資料存取等函數。

---

**說明**

XQuery 函數名稱空間的 URI 為「http://www.w3.org/2005/02/xpath-functions」，前綴（prefix）是 fn:。函數名稱前可加上名稱空間的前綴作為標示，例如 fn:string( )。不過，由於 fn: 是 XQuery 名稱空間預設的前綴，所以通常不需在函數名稱前加上前綴。若需要在執行 XQuery 的 query() 內宣告名稱空間，使用語法為：

```
declare namespace 前綴 ="URI";
```

---

▼ 表 14-9　數值函數

| 名稱 | 語法 | 回傳值 | 說明 |
|---|---|---|---|
| ceiling | ceiling(arg) | 數值 | 傳回不含小數的最小數字 |
| floor | floor(arg) | 數值 | 傳回不含小數、不大於其引數值的最大數字 |
| number | number(arg) | 數值 | |
| round | round(arg) | 整數值 | 四捨五入 |

▼ 表 14-10 字串函數

| 名稱 | 語法 | 回傳值 | 說明 |
|------|------|--------|------|
| concat | concat(str1, $str2,…) | 字串 | 銜接傳入的字串 |
| contains | contains(str1, str2) | 布林值 | 判斷 str1 是否包含 str2 字串 |
| substring | substring(str, arg)<br>substring(str,arg,leng) | 字串 | 傳回 str 字串從 args1 值所指示的位置開始，一直到 leng 值所指示的字元數為止。 |
| string-length | string-length( )<br>string-length(arg) | 整數值 | 傳回字串的長度 |
| low-case | lower-case(str) | 字串 | 將 str 字串每一字元轉換成小寫 |
| upper-case | upper-case(str) | 字串 | 將 str 字串每一字元轉換成大寫 |

**例 (11)**：使用字串函數的範例，將 Faculty 資料表中 xml 資料類型的 Research 欄位內容中的共同計畫主持人（<CoFaculty> 元素）分別以 <lastName>、<firstName> 列出其姓名。

```
SELECT Research.query
('   for $study in /Project/Study/CoFaculty
    return
    <CoLeader>
    <lastName>{substring($study,1,1)}</lastName>
    <firstName>
    {substring($study,2,string-length($study)-1)}
    </firstName>
    </CoLeader>   ')
FROM Faculty
```

**解析**

原 <CoFaculty> 元素存放的共同作者姓名，使用字串函數 substring( ) 取出自第 1 位字元且長度為 1 個字元做為 <lastName> 元素的內容，取出第 2 個字元且長度為姓名總長度 -1 個字元做為 <firstName> 元素的內容。因為姓名長度為不定字數，因此使用 string-length( ) 方法計算 <CoFaculty> 內容，也就是姓名資料的長度。

執行結果顯示如下所示：

```
<CoLeader>
  <lastName>李</lastName>
  <firstName>四</firstName>
</CoLeader>
<CoLeader>
  <lastName>王</lastName>
  <firstName>老五</firstName>
</CoLeader>
<CoLeader>
  <lastName>錢</lastName>
  <firstName>六</firstName>
</CoLeader>
```

▼ 表 14-11　邏輯函數

| 名稱 | 語法 | 回傳值 | 說明 |
|------|------|--------|------|
| not | not(args) | 布林值 | 反轉傳入項目的布林值 |

▼ 表 14-12　節點函數

| 名稱 | 語法 | 回傳值 | 說明 |
|------|------|--------|------|
| local-name | local-name( )<br>local-name(item) | 字串 | 傳回 item 的區域部份（local part）名稱 |
| namespace-uri | namespace-uri( )<br>namespace-uri(item) | 字串 | 傳回在 item 中指定的 QName 名稱空間 URI |

▼ 表 14-13　內容函數

| 名稱 | 語法 | 回傳值 | 說明 |
|------|------|--------|------|
| last | last( ) | 整數值 | 傳回現在節點最後一個元素的索引值 |
| position | position( ) | 整數值 | 傳回現在節點的索引值 |

例 (12)：使用 last( ) 函數的範例，列出 Faculty 資料表中，xml 資料類型的 Research 欄位中，<CoFacult> 共同主持人元素內，第一個與最後一個共同主持人的資料。

```
SELECT Research.query
('  let $firstCo:=/Project/Study/CoFaculty[1]
    let $lastCo:=/Project/Study/CoFaculty[last( )]
    return < 共同主持人 >{$firstCo, $lastCo}</ 共同主持人 >  ')
FROM Faculty
```

為方便顯示額外增加的 < 共同主持人 > 元素，該元素以中文表示，執行結果顯示如下所示：

```
< 共同主持人 />
< 共同主持人 >
  <CoFaculty id="095008"> 李四 </CoFaculty>
  <CoFaculty id="092055"> 錢六 </CoFaculty>
</ 共同主持人 >
```

▼ 表 14-14　序列函數

| 名稱 | 語法 | 回傳值 | 說明 |
|------|------|--------|------|
| empty | empty(item) | 布林值 | 若 item 是空序列（empty sequence）則傳回 true |
| distinct-values | distinct-values(items) | 序列的值 | 移除 items 所指定序列的重複值 |

▼ 表 14-15　聚合函數

| 名稱 | 語法 | 回傳值 | 說明 |
|------|------|--------|------|
| count | count(items) | 整數值 | 傳回節點的數量 |
| avg | avg(items) | 數值 | 傳回數字序列的平均值 |
| min | min(items) | 數值 | 傳回數字序列的最小值 |
| max | max(items) | 數值 | 傳回數字序列的最大值 |
| sum | sum(items) | 數值 | 傳回數字序列的總和 |

聚合（Aggregate）函數類似於 SQL 所提供的聚合函數功能，參考下列使用 XQuery 聚合函數的範例。

**例 (13)**：計算 Faculty 資料表中，每筆紀錄的研究計畫經費。

```
SELECT Research.query
('  let $price:= //Budget
  return
    <Fund> 資金來源數目 :{count($price)}, 最高 :{max($price)},
      最低 :{min($price)}, 總計 :{sum($price)}, 平均 :{avg($price)}
    </Fund>  ')
FROM Faculty
```

執行結果顯示如圖 14-12 所示：

```
<Fund> 資金來源數目 :1, 最高 :60000, 最低 :60000, 總計 :60000, 平均 :60000</Fund>
<Fund> 資金來源數目 :2, 最高 :100000, 最低 :50000, 總計 :150000, 平均 :75000</Fund>
```

▼ 表 14-16　資料存取函數

| 名稱 | 語法 | 回傳值 | 說明 |
|------|------|--------|------|
| String | string(args) | 字串 | 將 args 內容轉為字串 |
| data | data(item) | 資料類型 | 取得元素或屬性內容值 |
| node-name | node-name(item) | 字串 | 取得 item 所在的節點名稱 |

　　XML 文件的結構以元素為單位，元素由起始標籤、結束標籤、內容三者組合而成，若只需資料內容，便可使用 data( ) 方法取得指定元素的內容。參考下列改變輸出元素的標籤名稱的範例，示範 data( ) 方法的使用方式。

　　例 (14)：列出 Faculty 資料表中，以 <Research> 元素包含計畫名稱與計畫編號，並以計畫名稱排序。

```
SELECT Research.query
('  for $study in /Project/Study
    order by $study/Title
     return <Research>計畫名稱：{data($study/Title)}({data($study/No)})
</Research>  ')
FROM Faculty
```

解析

本例示範使用 data( ) 函數取出 <Title> 元素與 <No> 元素的內容，組合標題文字及 <Research> 起始與結束標籤。

　　執行完成的結果為：

```
<Research>計畫名稱：文獻知識庫分享之研究 (NSC 102-2410-H-128 -050)</Research>
<Research>計畫名稱：台灣本土畫家作品數位典藏 (NSC 99-2631-H-128 -004)</Research>
<Research>計畫名稱：用 RFID 管理特色館藏研究 (NSC 95-2413-H-128 -001)</Research>
```

　　除了 XQuery 標準所支援的函數之外，SQL Server 也為 XQuery 定義兩個如表 14-17 所列的自訂函數。因為這是 SQL Server 自訂的函數，所以使用時必須標示名稱空間的前綴「sql:」以方便系統辨識與區別。

▼ 表 14-17　SQL Server 擴充函數

| 名稱 | 語法 | 回傳值 | 說明 |
|------|------|--------|------|
| sql:column | sql:column( 欄位名稱 ) | 資料表的欄位指標 | 在 XQuery 中指向關聯表的欄位 |
| sql:variable | sql:variable( 變數名稱 ) | 變數內容的資料類型 | 在 XQuery 運算式內公開含有 SQL 關聯值的變數 |

一般而言，SELECT 的輸出是欄位內容的查詢結果所呈現的二維表格，XQuery 執行的結果是單一 XML 文件。若在 XQuery 敘述中需要用到資料表的欄位內容，便可以使用 sql:column( ) 方法取得。參考下列範例。

**例 (15)**：列出 Faculty 資料表中，每一項計畫資料以 <Project> 為父元素，其內容包含：老師姓名（Name 欄位）的 <Leader> 元素、<Title> 元素、以及 <Period> 元素。

```
SELECT Research.query
('  for $study in /Project/Study
   return <Project><Leader>{sql:column("Name")}</Leader>
{$study/Title, $study/Period}</Project>  ')
FROM Faculty
```

**解析**

題目要求列出的 <Title> 元素、<Period> 元素本就是 Research 欄位的 XML 文件的子元素，但 <Leader> 元素的內容則需要使用 sql:column("Name")，表示由資料表的 Name 欄位取得。

本範例的執行結果為：

```
<Project>
  <Leader> 李四 </Leader>
  <Title> 文獻知識庫分享之研究 </Title>
  <Period>
    <Start>2013-08-01</Start>
    <End>2014-07-31</End>
  </Period>
</Project>
<Project>
  <Leader> 張三 </Leader>
  <Title> 用 RFID 管理特色館藏研究 </Title>
  <Period>
    <Start>2006-05-01</Start>
    <End>2007-04-30</End>
  </Period>
</Project>
<Project>
  <Leader> 張三 </Leader>
  <Title> 台灣本土畫家作品數位典藏 </Title>
  <Period>
    <Start>2010-08-01</Start>
    <End>2012-07-31</End>
  </Period>
</Project>
```

# 14-5 XML 資料維護

SQL Server 提供 XML 資料處理語言（DML），用於 xml 資料類型的內容，也就是 XML 文件的新增、修改與刪除。W3C 所定義的 XQuery 語言並沒有資料庫 DML 的部分，因此 XML DML 是 SQL Server 支援 XQuery 語言的延伸。使用的方式是將下列區分大小寫的關鍵字加入到 XQuery 中：

(1) insert

(2) replace value of

(3) delete

再藉由 xml 資料類型的 modify( ) 方法執行。整體的語法格式請參見圖 14-12 所示。

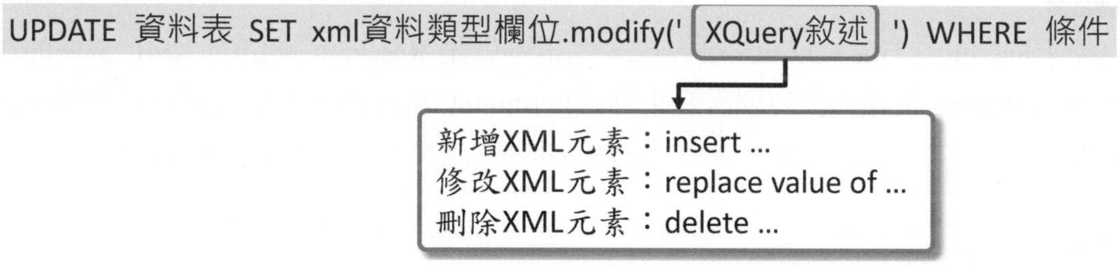

UPDATE 資料表 SET xml資料類型欄位.modify(' XQuery敘述 ') WHERE 條件

新增XML元素：insert ...
修改XML元素：replace value of ...
刪除XML元素：delete ...

▲ 圖 14-12　XML 資料維護語法格式示意圖

## 1. 新增 XML 元素

XML DML 的 insert 指令提供將一個或多個節點（運算式 1）新增至其他節點（運算式 2）的子節點或同層級節點。其使用的語法為：

```
insert 運算式 1
   {as first|as last} into|after|before 運算式 2
```

參數說明：

(1) 運算式 1：表示要新增的一個或多個節點。

(2) 運算式 2：表示識別（Identifies）節點，用來表示新增的位置節點。

(3) as first 或 as last：新增的位置是在運算式 2 的第一個節點或最後一個節點。

(4) into：將運算式 1 的節點新增至運算式 2 節點的下一層，也就是新增子節點。

(5) after：將運算式 1 的節點新增至運算式 2 節點後面的同層（sibling）節點，也就是新增至同層節點之後。

(6) before：將運算式 1 的節點新增至運算式 2 節點後面的同層節點，也就是新增至同層節點之前。

━━━━━━━━━━━━━━━━━━━━━━━━━━━━ **說明** ━━━━━━━━━━━━━━━━━━━━━━━━━━━━

- 運算式 2 不可代表一個以上的節點，且必須是 XML 文件中現有節點的參考，而不是欲新增的節點。
- 不能使用 after、before 來新增屬性。

為了方便接下來的練習，我們在 Faculty 資料表再新增一筆資料錄：

```
INSERT INTO Faculty (Id, Name, Duty, Title, Research)
            VALUES ('095008',' 李四 ','2014/8/1',' 副教授 ',
'<Project>
  <Study>
    <No>NSC 102-2410-H-128 -050</No>
    <Title> 文獻知識庫分享之研究 </Title>
    <Budget currency="NT">60000</Budget>
    <Period><Start>2013-08-01</Start><End>2014-07-31</End></Period>
  </Study>
</Project>')
```

例 **(16)**：請於 Faculty 資料表的李四老師，其 xml 資料類型的 Research 欄位，新增如下所列元素：

```
<CoFaculty id="99999"> 王雲五 </CoFaculty>
UPDATE Faculty SET Research.modify
('  insert
    <CoFaculty id="99999"> 王雲五 </CoFaculty>
    into (/Project/Study)[1]    ')
WHERE Name=' 李四 '
```

**解析**

新增元素的位置節點位於 /Project/Study 元素內，使用 into 表示該元素的路徑。無論資料有多少個 <Study> 元素，指定位置的條件 [1]，表明目標位置是第一個 <Study> 元素。

執行前後的資料內容如下：

| 執行前 | 執行後 |
|---|---|
| `<Project>`<br>  `<Study>`<br>   `<No>NSC 102-2410-H-128 -050</No>`<br>   `<Title>` 文獻知識庫分享之研究 `</Title>`<br>   `<Budget currency="NT">60000</Budget>`<br>   `<Period>`<br>    `<Start>2013-08-01</Start>`<br>    `<End>2014-07-31</End>`<br>   `</Period>`<br>  `</Study>`<br>`</Project>` | `<Project>`<br>  `<Study>`<br>   `<No>NSC 102-2410-H-128 -050</No>`<br>   `<Title>` 文獻知識庫分享之研究 `</Title>`<br>   `<Budget currency="NT">60000</Budget>`<br>   `<Period>`<br>    `<Start>2013-08-01</Start>`<br>    `<End>2014-07-31</End>`<br>   `</Period>`<br>   `<CoFaculty id="99999">` 王雲五 `</CoFaculty>`<br>  `</Study>`<br>`</Project>` |

接下來練習新增一個具有子元素的元素內容。

例 (17)：請於 Faculty 資料表的李四老師，其 xml 資料類型的 Research 欄位，新增
如下所列元素內容：<Type><Mode> 人文社會 </Mode><Title> 應用研究 </
Title></Type>

```
UPDATE Faculty SET Research.modify
('  insert
    <Type>
        <Mode> 人文社會 </Mode>
        <Title> 應用研究 </Title>
    </Type>
    after (/Project/Study/Period)[1]  ')
WHERE Name=' 李四 '
```

**解析**

新增元素的位置節點位於 /Project/Study/Period 元素之後，因此使用 after 表示。

執行前後的資料內容如下：

| 執行前 | 執行後 |
|---|---|
| `<Project>`<br>  `<Study>`<br>    `<No>NSC 102-2410-H-128 -050</No>`<br>    `<Title>` 文獻知識庫分享之研究 `</Title>`<br>    `<Budget currency="NT">60000</Budget>`<br>    `<Period>`<br>      `<Start>2013-08-01</Start>`<br>      `<End>2014-07-31</End>`<br>    `</Period>`<br>    `<CoFaculty id="99999">` 王雲五 `</CoFaculty>`<br>  `</Study>`<br>`</Project>` | `<Project>`<br>  `<Study>`<br>    `<No>NSC 102-2410-H-128 -050</No>`<br>    `<Title>` 文獻知識庫分享之研究 `</Title>`<br>    `<Budget currency="NT">60000</Budget>`<br>    `<Period>`<br>      `<Start>2013-08-01</Start>`<br>      `<End>2014-07-31</End>`<br>    `</Period>`<br>    `<Type>`<br>      `<Mode>` 人文社會 `</Mode>`<br>      `<Title>` 應用研究 `</Title>`<br>    `</Type>`<br>    `<CoFaculty id="99999">` 王雲五 `</CoFaculty>`<br>  `</Study>`<br>`</Project>` |

**例 (18)**：請於 Faculty 資料表內，李四老師的研究計畫，新增第二個共同計畫主持人：陳八老師。

```
UPDATE Faculty SET Research.modify
('  insert
    <CoFaculty id="102002"> 陳八 </CoFaculty>
    before （/Project/Study/CoFaculty)[1]    ')
WHERE Name=' 李四 '
```

解析：

■ 執行使用 before，表示新增的元素置於目標元素之前。

■ 執行使用 after，則表示新增的元素置於目標元素之後。

執行前後的資料內容如下：

| 執行前 | 執行後 |
|---|---|
| ```<br><Project><br>  <Study><br>    <No>NSC 102-2410-H-128 -050</No><br>    <Title> 文獻知識庫分享之研究 </Title><br>    <Budget currency="NT">60000</Budget><br>    <Period><br>      <Start>2013-08-01</Start><br>      <End>2014-07-31</End><br>    </Period><br>    <Type><br>      <Mode> 人文社會 </Mode><br>      <Title> 應用研究 </Title><br>    </Type><br>    <CoFaculty id="99999"> 王雲五 </CoFaculty><br>  </Study><br></Project><br>``` | ```<br><Project><br>  <Study><br>    <No>NSC 102-2410-H-128 -050</No><br>    <Title> 文獻知識庫分享之研究 </Title><br>    <Budget currency="NT">60000</Budget><br>    <Period><br>      <Start>2013-08-01</Start><br>      <End>2014-07-31</End><br>    </Period><br>    <Type><br>      <Mode> 人文社會 </Mode><br>      <Title> 應用研究 </Title><br>    </Type><br>    <CoFaculty id="102002">陳八 </CoFaculty><br>    <CoFaculty id="99999"> 王雲五 </CoFaculty><br>  </Study><br></Project><br>``` |

## 2. 修改 XML 元素

更新 XML 文件中的節點內容值，使用的語法為：

**replace value of 運算式 with 內容值**

參數說明：

- 運算式：表示欲更新的單一節點，且必須是簡單型態（Simple Type）的元素。
- 內容值：表示欲更新的內容，其資料類型必須與該節點的資料類型相符合，且必須是簡單型態（Simple Type）的元素，也就是說無法直接更新含有子元素的元素內容。

例 **(19)**：請於 Faculty 資料表的李四老師資料錄中，將最後一個共同計畫主持人姓名更改為「吳九」。

```
UPDATE Faculty SET Research.modify
(' replace value of  (/Project/Study/CoFaculty)[last( )]
  with " 吳九 "  ')
WHERE Name=' 李四 '
```

執行前後的資料內容如下：

| 執行前 | 執行後 |
|---|---|
| ```<br><Project><br>  <Study><br>    <No>NSC 102-2410-H-128 -050</No><br>    <Title> 文獻知識庫分享之研究 </Title><br>    <Budget currency="NT">60000</Budget><br>    <Period><br>      <Start>2013-08-01</Start><br>      <End>2014-07-31</End><br>    </Period><br>    <Type><br>      <Mode> 人文社會 </Mode><br>      <Title> 應用研究 </Title><br>    </Type><br>    <CoFaculty id="102002"> 陳八 </CoFaculty><br>    <CoFaculty id="99999"> 王雲五 </CoFaculty><br>  </Study><br></Project><br>``` | ```<br><Project><br>  <Study><br>    <No>NSC 102-2410-H-128 -050</No><br>    <Title> 文獻知識庫分享之研究 </Title><br>    <Budget currency="NT">60000</Budget><br>    <Period><br>      <Start>2013-08-01</Start><br>      <End>2014-07-31</End><br>    </Period><br>    <Type><br>      <Mode> 人文社會 </Mode><br>      <Title> 應用研究 </Title><br>    </Type><br>    <CoFaculty id="102002"> 陳八 </CoFaculty><br>    <CoFaculty id="99999"> 吳九 </CoFaculty><br>  </Study><br></Project><br>``` |

## 3. 刪除 XML 元素

刪除的指令相當單純，其使用的語法為：

**delete 運算式**

運算式表示欲刪除的節點，也就是 XML 文件的元素。當有符合運算式指定的元素，該元素（包括其內的子元素）均會被刪除。

**例 (20)**：刪除 Faculty 資料表的李四老師資料錄中，最後一個共同計畫主持人。

```
UPDATE Faculty SET Research.modify
('  delete(/Project/Study/CoFaculty[last( )])   ')
WHERE Name=' 李四 '
```

**例 (21)**：刪除 Faculty 資料表的張三老師，第二筆研究計畫的 <Type> 元素。

```
UPDATE Faculty SET Research.modify
('  delete( /Project/Study[2]/Type)   ')
WHERE Name=' 張三 '
```

除了語法錯誤無法成功刪除元素資料之外，若文件是強制型態 XML 欄位，也就是有定義 XMLSchema 結構的 XML 文件，當刪除的元素是必備時，則執行 XQuery 刪除時是無法刪除該元素的。

# 本章習題

## 選擇題

( ) 1. 下列何者不為 XML 的特性：

①具備編譯（compile）與組譯（interpreter）兩種執行方式

②具備結構性與嚴格語法規範

③具備使用者自訂標籤（tag）的彈性

④具備了機器與人類可讀的特性。

( ) 2. 制定 XML 的官方機構為：

① ANSI　② ISO　③ W3C　④ IEEE。

( ) 3. 制定 XQuery 的官方機構為：

① ANSI　② ISO　③ W3C　④ IEEE。

( ) 4. XML 資料表的宣告方式，可使用的資料類型為：

①文字資料型態　②數字資料類型　③ xml 資料類型　④以上皆可。

( ) 5. SQL Server 的強制型態 XML 欄位，需要包含用於驗證（Validate）XML 文件為：

① DTD　② XSD　③ SSL　④ SGML。

( ) 6. XML 文件的結構，屬於下列哪一種類型：

①階層式　②網路式　③關聯式　④檔案式。

( ) 7. 在 XML 文件結構中找尋節點能力的語言為：

① XSLT　② XPATH　③ XLINK　④ Xpointer。

( ) 8. 依據根節點位置做為起點，表達相對節點位置，稱之為：

①絕對路徑　②相對路徑　③起始路徑　④走訪路徑。

( ) 9. 路徑運算子使用下列哪一符號標示為屬性：

① #　② [ ]　③ ( )　④ @。

( ) 10. 謂語是針對節點的篩選路徑運算子，使用下列哪一符號標示：

① #　② [ ]　③ ( )　④ @。

## 簡答

1. XML 中英文全稱為何？ SQL Server 資料表欄位用於儲存 XML 的資料類型為何？

2. SQL Server 資料表的宣告，包括強制與強制型態 XML 欄位，兩者主要差異為何？

3. 指引從一個 XML 節點到另一個節點或一組節點的步驟，而獲得路徑最終指向的節點所在的 XML 路徑表達式為何？

4. 請比較說明「相對路徑」與「絕對路徑」。

5. XPath 節點判斷的篩選條件，如何稱呼？使用的符號為何？

6. 查詢資料表內 xml 欄位內容的檢索語法為何？

7. XQuery 的 FLWOR 運算式，是代表哪五個指令的運算？

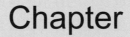

Chapter

# 15

# 資料安全管理

　　SQL Server 的安全機制，是利用登錄帳號、角色、架構、授權和資料隱碼或加密等，防護資料庫和資料物件的安全性。資訊最基本的安全要求是登入的帳號管理，確保具備權限的操作者可以登入，進行操作管理或資料的存取，進而在資料呈現時，能夠隱藏個資和具備機敏內容的資料。進一步的安全要求是確保資訊安全事件災害發生時，如果入侵者繞過安全控制，獲得某個內含機敏性資料的資料表，也無法直接取得資料表的內容。常見的作法是將資料進行雜湊（Hash）或是加密（encrypt）成密文，以確保在未經授權的情況下，縱使取得資料，也無法將其還原為明文。

## 說明

登入、帳號與使用者等名詞，在許多資訊領域容易重疊與混用，個別出現比較能夠理解其代表的意義。因 SQL Server 有其明確不同的定義與用途，本章節因為涉及登入與使用者的相關設定，因此在此先針對本章名詞使用意義的區隔，做一簡略說明：

帳戶、登入帳號、使用者、操作者：

- 帳戶：是指作業系統作為登入帳號的物件。
- 登入：是資料庫伺服器層級的物件（為了避免與動詞混淆，本書儘量以「登入帳號」表示名詞的登入）。
- 使用者：是資料庫層級的物件。
- 操作者：表示是人或應用系統的終端使用者，為了與資料庫層級的使用者區隔，本章節使用「操作者」一詞表達。

SQL Server 是企業等級的資料庫產品，權限必須考量多種情況而予以細分。所謂的登入帳號，是登入到資料庫系統的帳號，而使用者則是使用資料庫的成員。所以從外部進入 SQL Server 一定是使用「登入帳號」進行驗證，而登入進去之後，則是以「使用者」身分操作資料庫。而同一登入帳號要使用哪一個使用者，是可以選擇的，甚至可以動態切換。

新增一個登入帳號時，通常就會在「使用者對應」內勾選可使用的資料庫及對應該資料庫的角色權限，此時，SQL Server 會幫我們建立一個與登入帳號名稱相同的使用者。

## 15-1 ｜ 安全機制

　　保護資料的安全性與現實生活的保全工作類似。例如，有一家公司的辦公地點在一幢大樓內，公司希望只有員工才能進出，一般民眾不可以隨意進出這棟大樓；然而員工能夠自由進出的區域也需要加以限制，例如只有會計能進出財務部，公司的任何人都不可隨意進出主管的辦公室，因此需要實施各種安全措施。

如圖 15-1 所示，SQL Server 資料的存取環境包括 4 個層次：

(1) 遠端網路主機通過網際網路存取 SQL Server 伺服器所在的區域網路。

(2) 區域網路內的設備存取 SQL Server 伺服器的 DBMS。

(3) SQL Server 伺服器的 DBMS 存取資料庫。

(4) 資料庫存取內部儲存的資料。

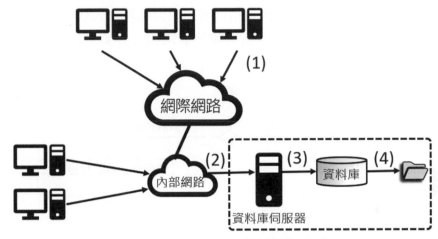

▲ 圖 15-1　SQL Server 資料存取環境的層次

「登入」存取資料庫內資料的程序，包含通路、登堂、入室、存取四個階段：

## 1. 通路－連接資料庫伺服器

要連線到資料庫伺服器，必須要具備網路或實體連接的通路。操作者（應用程式）和伺服器之間的資料傳輸必然要經過網路。SQL Server 支援採用傳輸層安全（Transport Layer Security，TLS，1999 年取代 SSL 的連線安全協定）的 TCP/IP 協定來對資料進行加密傳輸，以有效避免駭客對資料的窺探或截取。這一階段屬於網路傳輸安全的防護。

## 2. 登堂－登入伺服器

如同要有一把能夠打開大門的鑰匙，才可以進入大樓的方式一樣，進入 SQL Server 伺服器，必須擁有一個合法的登入帳戶和密碼，才能使用 SQL Server 伺服器。這個階段屬於主機與作業系統層級的安全防護。

## 3. 入室－進入資料庫

進入伺服器後，還必須有一把資料庫的鑰匙。也就是說，進入伺服器後，還必須具備登入資料庫的帳號與密碼，資料庫系統依據此帳號映射成資料庫的使用者，依據該使用者所設定的角色決定權限範圍。

## 4. 存取－使用資料庫物件

登入伺服器的主要目的，是查看或修改資料庫中指定的資料表。SQL Server 提供不同的登入帳號，對同一資料庫中的物件具有不同的存取權限，例如有的登入帳號只擁有查看權限，有的則擁有查看和修改權限。

# 15-2 ‖ 伺服器安全的管理

　　SQL Server 伺服器的安全，建立在對伺服器登入帳號和密碼的管理。操作者在登入伺服器時所採用的登入帳號和密碼，決定了操作者在成功登入伺服器後所擁有的存取權限。

## 1. 身分驗證模式

　　SQL Server 伺服器的身分驗證模式是指伺服器如何處理登入帳號和密碼。SQL Server 提供了「Windows 身分驗證」和「混合身分驗證」兩種身分驗證模式。驗證的程序如圖 15-2 所示。

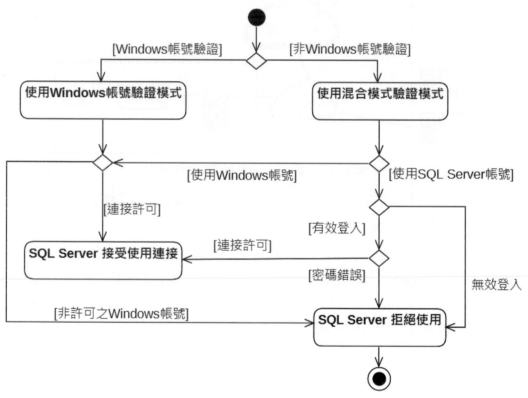

▲ 圖 15-2　SQL Server 登入帳號認證流程

(1) Windows 身分驗證模式

　　當操作者採用 Windows 帳戶連接時，SQL Server 操作者的身分由 Windows 進行確認，SQL Server 不執行密碼判斷，也不執行身分驗證。Windows 身分驗證使用 Kerberos 電腦網路授權安全協定，提供強密碼驗證的方式，還具備帳戶鎖定與密碼有效期限的支援。利用 Windows 身分驗證完成的連接也稱為可信賴連接，這是因為 SQL Server 信任由 Windows 提供的憑證。

(2) 混合身分驗證模式

混合身分驗證模式是包含使用 Windows 身分驗證和 SQL Server 身分驗證的驗證模式。操作者可以在登入時選擇使用 Windows 身分還是 SQL Server 身分驗證。如果是使用 SQL Server 身分驗證，SQL Server 伺服器將登入帳號和密碼與預先儲存在資料庫中的登入帳號名稱和密碼內容進行比較。如果比較結果一致，則允許該登入帳號存取相對權限範圍內的資源。不過嚴格來說，登入帳號的密碼並沒有儲存在 SQL Server 伺服器內，而僅是儲存密碼的雜湊碼，這一點會在 15-5 節做詳細介紹。

## 2. SQL Server 的身分驗證模式

查看和改變 SQL Server 伺服器的身分驗證模式的類型，可以參考下列操作步驟：

(1) 啟動 SSMS。如圖 15-3 所示，首先在登入視窗可以選擇想採用的模式。

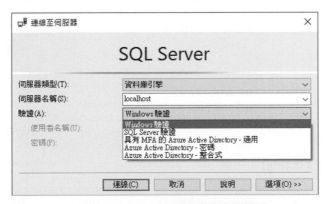

▲ 圖 15-3　SSMS 選擇登入驗證模式

(2) 登入進入 SSMS 之後，如圖 15-4 所示，於物件總管視窗內連結的資料庫實體，點擊滑鼠右鍵，於顯示的浮動式選單中選擇「屬性 (R)」。

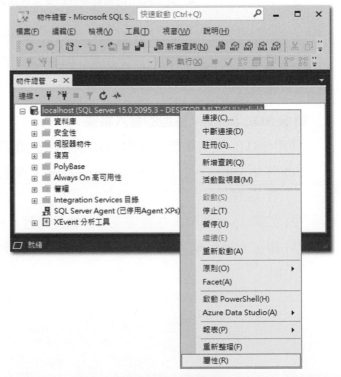

▲ 圖 15-4　連結的資料庫實體，點擊滑鼠右鍵顯示浮動視選單

(3) 在顯示的圖 15-5「伺服器屬性」視窗左方的「選取頁面」，選取「安全性」。

(4) 顯示在畫面右方的「伺服器驗證」可以查看和改變驗證的類型。

▲ 圖 15-5　伺服器屬性的安全性設定可查看和改變驗證類型

# 15-3 ‖ 登入帳號管理

## 1. 新增 SQL Server 驗證的登入帳號

使用 SSMS 工具軟體，新增 SQL Server 驗證模式的登入帳號，操作步驟如下：

(1) 啟動 SSMS，並以具備 securityadmin 伺服器權限帳號登入（例如使用最高權限管理者 sa 登入）。

(2) 如圖 15-6 所示，在視窗左方「物件總管」項目，展開「安全性 | 登入」節點。

(3) 滑鼠右鍵點擊「登入」節點，點選顯示浮動視窗的「新增登入 (N)」選項。

▲ 圖 15-6 新增登入帳號

(4) 系統顯示如圖 15-7 所示的「登入－新增」視窗。

(5) 於「登入名稱 (N)」欄位輸入欲新增的帳號名稱。例如,輸入 myUser。

(6) 選擇登入驗證模式。例如,選擇「SQL Server 驗證」。

(7) 填入此登入帳號的密碼,建議在練習使用的情況時,取消「強制執行密碼原則」等密碼規範。如果啟用強制執行密碼原則,密碼必須符合下列要求:

(a) 密碼不可包含帳戶名稱。

(b) 密碼長度至少為 8 個字元,最多可達 128 個字元。

(c) 密碼包含下列四種類別的其中三種:

 ■ 英文字母大寫;

 ■ 英文字母小寫;

 ■ 數字(0 到 9);

 ■ 非英數字元,驚嘆號(!)、錢幣符號($)、數字符號(#)或百分比符號(%)。

(8) 「預設資料庫 (D)」欄位表示此帳號登入進入 SSMS 時，預設進入的資料庫。例如，設定爲本書練習使用的 school 資料庫。

(9) 「預設語言 (G)」欄位，是依據 SQL Server 安裝時使用的語文版本作爲其預設語言。建議保持預設。

▲ 圖 15-7　新增登入帳號視窗輸入內容

「登入－新增」視窗左方「選取頁面」，除「一般」之外，可進行其他進階的設定：

(1) 伺服器角色：指定此帳號所屬伺服器等級的權限。伺服器層級角色可以複選，其權限範圍爲整個伺服器，SQL Server 提供 9 種伺服器層級的角色（權限範圍請參見第 12 章表 12-1 所述）。預設爲最低等級的 public。

(2) 使用者對應：如圖 15-8 所示，設定此登入帳號可使用的資料庫，及對應該資料庫的角色。SQL Server 提供 9 種資料庫層級的角色（權限範圍請參見第 12 章表 12-2 所述）。例如新增的 myUser 帳號指定 db_owner 資料庫角色，表示其具備此資料庫的最高權限。

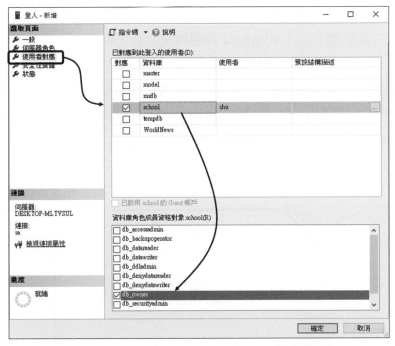

▲ 圖 15-8　設定登入帳號的使用者與資料庫權限

(3) 安全性實體：安全性實體是一種資源，涵蓋伺服器與資料庫的各種資源，包括群組、端點、登入帳號、角色、金鑰、憑證、資料表、函數等各類資源。

(4) 狀態：設定此登入帳號的啓用與否，以及是否允許連線至此資料庫引擎。

　　完成後，選擇視窗下方的「確定」鈕，即可完成此一登入帳號的新增。爾後需要更改此帳號的設定，如圖 15-9 所示，可使用具備系統權限登入帳號登入 SSMS 後，在「物件總管」項目，滑鼠右鍵點擊「安全性 | 登入」節點，點選顯示浮動視窗的「屬性 (R)」選項進行修改。

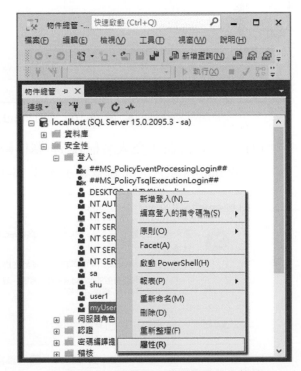

▲ 圖 15-9　「屬性」選項修改登入帳號

## 2. 加入 Windows 驗證的登入帳號

使用 SSMS 工具軟體，加入 Windows 驗證模式的登入帳號，必須事前存在於 Windows 作業系統的帳戶。加入 Windows 帳戶的操作步驟如下：

(1) 啟動 SSMS，並以具備 securityadmin 伺服器權限帳號登入（例如使用最高權限管理者 sa 登入）。重複前項「新增 SQL Server 驗證的登入帳號」(2)~(4) 步驟，執行新增登入作業。

(2) 如圖 15-10 所示，確認已選擇「Windows 驗證 (W)」。

▲ 圖 15-10 採用 Windows 驗證模式增加登入帳號

(3) 可以直接在「登入名稱 (N)」欄位輸入 Windows 作業系統的帳戶。如果名稱不是 Windows 帳戶，系統會顯示如圖 15-11 所示的錯誤對話框。

▲ 圖 15-11 輸入錯誤的 Windows 帳戶名稱

(4) 如果不確定名稱，可以選點「登入名稱 (N)」欄位右方的「搜尋」按鈕，顯示如圖 15-12 所示的「選取使用者或群組」視窗。

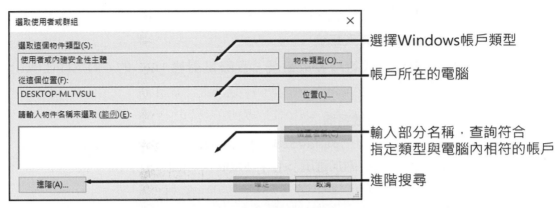

▲ 圖 15-12　查詢指定類型與電腦位置內的 Windows 帳戶

(5) 如果不確定名稱，請直接點選「進階 (A)」按鈕，於如圖 15-13 的視窗內直接點選「立即尋找 (N)」按鈕，瀏覽符合指定物件類型與電腦位置內的所有帳戶名稱。

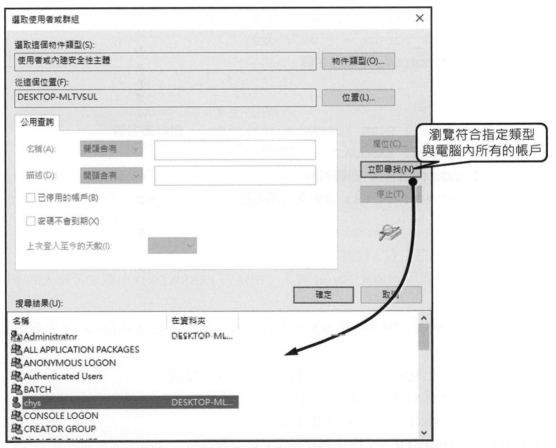

▲ 圖 15-13　瀏覽指定類型與電腦位置內的 Windows 帳戶

(6) 選定帳戶名稱後，點選「確定」鈕，回到圖 15-10 所示最初的「登入－新增」視窗。

(7) 指定「預設資料庫」及「使用者對應」頁面等進階設定，即可完成加入 Windows 驗證的登入帳號作業。

## 3. 使用 CREATE LOGIN 新增登入帳號

SSMS 使用視窗的操作方式新增登入帳號，實際是對應 DDL 的 CREATE LOGIN 指令，語法格式為：

```
CREATE LOGIN 登入帳號名稱
{ WITH PASSWORD = { 'password' | hashed_password HASHED } [
MUST_CHANGE ][ , < 附加選項 >] | FROM < 來源 > }

< 附加選項 >：
    SID = sid
    | DEFAULT_DATABASE = 資料庫名稱
    | DEFAULT_LANGUAGE = 預設語言
    | CHECK_EXPIRATION = { ON | OFF}
    | CHECK_POLICY = { ON | OFF}
    | CREDENTIAL = 認證名稱

< 來源 > ::=
    WINDOWS [ WITH {DEFAULT_DATABASE = 資料庫名稱
    | DEFAULT_LANGUAGE = 預設語言 }]
    | CERTIFICATE 憑證名稱
    | ASYMMETRIC KEY 非對稱金鑰名稱
```

各參數說明如下。

- PASSWORD：指定登入帳號的密碼。
- HASHED：僅適用於 SQL Server 登入。指定在 PASSWORD 引數之後輸入的密碼以雜湊處理。
- MUST_CHANGE：僅適用於 SQL Server 登入。第一次使用新登入時，系統會提示輸入新密碼。
- SID：用於指定 SQL Server 新登入帳號的全域唯一標識。
- DEFAULT_DATABASE：指定預設資料庫。
- DEFAULT_LANGUAGE：指定預設語言。
- CHECK_EXPIRATION：指定對此登錄名是否進行強制實施密碼逾期政策。
- CHECK_POLICY：指定是否強制實施執行 SQL Server 的 Windows 密碼政策。

- CERTIFICATE：指定與這項登入相關聯的憑證名稱。此憑證必須已存在於 master 資料庫中。
- ASYMMETRIC KEY：指定與這項登入相關聯的非對稱金鑰名稱。此金鑰必須已存在於 master 資料庫中。

**例 (1)**：在資料庫伺服器上，新增一個名稱為：temp，密碼為：123456，預設資料庫為：school 的登入帳號。

```
CREATE LOGIN temp
WITH PASSWORD= '123456', DEFAULT_DATABASE= school
```

**例 (2)**：在資料庫伺服器上，新增一個 Windows 帳戶名稱為：chys（假設 Windows 帳戶 chys 已經存在於作業系統），預設資料庫為：school。

```
CREATE LOGIN [DESKTOP-MLTVSUL\chys]
FROM WINDOWS WITH DEFAULT_DATABASE=school
```

**例 (3)**：將登入帳號 temp 的密碼更改為 abc123。

ALTER LOGIN temp WITH PASSWORD = 'abc123'

**例 (4)**：刪除 temp 登入帳號

```
DROP LOGIN temp
```

------------------------------------- **說明** -------------------------------------

sa 登入帳號是預設的登入名稱，具備 SQL Scrver 完全存取與管理系統物件的權限，可以檢視、修改或刪除任何資料項目。如果安裝過程中選擇了混合驗證模式，將會強制為此登入帳號設置密碼。由於 sa 具備最高權限，且存在於所有的 SQL Server 安裝的伺服器上，因此，任何駭客就會試圖利用此一登入帳號入侵到伺服器上。所以建議正式使用時，一定要變更此一登入帳號的名稱，並設定強密碼。

## 15-4 ▏加密簡介

**1. 加密運作類型**

資料庫加密的方式，依據用途不同可區分為：

(1) 雜湊（Hashing）：將一個任意長度的訊息，產生固定長度且不可逆的雜湊值（或稱為摘要），此雜湊值等同於代表原始訊息的「數位指紋」。

(2) 對稱式金鑰加密（Symmetric-key encipherment）：採用相同鑰匙進行加密與解密運算的方式。

(3) 非對稱式金鑰加密（Asymmetric-key encipherment）：加密與解密分別使用不同鑰匙進行運算的方式。

## 2. 加密關鍵－金鑰

現代密碼學的特性是演算法公開，透過「鑰匙」進行擾碼的運算，達成將訊息隱密的目的。「鑰匙」實際是由一串二進位碼的數據組成，長度越長相對就越安全。

「鑰匙」常見會有下列三種稱呼：

(1) 金鑰（key）：這是對所有使用在任一種加密演算法的鑰匙統稱。

(2) 秘密金鑰（security key，簡稱密鑰），表示加密與解密使用同一把鑰匙，也就是「對稱式金鑰加密」所使用的鑰匙。

(3) 公開金鑰（public key，簡稱公鑰）與私密金鑰（private key，簡稱私鑰）：加密與解密分開使用不同的鑰匙，也就是「非對稱式金鑰加密」所使用的鑰匙。每一把公鑰只有相對應的一把私鑰，這一組稱為金鑰對（key pair）。公鑰負責加密或是檢驗簽章，私鑰負責解密或是產生數位簽章。

# 15-5 ┃┃ 使用者密碼管理

## 1. 雜湊演算法

雜湊演算法是把任意長度的輸入訊息，轉換成固定長度的輸出。常見的演算法包括：

(1) 訊息摘要演算法（Message Digest Algorithm 5，MD5）

MD5 是一種廣泛被應用在雜湊函數運算的演算法，其功用是將具備大量資訊的原始訊息，在執行數位簽章之前能夠先被「壓縮」成為較小的訊息。MD5 除了可以用於數位簽章，也可以用於登入作業的安全認證。

(2) 安全雜湊演算法（Secure Hash Algorithm，SHA）

SHA 是由 NIST 開發，並在 1994 年對原始的雜湊訊息鑑別碼（hash-based message authentication code，HMAC）功能進行修訂，稱為 SHA-1。SHA-1 能夠產生 160 位元長度的雜湊碼（摘要，或稱指紋），雖然運算速度比 MD5 慢，但是更加安全。

從數學的觀點來看，訊息經由雜湊演算法計算後，所產生的雜湊碼越長，則可能遺失的訊息就越少。如果採用較短的雜湊碼，就會遺失比較多的訊息，不同訊息之間產生相同雜湊碼的機會也相對較大，如同加密演算法金鑰的長度，雜湊碼的位元數越長就越安全。

基於 SHA-1 只產生 160 位元長度摘要的安全性。之後，又再推出加強版的 SHA-2。SHA-2 的演算法包括 SHA-224、SHA-256、SHA-384 和 SHA-512。此外，還有 SHA-3，不過僅是作為未來 SHA-2 安全有疑慮時的替換性保障。

**2. 應用情境－帳號密碼的安全管理**

　　儲存安全保護機制就是希望資訊安全事件發生時，縱使駭客繞過安全防護設施，獲得某個內含機敏資料的資料表，也無法取得該資料表的內容，例如帳號的密碼。

　　帳號密碼運作的主要功用，是比對登入者輸入的密碼是否相符。為防止帳號密碼因入侵而外洩，系統並不需要儲存原始密碼的內容，只需要比對是否相符，其做法就是藉由如圖 15-14 所示的雜湊碼運作方式。

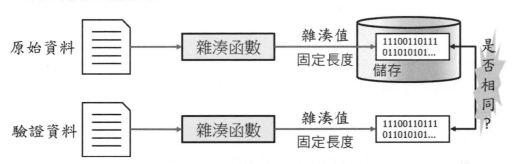

▲ 圖 15-14　應用雜湊的帳號密碼運作原理

　　當建立帳號時，密碼並非直接儲存，而是運算成雜湊值儲存於資料庫內。日後驗證時，使用者先輸入密碼，再以相同的雜湊演算法計算得到雜湊值，和資料庫內儲存的雜湊值比對，如果相符就表示密碼正確。如此，縱使雜湊值因入侵而被外洩，基於雜湊值不可逆的特性，駭客無法憑藉取得的雜湊值而得知原始密碼，這樣就可確保帳號密碼的安全。

　　參考表 15-1 ，雜湊運算使用 PWDENCRYPT( ) 與 HASHBYTES( ) 函數，將原始內容轉換成雜湊值，兩者可搭配 PWDCOMPARE( ) 函數比對雜湊值與提供的資料兩者是否相符。不過，PWDENCRYPT( ) 是比較舊的函數，未來 SQL Server 可能取消支援。

▼ 表 15-1　雜湊函數運算與比對函數

| 函數 | 回傳值 | 說明 |
| --- | --- | --- |
| PWDENCRYPT( 資料 ) | varbinary (128) | 運算結果回傳的雜湊值存於 NVARCHAR 或 VARBINARY 資料類型的欄位內。 |
| HASHBYTES ( 演算法 , 資料 ) | varbinary ( 最 大 8000 bytes) | 演 算 法 可 以 指 定 為：SHA2_256 或 SHA2_512，運算結果回傳的雜湊值存於 NVARCHAR 或 VARBINARY 資料類型的 欄位內。 |
| PWDCOMPARE ( 資料 , 雜湊值 ) | int | 比對結果，若資料的雜湊符合雜湊值參 數，則傳回 1；否則傳回 0。 |

(1) PWDENCRYPT( ) 雜湊與 PWDCOMPARE( ) 檢驗

　　以 Teacher 資料表為例，該資料表具備一個 password 欄位。假設 T1 張老師設定他的密碼為「A123B456」，系統將該密碼雜湊存入資料表內，執行如圖 15-15 所示的 SQL 敘述。

▲ 圖 15-15 使用 PWDENCRYPT( ) 函數運算 T1 紀錄的密碼雜湊值

Teacher 資料表的 password 欄位儲存雜湊值而非實際的密碼，因此縱使資料表內容外洩，也無法得知實際密碼的內容。爾後，若需比對密碼時，使用 PWDCOMPARE( ) 函數。登入時輸入：

- 帳號：T1，密碼： a123b456。判斷結果爲 0，表示輸入的密碼與實際密碼不相符。
- 帳號：T1，密碼： A123B456。判斷結果爲 1，表示輸入的密碼正確！

```
SELECT name, title FROM Teacher
      WHERE id='T1' AND PWDCOMPARE('a123b456', password) =1
SELECT name, title FROM Teacher
      WHERE id='T1' AND PWDCOMPARE('A123B456', password) =1
```

▲ 圖 15-16　PWDCOMPARE( ) 函數比對使用者輸入的密碼是否正確

(2) HASHBYTES( ) 雜湊與 PWDCOMPARE( ) 檢驗

實際運作上，PWDENCRYPT( ) 與 PWDCOMPARE( ) 之間採用 SQL Server 內建的雜湊演算法，而 HASHBYTES ( ) 函數則可以自行指定演算法，包括最新的 SHA2 雜湊演算法。因此，使用 HASHBYTES( ) 函數會複雜許多。

以 Teacher 資料表爲例，該資料表具備一個 password 欄位。假設 T2 王老師設定他的密碼爲「AB123456」。如圖 15-17 所示，系統將該密碼雜湊存入資料表時需要包含兩個資訊：HASHBYTES( ) 雜湊值與 CRY_GEN_RANDOM( n ) 隨機產生一個 n 位元組的亂數。

```
SQLQuery1.sql - DE....school (shu (53))* ⊣ ×
  DECLARE @pwd VARCHAR(20) = 'AB123456';
  UPDATE Teacher SET password=HASHBYTES('SHA2_512', @pwd),
          randomKey=CRYPT_GEN_RANDOM(4) WHERE id='T2'

  SELECT * FROM Teacher WHERE id='T2'
```

| | id | name | title | depart | password | randomKey |
|---|---|---|---|---|---|---|
| 1 | T2 | 王老師 | 副教授 | 資管系 | 0x08D951B6331DC2E3473CCCA9C40CDEC745E0998FD89A786... | 0xE3ADDD46 |

▲ 圖 15-17　使用 HASHBYTES( ) 函數運算 T2 紀錄的密碼雜湊值

爾後，若需比對密碼時，必須依據下列語法，產生密碼的雜湊結果，才能使用 PWDCOMPARE( ) 函數正確判斷：

**Version + 4 Bytes 亂數 + HASHBYTES( 演算法 , 原密碼雜湊值 + 4 Bytes 亂數 )**

驗證密碼的方式，可參考如圖 15-18 所示執行的 SQL 敘述。

```
SQLQuery1.sql - DE....school (shu (53))* ⊣ ×
  DECLARE @pwd VARCHAR(20) = 'AB123456';

  SELECT * FROM Teacher WHERE
      PWDCOMPARE (HASHBYTES('SHA2_512', @pwd), 0x0200+randomKey +
                  HASHBYTES('SHA2_512',CAST(password as varbinary(max))+randomkey) ) = 1
      AND id='T2'
```

| | id | name | title | depart | password | randomKey |
|---|---|---|---|---|---|---|
| 1 | T2 | 王老師 | 副教授 | 資管系 | 0x08D951B6331DC2E3473CCCA9C40CDEC745E0998FD89A786... | 0x331B4A96 |

▲ 圖 15-18　PWDCOMPARE( ) 函數比對使用者輸入的密碼是否正確

(3) 僅 HASHBYTES( ) 檢驗

事實上，資料表內只儲存 HASHBYTES( ) 計算密碼的雜湊值，爾後須比對密碼時，可直接將輸入之驗證密碼再次執行 HASHBYTES( )，再和資料表內的雜湊值比對，即可判斷輸入的是否正確。

假設 T3 陳老師設定他的密碼為「123XYZ」，系統將該密碼使用 HASHBYTES( ) 函數雜湊存入資料表內：

▲ 圖 15-19　使用 HASHBYTES( ) 函數運算 T3 紀錄的密碼雜湊值

爾後，比對輸入密碼是否符合：

▲ 圖 15-20　使用 HASHBYTES( ) 函數比對使用者輸入的密碼是否正確

## 15-6 | 資料庫加密

> SQL Server 的 Express 版本或 Express with Advanced Services 版本均不支援各類資料加密，包括資料庫加密、可延伸金鑰管理（EKM）和資料庫備份加密都沒有提供。必須是 Developer 以上版本，才支援本節介紹的功能。

　　資料庫的安全，常忽略資料庫在磁碟內的實體檔案或是備份檔案的安全性。如果檔案沒有加密，只要將資料庫實體檔案或是備份檔案附加或還原，就可以取得資料庫中的機敏資料。透明資料加密（Transparent Data Encryption，TDE）是將資料庫存於實體磁碟內的檔案加密，並使用伺服器 master 資料庫儲存的憑證來保護加密資料的金鑰（Database Encryption Key，DEK），可以防止沒有金鑰的人使用該資料。

　　TDE 可讓軟體開發人員使用 AES 或 3DES 等加密演算法來加密資料，而無需變更現有的應用程式。加密的資料會在寫入磁碟前進行加密，並在讀入記憶體時解密。

　　TDE 加密的流程架構如圖 15-21 所示。使用 TDE 時，只有資料庫層級（資料庫加密金鑰和 ALTER DATABASE 部分）的使用者可設定。

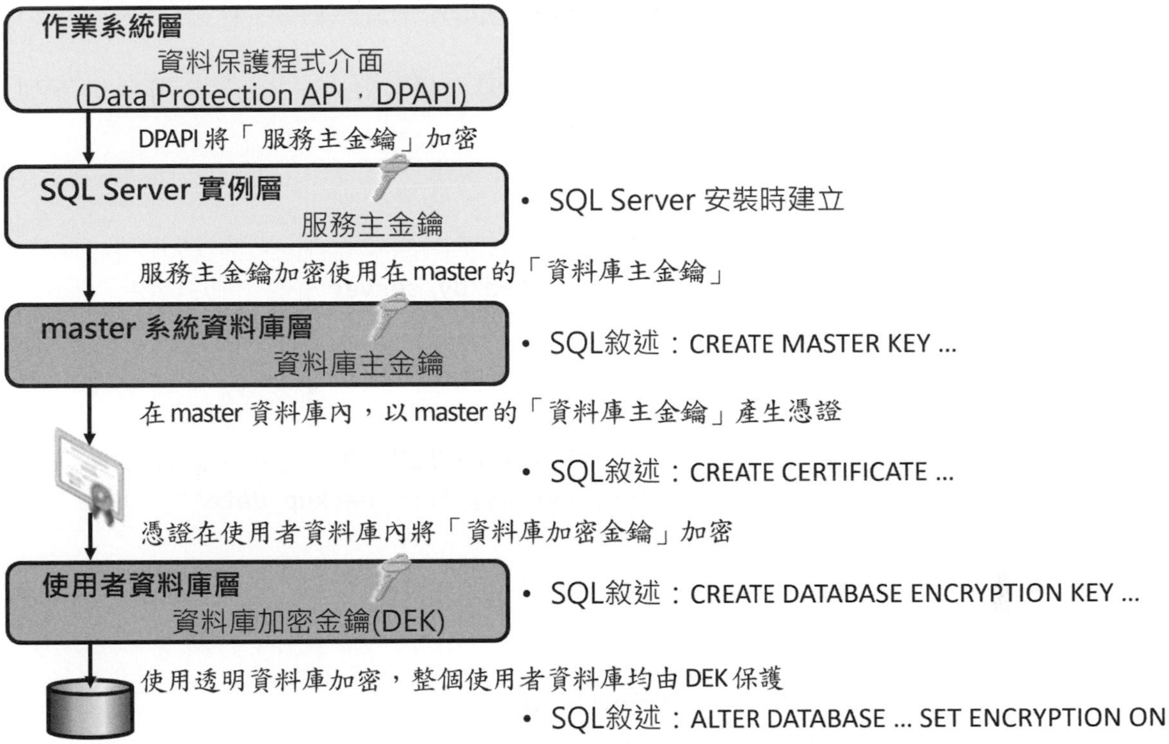

作業系統層
資料保護程式介面
(Data Protection API，DPAPI)

　↓　DPAPI 將「服務主金鑰」加密

SQL Server 實例層
服務主金鑰　　　　　　• SQL Server 安裝時建立

　↓　服務主金鑰加密使用在 master 的「資料庫主金鑰」

master 系統資料庫層
資料庫主金鑰　　　　　• SQL 敘述：CREATE MASTER KEY …

　↓　在 master 資料庫內，以 master 的「資料庫主金鑰」產生憑證

　　　　　　　　　　　• SQL 敘述：CREATE CERTIFICATE …

　↓　憑證在使用者資料庫內將「資料庫加密金鑰」加密

使用者資料庫層
資料庫加密金鑰(DEK)　• SQL 敘述：CREATE DATABASE ENCRYPTION KEY …

　↓　使用透明資料庫加密，整個使用者資料庫均由 DEK 保護

　　　　　　　　　　　• SQL 敘述：ALTER DATABASE … SET ENCRYPTION ON

▲ 圖 15-21　透明資料庫加密（TDE）流程架構

SQL Server 使用 TDE 的步驟：

(1) 建立主要金鑰和憑證。

(2) 建立 DEK，並使用憑證來保護 DEK。

(3) 啟用資料庫加密。

　　以下示範說明在伺服器上，建立名稱為 MyServerCert 的憑證來加密和解密 school 資料庫的步驟：

## 1.　建立主要金鑰和憑證

　　憑證是由主要金鑰（Master Key）來保護的，憑證則是用來做為資料庫加密金鑰（DEK）。建立金鑰與憑證的登入使用者，必須具備系統管理權限，並在 master 系統資料庫內建立。

```
USE master;
-- 建立主要金鑰，建議採用強密碼原則
CREATE MASTER KEY ENCRYPTION BY PASSWORD='useStrongPassword'
-- 建立資料庫加密金鑰 (DEK) 的憑證，名稱在資料庫系統內必須唯一
CREATE CERTIFICATE MyServerCertWITH SUBJECT='My Server Certification'
```

┅┅┅┅┅┅┅┅┅┅┅┅┅┅┅┅┅┅┅┅┅┅┅┅┅┅┅┅┅┅┅ **說明** ┅┅┅┅┅┅┅┅┅┅┅┅┅┅┅┅┅┅┅┅┅┅┅┅┅┅┅┅┅┅┅

如果您要判斷 SQL Server 是否具有已加密的主要金鑰（Master Key），可執行下列 SQL 敘述，判斷主要金鑰是否存在：

```
USE master
GO
SELECT name ,is_master_key_encrypted_by_server
FROM sys.databases;
```

如需檢視受到主要金鑰保護的憑證：

```
SELECT name, subject, start_date, expiry_date,
pvt_key_encryption_type_desc, pvt_key_last_backup_date
FROM sys.certificates
WHERE pvt_key_encryption_type='MK';
```

其中，type 說明如下：

　　NA = 憑證沒有私密金鑰（NO_PRIVATE_KEY）。

　　MK = 私密金鑰是由主要金鑰加密（ENCRYPTED_BY_MASTER_KEY）。

　　PW = 私密金鑰是由使用者自訂密碼加密（ENCRYPTED_BY_PASSWORD）。

　　SK = 私密金鑰是由服務主要金鑰加密（ENCRYPTED_BY_SERVICE_MASTER_KEY）。

### 2. 建立 DEK，並使用憑證來保護 DEK

　　切換到欲加密保護的資料庫（範例使用 school 資料庫），建立 DEK 並使用憑證來保護 DEK。DEK 用於對資料檔案進行加密和解密：

```
USE school
GO
CREATE DATABASE ENCRYPTION KEY WITH ALGORITHM = AES_128
ENCRYPTION BY SERVER CERTIFICATE MyServerCert
GO
```

　　啟用 TDE 之前，需要先建立 DEK。DEK 不能匯出，只在當前的系統有效。建立 DEK 的語法為：

```
CREATE DATABASE ENCRYPTION KEY
    WITH ALGORITHM = { AES_128 | AES_192 | AES_256 | TRIPLE_
DES_3KEY }
    ENCRYPTION BY SERVER
      {
```

```
     CERTIFICATE Encryptor_Name |
     ASYMMETRIC KEY Encryptor_Name
}
```

參數說明：

■ WITH ALGORITHM = { AES_128 | AES_192 | AES_256 | TRIPLE_DES_3KEY }：指定 DEK 的加密演算法。

━━━━━━━━━━━━━━━━━━━━━━━━ **說明** ━━━━━━━━━━━━━━━━━━━━━━━━

如需檢視資料庫加密的狀態及相關建置資訊，可以從 sys.dm_database_encryption_keys 獲知：

```
SELECT D.database_id, name, E.* FROM sys.dm_database_encryption_
keys E, sys.databases D WHERE E.database_id=D.database_id
```

其中的 encryption_state 欄位記錄資料庫加密的狀態：

0 = 不存在資料庫加密金鑰，不執行加密。

1 = 未加密。

2 = 正在進行加密。

3 = 加密。

4 = 正在進行金鑰更改。

5 = 正在進行解密。

6 = 正在進行保護更改（正在更改加密金鑰的憑證或非對稱金鑰）。

## 3. 啟用資料庫加密

啟用資料庫的 TDE，SQL Server 必須做一個加密掃描，將資料檔案中的每個頁面讀入緩衝區，再將加密後的頁面寫回磁碟。SQL Server 2019 之後的版本增加 TDE 掃描的功能，該掃描具有暫停和恢復的指定，提供系統工作負載很重時或在關鍵業務時間內暫停掃描，事後再恢復掃描。

(1) 開始掃描：

```
ALTER DATABASE school SET ENCRYPTION ON
```

(2) 暫停掃描：

```
ALTER DATABASE school SET ENCRYPTION SUSPEND
```

(3) 恢復掃描：

```
ALTER DATABASE school SET ENCRYPTION RESUME
```

### 4. 憑證的備份與還原

　　TDE 資料庫加密和解密使用的是憑證，如果憑證遺失或者損壞，資料庫的檔案就會無法使用，所以必須要備份憑證。

(1) 憑證的備份

```
BACKUP CERTIFICATE MyServerCert
TO FILE='D:\Temp\MyServerCert'        -- 備份憑證的目錄與檔名
WITH PRIVATE KEY (FILE='D:\Temp\MySrvCertPrik',  -- 備份憑證的金鑰
        ENCRYPTION BY PASSWORD='mypassword')
```

(2) 憑證的還原

　　將加密資料庫移轉到其他的伺服器後，需要還原解密的金鑰和憑證。

```
CREATE CERTIFICATE MyServerCert
FROM FILE='D:\Temp\MyServerCert'
WITH PRIVATE KEY (FILE='D:\Temp\MySrvCertPrik',
        ENCRYPTION BY PASSWORD='mypassword')
```

## 15-7　資料隱碼

　　除了帳號密碼的安全管理、資料庫儲存檔案的加密，如果在使用資料時，需要提供部分資料的隱碼，尤其是個資保護的情況，就可以使用 SQL Server 提供的動態資料遮罩（Dynamic Data Masking，DDM）功能。DDM 會對不具權限的使用者遮罩機敏資料，限制內容的曝光，例如隱藏信用卡號中間的 8 碼：5580-OOOO-OOOO-1234。

　　DDM 能夠設定顯示資料的範圍，隱藏查詢結果集的部分內容，藉此防止未經授權存取機敏資料，同時盡可能減少對應用程式的影響。使用 DDM 時，資料庫中的資料不會變更，因為遮罩規則會套用在查詢結果中，應用程式基本不需要修改現有查詢，就能實現資料隱碼的功能。

　　指定遮罩時，使用 SQL DDL 的 ALTER 指令的 ADD 子句，語法：

```
ALTER TABLE 資料表 ALTER COLUMN 欄位
                ADD MASKED WITH ( FUNCTION = '遮罩函數' )
```

▼ 表 15-2 動態資料的遮罩函數

| 函數 | 說明 |
|---|---|
| Default | 根據欄位的資料類型使用遮罩：<br>字串資料類型，例如 CHAR、VARCHAR、TEXT 等，均顯示為「XXXX」<br>數值資料類型，例如 INT、DECIMAL、FLOAT 等，均顯示為「0」<br>二進位資料類型顯示為 ASCII 0 的值<br>日期和時間資料類型均顯示為「01.01.200」 |
| Email | 電子郵件的所有字母都被隱碼，只顯示第一個字母 @ 和後綴 .com。例如 axxx@xxxxx.com |
| Partial | 客製字串。指定顯示的前字數、後字數，及中間部分隱碼的顯示符號。 |
| Random | 隨機遮蔽，可用於任何數字類型。 |

## 1. 使用遮罩

以 School 資料庫的 Customer 客戶資料表示範說明，該資料表欄位宣告為：

```
CREATE TABLE  Customer        -- 客戶資料表
   (id CHAR(10) PRIMARY KEY,   -- 顧客編號
    name VARCHAR(20),          -- 顧客姓名
    userid VARCHAR(20),        -- 帳號
    password VARCHAR(20),      -- 密碼
    pin CHAR(10),              -- 身分證號
    card CHAR(19),             -- 信用卡號
    email varchar(100),        -- 電郵
    birth DATE,                -- 生日
    ZIP  CHAR(8) DEFAULT 100,  -- 郵遞區號
    ADDR VARCHAR(50),          -- 地址
    TEL  VARCHAR(15),          -- 聯絡電話
    gender BIT );              -- 性別
```

資料內容呈現如圖 15-22 所示：

| | id | name | userid | password | pin | card | email | birth | zip | addr | tel | gender |
|---|---|---|---|---|---|---|---|---|---|---|---|---|
| 1 | C01 | 司馬遷 | sicode | NULL | A123456789 | 5580-3802-6550-2032 | si01@google.com | 2000-03-12 | | 台北市南昌東路100號 | 0799111222 | 1 |
| 2 | C02 | 張仲景 | zhang | NULL | B122222222 | 3581-6184-9378-9937 | zhang02@shu.edu.tw | 1999-12-23 | | 台北市中校東路一段200號 | NULL | 1 |
| 3 | C03 | 楊玉環 | yang999 | NULL | C223232323 | 3569-9017-3061-3771 | yang03@yahoo.com.tw | 2001-01-30 | | 台北市富星南路二段300號 | 0700999999 | 0 |
| 4 | C04 | 董仲舒 | dong123 | NULL | D123321123 | 4835-8337-1999-6040 | dong04@outlook.com | 2001-01-30 | | 台北市仁艾路300號 | 0799123123 | 1 |
| 5 | C05 | 朱元璋 | zhu01 | NULL | E135792468 | 3564-2261-0519-6094 | zhu05j@aol.com | 1995-07-17 | | 台北市信益路100巷100號 | 0711222333 | 1 |
| 6 | C06 | 張騫 | west36 | NULL | F111222333 | 5164-5637-4860-9516 | west36@protonMail | 2000-08-22 | | 新北市新莊區正路510號 | NULL | 1 |
| 7 | C07 | 武則天 | wu001 | NULL | G246802468 | 5109-1288-4099-6696 | wu001@gmx.com | 1999-10-10 | | 新北市三重區政豢路500號 | 0755123123 | 0 |
| 8 | C08 | 成吉思汗 | cheng00 | NULL | H151515151 | 4485-2431-0374-0066 | cheng00@zoho.com | 1990-10-10 | | 新北市板橋區輔忠路100號 | 0715333666 | 1 |
| 9 | C09 | 王昭君 | wang999 | NULL | K222333444 | 5399-9593-9628-2704 | wang999@icloud.com | 2002-10-10 | | 新北市新莊區中央路999號 | 0715888888 | 0 |

▲ 圖 15-22 Customer 資料表內容

**例 (5)**：設定 Customer 資料表 email 欄位的遮罩。

(1) 設定欄位動態遮罩

```
/* 使用具備資料庫 db_owner 角色的登入使用者進入資料庫 */
USE school; -- 進入練習的資料庫
ALTER TABLE Customer ALTER COLUMN email
ADD MASKED WITH (FUNCTION='email( )') ;
```

(2) 建立一個登入使用者，並授予使用遮罩資料表的權限

```
/* 使用最高權限的登入使用者進入資料庫 */
USE school; -- 進入練習的資料庫
CREATE LOGIN abc with password='111', DEFAULT_DATABASE = school;
CREATE USER abc FOR LOGIN abc with default_schema=dbo;
GRANT SELECT ON Customer TO abc;
```

(3) 授權登入使用者檢視遮罩資料表

```
/* 使用授權的登入使用者進入資料庫系統 */
USE school; -- 進入練習的資料庫
SELECT * FROM Customer;
```

執行結果呈現如圖 15-23 所示。

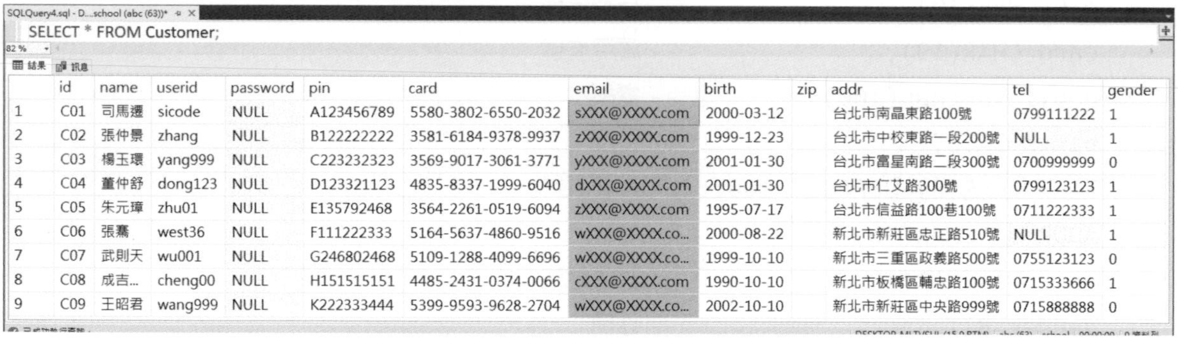

▲ 圖 15-23　檢視資料遮罩的顯示結果

**例 (6)**：Customer 客戶資料表的 pin 身分證號欄位使用預設方式。name 姓名欄位只顯示第一與最後一字，中間名字以「O」顯示。phone 行動電話欄位只顯示前 4 碼、最後兩碼、中間則以「X」顯示。card 信用卡號只顯示最後 4 碼，其餘顯示為「XXXX-XXXX-XXXX-」。

(1) 設定遮罩

```
USE school;  -- 確定進入練習的資料庫
ALTER TABLE Customer ALTER COLUMN pin
    ADD MASKED WITH ( FUNCTION='default( )' );
```

```
ALTER TABLE Customer ALTER COLUMN tel
    ADD MASKED WITH ( FUNCTION='partial( 4, "XXX", 2 )' );

ALTER TABLE Customer ALTER COLUMN name
    ADD MASKED WITH ( FUNCTION='partial( 1, "O", 1 )' );

ALTER TABLE Customer ALTER COLUMN card
    ADD MASKED WITH ( FUNCTION='partial( 0, "XXXX-XXXX-XXXX-", 4 )' );
```

(2) 建立並授予登入使用者檢視 Customer 資料表權限

```
CREATE USER tempUser WITHOUT LOGIN;   -- 先新增一個暫時性的使用者
GRANT SELECT ON Customer TO tempUser;-- 授權暫時性的使用者檢視 Customer
資料表權限
```

(3) 登入並執行檢視 Customer 資料表內容

```
EXECUTE AS USER = 'tempUser';    -- 以此 user 執行
SELECT pin, name, tel, card  FROM Customer

REVERT;  -- 回復原先的登入使用者
DROP USER tempUser;   -- 刪除此暫時性的使用者
```

執行結果呈現如圖 15-24 所示。

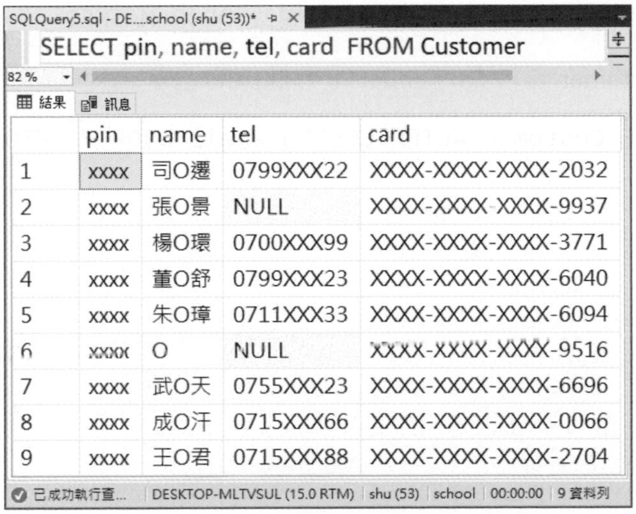


| | pin | name | tel | card |
|---|---|---|---|---|
| 1 | xxxx | 司O遷 | 0799XXX22 | XXXX-XXXX-XXXX-2032 |
| 2 | xxxx | 張O景 | NULL | XXXX-XXXX-XXXX-9937 |
| 3 | xxxx | 楊O環 | 0700XXX99 | XXXX-XXXX-XXXX-3771 |
| 4 | xxxx | 董O舒 | 0799XXX23 | XXXX-XXXX-XXXX-6040 |
| 5 | xxxx | 朱O璋 | 0711XXX33 | XXXX-XXXX-XXXX-6094 |
| 6 | xxxx | O | NULL | XXXX-XXXX-XXXX-9516 |
| 7 | xxxx | 武O天 | 0755XXX23 | XXXX-XXXX-XXXX-6696 |
| 8 | xxxx | 成O汗 | 0715XXX66 | XXXX-XXXX-XXXX-0066 |
| 9 | xxxx | 王O君 | 0715XXX88 | XXXX-XXXX-XXXX-2704 |

▲ 圖 15-24 檢視資料遮罩的顯示結果

## 2. 檢視與刪除遮罩

(1) 檢視資料表欄位的遮罩設定

欄位的遮罩設定記錄於 sys.masked_columns 系統資料表內。

**例 (7)**：檢視所在 school 練習資料庫內，資料表欄位已設定的遮罩資訊。

```
SELECT T.name" 資料表 ", M.name" 欄位 ", M.masking_function" 使用遮罩函數 "
FROM sys.masked_columns M, sys.tables T
WHERE M.object_id = T.object_id AND is_masked = 1
```

如圖 15-25 所示，顯示本單元所加入 Customer 資料表各個欄位的遮罩設定內容。

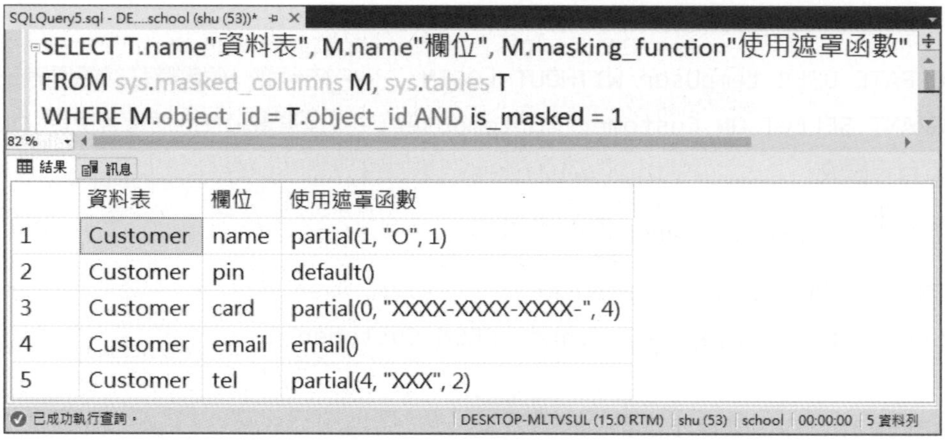

▲ 圖 15-25　檢視已設定之遮罩

(2) 刪除遮罩，使用 SQL DDL 的 ALTER 指令的 DROP 子句，語法：

```
ALTER TABLE 資料表 ALTER COLUMN 欄位 DROP MASKED
```

**例 (8)**：刪除 Customer 資料表的 email 電郵欄位的遮罩。

```
ALTER TABLE Customer ALTER COLUMN email DROP MASKED
```

# 本章習題

## 選擇題

( ) 1. 將一個任意長度的訊息產生固定長度且不可逆的摘要（或稱數位指紋），稱之為：
①雜湊 ②隱碼 ③憑證 ④密文。

( ) 2. 儲存公鑰，並可證明使用者合法擁有之文件稱為：
①雜湊 ②隱碼 ③憑證 ④密文。

( ) 3. 非對稱式金鑰加密進行運算，負責加密的鑰匙稱為：
①秘密金鑰 ②公鑰 ③私鑰 ④鑑別金鑰。

( ) 4. 對稱式金鑰加密進行運算，負責加密的鑰匙稱為：
①秘密金鑰 ②公鑰 ③私鑰 ④鑑別金鑰。

( ) 5. 下列何者不屬於雜湊演算法：
① MD5 ② SHA-2 ③ AES ④ RIPEMD。

( ) 6. SQL Server 提供加密整體資料庫的功能為：
① PKI ② AES ③ DEK ④ TDE。

( ) 7. SQL Server 提供用於檢驗雜湊值是否吻合的函數為：
① PWDCOMPARE( ) ② HASHBYTES( )
③ PWDENCRYPT( ) ④ VERIFYCRYPT( )。

( ) 8. 下列何者不屬於資料加密方法：
① DES ② DEK ③ 3DES ④ AES。

## 簡答

1. 資料庫加密的方式，依據用途不同分類，可區分為哪三種方式？

2. 加密使用的「鑰匙」實際是由一串二進位碼的數據組成，請解釋何謂公鑰與私鑰。

3. 請說明何謂雜湊演算法。

4. 請解釋何謂 SQL Server 的 TDE。

5. (1) 使用具備 school 資料庫擁有者權限的登入帳號，進入 school 資料庫。使用 Transact-SQL 判斷，若 stdScore 視界存在則刪除。

   (2) 使用 Student 學生資料表與 Course 課程資料表，建立一 stdScore 視界，包含學號、姓名、修課數與平均分數，共四個欄位。

(3) 設定 Student 學生資料表 name 姓名欄位隱碼，只顯示第一字（姓），其餘以「XX」表示。

(4) 設定 Course 修課資料表 score 成績欄位隱碼，以亂數 1~10 隨機表示內容值。

(5) 將 stdScore 視界的 SELECT 權限授予給 user1 登入帳號。

(6) 刪除 Course 修課資料表 score 成績欄位的隱碼設定。

Chapter

# 16

# 資料庫設計

## 16-1 ‖ 設計程序

　　資料庫是資訊資源管理最有效的解決方案，資料庫設計問題是在使用者和應用程式的預定運作環境中，設計資料庫的結構，以使所有使用者的資料需求和所有應用程式執行的程序都符合「最佳滿足」。

　　自 DBMS 出現以來，資料庫設計問題就一直存在。DBMS 存取和操作資料庫必須具備此資料庫的綱要（Schema，或稱後設資料 Metadata）。綱要如同內部定義的資料庫內涵（intension），而資料庫內儲存的資料則是實例（instances）或具體值（occurrences，或譯為出現、事件）。資料庫儲存的資料可以隨時不斷變更，但結構型的內涵應是固定不變。資料庫設計的主要目標即是設計資料庫內部的綱要，包括：

(1) 邏輯綱要（Logical Schema）：例如群組相關的屬性和群組之間的關係。

(2) 實體綱要（Physical Schema）：例如存取紀錄的類型、索引、排序，和實體儲存等。

　　基於這兩種區別，相應的資料庫設計活動就被稱為邏輯綱要設計和實體綱要設計。整體資料庫設計階段，從需求收集開始，綱要設計，到將這種綱要映射到特定 DBMS 的綱要定義語言（或資料定義語言，DDL），進而上線運作，基本可分為下列階段：

### 1. 需求規格與分析（Requirements specification and analysis）

　　在此階段，資料庫設計人員對組織內各個領域的資訊需求進行搜集，包括資料庫應用部分，例如公司詳細運作情況。然後對各種資料和資訊進行分析，與使用者更進一步地溝通，確定使用者的需求，並把需求轉化成使用者和資料庫設計人員都可接受的文件；最終與使用者確認，對系統的資訊需求和處理目標達成一致的意見。

### 2. 概念設計（Conceptual design）

　　概念結構設計階段是在需求分析的基礎上，依據使用者和應用程式的觀點和處理，或使用資訊的規範，使用正規化（Normalization。參見 16-2 節的介紹）程序對資料進行塑模（modeling）和描述。此階段活動的最終結果是產出一個對整體需求、高階描述，與具體電腦和資料庫管理系統無關的概念綱要。

### 3. 邏輯設計（Logical design）

　　將概念綱要轉換為 DBMS 的邏輯綱要。第二和第三階段合起來稱為邏輯綱要設計。

　　從概念模型到邏輯結構的轉化就是將視圖（ER 圖，或類別圖。參見 16-3 節的介紹）轉換為關係模型，然後從功能和性能上，對關係模式進行評估，如果達不到使用者要求，必須反復修正或重新設計。

### 4. 實體設計和最佳化（Physical design and optimization）

　　資料庫在實際儲存結構和存取方法的設計稱為實體設計。實體設計的內容就是根據資料庫管理系統的特點和處理的需要，為邏輯模型選取一個最適合應用環境的實體結構，包括儲存結構和存取方法。此階段將資料庫的邏輯綱要映射到 DBMS 中適當的儲存表示，並針對資料庫交易效能進行實體參數的最佳化。

### 5. 資料庫實施（Implementation）

　　資料庫的實施階段是建立資料庫的實質性階段。在此階段，設計人員運用資料庫管理系統提供的資料語言，依據邏輯設計和實體設計的綱要建立資料庫，並進行應用程式使用資料庫的運行測試。

### 6. 運行、維護

　　資料庫系統設計完成並試運行成功後，就可以正式投入運行了。資料庫的運行與維護階段是整個資料庫生命週期中最長的階段。在該階段，設計人員需要收集和記錄資料庫運行的相關情況，並要根據系統運行中產生的問題及使用者的新需求，不斷完善系統功能和提高系統的性能，以延長資料庫使用時間。

　　一個性能優良的資料庫不太可能一次性完成。通常需要經過多次的、反覆的設計、調教。在進行資料庫設計時，每完成一個階段都應進行設計分析、評估一些設計指標、產生文件，並與使用者交流。如果設計的資料庫不符合要求，則要進行修改，反覆多次，以實現系統的運作目標和滿足使用者的需求。

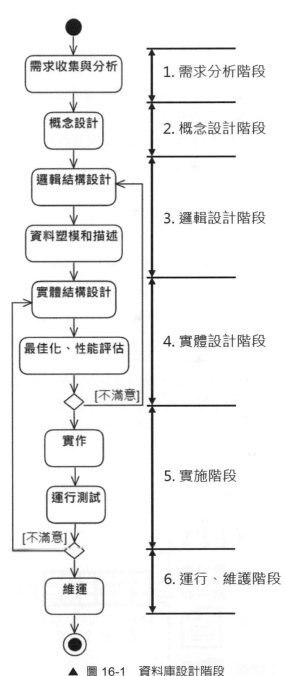

▲ 圖 16-1　資料庫設計階段

# 16-2 正規化法

設計資料庫結構，也就是資料庫內資料表的結構與資料表之間的關聯關係。不正確的資料表結構或關聯關係，經常會造成實務功能的限制、應用系統開發上的困難或資料的錯誤。因此在設計資料庫之前，需要執行正規化（Normalization），以確保達成資料的一致性、資料結構的最佳化，以及減少資料的重複性。不過，一旦消除了大部分的資料重複問題，卻衍生出另一個問題：即資料查詢速度變慢！通常正規化會將資料表由一個表格細分成數個表格，若要列出其中一筆資料，很可能需要合併（Join）相關的資料表，而 Join 的動作將直接影響系統效率，造成處理速度變慢。因此，除了正規化的方法之外，有時也會考慮到「反正規化」，也就是違反正規化的作法。不過這通常是在系統複雜、使用者眾多、資料處理負荷較高的系統設計時，才可能需要考量的方式。

E. F. Codd 設計了關聯式代數所建立的模型，並於 1970 年提出第一正規化（First Normal Form，簡稱 1NF），1971 年提出 2NF 與 3NF。1974 年 E. F. Codd 再與其同事 R. F. Boyce 共同提出 Boyce-Codd 正規化（簡稱 BCNF）。後來一直到 2002 年之前，還有 C. Date 的 4NF、H. Darwin 的 5NF、R. Fagin 的 Domain/key 正規化（DKNF）、N. Lorentzos 的 6NF 等後續的一些正規化。不過，實際規劃設計資料庫時，通常只會用到前三個正規化，即可滿足需求。原因在於多數資料庫的結構並不複雜，因此本單元僅以前三個正規化為主。

---

**說明**

如圖 16-2 所示，執行正規化是在系統設計階段，在系統實作之前。因此，使用的用語是以「實體」或「表格」（關聯表），而不是使用「資料表」來稱呼。等到正規化完成，使用 SQL 語法真正建立了資料庫，並在資料庫內新增了實際的 Table，那時才稱為資料表。

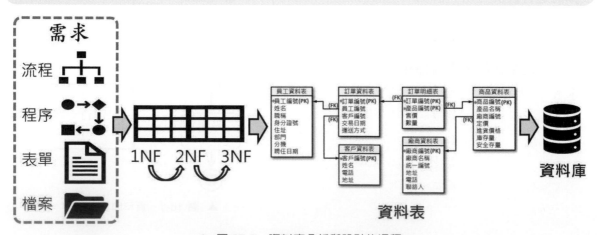

▲ 圖 16-2 資料庫分析與設計的過程

## 7. 第一正規化（1NF）

就像蓋樓房一般，先有一樓才有二樓。正規化的過程也是必須先有 1NF，然後才有 2NF。1NF 的定義是：一個關聯表 R 的每個屬性都是單元值。為了達成 1NF，實體必須具備下列條件：

(1) 必須為行與列的二維實體。

(2) 實體的每一列（row，也就是資料表的資料錄）只描述一件事情。

(3) 每一行（屬性，也就是資料表的欄位）只含有單一事物的特性（屬性的唯一性）。

(4) 每一列（row）的屬性內只允許存放單一值。

(5) 每個行（屬性）的名稱必須是獨一無二的。

(6) 沒有任何兩筆資料是相同的。

(7) 列或行的先後順序無關。

因此，1NF 的主要目的是確立關聯式資料庫的二維實體，以及降低資料儲存的重複性（Redundancy）。實施的具體方式是：將實體之中一對多的資料予以分割，以滿足上述的條件。

## 8. 第二正規化（2NF）

介紹 2NF 之前，先解釋功能相依（Functional Dependency）。功能相依是指實體與實體之間的相互關係，若某個實體中有兩個屬性 X 及 Y，當 X 屬性值可推導出 Y 屬性值，稱功能相依性，表達 Y 屬性值相依於 X 屬性值。即若一關聯 R，其屬性 Y 功能相依於屬性 X，記作 R.X→R.Y；若且唯若 R 中有二個 X 值相同時，其 Y 值亦相同。

以學生的資料為例，設若有一 Student 學生關聯表，具備下列屬性：

| 學號 sno | 姓名 name | 系所 dept | 班級 class |
|---|---|---|---|

可以知道「姓名」、「系所」、「班級」是依存於「學號」。當知道某一個學號，可以確知是哪一位學生的姓名、系所與班級。但當獲知一個姓名，並不一定就是某位學生，除了可能有同名同姓，姓名也會更改。

> Student.sno→Student.name
> 且 Student.sno→Stuldent.dept
> 且 Student.sno→Student.class

每一個符合 1NF 的實體必須含有一個主鍵，這個主鍵可以是一個或一個以上的屬性所組成的集合，實體主鍵之外的其他屬性，必須功能相依於主鍵之下，也就是由主鍵決定其他屬性的值。歸納上述的說明，可以知道要達成 2NF 必須：

(1) 已 1NF。

(2) 記錄中每筆資料可由主鍵單一辨識，但不能由部分主鍵來辨識。

2NF 的主要目的是確立實體的功能相依，實施的具體方式是：決定主鍵，保持 1NF 切割的各實體之間的關聯性。

────────────────────────── **說明** ──────────────────────────

部分文獻或圖書介紹的 2NF ，提到除了主鍵以外的資料都必須完全功能相依於主鍵，如果存在有屬性沒有完全相依於主鍵，必須將這些屬性分開，形成兩個實體。這部分在實務上會有爭議，第一是未考慮 3NF 強調的遞移相依情況下，很難決定屬性有無完全相依於主鍵。第二是將沒有完全相依於主鍵的屬性分開，形成兩個實體的過程，其實是 3NF 的執行程序。實際上，2NF 的實體數量相同於 1NF，不會分割屬性，增加實體的數量。

### 9. 第三正規化（3NF）

已經 2NF 的實體，在某些情況仍會有異常的狀況發生，這些異常的狀況主要是遞移相依（Transitive Dependency）所造成的原因。遞移相依是指在一個實體中，所有屬性應該相依於主鍵，也就是 1NF 的功能相依主鍵 R.X→R.Y。如果又存在某一屬性可以決定其餘屬性的值，就稱為遞移相依。也就是說，若 R.X→R.Y 且 R.Y→R.Z，則 R.X→R.Z 成立，此種相關性稱為遞移相依。若有上述情況存在，在刪除資料時，可能會造成其他資料遺失損毀。為了達成 3NF，實體必須具備下列條件：

(1) 已 2NF。

(2) 所有和主鍵無關之資料項彼此間獨立。

3NF 的目的就是在於消除遞移相依的情況，實施的具體方式是：有自我相依的屬性必須再分割，並維持 2NF 的關聯性。

總結正規化程序的執行重點：

(1) 1NF：分解 1 對多的欄位成為兩個實體。

(2) 2NF：決定功能相依（決定主鍵），保持實體之間的關聯性。

(3) 3NF：消除遞移相依。

以練習範例的正規化過程，說明各階段正規化的執行重點。

**練習 (1)**：若欲建立「商品銷售資料庫」，於需求分析後，「客戶購買細目」應包含之資料範例摘錄如表 16-1 所示。請依據正規化步驟進行統計分析。

▼ 表 16-1　商品銷售資料正規化練習範例

| 客戶編號 | 姓名 | 地址 | 電話 | 客戶類型 | 類型名稱 | 商品代碼 | 商品名稱 | 商品定價 | 實際售價 | 購買數量 | 購買日期時間 |
|---|---|---|---|---|---|---|---|---|---|---|---|
| A001 | 張三 | 台北市文山區 XX 路 | 2222-3456 | N | 普級 | 11 | 雞精 | 50 | 50 | 20 | 21 May 2003 |
| | | | 0915-999999 | | | 19 | 維他命 | 300 | 300 | 1 | 15 Jul 2003 |
| A002 | 李四 | 台北市士林區 XX 路 | 2345-6789 | N | 普級 | 11 | 雞精 | 50 | 50 | 10 | 18 Jul 2003 |
| | | | | | | 12 | 魚肝油 | 200 | 200 | 2 | 20 Oct 2003 |
| | | | | | | 19 | 維他命 | 300 | 280 | 2 | 21 Oct 2003 |
| | | | | | | 11 | 雞精 | 50 | 50 | 8 | 15 Nov 2003 |
| A003 | 王五 | 台北縣 XX 路 | | G | 金級 | 12 | 魚肝油 | 200 | 180 | 10 | 05 Jun 200 |
| A004 | 錢六 | 新莊市 XX 路 | 0968-123456 | V | 白金級 | 12 | 魚肝油 | 200 | 160 | 20 | 18 Jul 2003 |
| | | | 0910-232323 | | | 19 | 維他命 | 300 | 240 | 25 | 10 Sep 2003 |
| A005 | 趙七 | 台北市景美區 XX 街 | 0912-168168 | G | 金級 | 11 | 雞精 | 50 | 45 | 15 | 08 Jan 2004 |
| | | | | | | 16 | 奶粉 | 250 | 225 | 3 | 14 Dec 2003 |

(1) 1 NF：將表格一對多的資料予以分割，滿足表格須具備的條件。

■ 每一位客戶具備一個編號、姓名、地址、類型與該類型的名稱。上述資料在每一位客戶的資料中，存在一對一關係。

■ 每一位客戶可以具備零到多個電話號碼，因此，客戶資料與電話存在一對多的關係。

■ 客戶可購買零到多次商品，客戶資料與商品銷售資料之間存在一對多關係。每一銷售的商品具備一個該商品的代碼、名稱、定價、售價、數量，與購買時間，商品銷售資料之間具備一對一關係。

■ 範例的資料是「客戶購買商品的紀錄」，分割後表格之主從關係如圖 16-3 所示。

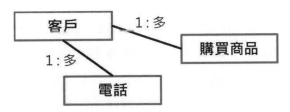

▲ 圖 16-3　分割後資料之間的主從關係

1NF 分割結果如圖 16-4 所示：

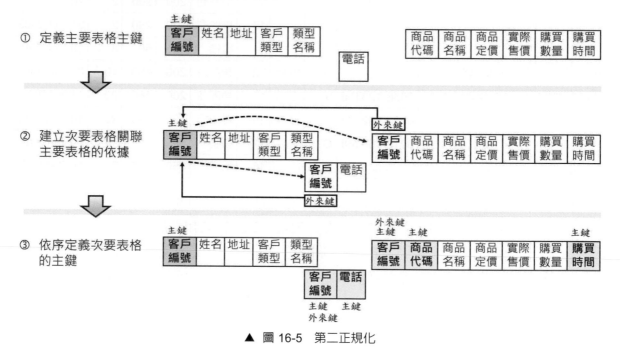

| 客戶編號 | 姓名 | 地址 | 客戶類型 | 類型名稱 |
|---|---|---|---|---|

電話

| 商品代碼 | 商品名稱 | 商品定價 | 實際售價 | 購買數量 | 購買時間 |
|---|---|---|---|---|---|

▲ 圖 16-4　第一正規化

(2) 2 NF：設定主鍵，保持關聯性。

- 決定主鍵順序：依據圖 16-3 的關係，先定義主要表格，將主要表格主鍵的欄位複製於次要表格，做為關聯依據後，再決定次要表格的主鍵。

- 分解步驟請參考如圖 16-5 所示。

① 定義主要表格主鍵

② 建立次要表格關聯主要表格的依據

③ 依序定義次要表格的主鍵

▲ 圖 16-5　第二正規化

(3) 3 NF：消除遞移相依。

- 逐一檢視各表格內的欄位，是否有自我相依的狀況。也就是欄位除了相依主鍵之外，存在相依其他欄位的情況。

- 客戶更換不同類型，會連同改變類型名稱。因此，類型與類型名稱具備遞移相依（存在 客戶編號 → 類型，客戶編號 → 類型名稱，且類型 → 類型名稱）。

- 變更商品，必須連同商品代碼、名稱、定價一併變更。但售價、購買時間則是依據銷售當下的狀況而定，並不會依據商品而有絕對的數量與購買日期。因此，商品代碼、名稱、定價具備遞移相依（存在 [ 客戶編號，商品代碼 ]→ 商品代碼，[ 客戶編號，商品代碼 ]→ 商品名稱，[ 客戶編號，商品代碼 ]→ 商品定價，且商品代碼 → 商品名稱，商品代碼 → 商品定價）。

■ 分解步驟請參考如圖 16-6 所示。

① 找出遞移相依

② 移出遞移相依欄位，定義主鍵後，並於原表格設立關聯該遞移之欄位

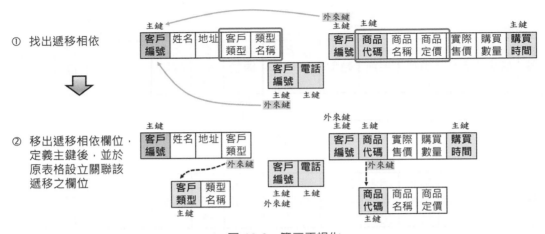

▲ 圖 16-6 第三正規化

練習 (2)：欲建立圖書館流通作業，於使用者需求分析後，「借閱資料」應包含之資料範例如表 16-2 所示。請依據正規化步驟進行系統分析。分析時，主鍵以 PK 標示，外來鍵以 FK 標示。

▼ 表 16-2 圖書館圖書借閱正規化練習範例

| 讀者編號 | 讀者姓名 | 讀者系所 | 系所代碼 | 系所說明（全稱） | 讀者類型 | 類型說明 | 圖書編號（登錄號） | 書目編號 | 書名 | 作者 | 借閱日期 | 應還日期 | 歸還日 |
|---|---|---|---|---|---|---|---|---|---|---|---|---|---|
| A001 | 張三 | 資傳 | IC | 資訊傳播學系 | C | 大學生 | 10111 | 100 | 職場導向 | 張三 | 21 May 2022 | 21 Jul 2022 | 23 Jul 2022 |
| | | | | | | | 10113 | 101 | 資料庫理論 | 李四 | 21 May 2022 | 21 Jul 2022 | 23 Jul 2022 |
| A002 | 李四 | 會計 | AC | 會計及國際貿易學系 | T | 老師 | 10112 | 100 | 職場導向 | 張三 | 18 Jul 2022 | 18 Sep 2022 | 5 Sep 2022 |
| | | | | | | | 10114 | 102 | 程式設計 | 王五 | 20 Jul 2022 | 20 Sep 2022 | 5 Sep 2022 |
| | | | | | | | 10117 | 103 | XML 與 JAVA | 錢六 | 20 Jul 2022 | 20 Sep 2022 | 18 Sep 2022 |
| | | | | | | | 10118 | 104 | 密碼學 | 趙七 | 20 Jul 2022 | 20 Sep 2022 | 30 Jul 2022 |
| A003 | 王五 | 資管 | IM | 資訊管理學系 | U | 研究生 | 10115 | 102 | 程式設計 | 王五 | 05 Jun 2022 | 05 Jul 2022 | 25 Jun 2022 |
| A004 | 錢六 | 資管 | IM | 資訊管理學系 | T | 老師 | 10116 | 102 | 程式設計 | 王五 | 10 Jun 2022 | 10 Aug 2022 | 25 Jul 2022 |
| | | | | | | | 10119 | 104 | 密碼學 | 趙七 | 10 Jun 2022 | 10 Aug 2022 | 20 Aug 2022 |

(1) 1 NF：將表格一對多的資料予以分割，滿足表格須具備的條件。

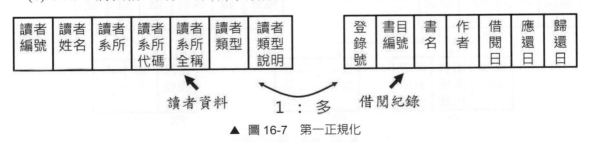

▲ 圖 16-7 第一正規化

(2) 2 NF：設定主鍵，保持關聯性。

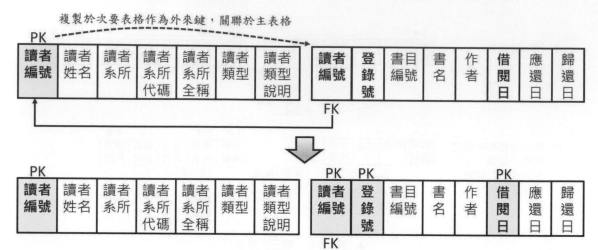

▲ 圖 16-8　第二正規化

---

**解析**

第二個表格以「讀者編號」、「登錄號」和「借閱日」三個欄位共同為主鍵。表達同一讀者可以借閱同一本書多次。且借閱的圖書歸還後，系統仍舊保存借閱的紀錄（以便日後統計借閱狀況），則此資料並不會因借閱歸還而被清除。

---

(3) 3 NF：消除遞移相依。

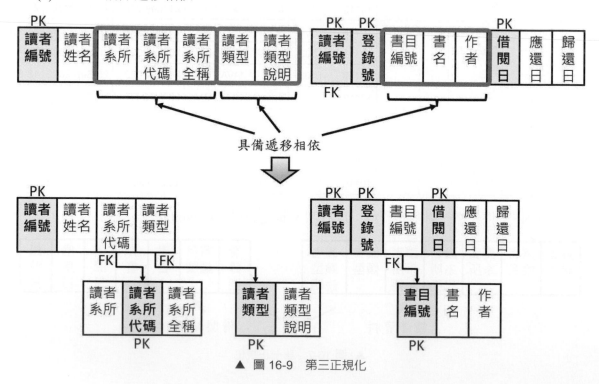

▲ 圖 16-9　第三正規化

練習 (3)：一美容公司，希望規劃建置一個客戶資料管理的系統，記錄如圖 16-10 所示的欄位，包括客戶的姓名、生日、地址與性別，以及客戶的子女姓名、生日與性別。希望能藉以管理客戶在公司的編號、消費總金額、何時到店內做過何種保養，以及該次保養的花費與美容師名字。假設同一天不會重複相同的保養，但同一天可以做多種保養，美容師可能會負責不同的保養項目。請依據正規化步驟進行系統分析。分析時，主鍵以 PK 標示，外來鍵以 FK 標示。

| 姓名 | 生日 | 地址 | 性別 | 孩子姓名 | 孩子生日 | 孩子性別 | 客戶編號 | 到店日期 | 保養種類 | 保養花費 | 美容師 |
|------|------|------|------|---------|---------|---------|---------|---------|---------|---------|--------|

▲ 圖 16-10 表格欄位

(1) 1 NF：將表格一對多的資料予以分割，滿足表格須具備的條件。

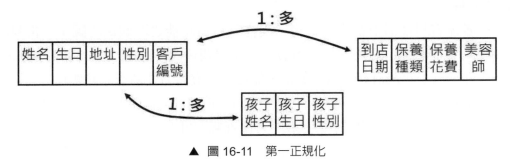

▲ 圖 16-11 第一正規化

(2) 2 NF：設定主鍵，保持關聯性。

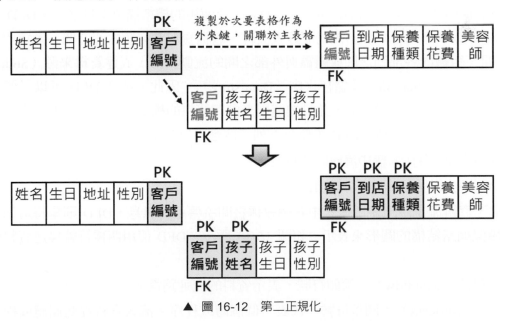

▲ 圖 16-12 第二正規化

(3) 3 NF：消除遞移相依。

表格並未有遞移相依的欄位，因此正規化的步驟至 2NF 即可結束。

# 16-3 │ 圖示法

　　無論是資料庫設計、程式開發、甚至安裝、部署等作業項目，由結構化程式（Structure programming）擴充到物件導向程式設計（Object-oriented programming，OOP），發展了許多圖示的方法。而近幾年來，統一塑模語言（Unified Modeling Language，UML）逐漸被廣泛地使用在物件導向軟體工程，以及資料庫設計領域的圖示，但為兼顧一般在資料庫設計時所採用的圖形表示方法，因此本節分為兩個部分：

(1) 結構化視圖－介紹 DFD 與 ERD 為主的圖形表示方式。

(2) 物件導向視圖－介紹 UML 之中，用於資料庫設計的類別圖（Class Diagram）表示方式。

## 1. 結構化視圖

　　應用在表達資料庫設計的表格結構、表格資料與功能之間關係的圖示。常見的包括有資料流程圖（Data Flow Diagram，DFD）與實體關係圖（Entity-Relationship Diagram，ERD）。此外，為了將設計好的眾多表格，能提供開發時方便地查閱其屬性，可以應用資料字典（Data Dictionary）作為輔助。不過，資料字典並沒有固定的格式，只要是能夠將表格的所有說明、細節，表列如同字典一般，方便查閱即可。

(1) 資料流程圖

　　資料流程圖（Data Flow Diagram，DFD）是結構化系統分析與設計（Structured Systems Analysis and Design，SSAD）主要使用的標準描述工具之一。DFD 將一組處理或程序的邏輯資料流程記錄成文件，包括資料在系統內部之間、系統與外部之間、組織內各部門之間或組織與外部之間的流動情形，表達資料來源（Source）、終點（Destination）及儲存之處（Data store）。因此，透過 DFD 可以了解各項外部實體的資料流通介面，並且知道用來儲存資料的檔案，以支援處理過程所需的資料或所產生的資料。DFD 主要有下列二個應用目的：

- 顯示資料在系統中流向的資料流。

- 描述處理資料流的功能項目。

　　通常，資料流是用來表示程式中各個敘述之間所傳遞的訊息，DFD 則是將這個傳遞的關係以類似網路結構的圖形來表示。如圖 16-13 所示，DFD 使用四種符號描述資料的流動流程：

- 資料流（data flow）：箭頭符號，表示資料的流通路徑。

- 程序（process）：圓型符號，代表一個個體或程序。流入資料經此個體或程序處理後，轉換成流出資料。

- 儲存體（data store）：上下直線或是三邊方框符號，表示資料儲存的物件或檔案。

■ 外部實體（external entity）：矩形符號，代表正在描述之系統以外的其他系統或外部個體。

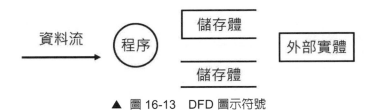

▲ 圖 16-13 DFD 圖示符號

參考如圖 16-14 所示，描述會計薪資系統處理薪資發放流程的 DFD 範例圖示。

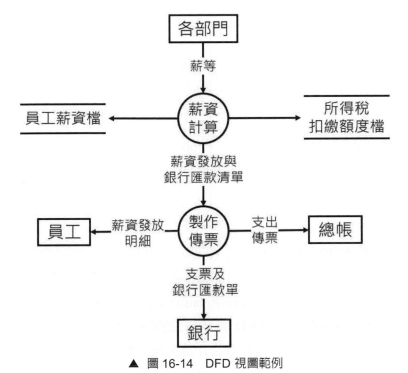

▲ 圖 16-14 DFD 視圖範例

(2) 資料字典

資料字典（Data Dictionary）是用來描述資料庫結構與資料表、欄位的名稱、內容與格式等資料的明細。提供開發或維護時，查閱資料庫表格的相關資訊。不過資料字典並沒有統一格式，通常是參考資料庫管理系統的綱要內容，再加上欄位名稱、用途等描述。例如表 16-3 示範一個資料表的資料字典的範例。

▼ 表 16-3　資料字典表格內容範例

| 系統名稱：學務系統 | | | | | |
|---|---|---|---|---|---|
| 日　　期：2022 SEP 02 | | | 項次：1/50 | | |
| 檔案名稱：學生基本資料表 | | | | | |
| 檔案組織：索引循序檔 | | | 主鍵值：sid | | |
| 欄位名稱 | | 資料類型 | 長度 | 小數 | 備　註 |
| 中　文 | 英　文 | | | | |
| 學號 | sid | char | 7 | | 主鍵 |
| 密碼 | pwd | varchar | 20 | | 預設：生日，格式 YYYYMMDD |
| 姓名 | name | nchar | 10 | | |
| 生日 | birth | date | | | ISO-8601，YYYY-MM-DD |
| 性別 | gender | char | 1 | | |
| 電子郵件 | email | varchar | 50 | | |
| 連絡電話 | tel | varchar | 15 | | |
| 通訊住址 | address | varchar | 100 | | |
| 系所代碼 | dept | char | 3 | | 外來鍵。參照：Dept.id |
| 入學年 | enrollYear | int | | | 民國年 |

(3) 實體關係圖

　　實體關係模型是由 Senko、Altman 和 Astrahan 於 1973 年所提出，應用在資訊塑模與分析（information modeling and analysis）的方法，用來描述資料物件（實體）之間的關係[1]。實體關係圖（Entity-Relationship Diagram，ERD）是以資料為主，表達實體關係模型的圖示法。ERD 可以用來描繪資料庫整體的邏輯結構，除了做為系統設計與開發的參考，亦非常適合作為系統分析師與使用者溝通的工具。參考圖 16-15 的範例，ERD 使用下列元素符號描述實體之間的關係：

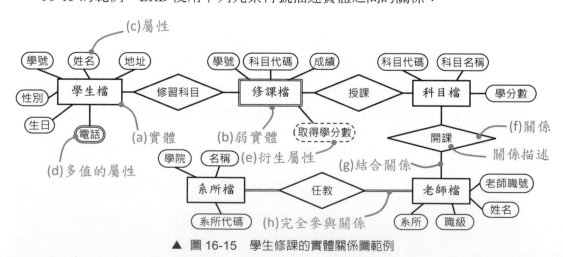

▲ 圖 16-15　學生修課的實體關係圖範例

---

1　Chen, P. P. S. (1976). The entity-relationship model—toward a unified view of data. ACM transactions on database systems (TODS), 1(1), 9-36.

(a) 矩形（rectangle）：實體符號，代表資料物件，也就是資料庫的資料表。

(b) 雙矩形（double rectangle）：如果一個實體的值組沒有足夠的屬性來組成主鍵，則這一個實體就稱為弱實體（weak entity），使用雙矩形的圖形來表示。例如圖 16-15 所示的「修課檔」實體，因為其實際的內容只有一個「成績」屬性，而「學號」屬性是「學生檔」的主鍵、「科目代碼」屬性則是「科目檔」的主鍵。「修課檔」實體單獨存在並沒有意義，必須藉由其他的實體產生關聯。也就是說，弱實體存在相依（dependent）於識別的實體。這點說起來複雜，其實就是「主鍵之一是外來鍵」的意義。

(c) 橢圓形（ellipse）：屬性符號。使用一個或一個以上的屬性（也就是資料表的欄位），用來標示此一資料物件所包含的資料欄位內涵。

(d) 雙橢圓形（double ellipse）：表示多值的屬性。例如圖 16-15 所示的「電話」屬性，表示該屬性值為多值，不過關聯式資料庫的特性之一是「屬性值必須是單元值，不可以是一個集合」，如同第一正規化的要求，因此在關聯式模型上，可以將該「電話」屬性獨立成如圖 16-16 所示的一個符合關聯式模型的「電話檔」實體。

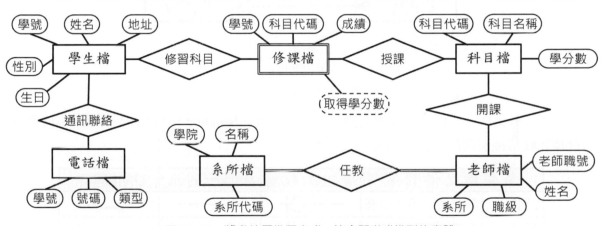

▲ 圖 16-16　將多值屬性獨立成一符合關聯式模型的實體

(e) 虛線橢圓形（dashed elipse）：用來表示衍生屬性（Derived attributes）。所謂衍生屬性是指這個屬性的值是由其他屬性計算出來的，該屬性本身並不存在。

(f) 菱形（diamond）：表示實體與實體之間的關係。

(g) 直線（line）：直線符號可用在兩處：連結屬性與實體，用於表示該實體的屬性集合。連結實體與實體，用以表達實體之間的關聯關係。

(h) 雙直線（double line）：用來表示實體在關係中的完全參與（participation），也就是實體與實體之間存在有紀錄的關係。以圖 16-16 的「系所」與「老師」兩個實體為例，每一位老師都隸屬於一個系所，不會有老師不屬於任何一個系所，也不會有系所沒有任何老師，表示「系所」與「老師」兩個實體之間必會存在完全參與的關係。但是老師與科目之間，如果允許老師沒有任教（例如擔任行政職），則「老師」與「科目」兩個實體之間便是存在部分（partial）的關係。同樣的情況，「學生」實體也可能與修課是存在部分的關係，例如研究生已經修完課程，只剩下論文撰寫的情況。

(i) 資料物件之間使用的兩個標示：數集（Cardinality）與必備（Modality）關係（如圖 16-17 所示）。

■ 數集：列舉出一個物件與另一物件間相關的最大數量，數集有三種可能：

1 對 1（1:1）

1 對多（1:N）

多對多（M:N）

■ 必備：當物件之間並無關係存在或關係並非強制性時，其關係為「0」（zero），否則為「1」（one）。

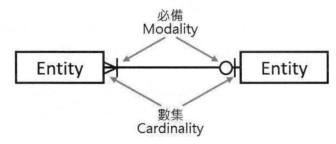

▲ 圖 16-17　數集與必備關係

不過，數集與必備的標示並沒有固定的符號記號（Notation），可以參考圖 16-18 所列的幾種比較常被使用的符號記號。

| 數集與必備關係 | | 資訊工程圖 | Barker圖示 | UML圖示 |
|---|---|---|---|---|
| 0到1 | 非必備，不可多個 | ──○┤ | ──── … | 0..1 |
| 1到1 | 必備，不可多個 | ──╫ | ──── | 1 |
| 0到多 | 非必備，可多個 | ──○< | ──< | 0..* |
| 1到多 | 必備，可多個 | ──< | ──< | 1..* |
| 多到多 | 特殊範圍 | 無 | 無 | 3..5 |

▲ 圖 16-18　常見的關係圖示標示符號

## 2. 統一塑模語言

(1) 背景

基於 1970 年代物件導向程式語言和個人電腦的發展，物件導向塑模語言出現在 1970 年代的中期[2]。從 1989 年到 1994 年之間，物件導向塑模語言數量就從大約 10

---

2　Engels, G., & Groenewegen, L. (2000, May). Object-oriented modeling: a roadmap. In Proceedings of the Conference on the Future of Software Engineering (pp. 103-116).

個增長到超過 50 種[3]。這些塑模語言具有不同的符號體系，且適用的系統類型也有限，使用者很難找到一個可以滿足各類系統開發的塑模語言。此外，不同使用者之間採用不同的塑模語言，會嚴重地影響設計者、開發者，和客戶之間的溝通。因此，需要在各種不同塑模及物件導向程式語言的特徵上，截長補短地建立一個通用且統一的塑模語言。

Grady Booch、James Rumbaugh 和 Ivar Jacobson 開始借鑒彼此的方法。Grady Booch 採用了 James Rumbaugh 和 Ivar Jacobson 的分析技術，James Rumbaugh 的物件塑模技術（Object Modeling Technique，OMT）方法也採用了 Grady Booch 的設計方法，最終誕生了 UML，並逐步統一不同符號體系的混亂。

(2) 發展

1994 年 10 月，James Rumbaugh 加入了 Grady Booch 所服務的 Rational 公司。該公司的 UML 專案整合了 Booch 方法和 OMT 方法，並於 1995 年 10 月公布了統一方法（Unified Method，UM）0.8 版。不久之後，物件導向軟體工程（Object-Oriented Software Engineering，OOSE）方法的創始人 Ivar Jacobson[4] 也加入了 Rational 公司，在 UML 專案中導入了 OOSE 方法，之後在 1996 年 6 月將 UM 改名為 UML，並發布了 UML 0.9 版。

至 1996 年，許多軟體公司已經將 UML 作為其商業應用的主要塑模工具，並提議成立 UML 協會，以便能夠更進一步地提升並推動 UML 的相關規範。包括迪吉多（DEC）、HP、IBM、I-Logix、IntelliCorp、微軟（Microsoft）、甲骨文（Oracle）、德儀（Texas Instruments）、優利（Unisis）等著名公司，都加入 Rational 公司的該項工作，制定完成了當時定義最完整、涵蓋範圍最廣的 UML 1.0，並於 1997 年 1 月提交給專為物件導向系統建立標準的物件管理組織（Object Management Group，OMG），申請成為塑模語言標準。

同年（1997）1 月至 7 月，包括 Andersen Consulting、Ericsson、ObjecTime Limited、Platinum Technology、PTech、Reich Technologies、Softeam、Sterling Software 和 Taskon 等合作夥伴的加入[5]，由 MCI Systemhouse 的 Cris Kobryn 領導，並由 Rational 公司的 Ed Eykholt 管理的語義工作小組成立，以正式化（formalize）UML 的規範，並將 UML 與其他標準化的工作整合，於 7 月發布了修訂版 UML 1.1。11 月 17 日，OMG 採納了 UML 1.1 作為物件導向技術的塑模語言標準，正式成為資訊系統開發的業界標準規範。

3　Booch, G., Rumbaugh, J., Rumbaugh, J., Jacobson, I. ((1999). The Unified Modeling Language User Guide. Addison-Wesley., p.14.

4　Jacobson, I. (1993). Object-oriented software engineering: a use case driven approach. Pearson Education India.

5　Booch, G. (1999). UML in action. Communications of the ACM, 42(10), 26-28.

往後，OMG 修訂專案小組（Revision Task Force，RTF）接續發布了 UML 1.2、UML 1.3、UML 1.4 和 UML 1.5 等版本，補充並修改了 UML 1.1 的許多問題。2005 年，在對 UML 1.X 進行大幅度的修改後，OMG 發布了 UML 2.0。直至今日，OMG 仍繼續針對軟體技術的發展，不斷地修正 UML。至本書出版時，最新的版本是 2017 年 12 月發布的 2.5.1 版。

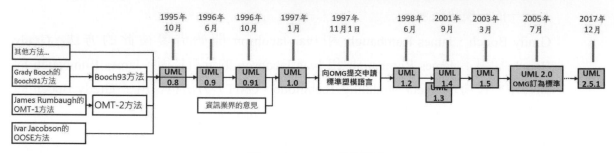

▲ 圖 16-19　UML 發展歷史

(3) 主要功能

UML 具備下列主要的功能：

(a) 規格化（Specifying）：UML 強調各種重要的分析、設計和實作決策的規格，能夠以最精確、非模糊，且完整地將模型建立出來。

(b) 視覺化（Visualizing）：規範圖形符號的繪製標準，透過模型的建立來理解架構和需求。

(c) 結構化（Constructing）：UML 是可視化的塑模語言，不是可視化的程式語言，但建立的模型可以直接對應各種程式語言，例如：Java、VB、C#、PHP、Python 等，以及資料庫的表格。

(d) 文件化（Documenting）：資訊系統開發與維運的過程，為軟、硬體，甚至運作環境建立明確、健全的文件是非常重要的。UML 可以提供系統結構與所有運作細節、流程。例如：需求（Requirements）、架構（Architecture）、設計（Design）、原始程式碼（Source code）、專案計畫（Project planning）、測試（Testing）、系統原型（Prototypes）、發行版本（Releases）等等，建立所需的文件。

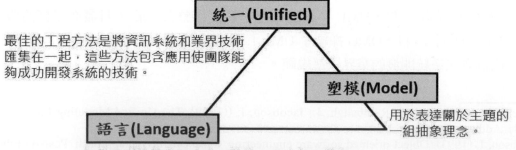

▲ 圖 16-20　UML 的意義

(4) 視圖類型

UML 1.X 定義了 9 種視圖，UML 2.0 增加 4 種，UML 2.4 版之後又再擴充輪廓圖（Profile diageram），總共定義了 14 種視圖。這些視圖區分爲如圖 16-21 所示的兩大類型：一是表達靜態的結構塑模視圖（Structural Modeling Diagrams），二是表達動態的行爲塑模視圖（Behavioral Modeling Diagrams）。

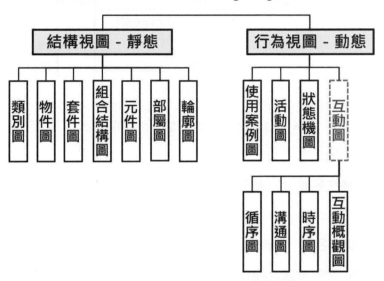

▲　圖 16-21　UML 2.5 規範定義的視圖

透過 UML 視圖表達的模型，可以幫助我們了解系統的結構和行爲，提供檢視系統是否與要求相符，並導引後續的開發與應用。事物（Things）是模型裡最基本的組成元件，而關係則可以將事物結合在一起。對應於資料庫內部而言，最基本的元件即是資料表。如同結構化分析使用 ERD 表達資料表的結構與彼此關係，物件導向分析則是使用 UML 的類別圖（Class Diagram）作爲描繪資料表結構與關係的視圖。

**3. 類別圖**

(1) 圖示與視圖

類別是相關屬性、操作（也就是物件導向程式所稱的方法）、關係和語意的集合。屬性是類別（或是物件）內部的資料；操作是該類別（或是物件）內部的行爲。對應於資料表的結構，類別名稱就是資料表的名稱；屬性的宣告即是資料表的欄位定義。而操作則是指資料表的限制條件。

類別的圖示（icon）是劃分成三個水平區域的矩形，分別是類別名稱、屬性、操作，三者之間的次序不可對調。如圖 16-22 所示，類別圖示的屬性與操作可以依據需要選擇隱藏或顯示。

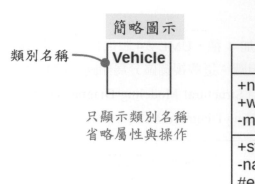
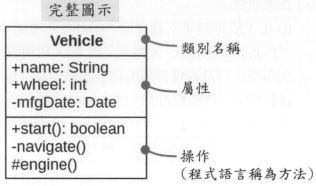

▲ 圖 16-22　簡略與完整顯示的類別圖示

屬性的基本語法：

**[ 可視度 ] 屬性名稱 [ : 類型 ] [ = 預設值 ] [ { 限制條件 } ]**

操作的基本語法：

**[ 可視度 ] 操作名稱 [ ( 參數 : 資料類型, … ) ] [ : 回傳值類型 ] [ { 限制條件 } ]**

屬性的資料類型與傳遞給操作之參數的資料類型，以冒號（:）標示，列於該屬性與參數的名稱之後，且操作的回傳值類型，亦以冒號標示列在操作括號最後。屬性與操作前面的符號，UML 稱之為可視度（Visibility），也就是物件導向程式語言的存取修飾語（Access Modifier）。如表 16-4 所示，負號（-）表示私用（private）、井號（#）表示保護（protected）、加號（+）代表公用（public）等。

▼ 表 16-4　UML 的可視度符號

| 符號 | 可視度 | 說明 |
|---|---|---|
| + | public | 公用 |
| - | private | 私用 |
| | friendly | 友好 |
| # | protected | 保護 |
| ~ | package | 套件 |
| _（名稱加底線） | static | 靜態 |
| 名稱斜體字 | abstract | 抽象 |
| { } | 若有程式語言使用的可視度未定義在 UML 符號中，則可以在宣告後方使用大括號標示 | |

UML 的類別圖示，配合類別之間的關係，組成類別圖（Class Diagram）。類別圖是 UML 中相當重要，使用率也很高的視圖，除了可以用來表達物件導向程式的類別，包括資料庫的資料表，也是使用類別圖來表示。使用類別圖的好處：

(a) 表達套件中所有實作的類別。

(b) 呈現各個類別的結構和行為。

(c) 了解類別的繼承關係。

(2) 關係

圖 16-23 表示 UML 常見的關係（relationship）。透過關係來建構 UML 區塊之間基本的關聯，尤其是連結並表達類別之間的關係。不過關聯式資料庫的資料表並沒有繼承的概念，因此，依賴、一般化、實現、應用與包含關係並不會使用在資料表的關係上。

▲ 圖 16-23　UML 的關係符號

(a) 關聯（association）

關聯是一種結構關係，它可以訂定某一種事物是如何與另一種事物之間互相連接的關係，尤其是用來表達類別之間使用的參照關係。通常使用單一直線連結事物之間。

(b) 聚合（aggregation）與組合（composition）

聚合與組合是一種特殊的關聯關係。表示類別之間的整體與部分的關係，也就是物件導向設計的「擁有」（has a）。聚合使用帶空心菱形箭頭的線條；組合則是帶實心菱形箭頭線條。

聚合與組合都表達「擁有」的狀況。在聚合關係中，整體與部分的關係並沒有很強的擁有關係，沒有一致的生命週期。組合關係則具備強烈的擁有關係和一致的生命週期。以圖 16-24 為例，學校由行政單位 Administrator 與學院 College 組成，而學院又是由系所 Department 組成，最後系所再由學生 Student 所組成。

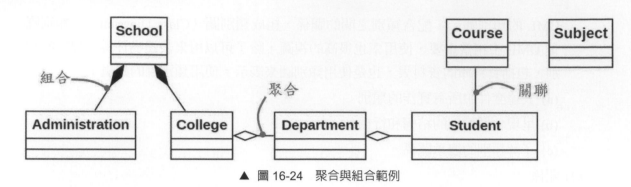

▲ 圖 16-24　聚合與組合範例

　　系所 Department 與學生關係，如果取消系所，學生物件可以結束，也可能併入另一系所。同樣的情況，學院 College 與系所 Department 關係，如果關閉某一學院，可以連帶關閉該系所，但也可以將該系所歸屬另一學院。但是學校 School 與學院 College 的關係，關閉學校，就一定會關閉該學院。所以，結束上一層的物件不一定會連帶結束下一層的物件時，使用聚合關係。結束上一層的物件會連帶結束下一層的物件，使用組合關係。

　　以關聯式資料庫的角度來解釋關係，就是資料表之間外來鍵對應主鍵的關聯關係。當 B 資料表的外來鍵對應 A 資料表的主鍵時，我們可以說：A 資料表是「整體」，B 資料表是「部分」，也就是 B 資料表詳細的細節在 A 資料表，兩者之間就存在聚合關係。

　　當資料表具備「整體和部分」的關係，且「整體」必須負責「部分」的生命期，也就是說當解構「整體」時，必須同時也解構「部分」。反之，當建構「部分」時，「整體」必須預先存在。以關聯式資料庫的角度來解釋組合關係，就如同外來鍵的宣告加入了 delete cascade 與 update cascade。以表 16-5 分別比較關聯、聚合與組合三種關係的差別：

▼ 表 16-5　關聯與聚合、組合之差異比較

| 關係類型 | 線條圖示 | 關係 |
|---|---|---|
| 關聯 | 實線 | 資料表之外來鍵對應關係。 |
| 聚合 | 實線與空心的菱形 | 資料表之外來鍵對應關係，且外來鍵為主鍵之一。 |
| 組合 | 實線與實心的菱形 | 資料表之外來鍵對應關係，且外來鍵為主鍵之一，並在宣告時加入 delete cascade 與 update cascade。 |

　　參考下列建立資料表的 SQL 敘述：

```
create table A
(  id char(5) primary key,
  name varchar(10))

create table B
(id char(5),
 seq int,
 type char(5),
 name varchar(10),
 primary key (id,seq),
 foreign key (type) references A(id))

create table C
( id char(5),
  seq int,
  name varchar(10),
  primary key(id,seq),
  foreign key (id) references A(id))

create table D
(id char(5),
 seq int,
 name varchar(10),
 primary key (id,seq),
 foreign key (id) references A(id) on delete cascade on update cascade)
```

▲ 圖 16-25　表格關係

(a) 資料表 B 的外來鍵 type 欄位對應到資料表 A 的主鍵，因為欄位 type 並非資料表 B 的主鍵之一。以 UML 類別圖表示時，使用實線表達兩個資料表之間的關聯關係。

(b) 資料表 C 的外來鍵 id 欄位，對應到資料表 A 的主鍵。資料表 C 的主鍵包含 id 與 seq 兩個欄位，因此欄位 id 為資料表的主鍵之一。以 UML 類別圖表示時，需要使用實線配合空心的菱形，表達兩個資料表之間的聚合關係。

(c) 資料表 D 的外來鍵 id 欄位，對應到資料表 A 的主鍵。資料表 D 的主鍵包含 id 與 seq 兩個欄位，因此欄位 id 為資料表的主鍵之一，且宣告時加上 delete cascade 與 update cascade 的宣告，表示資料表 A 的資料錄刪除或修改時，會一併連同異動資料表 D 的資料錄。以 UML 類別圖表示時，必須使用實線配合實心的菱形表達兩個資料表之間的組合關係。

　　不過通常在以類別圖繪製資料表的關係時，大多不會將關係細分到要繪製「聚合關係」還是「組合關係」。除了 UML 對資料庫表格的強弱連結關係並沒有強制的定義，資料表之間透過外來鍵的連結，本來就要考量對應之間關係的一致性，如果建立資料表時 SQL 沒有宣告 delete cascade 與 update cascade 時，還是會透過應用程式來達成資料的一致性。所以，除了實線的關聯之外，建議將「聚合」繪製成「組成」的線條圖形。也就是將資料表透過外來鍵連結到詳細資料的資料表，將關係簡化成只有兩種：一是一般的關聯關係，一是較強關聯的組合關係。如圖 16-26 以練習 SELECT 命令的學生資料表為例，當 Subject 科目資料表的外來鍵 Teacher 欄位是一般性欄位，對應到 Teacher 老師資料表時，Subject 與 Teacher 資料表之間存在的是關聯。但若是如 Course 修課資料表的外來鍵 Subject 欄位是其主鍵之一，對應到 Subject 科目資料表時，則 Course 與 Subject 資料表之間存在的是組合關係。

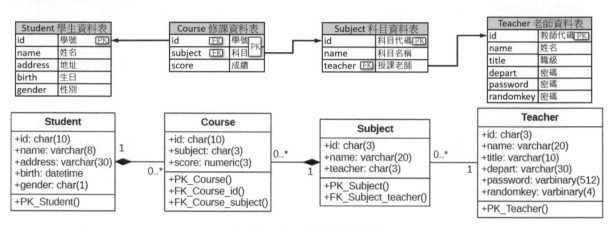

▲ 圖 16-26　資料表之關係

## 4. 資料庫設計

　　總結本單元所介紹使用 UML 類別圖來繪製資料表關係的視圖，參考下列練習嘗試逐一正規化、繪製圖形、撰寫 SQL 敘述，完成資料庫分析與設計的整個步驟。

　　**練習 (4)**：假設教育部需要記錄全國大專院校的教師與學生資料（所有教師編號不會重複，不同學校之間的學號可能重複），以便處理各學校生師的教學活動，應包含之資料範例摘錄如下表所示：

| 學校代碼 id | 校名 school | 校長（教師編號）tno | 姓名 name | 等級 degree | 學校地址 addr | 學校型態 type | 系所代碼 unit | 系所名稱 dept | 系辦公室編號 class | 系主任（教師編號）tno | 姓名 name | 等級 degree | 學生學號 sno | 學生姓名 name | 學生性別 gender | 學生生日 birth |
|---|---|---|---|---|---|---|---|---|---|---|---|---|---|---|---|---|
| SHU | 四星大學 | TS01 | 鄧不利多 | 教授 | 木柵路一段 17 巷 1 號 | 私立 | IC | 資傳系 | R901 | TS12 | 哈利 | 副教授 | A112101 | 張三 | 1 | 2003/1/2 |
| | | | | | | | | | | | | | A112102 | 李四 | 1 | 2004/7/30 |
| | | | | | | | | | | | | | A112103 | 王五 | 0 | 2004/5/22 |
| | | | | | | | IM | 資管系 | R801 | TS35 | 妙麗 | 教授 | A112201 | 錢六 | 0 | 2004/3/20 |
| | | | | | | | | | | | | | A112202 | 王五 | 1 | 2003/4/1 |
| NIU | 經濟大學 | TN10 | 石內卜 | 教授 | 羅斯福路一段 1 號 | 國立 | IE | 資工系 | S01 | TN25 | 榮恩 | 教授 | B1125501 | 趙七 | 0 | 2004/8/21 |
| | | | | | | | IM | 資管系 | M02 | TN30 | 布萊克 | 教授 | B1125601 | 陳八 | 0 | 2004/6/25 |

(1) 分別標示出第一、第二、第三正規化之結果。

(2) 依據 UML 之類別圖,繪出前一題分析之表格結構,並標明表格間之數集(Cardinality)與必備(Modality)關係。

(3) 以 SQL 敘述建立資料表(tables),宣告包含主鍵、外來鍵與限制條件。

(4) 校名、校長、系主任等老師的等級不可為虛值。學校型態未輸入資料時,預設為「私立」。

**解題:**

(1) 正規化

 ■ 表格原始欄位清單

 (a) 1NF:表格的欄位有一對多便分割

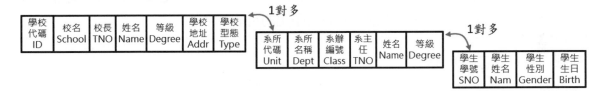

 (b) 2NF:設定主鍵,保持關聯性

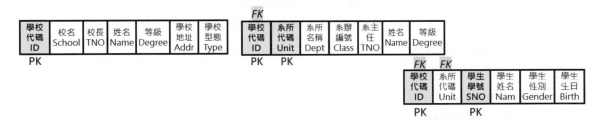

 (c) 3NF:消除遞移相依

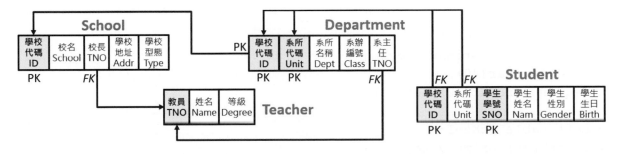

───────────── 說明 ─────────────

為方便檢視,在 3NF 以線條連結外來鍵與關聯資料表之主鍵,並在完成之資料表預先標示名稱,以作為識別。

(2) 類別圖

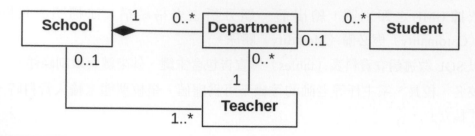

**解析**

資料庫設計，表格之間的數集與多樣性，完全取決於設計師對於系統需求與分析的考量。例如系所 Department 對應學生 Student 的資料數量，若是 1..*，表示一個系所一定有學生，且可以有多位學生。若是 0..*，表示一個系所學生非必備，但可以有多位學生，是考量新創系所，尚未招生前並不會有學生的可能。

(3) 建立資料表之 SQL 敘述

**解析**

建立資料表時，必須考量建立的先後次序。系統是不允許外來鍵參照到尚未建立的資料表，一定要先建立主檔，才允許建立副檔。因此，此練習建立資料表的順序如下：

1. Teacher 老師資料表
2. School 學校資料表
3. Department 系所資料表
4. Student 學生資料表

若是要刪除資料表時，則是與建立的順序相反。

```
create table Teacher
( tno char(10) primary key,
  name varchar(40),
  degree varchar(10) not null)

create table School
( id char(6) primary key,
  tno char(10),
  school varchar(10),
  addr varchar(40),
  type char(4) default '私立',
  foreign key (tno) references Teacher(tno) on update cascade
)
```

```
create table Department
(id char(6),
 unit char(6),
 dept varchar(30),
 class varchar(10),
 tno char (10),
 primary key (id,unit),
 foreign key (id) references School(id)
                    on update cascade on delete cascade,
 foreign key (tno) references Teacher(tno)
)

create table Student
(id char(6),
 unit char(6),
 sno char(15),
 name varchar(50),
 gender bit,
 birth smalldatetime,
 primary key (id, sno),
 foreign key (id, unit) references Department(id, unit)
                    on update cascade on delete cascade
)
```

# 本章習題

## 選擇題

（　）1.　資料庫設計的主要目標即是設計資料庫內部的：
①綱要　②關聯　③資料流程　④實體。

（　）2.　正規化（Normalization）程序通常執行在下列哪一個系統分析與設計的階段：
①需求規格與分析　②概念設計　③邏輯設計　④實體設計和最佳化。

（　）3.　基於關聯式代數而建立模型，下列哪一位首先提出了正規化的原則：
① E. F. Codd　② R. F. Boyce　③ C. Date　④ H. Darwin。

（　）4.　下列何者不是第一正規化的執行重點：
①每一屬性只含有單一事物的特性
②必須為行與列的二維實體
③每筆資料可由主鍵單一辨識，但不能由部分主鍵來辨識
④列或行的先後順序無關。

（　）5.　下列何者是第三正規化的執行重點：
①每一屬性只含有單一事物的特性
②必須為行與列的二維實體
③去除遞移相依
④每筆資料可由主鍵單一辨識，但不能由部分主鍵來辨識。

（　）6.　物件導向系統分析與設計慣用表達資料庫結構的視圖為：
①資料流程圖（DFD）　②實體關係圖（ERD）　③類別圖（Clalss Diagram）
④資料字典。

（　）7.　現今用於物件導向開發的主要塑模語言為：
① DFD　② ERD　③ CMMi　④ UML。

（　）8.　使用帶空心菱形箭頭的線條，表達整體與部分的關係並沒有很強的擁有關係，沒有一致的生命週期，稱之為：
①聚合關係　②組合關係　③關聯關係　④包含關係。

（　）9.　使用帶實心菱形箭頭的線條，表達具備強烈的擁有關係和一致的生命週期，稱之為：
①聚合關係　②組合關係　③關聯關係　④包含關係。

（　）10.　物件導向程式語言所稱的方法（method），在 UML 稱之為：
①函數　②程序　③操作　④屬性。

## 簡答

1. 資料庫的設計主要是進行哪兩種內部綱要的設計？

2. 資料庫設計活動從需求收集開始，綱要設計，一直到上線運作，基本可分為哪些階段？

3. 資料庫概念設計階段最重要的程序為何？

4. 請簡單說明三個正規化的執行重點。

5. 結構化系統分析與設計，主要表達系統內、外資料流程的視圖為何？

6. 用來描述資料庫結構與資料表、欄位的名稱、內容與格式等資料明細，提供工程師開發或維護時，查閱資料表相關資訊的清單為何？

7. 結構化系統分析與設計，應用在資訊塑模與分析，用來描述資料物件（實體）之間關係的視圖為何？

8. 由 Rumbaugh、Booch、Jacobson 三位專家主導，適用於物件導向分析與設計，並廣被軟體工業界採用的一套圖形語言為何？

9. 物件導向系統分析與設計，用來表達資料表結構與關聯關係的視圖為何？

Chapter

# 17

# 程式連結資料庫應用

資料庫最主要的功用是在安全、效率之下組織資料與存取的管理服務。總結本書各章節的介紹，應該能夠體會應用資料庫的基本好處包括：

(1) 依據關聯式資料表的特性，降低資料的重複性（Redundancy）。

(2) 應用異動紀錄的管理，達成資料的一致性（Consistency）。

(3) 具備多人多工使用，實現資料的共享性（Data Sharing）。

(4) 分隔程式與資料庫的運作，表現資料的獨立性（Data Independence）。

(5) 採用外來鍵的連結，確保資料的完整性（Integrity）。

(6) 提供多種資安的防護，控管資料的安全性（Security）。

綜歸有許多的好處，要發揮資料庫最大的效益，實際還是要結合程式的應用。因此本章簡介程式的撰寫，如何連線並存取資料庫內資料的相關實務。

## 17-1 資料庫連結驅動程式

協定（Protocol）就是兩造雙方共同約定，以何種方式交換訊息的一系列相關規定。前端應用程式與後端資料庫系統之間的溝通，除了通訊協定之外，還有兩個重要的協定：

(1) 指令協定

就如瀏覽器與網站之間傳輸的 HTTP，以及文件格式的 HTML 協定一樣。前端應用程式與後端資料庫系統之間的指令協定是如圖 17-1 所示的 SQL。

(2) 連結協定

連結的協定，是負責將 SQL 敘述正確地送至後端資料庫系統的 DBMS，並將 DBMS 執行完成的結果回傳給應用程式的資料庫連結驅動程式（driver）。

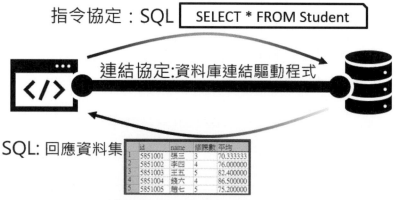

▲ 圖 17-1 前端應用程式與後端資料庫系統之間的指令與連結協定

　　資料庫連結驅動程式，是前端應用程式與後端資料庫系統之間的中介軟體（middleware），主要負責下列四項工作：

(1) 連線資料庫系統。

(2) 連結（登入）資料庫。

(3) 傳送 SQL。

(4) 回傳查詢結果的回應資料集。

　　透過資料庫連結驅動程式，應用程式便能夠依據資料庫系統的位址、登入資料庫、送出 SQL 敘述、取得執行 SQL 後回應的資料集。也就是說，藉由資料庫連結驅動程式，應用程式只要專注如何正確的下達 SQL 敘述即可。

## 1. 驅動程式類型

　　資料庫連結驅動程式可以簡單地區分成下列三類：

(1) 廠商專為資料庫系統量身訂做的原生驅動程式（Native Dirver）介面。

(2) 微軟公司主導的開放式資料庫連結（Open Database Connectivity，ODBC）程式介面。

(3) 用來規範 Java 程式資料庫連結（Java Database Connectivity，JDBC）介面。

　　如表 17-1 所示，使用原生的資料庫連結驅動程式，優點是效率高、完全相容資料庫系統提供的各種服務功能，甚至能夠針對程式語言的特性而發揮更好的效能。但是缺點卻是專屬於特定的資料庫系統，對於開發通用的應用系統，必須受限於驅動程式的差異。

　　使用 ODBC 的優點和缺點則是與原生的資料庫連結驅動程式相反，ODBC 基於開放式的架構，如圖 17-2 所示，是將共通的連結功能包裝成介面，再搭配不同資料庫系統的驅動程式，不僅可提供於各種程式語言連結資料庫，也實現單一應用程式便可自由連結後端各種不同的資料庫系統。當更換後端的資料庫系統時，就只需要更換驅動程式，並在程式中載入新的驅動程式來源即可，程式則無需改變。缺點是效率較原生的連結驅動程式稍差，且部分資料庫功能會受限。

　　JDBC 則是兼具 ODBC 的彈性，也改善了傳統 ODBC 的效率，不過 JDBC 的效率並不如原生驅動程式，也只限於 Java 程式語言的應用系統開發使用。

▼ 表 17-1　各類型驅動程式的優缺點

| 驅動程式類型 | 優點 | 缺點 |
|---|---|---|
| 原生驅動程式 | 效率最高，因為是專屬於特定資料庫系統，所以無相容性問題 | 專屬開發，程式必須完全配合，妨礙開發通用型的應用程式 |
| ODBC | 具備後端的彈性，便利於開發通用型的應用程式，能夠依需求更換後端資料庫系統 | 效率較差，且部分資料庫功能會受到限制 |
| JDBC | 效率佳，具備後端的彈性，便利於開發通用型的應用程式 | 只限於 Java 程式語言的應用系統開發使用 |

## 2. ODBC 與 JDBC 簡介

### (1) ODBC

SQL 標準的制定組織同時也負責制定開放式資料庫呼叫介面：X/Open SQL/CLI（Call Level Interface），除了相容於 SQL92 標準之外，也是一個獨立於實作方法之外的 Client/Server 架構。目前主要的資料庫連結驅動程式都遵從 X/Open SQL/CLI 標準。最早在資料庫市場獲得成功應用的呼叫介面為微軟公司於 1994 年提出的 ODBC 產品。ODBC 提供應用程式透過 ODBC 函式庫（Library）操作資料庫的各項功能，例如建立連線、處理資料集的回傳等，卻不需要處理資料庫系統之間的差異，因為 ODBC 內部的驅動程式管理員（Driver Manager）會根據 ODBC 設定，呼叫對應的資料庫驅動程式。

初期只有微軟自己的資料庫產品使用 ODBC 驅動程式，且也只限於 Windows 作業系統平台才能使用。但因為 ODBC 遵從 X/Open SQL/CLI 標準，加上微軟的資料庫產品與開發環境的工具持續增加，其他資料庫廠商亦開始提供相關支援 ODBC 的驅動程式。其實，X/Open SQL/CLI 是依據微軟 ODBC 的提案而制訂出來的標準，因此所有符合 X/Open SQL/CLI 標準的呼叫介面，都會跟 ODBC 類似。

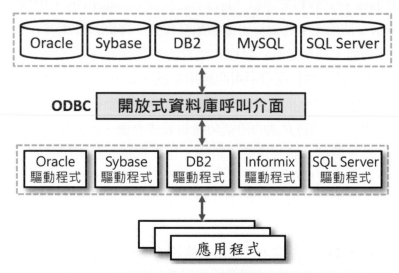

▲ 圖 17-2　應用程式使用 ODBC 驅動程式連結資料庫系統

### (2) JDBC

JDBC 是因應 Java 程式開發的平台，除了 ODBC 之外，另外發展的資料庫連線驅動程式。因為 Java 是視窗作業系統、Android、嵌入式等環境應用最普遍的程式語言。JDBC 第一個正式版本是於 1997 年發布的 JDBC 1.2，現今最新版本為 2017 年 9 月 21 日公布的 4.3 版。資料庫廠商所提供的 JDBC 是使用於連結資料庫的 Java 應用程式介面（Application Programming Interface，API），其包含資料庫驅動程式管理、資料庫連線、連線程序管理、SQL 指令傳遞、回應資料集、資料庫異動管理、資料型別轉換等功能。

如圖 17-3 所示，JDBC 應用的原理和 ODBC 相同，僅在架構上稍有變化。如果要替換後端的資料庫系統，只需要更換驅動程式，並在程式中載入新的驅動程式來源即可，Java程式則無需改變。

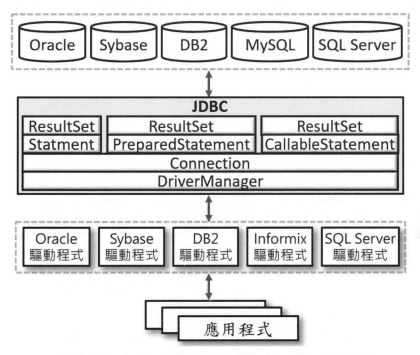

▲　圖 17-3　應用程式使用 JDBC 驅動程式連結資料庫系統

--- 說明 ---

「程式中載入新的驅動程式」，聽起來很浩大，其實只是在 Java 程式中使用 Class.forName( ) 方法，指定驅動程式的名稱，就完成載入的動作。

# 17-2　JDBC 套件

JDBC API 包含兩個主要的資料庫套件：

(1) java.sql 是 JDBC 的基礎套件，包含有完整應用資料庫的類別與介面。

(2) javax.sql 原本是 JDBC 的選擇性套件，但在 JDBC 3.0 版之後則為預設的套件，其主要包含處理伺服器端的連線與資料物件，常擔任中介介面的角色。

## 1.　java.sql 套件

java.sql 提供資料庫的類別或介面，可分為連線、資料集、SQL 指令、例外處理、後設資料等。

(1) 連線

| 元件名稱 | 類型 | 說明 |
| --- | --- | --- |
| DriverManager | 類別 | 驅動程式管理員，負責管理 JDBC 驅動程式以建立連線 |
| Driver | 介面 | 由廠商提供的 JDBC 驅動程式 |
| SQLPermission | 類別 | 用來限制 DriverManager 讀寫 log 的動作 |
| DriverPropertyInfo | 類別 | 搭配 Driver 介面提供驅動程式連線時所需的設定 |
| Connection | 介面 | 管理程式與資料庫系統之間建立的邏輯連線 |
| Savepoint | 介面 | 提供方法以取得 Connection 所設定的儲存點 |

(2) 資料集

| 元件名稱 | 類型 | 說明 |
| --- | --- | --- |
| ResultSet | 介面 | 接收資料庫回傳的資料集合，並提供可以取用其資料的方法 |

(3) SQL 指令

| 元件名稱 | 類型 | 說明 |
| --- | --- | --- |
| Statement | 介面 | 執行靜態的 SQL 敘述 |
| PreparedStatement | 介面 | 與 Statement 元件相同，但增加可處理動態 SQL 敘述的功能 |
| CallableStatement | 介面 | 呼叫資料庫預儲程序 |

(4) 例外處理

| 元件名稱 | 類型 | 說明 |
| --- | --- | --- |
| SQLException | 類別 | 資料庫發生存取錯誤時，會引發此物件 |
| SQLWarning | 類別 | Connection、Statement 或 ResultSet 物件發生資料庫存取的警告時，會觸發此物件 |
| DataTruncation | 類別 | JDBC 在進行資料讀寫時，發生資料欄位型態轉換錯誤，會引發此物件 |
| BatchUpdateException | 類別 | 批次更新的過程發生錯誤，會引發此物件 |

(5) 後設資料：後設資料（metadata）描述資料庫的綱要，如資料庫支援何種標準、交易進行方式、資料庫定義與限制條件等。

| 元件名稱 | 類型 | 說明 |
| --- | --- | --- |
| DatabaseMetaData | 介面 | 提供資料庫與 JDBC 驅動程式的 metadata |
| ResultSetMetaData | 介面 | 提供 ResultSet 元件內資料集之欄位定義 |
| ParameterMetaData | 介面 | 提供 PreparedStatement 元件及 CallableStatement 元件內 SQL 敘述之參數的 metadata |

**2. javax.sql 套件**

javax.sql 套件依其功能可分為資料源（Data source）、連線池（Connection pool）、分散式交易（Distributed transaction）、資料列集（Row set）四大類元件。

(1) 資料源

資料源元件顧名思義，就是提供資料來源的元件。在 javax.sql 套件中，可以不需透過 JDBC 驅動程式管理者建立的資料庫連線取得資料，而可以透過事先設定好的資料源取得資料。因此，Java 資料庫應用程式可以選擇透過 java.sql 套件的連線元件：DriverManager 與資料庫連線，也可以透過 DataSource 資料源元件完成相同的工作。

| 元件名稱 | 類型 | 說明 |
|---|---|---|
| DataSource | 介面 | 可註冊於遠端的物件，具備資料來源的設定，負責傳回連線物件提供前端使用 |

(2) 連線池

| 元件名稱 | 類型 | 說明 |
|---|---|---|
| ConnectionPoolDataSource | 介面 | 連線池所用的資料來源 |
| PooledConnection | 介面 | 連線池內所產生的連結物件，負責提供使用者端與資料庫系統之間的連線 |
| ConnectionEvent | 類別 | 使用者端連線中斷時，PooledConnection 回傳給連線池管理的事件，可經由該事件取得 SQL 例外物件 |
| ConnectionEventListener | 介面 | 註冊此監聽介面的物件，可以收到連線異常（主要發生在連線斷線時）的通知 |

(3) 分散式交易

| 元件名稱 | 類型 | 說明 |
|---|---|---|
| XADataSource | 介面 | 分散式資料源，由實作分散式交易機制的物件提供實體（instance），可自不同資料源取得資料 |
| XAConnection | 介面 | 提供連線物件，供用戶端自分散式資料源取得資料 |

(4) 資料列集

| 元件名稱 | 類型 | 說明 |
|---|---|---|
| RowSet | 介面 | 資料列集物件，其所提供的資料操作方式與資料集（ResultSet）物件相似，可向資料源進行資料查詢修改等動作 |
| RowSetListener | 介面 | 利用 JavaBeans 技術達成的監聽介面。註冊此監聽介面的物件可以收到資料列集修改的事件 |
| RowSetEvent | 類別 | 當資料列集變動時發出的事件物件 |
| RowSetMetaData | 介面 | 資料列集使用的 metadata，可以提供資料列集中欄位的個數、資料類型等資訊 |
| RowSetInternal | 介面 | 提供 RowSet 實作，以便使其可以使用 RowSetReader 與 RowSetWriter 的功能 |
| RowSetReader | 介面 | 提供資料列集物件離線讀取的功能，該物件會自行設法連線與處理斷線 |
| RowSetWriter | 介面 | 提供資料列集物件離線寫入的功能，該物件會自行設法連線與處理斷線 |

# 17-3 ｜ 資料庫連線程式實作

## 1. 載入驅動程式

(1) 前置作業－開發環境目錄內置入驅動程式檔案

使用 Java 程式開發的環境中，應用 JDBC 連結 SQL Server，須先置入 JDBC 驅動程式的 *.jar 檔案。SQL Server 的 JDBC 驅動程式檔名為 sqljdbc4.jar，放置檔案的位置依據開發環境的不同而有些差異：

(a) 開發視窗應用程式

將 sqljdbc4.jar 檔案置於 Windows 作業系統環境變數的 CLASSPATH 變數所指定的目錄內，提供 JVM 執行時可以自動搜尋到套件內的類別。如果是 MAC 作業系統環境，可省略路徑的設定。

(b) 開發 Web Server 的網頁互動程式

例如使用 Tomcat、Resin 等網站伺服器，可將 sqljdbc4.jar 驅動程式檔案存放在如圖 17-4 所示的 lib 目錄，或子目錄 ROOT\WEB-INF 的 lib 目錄（也就是「程式館目錄」）內。

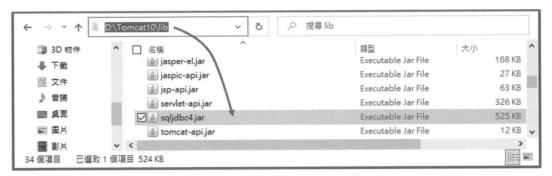

▲ 圖 17-4　JDBC 驅動程式檔案置於 Tomcat 網站伺服器的程式館目錄內

(2) 程式內載入驅動程式名稱

　　在程式中載入驅動程式的方式，為使用 Class 類別的 forName( ) 靜態方法，並在傳入的參數指定驅動程式的名稱，就完成載入的動作。

　　(a) 使用 ODBC 連結資料庫系統，通常 Java 程式採用的是 JDBC-ODBC 橋接的驅動程式（Bridge driver），Java 官方提供的驅動程式名稱為：

**sun.jdbc.odbc.JdbcOdbcDriver**

　　Java 程式以 JDBC 連結 ODBC 的程式範例為：

```
Class.forName("sun.jdbc.odbc.JdbcOdbcDriver");
```

　　(b) 使用 JDBC 連結資料庫系統，大多數資料庫系統廠商的驅動程式均會遵循 Java 套件與程式命名的原則，依據如下的命名格式：

**com.** *廠商產品名稱* **.jdbc.Driver**

　　例如：

■ Oracle 驅動程式名稱為：oracle.jdbc.driver.OracleDriver
■ MySQL 驅動程式名稱為：com.mysql.jdbc.Driver
■ SQL Server 驅動程式名稱為：com.microsoft.sqlserver.jdbc.SQLServerDriver

　　Java 程式使用 JDBC 連結的程式範例：

```
Class.forName("com.microsoft.sqlserver.jdbc.SQLServerDriver");
```

　　因為考量連線資料庫系統可能會發生不明環境因素，導致無法載入驅動程式，因此建議可在程式內加入例外判斷。如下列程式範例：

```
try{
   Class.forName("com.microsoft.sqlserver.jdbc.SQLServerDriver");
}catch(ClassNotFoundException e){
   System.out.println("找不到驅動程式類別");
}
```

　　程式如果無法載入驅動程式，就會拋出 ClassNotFoundException 例外。這時若是撰寫 Java 應用程式，請確定系統環境變數的 CLASSPATH 中設定 sqljdbc4.jar 的目錄位置是否設定正確。若是撰寫 JSP 網站互動程式，需確定 sqljdbc4.jar 檔案是否存在於網站伺服器的 lib 目錄內。

## 2. 建立資料庫連線

　　執行 DriverManager 類別的 getConnection( urlString ) 靜態方法。當根據 urlString 參數正確連線至指定的資料庫，則會回傳 Connection 物件，若 Connection 物件無法建立，則會拋出 SQLException 例外。

　　DriverManager 類別包括下列多載（Overload）的 getConnection( ) 靜態方法：

- getConnection(String url)
- getConnection(String url, java.util.Properties info)
- getConnection(String url, String user, String password)

　　參考下列 Java 程式是使用 JDBC-ODBC 橋接驅動程式連結 SQL Server 資料庫連結的程式範例：

(1) 透過 ODBC 連結設定的名稱（本例為「MSSQL」）

```
Connection con=
   DriverManager.getConnection("jdbc:odbc:MSSQL"," 帳號 "," 密碼 ");
```

──────────────────────── 說明 ────────────────────────

如果使用此種「資料連結 ODBC」連結設定的方式，必須在 Windows 作業系統啟動「ODBC 資料來源管理員」設定相關連結的參數。

(2) 透過 JDBC 指定 URI 連結資料庫

```
Connection con=
   DriverManager.getConnection(
      "jdbc:sqlserver:// 網址 :1433;database= 資料庫名稱 "," 帳號 "," 密碼 ");
```

　　網址可以是資料庫系統所在電腦的 IP 位址或網域名稱（Domain name）。如果程式執行所在的電腦和安裝 SQL Server 的電腦是同一台時（也可以說，執行程式和 SQL Server 是在同一個作業系統），連線的網址就可以直接使用「127.0.0.1」或「localhost」表示本機。位址之後冒號「:」所接的 1433 是指伺服器端接受使用端 SQL 命令的服務程式（Listener，監聽器）所在的埠號（Port number）。SQL Server 服務程式慣用的埠號是 1433，但需要依據資料庫管理師（DBA）的設定為準。如圖 17-5 所示，在 SQL Server 伺服器執行「設定管理員」可以檢視設定的埠號。

　　接著 database 變數指定的是連線登入的資料庫名稱。帳號與密碼是指該資料庫的登入設定之帳號與密碼，若未設定則保持空值。

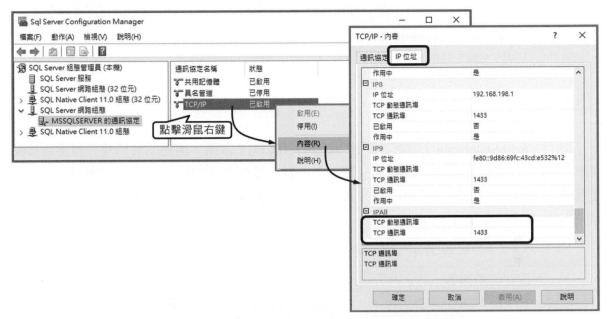

▲ 圖 17-5　執行 SQL Server 設定管理員檢視埠號的設定

### 3. 建立 SQL 敘述物件

　　處理 SQL 敘述，並送至 DBMS 執行的 Java 介面包括三種：

(1) Statement：執行靜態 SQL 敘述。

(2) PreparedStatement：執行動態 SQL 敘述。

(3) CallableStatement：執行預儲程序。

　　Java 程式中依據 SQL 敘述的特性，執行 Connection 物件的 createStatement( ) 方法、prepareStatement( ) 方法、prepareCall( ) 方法，即可回傳上述三種介面之物件。

(1) Statement 介面

　　Statement 適用於執行靜態的 SQL 敘述，也就是在執行 executeQuery( )、executeUpdate( ) 等方法時，指定內容固定不變的 SQL 敘述字串，每一句 SQL 只適用於當時的執行。程式語法：

**Statement 物件名稱 = Connection 物件 .createStatement();**

　　參考下列片段的範例程式，執行 Connection 物件的 createStatement( ) 方法，建構一個 Statement 物件。執行 Statement 物件的 executeQuery( ) 方法，並傳入 SQL 敘述，DBMS 接收該 SQL 敘述執行並回應執行結果的資料集物件。

```
Statement st = con.createStatement();
ResultSet rs = st.executeQuery("select * from student ");
```

或是加上例外處理的程式：

```
Statement st ;
try {
    st = con.createStatement();
} catch (SQLException e) {
    System.out.println (e.getMessage());
}
ResultSet rs = st.executeQuery("select * from student ");
```

執行 createStatement( ) 方法，下達 SQL 的 SELECT 敘述，回應的資料集如果需要移動指標（例如要撰寫一個能夠做到上一頁、下一頁…等移動查詢結果的「檢索畫面」），就必須要使用 createStatement 另一個多載的方法。此多載的方法可傳入兩個參數，參數的功能分別如表 17-1、表 17-2 所列。

▼ 表 17-1 createStatement 方法傳入第一個參數之功能說明

| 參數值 | 說明 |
| --- | --- |
| ResultSet.TYPE_FORWORD_ONLY | 預設值，指標只可向前移動 |
| ResultSet.TYPE_SCROLL_INSENSITIVE | 指標可雙向移動，但不及時更新，就是如果資料庫裡的資料修改過，不會在 ResultSet 中反應出來 |
| ResultSet.TYPE_SCROLL_SENSITIVE | 指標雙向移動，並及時跟隨資料庫的更新，以便更改 ResultSet 中的資料 |

▼ 表 17-2 createStatement 方法傳入第二個參數之功能說明

| 參數值 | 說明 |
| --- | --- |
| ResultSet.CONCUR_READ_ONLY | 預設值，指定不可以更新 ResultSet |
| ResultSet.CONCUR_UPDATABLE | 指定可以更新 ResultSet |

例如，查詢 Student 學生資料表姓名資料，如果要取得查詢結果之資料集物件 ResultSeet 內的資料錄數目（註：第一個參數不能用預設值，否則便不能使用 last( )、first( ) 等方法），可以參考下列片段的範例程式：

```
Statement stmt= con.createStatement(ResultSet.TYPE_SCROLL_INSENSITIVE,
                                ResultSet.CONCUR_READ_ONLY);
ResultSet rs = stmt.executeQuery( "select name from student" );
rs.last( );
int n= rs.getRow( );
rs.first( );
```

- 程式先透過名稱為 con 的 Connection 物件，執行其 createStatement( ) 方法，並傳入參數，執行後會回傳一個 Statement 物件，指定其名稱為 stmt。

- 執行此名稱為 stmt 的 Statement 物件，並指定其參數為查詢 Student 學生資料表，執行後回應的 ResultSet 資料集物件，指定其名稱為 rs。

- 執行此名稱為 rs 之 ResultSet 資料集物件的 last( ) 方法，將資料集的指標移到最後一筆資料錄的位置。

- 執行此名稱為 rs 之 ResultSet 資料集物件的 getRow( ) 方法，得到指標所在列（row，也就是資料錄）的位置值，因為先前已將指標移至最後一筆，因此此位置值就等於資料錄的筆數。

- 最後再執行此名稱為 rs 之 ResultSet 資料集物件的 first( ) 方法，將指標移回到第一筆資料錄的位置，以便接下來逐一讀取。

## 說明

不帶參數使用預設值時：

createStatement( )

等同於

createStatement( ResultSet.TYPE_FORWARD_ONLY,
　　　　　　　　ResultSet.CONCUR_READ_ONLY )

(2) PreparedStatement 介面

Statement 是用於執行靜態的 SQL 陳述，也就是在執行 executeQuery( )、executeUpdate( ) 等方法時，使用的是固定不變的 SQL 敘述。而 PreparedStatement 則是用來執行 SQL 敘述內具備變動參數值的情況，當中會變動的參數部分，先使用問號「?」佔位字元，之後再指定其值。程式語法：

**PreparedStatement 物件名稱 =**
　　　　**Connection 物件 .prepareStatement(SQL 敘述 );**

參考下列片段的範例程式。使用 Connection 的 prepareStatement( ) 方法建立一個預先編譯（precompile）的 SQL 敘述。接著，使用 setXXX( 索引 , 值 ) 方法（註：XXX 表示對應的資料類型，方法種類請參照表 17-3 所示），將值指定給索引所指的問號「?」：

```
PreparedStatement pst = con.prepareStatement(
                    "insert into Student value( ?, ?, ?, ?, ? )" );
pst.setString(1,"5852999");
pst.setString(2," 張三 ");
pst.setString(3," 新北市五股區 ");
pst.setString(4,"1990/1/5"); // 日期建議以 String 型態處理
pst.setString(5,"M");
pst.executeUpdate(); // 執行
pst.clearParameters();
```

　　setXXX( ) 方法的第一個參數指定問號「?」佔位字元的索引，而第二個參數是取代該佔位字元的值，使用 setXXX( ) 設定的參數會一直保存，如果要清除輸入的參數內容，可以執行 clearParameters ( ) 方法。

▼ 表 17-3　PreparedStatement 物件常用指定佔位字元內容值的方法

| 方法名稱 | 說明 |
|---|---|
| setBlob( 索引, InputStream 值 ) | 將 InputStream 物件代入索引編號位置的 ? |
| setBoolean( 索引, 布林值 ) | 將布林值代入索引編號位置的 ? |
| setByte( 索引, 整數值 )<br>setShort( 索引, 整數值 )<br>setInt( 索引, 整數值 )<br>setLong( 索引, 整數值 ) | 將整數值代入索引編號位置的 ? |
| setString( 索引, 字串 ) | 將字串代入索引編號位置的 ?<br>■ 如需代入 Unicode 字碼的字串，使用 setNString( ) 方法。 |
| setDate( 索引, 日期 ) | 將日期代入索引編號位置的 ?<br>■ 此方法是將 java.sql.Date 物件執行其 valueOf( ) 方法取得的日期值。處理日期最簡易的方式，可以使用 setString( ) 方法，以字串代入索引編號位置的 ? |
| setTime( 索引, 時間 ) | 將 java.sql.Time 值取代索引編號位置的 ? |
| setDouble( 索引, 浮點數 )<br>setFloat( 索引, 浮點數 ) | 將浮點數值代入索引編號位置的 ? |

　　程式存、取資料表內欄位日期相關的資訊較為複雜，採用字串方式較能簡化處理程序。如需依據日期類型，對應 setXXX( ) 方法如下：

代入日期使用　　　　　　　　setDate( *索引* , *日期* )

代入時間使用　　　　　　　　setTime( *索引* , *時間* )

代入日期時間使用　　　　　　setTimestamp( *索引* , *日期時間* )

(3) CallableStatement 介面

　　CallableStatement 是用於執行 SQL 預儲程序的介面。程式語法：

```
CallableStatement 物件名稱 =
    Connection 物件 .prepareCall("{call 預儲程序名稱 ( 參數 ,…)}");
```

　　例如下列範例程式，執行資料庫內名稱為 find_customer 的預儲程序，該程序需要兩個參數：

```
CallableStatement cst =
con.prepareCall("{call find_customer[?, ?]}");
try{
    cst.setString(1, 1);
    cst.registerOutParameter(2, Types.REAL);
    cst.execute();
    float sales = cst.getFloat(2);
}catch(SQLException e){
    System.out.println (e.getMessage());
}
```

## 4. SQL 操作與執行

　　Statement、PreparedStatement 介面用來處理 SQL 敘述執行的方法，依據「有回應資料集」的 SELECT 選取資料，或是「無回應資料集」的 UPDATE、DELETE 等處理資料的差異，提供下列三種執行 SQL 敘述的方法：

(1) executeQuery( *SQL 敘述* )

executeQuery( ) 方法用於選取資料（SELECT 命令）的 SQL 查詢敘述，回傳值為 ResultSet 物件，也就是回應資料集，均存放於該 ResultSet 物件內。參考下列片段的程式範例：

```
ResultSet rs=st.executeQuery("select * from student");
```

(2) executeUpdate( *SQL 敘述* )

executeUpdate( ) 方法用於「無回應資料集」處理資料，包括：DML 之 UPDATE、DELETE 指令，DDL 之 CREATE、ALTER、DROP 等 SQL 敘述，回傳值為 int 型態的數值，表示處理的筆數。參考下列片段的程式範例：

```
 int cnt=st.executeUpdate("delete from student");
```

(3) execute( *SQL 敘述* )

execute( ) 方法可以執行任何 SQL 敘述，回傳值為布林類型（boolean）。true 表示執行查詢，可以經由 Statement 取得查詢結果。false 表示執行新增或修改，可以經由 Statement 取得更新筆數。而在執行後，可以使用 getResultSet( ) 方法來取得 ResultSet 資料集物件。使用時，如果需要讓使用者自行指定 SQL 敘述，就可以使用 exccute( ) 方法撰寫。參考下列片段的程式範例。

```
String sql = "select * from Student";
boolean  rtn = st.execute( sql );
ResultSet  rs = st.getResultSet( );
```

## 5. 處理回應資料集物件

當執行的 SQL 是 SELECT 敘述時，會有一執行結果的資料集（「沒有資料」是空集合，也是個集合）。程式中，經由查詢資料表所獲得的結果，均會存放於 ResultSet 資料集物件內，其具備包括下列兩種類型的方法：

(1) 指標方法

每一個 ResultSet 物件，皆有一個指標（cursor）用來指向目前資料的列（row）。如圖 17-6 所示，指標最初會指在第一列的前面（beforeFirst），使用 next( ) 方法將指標往下一筆移動，執行後回傳值如果是 true，表示指標正確指到下一筆。如果回傳值是 false，則表示已經到資料最後一筆，指標無法往下一筆移動。除了 next( ) 方法，ResultSet 物件還有許多如表 17-4 所列控制指標的方法。

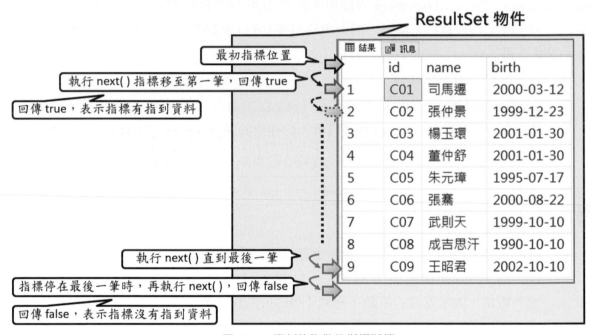

▲ 圖 17-6　資料集物件的指標狀態

▼ 表 17-4　ResultSet 控制指標的方法

| 方法 | 回傳值類型 | 說明 |
|---|---|---|
| relative(int rows) | boolean | 將指標移動 rows 所指定的數目。正數表示往後移動，負數表示往前移動 |
| next() | boolean | 將指標向後移動一筆。如果指標已經移至最後一筆，將回傳 false |
| previous() | boolean | 將指標向前移動一筆。如果指標已經移至最前一筆，將回傳 false |
| first() | boolean | 將指標移至第一筆資料 |
| last() | boolean | 將指標移至最後一筆資料 |

▼ 表 17-4 ResultSet 控制指標的方法（續）

| 方法 | 回傳值類型 | 說明 |
|------|-----------|------|
| beforeFirst() | boolean | 將指標移至第一筆資料之前，此時讀取 ResultSet 物件的資料會是 null |
| afterLast() | boolean | 將指標移至最後一筆資料之後，此時讀取 ResultSet 物件的資料會是 null |
| getRow() | int | 取得目前指標所在的列數 |
| isBeforeFirst() | boolean | 判斷指標是否在第一筆之前 |
| isAfterLast() | boolean | 判斷指標是否在最後一筆之後 |
| isFirst() | boolean | 判斷指標是否在第一筆 |
| isLast() | boolean | 判斷指標是否在最後一筆 |

(2) 取得欄位內容方法

　　如果需要取出 ResultSet 資料集物件內，各筆紀錄（也就是指標所在的資料列）的欄位內容，需要使用 ResultSet 所提供如表 17-5 所列的 getXXX( ) 方法來取得指標所在資料列的欄位值。方法需要傳入一個參數，用來指定資料的欄位名稱，或是直接使用索引值。例如：SELECT id, address, name FROM Student 這一個 SQL 敘述，執行得到的資料集會依據 SELECT 後所列的欄位次序指定索引值，第一個 id 欄位索引值即為 1、第二個 address 欄位索引值即為 2，餘此類推。

▼ 表 17-5 ResultSet 取得資料欄位的方法

| 方法 | 回傳值類型 | 說明 |
|------|-----------|------|
| getInt(int 欄位索引) | int | 取得指標所指資料列 (記錄) 的整數類型的欄位值 |
| getInt(String 欄位名稱) | int | |
| getString(int 欄位索引) | String | 取得指標所指資料列的字串類型的欄位值 |
| getString(String 欄位名稱) | String | |
| getFloat(int 欄位索引) | float | 取得指標所指資料列的數字類型的欄位值 |
| getFloat(String 欄位名稱) | float | |
| getDate(int 欄位索引) | Date | 取得指標所指資料列的日期類型的欄位值，DateTime 類型的資料亦是使用此方法取得 |
| getDate(String 欄位名稱) | Date | |
| getTime(int 欄位索引) | Time | 取得指標所指資料列的時間類型的欄位值 |
| getTime(String 欄位名稱) | Time | |

參考下列片段的程式範例：

```
ResultSet rs = st.executeQuery("SELECT * FROM Course");
while ( rs.next( ) ) {
    System.out.println( "學號" + rs.getString(1) );
    System.out.println( "姓名" + rs.getString(2) );
    System.out.println( "成績" + rs.getInt(3) );
}
```

執行名稱為 st 的 Statement 物件的 executeQuery( ) 方法，將 SQL 敘述「SELECT * FROM Course」送至 DBMS 執行後，將回應的 ResultSet 資料集物件，指定其名稱為 rs。

因為資料集的資料可能不止一列，因此使用 while 迴圈，逐一執行 rs 物件的 next( ) 方法，如果執行回傳值為 true，表示正確移到下一筆紀錄，否則就結束 while 迴圈。

在迴圈範圍內，執行 rs 物件的 getString(1) 方法，取得索引值 1 的欄位內容、getString(2) 方法，取得索引值 2 的欄位內容。因為索引值 3 是整數欄位，所以使用 getInt( ) 方法。

使用索引值的方式，比較適合在沒有欄位名稱的情況下，如圖 17-7 所示，第一個 SELECT 敘述的欄位有運算的情況，其結果就不會有欄位名稱。

```
SELECT Student.id, name, count(*), avg(score)
    FROM Student, Course
    WHERE Student.id=Course.id GROUP BY Student.id, name
```

但第二個 SELECT 敘述有在運算的欄位加上別名（label，標籤），因此執行結果欄位會有指定的名稱。

```
SELECT Student.id, name, count(*)"amount", avg(score)"average"
    FROM Student, Course
    WHERE Student.id=Course.id GROUP BY Student.id, name
```

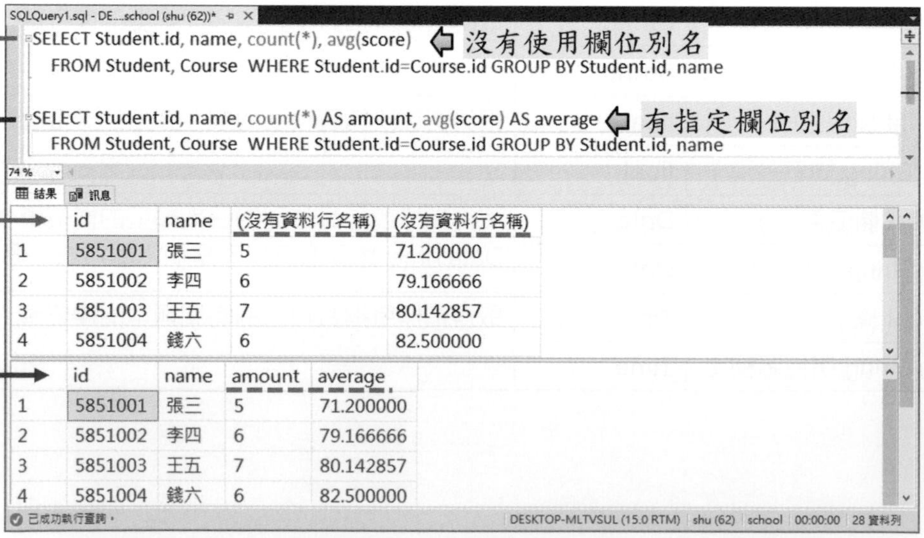

▲ 圖 17-7　SQL 的 SELECT 敘述有運算時，其結果不會有欄位名稱

非常不建議 getXXX( ) 方法使用索引值的方式取得欄位內容。因為必須考量資料表的欄位可能會修改（例如使用 ALTER 命令增加了欄位），或是改變了查詢的 SELECT 敘述，都可能造成索引值並非對應到原先的欄位，如果後續程式沒有跟著修改，就會取錯資料。因此，比較建議「使用別名指定欄位名稱」的方式。如果 SELECT 敘述有運算的情況，使用圖 17-7 中第二個 SELECT 敘述指定輸出欄位別名的方式給予欄位名稱，將上述範例程式可以改成以下的寫法：

```
String sql= "SELECT Student.id, name, COUNT(*) as amount, AVG(score) as average
    FROM Student, Course WHERE Student.id=Course.id GROUP BY Student.id, name";
 ResultSet rs = st.executeQuery(sq1);
while (rs.next()) {
    System.out.println(" 學號 "    + rs.getString("id"));
    System.out.println(" 姓名 "    + rs.getString("name"));
    System.out.println(" 修課數 " + rs.getInt("amount"));
    System.out.println(" 平均分數 "+ rs.getFloat("average"));
}
```

## 6. 關閉 JDBC 物件

程式如不再使用資料庫物件，必須執行關閉程式中所產生的資料庫物件，以便解除程式與資料庫系統之間網路連線（Session）所使用的記憶體空間，以及資料鎖（Data lock）。需要關閉的物件，包括程式內用於處理資料庫所建構的相關物件，例如：Connection、Statement、PreparedStatement、ResultSet ... 等物件。關閉物件的方式是呼叫各物件的 close( ) 方法。參考下列片段的程式範例：

```
rs.close(); //關閉名稱為 rs 的 ResultSet 物件
st.close(); //關閉名稱為 st 的 Statement 物件
con.close(); //關閉名稱為 con 的 Connection 物件
```

關閉的次序依據建置（create）的從屬原則。建置時是先有 Connection 「連線」物件，才能建置 Statement 或 PreparedStatement「敘述」物件，有了敘述物件才能執行 SELECT 敘述，得到 ResultSet「回應資料集」物件。因此關閉的順序就是先關閉「回應資料集」物件，其次「敘述」物件，最後「連線」物件。

## 7. 小結

依據本節資料庫連結與存取資料錄第 1 至第 6 步驟的程序，程式的撰寫可參考下列範例程式，做為基本練習的樣板。

```
// 步驟 1：載入資料庫 JDBC 驅動程式
Class.forName("com.microsoft.sqlserver.jdbc.SQLServerDriver");

// 步驟 2：建立資料庫連線
// 例題使用 school 資料庫，帳號：shu，密碼：shu
String target="jdbc:sqlserver://localhost:1433;database=school";
Connection con= DriverManager.getConnection(target,"shu","shu");

// 步驟 3：建立 SQL 敘述物件
Statement st = con.createStatement();

// 步驟 4：SQL 操作與執行
String sql= "SELECT * FROM Student";
ResultSet rs = st.executeQuery(sql);

// 步驟 5：處理回應資料集物件
while (rs.next()) {
  System.out.println(" 學號 " + rs.getString(1));
  System.out.println(" 姓名 " + rs.getString(2));
  System.out.println(" 生日 " + rs.getDate("birth"));
}

// 步驟 6：關閉 JDBC 物件
rs.close();
st.close();
con.close();
```

綜合第 1 至第 6 步驟，完整程序的資料庫連線程式所需使用的物件，以及各物件的執行方法，可歸納整理如圖 17-8 所示的流程。

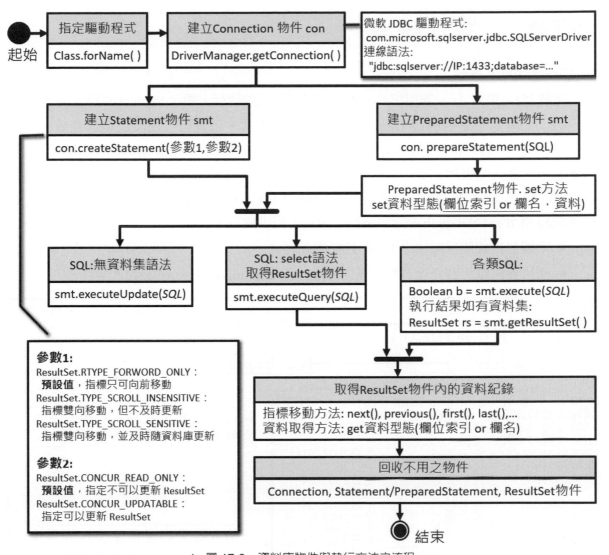

▲ 圖 17-8　資料庫物件與執行方法之流程

　　實際撰寫一些存取資料庫內容的練習程式，熟悉這些物件與方法的使用，再加上先前
學習的 SQL 語法，就能實現應用資料庫的資訊管理系統或網站的開發。

## 說明

　　應用網站的開發就如一般應用系統的開發一樣，程式能力與技巧雖然重要，但了解商務
模式（Business Model）才是最重要的事項。因為系統最終是要給使用者使用的，能不能
符合使用者的操作模式、能不能滿足使用者作業上的需求、能不能有效達成資訊管理的
目標（資料的安全、互通、延展、交換），在在都不輸於程式技巧的重要性。

## 17-4 ▏實作練習

**1. 基礎應用程式練習**

　　**練習 (1)**：撰寫 Java 應用程式，於命令提示字元內執行，顯示 Student 資料表內容。

　　初步，撰寫一支名稱為 Db.java 的 Java 應用程式，考量自行安裝環境的差異，如圖 17-9 所示，程式執行時需輸入資料庫系統所在的 IP 位址或 domain name 名稱，再輸入資料庫名稱、登入帳號與密碼。基於執行資料庫連線的程式，電腦內必須具備資料庫連線驅動程式（檔案：sqljdbc4.jar），並在環境變數設定 CLASSPATH 指向該驅動程式。因此圖 17-9 先以指令 set classpath 顯示該路徑的設定，提供確認。

- 本練習程式使用微軟之 JDBC 連結驅動程式。
- 使用資料庫相關介面、類別建立物件，必須在 import 引入 java.sql.* 套件。

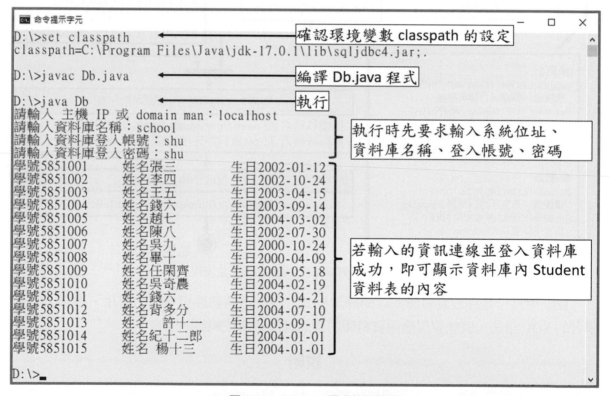

▲ 圖 17-9　Db.java 程式執行結果

**Java 程式檔名：Db.java**

```java
import java.util.Scanner;
import java.sql.*;
public class Db{
    static String account;
    static String password;
    public static void main(String args[]){
        try{
            String uri=getHost();
            if (uri==null)
                throw new Exception("資料庫系統相關資訊輸入不正確");
            // 步驟 1：載入資料庫 JDBC 驅動程式
            Class.forName("com.microsoft.sqlserver.jdbc.SQLServerDriver");
            // 步驟 2：建立資料庫連線
            Connection con= DriverManager.getConnection(uri, account, password );
            // 步驟 3：建立 SQL 敘述物件
            Statement st = con.createStatement();
            // 步驟 4：SQL 操作與執行
            String sql= "SELECT * FROM Student";
            ResultSet rs = st.executeQuery(sql);
            // 步驟 5：處理回應資料集物件
            while (rs.next()) {
                System.out.print("學號" + rs.getString(1));
                System.out.print("\t姓名" + rs.getString(2));
                System.out.println("\t生日" + rs.getDate("birth"));
            }
             // 步驟 6：關閉 JDBC 物件
            rs.close(); st.close(); con.close();
        }catch (Exception e){
            System.out.println("發生例外："+e.toString( )+", 狀況："+e.getMessage( ));
        }
    }
    static String getHost(){
        try{
            Scanner sc = new Scanner(System.in);
            System.out.print("請輸入 主機 IP 或 domain man：");
            String host=sc.next();
            System.out.print("請輸入資料庫名稱：");
            String database=sc.next();
            System.out.print("請輸入資料庫登入帳號：");
            account=sc.next();
            System.out.print("請輸入資料庫登入密碼：");
            password=sc.next();
            return "jdbc:sqlserver://"+host+":1433;database="+database;
        } catch(Exception e){
            return null;
        }
    }
}
```

## 2. 網頁基礎程式練習

**練習 (2)**：撰寫 JSP 網站互動程式，取得 Student 資料表的內容呈現在網頁上。

承練習 (1) 的方式，先在靜態網頁 Info.html 輸入資料庫系統相關資訊：主機位址、資料庫名稱、登入帳號與密碼。如圖 17-10 所示，按下「執行」按鈕後，觸發網站執行 Db.jsp 程式，取得 Student 資料表的內容並組合成 HTML 表格型態回應給瀏覽器呈現。

▲ 圖 17-10　網站資料庫應用程式 Db.jsp 執行結果

---

**靜態網頁檔名：Info.html**

```
<!DOCTYPE html><html>
    <head>
        <meta charset="utf-8"><title> 資料庫系統連線資訊 </title>
    </head>
    <body>
        <form action="Db.jsp" method="post">
            網站位址：<input type="text" name="host"/><br/>
            資料庫名稱：<input type="text" name="database"/><br/>
            登入帳號：<input type="text" name="user"/><br/>
            登入密碼：<input type="password" name="pwd"/><br/>
            <input type="submit" value=" 執行 "/>
        </form>
    </body>
</html>
```

**JSP 程式檔名：Db.jsp**

```jsp
<!DOCTYPE html><html> <meta charset="utf-8">
   <%@ page contentType="text/html;charset=utf-8" import="java.sql.*" %>
   <%
         String host=request.getParameter("host");
         String db  =request.getParameter("database");
         String id  = request.getParameter("user");
         String pwd=request.getParameter("pwd");
         String uri = "jdbc:sqlserver://"+host+":1433;database="+db;
         try{
            // 步驟 1：載入資料庫 JDBC 驅動程式
            Class.forName("com.microsoft.sqlserver.jdbc.SQLServerDriver");
            // 步驟 2：建立資料庫連線
            Connection con= DriverManager.getConnection(uri, id, pwd);
            // 步驟 3：建立 SQL 敘述物件
            Statement st = con.createStatement();
            // 步驟 4：SQL 操作與執行
            String sql= "SELECT * FROM Student";
            ResultSet rs = st.executeQuery(sql);
            // 步驟 5：處理回應資料集物件
   %>
      <table border="1"><tr><th>學號</th><th>姓名</th><th>生日</th><tr/>
   <%
      String msg="";
         while (rs.next()) {
              out.println("<tr>");
              out.print("<td>" + rs.getString("id")+"</td>");
              out.print("<td>" + rs.getString("name")+"</td>");
              out.println("<td>" + rs.getDate("birth")+"</td>");
              out.println("</tr>");
         }
   %>
      </table>
   <%
         // 步驟 6：關閉 JDBC 物件
         rs.close(); st.close(); con.close();
      }catch (Exception e){
         System.out.println("發生例外："+e.toString( )+", 狀況："+e.getMessage( ));
      }
   %>
</html>
```

## 3. 網頁動態 SQL 程式練習

**練習 (3)**：撰寫 JSP 網站互動程式，輸入查詢學生的學號，於網頁上呈現如圖 17-11 所示，該生的學號、姓名、修課數量與平均成績。

▲ 圖 17-11　學生成績查詢

(1) 使用 Statement 介面

■ 首先使用 Statement 介面，組合靜態 SQL 敘述的方式執行查詢。因為 SQL 敘述內的學號前後加上單引號「'」，而單引號是 Java 作為字元的前後標示符號，因此在字串內要使用溢出字元「\」表示：

```
String sql= "SELECT S.id, name, COUNT(*), AVG(score) FROM Student S, Course C"+
     " WHERE S.id=\'"+sid+"\' AND S.id=C.id GROUP BY S.id, name";
```

■ 因為 SQL 敘述使用函數運算的執行結果不會有欄位名稱，因此本範例取出回應資料集的欄位資料使用索引方式：

```
" 修課數目：" + rs.getInt( 3 )
" 平均成績：" +rs.getFloat( 4 )
```

■ 網頁與 JSP 完整程式碼如下：

**靜態網頁檔名：StdSelect.html**

```
<!DOCTYPE html><html>
   <head>
      <meta charset="utf-8"><title> 學生成績查詢 </title>
   </head>
   <body>
      <form action="StdScore.jsp">
         學生學號：<input type="text" name="sid"/>
         <input type="submit" value=" 查詢 "/>
      </form>
   </body>
</html>
```

**JSP 程式檔名：StdScore.jsp**

```
<!DOCTYPE html><html> <meta charset="utf-8">
   <%@ page contentType="text/html;charset=utf-8" import="java.sql.*" %>
   <%
           String sid=request.getParameter("sid"); // 使用者輸入之學生學號
           /* 資料庫系統資訊 */
           String uri = "jdbc:sqlserver://localhost:1433;database=school";
           String id  ="shu";   // 資料庫登入帳號
           String pwd ="shu";   // 資料庫登入密碼

           try{
             Class.forName("com.microsoft.sqlserver.jdbc.SQLServerDriver");
             Connection con= DriverManager.getConnection(uri, id, pwd);
             Statement st = con.createStatement();
             String sql= "SELECT S.id, name, COUNT(*), AVG(score) "+
                             " FROM Student S, Course C"+
                             " WHERE S.id=\'"+sid+"\' AND S.id=C.id"+
                             " GROUP BY S.id, name";
             ResultSet rs = st.executeQuery(sql);
             if (rs.next()) {
                 out.println(" 學號："+sid+" 姓名："+rs.getString( "name" )+"<hr/>" );
                 out.println(" 修課數目："+rs.getInt( 3 )+"<br/>" );
                 out.println(" 平均成績："+rs.getFloat( 4 ) );
             }else
                 out.println(" 學號："+sid+" 資料不存在 ");
             rs.close(); st.close(); con.close();
           }catch (Exception e){
             System.out.println(" 發生例外："+e.toString( )+", 狀況："+e.getMessage( ));
           }
   %>
</html>
```

(2) 使用 PreparedStatement 介面

　　■ 使用 PreparedStatement 介面執行動態 SQL 敘述的方式，需要在建立
　　　PreparedStatement 物件時先指定 SQL 敘述，之後再指定 ? 的內容。

```
String sql= "SELECT S.id, name, COUNT(*) AS amount, AVG(score) AS average "+
         " FROM Student S, Course C"+
         " WHERE S.id= ? AND S.id=C.id"+
         " GROUP BY S.id, name";
PreparedStatement ps = con.prepareStatement( sql );
ps.setString( 1, sid );
```

■ 本範例的 SQL 使用欄位別名方式，指定運算欄位的名稱。因此本範例取出回應資料集的欄位資料使用名稱方式：

```
" 修課數目：" + rs.getInt("amount")
" 平均成績：" +rs.getFloat("average")
```

■ JSP 完整程式碼如下：

**JSP 程式檔名：StdScore2.jsp**

```
<!DOCTYPE html><html> <meta charset="utf-8">
   <%@ page contentType="text/html;charset=utf-8" import="java.sql.*" %>
   <%
        String sid=request.getParameter("sid"); // 使用者輸入之學生學號
        /* 資料庫系統資訊 */
        String uri = "jdbc:sqlserver://localhost:1433;database=school";
        String id  ="shu";   // 資料庫登入帳號
        String pwd ="shu";   // 資料庫登入密碼

        try{
          Class.forName("com.microsoft.sqlserver.jdbc.SQLServerDriver");
          Connection con= DriverManager.getConnection(uri, id, pwd);
          String sql= "SELECT S.id, name, COUNT(*) as amount, AVG(score)
                      as average "+
                      " FROM Student S, Course C"+
                      " WHERE S.id= ? AND S.id=C.id"+
                      " GROUP BY S.id, name";
          PreparedStatement ps = con.prepareStatement(sql);
          ps.setString( 1, sid );
          ResultSet rs = ps.executeQuery( );
          if (rs.next()) {
              out.println(" 學號："+sid+" 姓名："+rs.getString( "name" )+"<hr/>" );
              out.println(" 修課數目："+rs.getInt( "amount" )+"<br/>" );
              out.println(" 平均成績："+rs.getFloat( "average" ) );
          }else
              out.println(" 學號："+sid+" 資料不存在 ");
          rs.close(); ps.close(); con.close();
        }catch (Exception e){
          System.out.println(" 發生例外："+e.toString( )+
                             "，狀況："+e.getMessage( ));
        }
   %>
</html>
```

動態 SQL 敘述除了使用在查詢指定條件的內容，也非常適合使用在異動資料的情況，例如下列練習資料新增的範例。。

**練習 (4)**：撰寫 JSP 網站學生資料的建檔程式。如圖 17-12 所示，輸入學生資料之後，按下「存檔」鈕，將資料新增至資料庫的 Student 學生資料表。

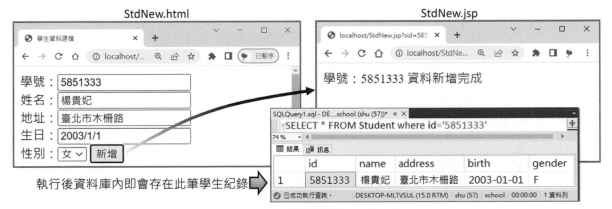

▲ 圖 17-12　學生資料建檔新增作業

- 較為正式的建檔功能，會執行資料類型或必備欄位的檢查，本範例沒有在網頁加入任何欄位檢查的程序，僅著重在程式與資料庫之間的互動程序。
- 處理資料新增前，可以依據主鍵欄位先進行檢查是否重複，以便呈現資料重複的明確的訊息，而非資料庫執行 INSERT 的 SQL 敘述時引發的資料庫錯誤。
- 執行 INSERT 的 SQL 敘述，不會有回應資料集，因此使用 execute( ) 方法執行 SQL 敘述。

**靜態網頁檔名：StdNew.html**

```html
<!DOCTYPE html><html>
   <head>
      <meta charset="utf-8"><title> 學生資料建檔 </title>
   </head>
   <body>
      <form action="StdNew.jsp">
         學號：<input type="text" name="sid"/><br/>
         姓名：<input type="text" name="name"/><br/>
         地址：<input type="text" name="addr"/><br/>
         生日：<input type="text" name="birth"/><br/>
         性別：<select name="gender">
                 <option value="M"> 男 </option>
                 <option value="F" selected> 女 </option>
          </select>
          <input type="submit" value=" 新增 "/>
      </form>
   </body>
</html>
```

**JSP 程式檔名：StdNew.jsp**

```jsp
<!DOCTYPE html><html> <meta charset="utf-8">
    <%@ page contentType="text/html;charset=utf-8" import="java.sql.*" %>
    <%
            /* 取得網頁輸入的資料 */
            request.setCharacterEncoding("utf-8");  // 指定接收網頁資料為 utf-8 字碼格式
            String sid        =request.getParameter("sid");    // 使用者輸入之學號
            String name  =request.getParameter("name");        // 姓名
            String addr    =request.getParameter("addr");      // 地址
            String birth   =request.getParameter("birth");     // 生日
            String gender=request.getParameter("gender");      // 性別
            if (sid == null) throw new Exception(" 學號不允許空值 ");

            /* 資料庫系統資訊 */
            String uri = "jdbc:sqlserver://localhost:1433;database=school";
            String id  ="shu";   // 資料庫登入帳號
            String pwd ="shu";   // 資料庫登入密碼

            try{
              Class.forName("com.microsoft.sqlserver.jdbc.SQLServerDriver");
              Connection con= DriverManager.getConnection(uri, id, pwd);
              /* 先檢查此學號是否已存在 */
              String sql= "SELECT * FROM Student WHERE id=?";
              PreparedStatement psCheck  = con.prepareStatement( sql );
              psCheck.setString( 1, sid );
              ResultSet rs = psCheck.executeQuery( );
              if (rs.next( ))
                  out.println(" 學號："+sid+" 已經存在，不允許再新增 ");
              else {
                 sql="INSERT INTO Student VALUES (?, ?, ?, ?, ?)";
                 PreparedStatement psNew = con.prepareStatement( sql );
                 psNew.setString( 1, sid );
                 psNew.setString( 2, name );
                 psNew.setString( 3, addr );
                 psNew.setString( 4, birth );
                 psNew.setString( 5, gender );
                 psNew.execute( );
                 out.println(" 學號："+sid+" 資料新增完成 ");
                 rs.close(); psCheck.close(); psNew.close(); con.close();
              }
            }catch (Exception e){
               System.out.println(" 發生例外："+e.toString( )+", 狀況："+e.getMessage( ));
            }
    %>
</html>
```

**練習 (5)**：撰寫 JSP 網站登入程式。輸入帳號與密碼，如圖 17-13 所示，於 Verify.jsp
程式中，使用 Customer 資料表判斷輸入的帳號是否存在與密碼是否正確。

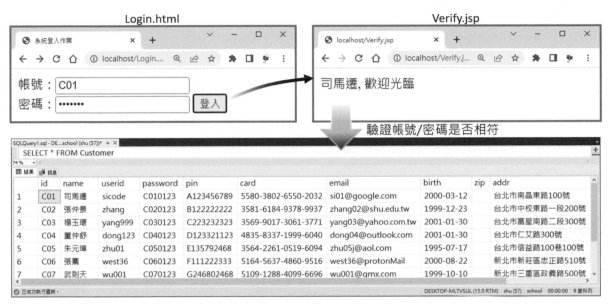

▲ 圖 17-13　使用者登入驗證

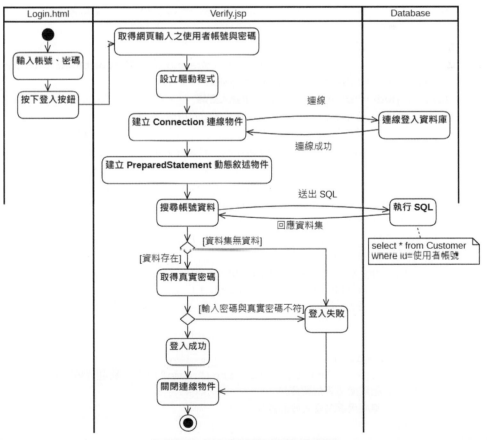

▲ 圖 17-14　範例執行的簡易流程

**靜態網頁檔名：Login.html**

```html
<!DOCTYPE html><html>
    <head>
        <meta charset="utf-8"><title> 系統登入作業 </title>
    </head>
    <body>
        <form action="Verify.jsp" method="post">
            帳號：<input type="text" name="user"/><br/>
            密碼：<input type="password" name="pass"/>
             <input type="submit" value=" 登入 "/>
        </form>
    </body>
</html>
```

**JSP 程式檔名：Verify.jsp**

```jsp
<!DOCTYPE html>
<html> <meta charset="utf-8">
    <%@ page contentType="text/html;charset=utf-8" import="java.sql.*" %>
    <%
            String user = request.getParameter("user"); // 使用者帳號
            String pass = request.getParameter("pass"); // 使用者密碼

            /* 資料庫系統資訊 */
            String uri = "jdbc:sqlserver://localhost:1433;database=school";
            String id  ="shu";   // 資料庫登入帳號
            String pwd ="shu";    // 資料庫登入密碼
            boolean bLogin=false; // 是否登入成功的指標
            try{
               Class.forName("com.microsoft.sqlserver.jdbc.SQLServerDriver");
               Connection con= DriverManager.getConnection(uri, id, pwd);
               String sql= "SELECT * FROM Customer WHERE id = ? ";
               PreparedStatement ps = con.prepareStatement( sql );
               ps.setString( 1, user );
               ResultSet rs = ps.executeQuery( );
               if (rs.next()) {
                   String realPass = rs.getString("password"); // 資料表內儲存的正確密碼
                   if ( realPass.equals(pass) ){
                        bLogin=true;
                   }
                }
                if ( bLogin ){
                    out.println( rs.getString("name")+", 歡迎光臨 ");
                    // 記錄使用者相關資訊
                    // 導向至網站登入後的首頁
                }else
```

```
        out.println(" 帳號或密碼錯誤 ");

    rs.close(); ps.close(); con.close();
  }catch (Exception e){
    System.out.println(" 發生例外："+e.toString( )+
                        "，狀況："+e.getMessage( ));
  }
  %>
</html>
```

# 本章習題

## 選擇題

(　) 1.　資訊系統運作的雙方共同約定以何種方式交換訊息的一系列的相關規定，稱之為：

①合約　②協定　③語法　④標準。

(　) 2.　資料庫連結驅動程式，屬於前端應用程式與後端資料庫系統之間的軟體稱為：

①中介　②監聽器　③元件　④節點。

(　) 3.　下列何者不是資料庫連結驅動程式主要負責的工作：

①連線資料庫系統

②登入資料庫

③執行 SQL

④回傳查詢結果的回應資料集。

(　) 4.　下列何者是原生驅動程式（Native Driver）的優點：

①具備後端的彈性，可跨用於多種資料庫系統

②專供特定程式語言開發應用系統使用

③部分資料庫功能會受到限制

④效率最高。

(　) 5.　JDBC API 主要的資料庫套件為：

① java.sql　② java.util　③ java.io　④ java.database。

(　) 6.　Java 程式中載入驅動程式的方法為：

① forName( )　② import( )　③ extend( )　④ getConnection( )。

（　）7.　DriverManager 類別連線資料庫系統，提供的 URI 參數「jdbc:sqlserver:// 網址 :1433;database= 資料庫名稱」。其中 1433 表示為：
①連線時間　②埠號　③程序編號　④協定編號。

（　）8.　使用連線埠號是表示：
①監聽器所在的 IP 編號位址
②雙方共通的通訊管道
③程序慣用的識別編號 (PID)
④國際規範的系統編號。

（　）9.　Java 程式常用於處理動態 SQL 敘述的介面為：
① CreateStatement　② Statement　③ CallableStatement　④ PreparedStatement。

（　）10.　程式中執行最後關閉 JDBC 物件，不包括下列哪一因素：
①釋放程式執行佔用的記憶體
②解除程式與資料庫系統之間網路連線（Session）所使用的記憶體空間
③解除異動所引發的資料鎖（Data lock）
④降低 JVM 資源回收的負擔。

## 簡答

1. 資料庫中介軟體所指為何？

2. 資料庫連結驅動程式主要分為哪三種類型？

3. 何謂協定（Protocol）？

4. 驅動程式連結資料庫系統時，需要提供哪三項基本資訊？

5. SQL Server 資料庫系統監聽服務程式（Listener）慣用預設的埠號為何？

6. 為何程式不再使用資料庫物件時，必須執行關閉程式中所產生的資料庫物件？

7. 在 Java 程式中（包括 JSP）使用資料庫的相關類別，其基礎套件的名稱為何？

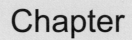

# Chapter

# 18

# 網站資料庫應用程式開發

# 18-1 ║ 連線池

前一節練習的程式，透過驅動程式直接連結資料庫系統存取資料的方式，每當要使用資料庫的資料時，都要經過下列程序：

(1) 載入資料庫驅動程式名稱。

(2) 建構（create）連結的物件。

(3) 產生傳送 SQL 敘述的物件。

(4) 如果執行的是 SELECT 命令，還要有取得回應的資料集物件。

(5) 最後，再逐一解構（destory）各使用的物件。

例如開發一個提供使用者查詢資料的功能，其循序圖可以表達如圖 18-1 所示的流程。

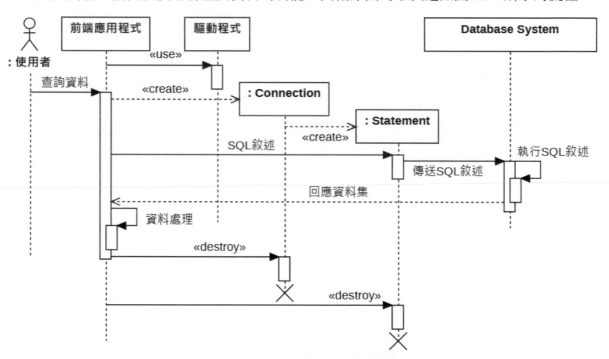

▲ 圖 18-1　資料查詢功能的循序圖範例

應用程式執行 SQL 的目的可能不同，可能是使用 SELECT 篩選資料，或是使用 INSERT、UPDATE、DELETE 異動資料，也可能程式中需要執行多項不同的 SQL 敘述，因此處理的 SQL 物件就不可省略。每次執行 SQL 敘述都要連結資料庫的過程卻是一樣，可以考慮使用預先建立資料庫連結的連線池（Connection pool，或稱連接池）降低連線、切斷連線過程所花費的網路負荷與處理時間。

### 1. 連線池

　　連線池是容許前端應用程式共享一組快取的連線物件，這些連線物件提供前端（用戶端，client）應用程式對資料庫資源使用的服務。先前介紹之資料庫連線模式，如圖 18-2 所示，對每個前端的請求，都要進行擷取和釋放資料庫連線的作業。也就是說，每個程式實體均會占用一個資料庫通道（session），個別均需要處理驅動程式的指定、建立連線等程序。

　　連線池是將連線的通道預先建立，如圖 18-3 所示，提供所有程式共用這些預先建立的資料庫通道。連線池的服務通常是由實作 Java J2EE 規格的應用程式伺服器提供，例如：Resin 的 JSP 容器已經實作 JDBC 的資料來源介面，而且支援連線池的功能，本章節也會示範使用 Java Bean 撰寫簡易的連線池程式。

━━━━━━━━━━━━━━━━━━ 說明 ━━━━━━━━━━━━━━━━━━

連線池的服務，就像圖書館的借閱服務一樣：

圖書館事先準備好圖書，讀者需要圖書時就向圖書館借閱，不用時必須歸還，以供後續其他人借閱。當圖書在架上時，讀者就可以借閱，如果圖書不夠借閱，可以考慮多買些複本放在架上，以滿足多位讀者都要借書的需求。

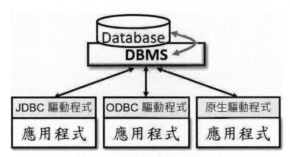

▲ 圖 18-2　直接連結資料庫系統方式

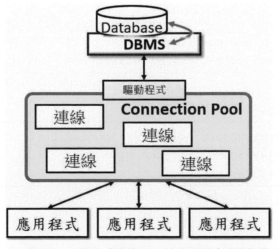

▲ 圖 18-3　透過「連線池」共享資料庫連線物件

　　在直接連線的情況下，同時上線的人數越多，資料庫系統的負荷越大，尤其有些連線只是執行一些簡單的 SQL 敘述便結束，而建立與關閉連線對資料庫系統而言，均需要記憶體空間與 CPU 的處理，不僅花費時間，也占用系統效能。而連線池的架構是透過建立一組持續的資料庫系統連結物件來服務所有需要使用資料庫資料的應用程式。若有應用程式需要連結某個資料庫，便可以向連線池提出一個連線的請求，連線池會在接到請求之後，檢查是否有建立好的連線，有的話則回傳一個閒置的連線物件，若無便會向資料庫驅動程式建立一個連線物件，再回傳給應用程式使用，使用後並不需自行解構連線物件，只需回應連線池使用完畢。之後其他的應用程式便可以再使用此連線物件對資料庫進行存取。因此，在連線池的架構之下，資料庫系統只需處理一組連結的物件，簡化了每一個程式建構與解構連線物件所帶來的負荷。

## 2. JNDI

　　Java 命名和目錄介面（Java Naming and Directory Interface，JNDI）提供 Java 應用程式所需資源的命名服務（Naming Service），其功能如同網際網路（Internet）的網域名稱服務（Domain Name Server，DNS），使用名稱即可找到指定的主機資源。JNDI 可以先定義資源的 JNDI 名稱，在 Java 應用程式只需使用 JNDI 名稱即可取得所需的資源。

　　以 Java 的 JSP 程式，搭配 Resin 網站伺服器為例，使用 JNDI 與連線池的方式如下：

(1) 定義 JNDI 的資料來源與連線池

　　以 Resin 網站伺服器，指定建立在本機為例，在 conf 目錄內的組態檔案定義 JNDI 的資料來源與連線池：

**檔案名稱：web.xml**

```
<database jndi-name='jdbc/myDB'>
<driver type="com.microsoft.sqlserver.jdbc.SQLServerDriver">
   <url>jdbc:sqlserver://localhost:1433;database=資料庫名稱;</url>
   <user>登入帳號</user> <password>密碼</password>
</driver>
<prepared-statement-cache-size>8</prepared-statement-cache-size>
<max-connections>10</max-connections>
<max-idle-time>20s</max-idle-time> </database>
```

**檔案名稱：conf.properties**

```
driver.sqlserver=com.microsoft.sqlserver.jdbc.SQLServerDriver
dbjndi.read.default=java:comp/env/jdbc/myDB
dbjndi.write.default=java:comp/env/jdbc/myDB
```

(2) 取得 JNDI 定義的資料庫連結

在 JSP 程式取得 JNDI 定義的資料庫連結前，需要匯入下列套件：

```
<%@ page import="java.sql.*"%>
<%@ page import="javax.sql.*"%>
<%@ page import="javax.naming.*"%>
```

JSP 程式使用 InitialContext 物件的 lookup( ) 方法找尋 JNDI 名稱，其搜尋路徑為 java:comp/env/jdbc/myDB 為例，程式碼範例如下所示：

```
String path="java:comp/env/jdbc/myDB"
Context cx=new InitialContext();
DataSource ds=(DataSource)cx.lookup(path);
```

找到 JNDI 名稱後，即可使用 Connection 的 getConnection( ) 方法取得資料庫連結

```
Connection dbCon = ds.getConnection();
```

### 說明

JNDI 是透過過該介面與具體的目錄服務進行互通，JNDI 可以使用 RMI、LDAP 存取目標的服務，後來發現能夠透過 JNDI 注入配合 RMI 等方式實現攻擊的資安問題。最近最著名的資安事件是發生在 2021 年 12 月 Log4j2 的 JNDI 注入漏洞（CVE-2021-44228）。

### 3. JavaBeans

本書練習使用 JavaBeans 自行開發一組 Connection Pool 程式的套件，提供日後所有要連線資料庫的程式使用。JavaBeans 是一個可重複使用且跨平台的 Java 套件，所以非常適合用來開發這一項需求。JavaBeans 的介紹請參見附錄 D，在此不再重複贅述，謹在此強調 JavaBeans 的撰寫要領：

(1) 須宣告為 public 類別的 java 程式。

(2) 所有屬性必須宣告為 private。

(3) 必須有一個無傳入引數的建構子（constructor）。

(4) 設定或取得屬性時必須使用 setXXX( ) 和 getXXX( ) 的方法。

示範建立兩支程式，並指定套件名稱為 myBean：

(1) ConnBean.java：負責建立資料庫系統的連線，並提供是否已連線的確認方法。

(2) PoolBean.java：連線池工具程式。負責建構連線池內的 Connection 物件，提供應用程式使用。

## 檔案名稱：ConnBean.java

```java
package myBean;
import java.io.*;
import java.sql.*;
public class ConnBean{
  private Connection conn = null;
  private boolean inuse = false;
  public ConnBean(){ }   // 空建構子

  public ConnBean(Connection con){
    if (con!=null) conn = con;
  }

  public Connection getConnection(){
   return conn;
  }

  public void setConnection(Connection con){
    // 如果已經建立連線，則回傳原連線物件
    conn = con;
  }

      public void setConnection(String strConn){
    try{
      name="com.microsoft.sqlserver.jdbc.SQLServerDriver";
      Class.forName( name );
      conn =DriverManager.getConnection(strConn);
            }catch(Exception e){
      System.out.println(" 連線發生問題："+e.toString());
    }
        }

  public void setInuse(boolean inuse){
    // 設定物件是否「使用中」旗號
    this.inuse = inuse;
  }

  public boolean getInuse(){
    // 詢問物件是否「使用中」
    return inuse;
  }

  public void close(){
    // 關閉連線
    try{
      conn.close();
    }catch (SQLException sqle){
      System.err.println(sqle.getMessage());
    }
  }
}
```

程式說明：

■ ConnBean.java 宣告的屬性：

(a) conn 屬性　　　　Connection 類別的物件，表示對於指定之資料庫的連結。

(b) inuse 屬性　　　　布林邏輯的變數，使用者開始向連線池要求一個連結時，inuse 屬性值為 true，表示此連線物件是使用中。當使用者請求結束後，歸還該連線物件時，inuse 屬性值為 false。

■ ConnBean.java 宣告的方法：

(a) ConnBean()　　　建立一個空白的建構子。

(b) ConnBean(con)　使用傳入的 con 物件，指定 conn 為該 Connection 物件。

(c) getConn()　　　　傳回一個連結物件 conn。

(d) setInuse(inuse)　設定 inuse 屬性，指示是否為使用中。

(e) getInuse()　　　　回傳 inuse 的屬性值，提供應用程式判斷連線物件是否使用中。

(f) close()　　　　　關閉 conn 物件。

**檔案名稱：PoolBean.java**

```java
package myBean;
import java.io.*;
import java.sql.*;
import java.util.*;
public class PoolBean{
  private String driver = null;
  private String url = null;
  private int size = 0;
  private String username = "";
  private String password = "";
  private ConnBean connBean=null;
  private Vector pool = null;

  public PoolBean(){ }

  public void setDriver(String d){
    if (d!=null) driver=d;
  }

  public String getDriver(){
    return driver;
  }

    public void setURL(String u){
    if (u!=null) url=u;
  }
```

```java
public String getURL(){
  return url;
}

public void setSize(int s){
  if (s>1) size=s;
}

public int getSize(){
  return size;
}

public void setUserName(String un){
  if (un!=null) username=un;
}

public String getUserName(){
  return username;
}

public void setPassword(String pw){
  if (pw!=null) password=pw;
}
public String getPassword(){
  return password;
}
public void setConnBean(ConnBean cb){
  if (cb!=null) connBean=cb;
}

public ConnBean getConnBean() throws Exception{
  Connection con = getConnection();
  ConnBean cb = new ConnBean(con);
  cb.setInuse(true);
  return cb;
}

private Connection createConnection() throws Exception{
  Connection con = null;
  con = DriverManager.getConnection(url,username,password);
  return con;
}
```

```
public synchronized void initializePool() throws Exception{
  if (driver==null)
    throw new Exception("沒提供驅動程式名稱!");
  if (url==null)
    throw new Exception("沒提供 URL!");
  if (size<1)
    throw new Exception("連結池大小小於一!");
  try{
    Class.forName(driver);
    for (int i=0; i<size; i++){
      Connection con = createConnection();
      if (con!=null){
        ConnBean connBean = new ConnBean(con);
        addConnection(connBean);
      }
    }
  }catch(Exception e){
    System.err.println(e.getMessage());
    throw new Exception(e.getMessage());
  }
}

private void addConnection(ConnBean connBean){
  if (pool==null) pool=new Vector(size);
  pool.addElement(connBean);
}

public synchronized void releaseConnection(Connection con){
  for (int i=0; i<pool.size(); i++){
    ConnBean connBean = (ConnBean)pool.elementAt(i);
    if (connBean.getConnection()==con){
      System.err.println("釋放第 " + i + " 個連結");
      connBean.setInuse(false);
      break;
    }
  }
}

public synchronized Connection getConnection()
throws Exception{
  ConnBean connBean = null;
  for (int i=0; i<pool.size(); i++){
    connBean = (ConnBean)pool.elementAt(i);
    if (connBean.getInuse()==false){
```

```
          connBean.setInuse(true);
          Connection con = connBean.getConnection();
          return con;
        }
    }try{
      Connection con = createConnection();
      connBean = new ConnBean(con);
      connBean.setInuse(true);
      pool.addElement(connBean);
    }catch(Exception e){
      System.err.println(e.getMessage());
      throw new Exception(e.getMessage());
    }
    return connBean.getConnection();
  }

  public synchronized void emptyPool(){
    for (int i=0; i<pool.size(); i++){
      System.err.println("關閉第 " + i + " JDBC 連結");
      ConnBean connBean = (ConnBean)pool.elementAt(i);
      if (connBean.getInuse()==false)
        connBean.close();
      else{
        try{
          java.lang.Thread.sleep(20000);
          connBean.close();
        }catch(InterruptedException ie){
          System.err.println(ie.getMessage());
        }
      }
    }
  }
}
```

　　應用程式使用 JavaBeans 時，JSP 程式需要使用動作元素的 <jsp:useBean> 標籤宣告欲使用的 JavaBeans 物件，例如宣告物件名稱為 pool、使用範圍為整個網站、使用的 myBean 套件的 PoolBean 類別的程式宣告為：

```
<jsp:useBean id="pool" scope="application"
             class="myBean.PoolBean"/>
```

　　在應用程式最初執行時，必須先確認 pool 物件是否已經建立好連線池 Connection 類別的物件。如果沒有，必須先執行資料庫連結的相關程序，並建立系統預計所需的連結數量，也就是連線池內所準備的資料庫連結物件的數量。示範的程式片段如下：

```
Connection con=null;
try{
  if (pool.getDriver()==null){
    // 指定驅動程式名稱
    pool.setDriver("com.microsoft.sqlserver.jdbc.SQLServerDriver");
    // 建立連線
    pool.setURL(
      "jdbc:sqlserver://網址:1433;database=資料庫名稱");
    pool.setUserName("登入帳號");
    pool.setPassword("登入帳號之密碼");
    // 設定連線池大小，例如建構 10 個 Connection 類別的物件
    pool.setSize(10);
    pool.initializePool();
  }
}catch(Exception e){ out.println(e.getMessage());}
```

　　各程式需要連線資料庫時，就可以隨時向 pool 物件「借用」這些連線池的連線物件，用後再歸還，如此就可反覆提供各個程式使用。

## 18-2 ‖ 實作練習

### 說明

接下來要練習使用 JavaBeans 實作連線池的應用。本書示範使用 Tomcat 網站程式，除了在 lib 目錄內必須有 JDBC 驅動程式：sqljdbc4.jar。另外，ConnBean.java 與 PoolBean.java 兩支程式宣告的套件為 myBean，因此編譯後的 .class 檔（bytecode）必須置於如圖 18-4 示範的 Tomcat 網站自訂套件的目錄內。

Tomcat 目錄 \webapps\ROOT\WEB-INF\classes\myBean

▲ 圖 18-4　自訂套件位置

**練習 (1)**：使用連線池方式，列出各學生學號、姓名、修課數目與平均成績（為方便了解程式內容，範例儘量省略 HTML 元素）。

---

**檔案名稱：poolTest.jsp**

```jsp
<html>
<head>
  <%@ page contentType="text/html;charset=utf-8" %>
  <%@ page import="java.util.*, java.sql.*, myBean.*" %>
  <jsp:useBean id="pool" scope="application"
               class="myBean.PoolBean"/>
</head>
<body>
<%
  Connection con=null;
  try{
    // 測試是否已建立連線池物件
    if (pool.getDriver()==null){
      pool.setDriver("com.microsoft.sqlserver.jdbc.SQLServerDriver");
      pool.setURL("jdbc:sqlserver://localhost:1433;database=school");
      pool.setUserName("shu");
      pool.setPassword("shu");
      pool.setSize(5);   // 設定連線池大小
      pool.initializePool();
    }
    con=pool.getConnection();
    Statement st=con.createStatement();
    String sql= "select student.id,name,
                   count(*)\"cnt\",  avg(score)\"avg\"
                   from student,course
                   where student.id=course.id
                   group by student.id,name";
    ResultSet rs = st.executeQuery(sql);
%>
  <center><table border="1">
  <tr><th> 學號 </th><th> 姓名 </th>
      <th> 修課數 </th><th> 平均分數 </th>
  </tr>
<%
    while (rs.next() ){
      out.println("<tr><td>"+rs.getObject("id")+"</td>");// 學號
      out.println("<td>"+rs.getObject("name")+"</td>"); // 姓名
      out.println("<td>"+rs.getObject("cnt")+"</td>");   // 修課數
      out.println("<td>"+rs.getObject("avg")+"</td>");   // 平均分數
    }
    rs.close();
    pool.releaseConnection(con);   // 歸還連線物件
  }catch(Exception e){ out.println(e.getMessage());}
%>
  </table></center>
</body>
</html>
```

程式說明：

- 存檔檔案名稱為 poolTest.jsp，儲存於網站伺服器（Resin 或 Tomcat）的主目錄 \ webapps\Root\ 內。

- 本程式使用的連線池程式為 JavaBeans，因此必須使用動作元素的 <jsp:useBean> 標籤宣告使用 JavaBeans 物件。本範例使用物件名稱為 pool、使用範圍為整個網站、使用的類別為 myBean 套件內的 PoolBean 程式。

- 考量最初執行時，應先建立連線池的 Connection 資料庫連線物件，本範例程式中執行 pool 物件的 getDriver() 方法，若回傳值為 null，表示 pool 的連線池的資料庫連線物件尚未建立。

- 範例程式執行 pool 物件的 setSize() 方法，指定建立 5 個連線物件，再執行 initializePool() 方法，逐一建立這 5 個連結物件，並在圖 18-5 所示的網站啟動畫面顯示建立的連結資訊（本例使用的網站伺服器為 Tomcat，若是使用 Resin 等網站，顯示畫面內容也大致相同）。

- 爾後使用資料表時，取得連結的物件只需執行 pool 物件的 getConnection() 方法，即可獲得一個 Connection 物件。使用完畢再執行 releaseConnection() 方法，即可歸還該物件以供後續其他應用程式使用（如圖 18-5 畫面下方顯示的釋放訊息）。

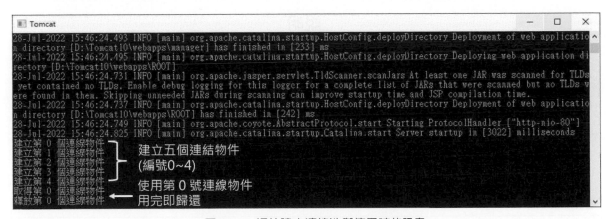

▲ 圖 18-5　網站建立連線池與使用時的訊息

於瀏覽器執行此網站的 poolTest.jsp 程式，執行結果顯示如圖 18-6 所示。

▲ 圖 18-6    poolTest.jsp 使用連線池取得資料庫資料的執行結果

**練習 (2)**：使用連線池方式，改寫前一章輸入查詢學生的學號，於網頁上呈現如圖 18-7 該生的學號、姓名、修課數量與平均成績的網頁 JSP 程式。

---

## 說明

如果剛才有執行練習 (1) 的 poolTest.jsp 程式，表示 JavaBeans 已執行完成連線池的建立，就可以省略「測試是否已建立連線池物件」的程式。也就是說，在網站啟動後，只需要執行一次連線池的建立程序，之後只要網站沒有關閉（shutdown），就可以一直使用連線池的功能。

網頁與 JSP 完整程式碼如下：

**靜態網頁檔案名稱：StdSelect.html**

```html
<html>
  <head>
    <meta charset="utf-8"><title> 學生成績查詢 </title>
</head>
<body>
    <form action="StdScore.jsp">
        學生學號：<input type="text" name="sid"/>
        <input type="submit" value=" 查詢 "/>
    </form>
  </body>
</html>
```

**JSP 程式檔案名稱：StdScore.jsp**

```
<html> <meta charset="utf-8">
  <%@ page contentType="text/html;charset=utf-8"
          import="java.sql.*, myBean.*" %>
  <jsp:useBean id="pool" scope="application"
              class="myBean.PoolBean"/>
  <%
    String sid=request.getParameter("sid"); // 使用者輸入之學生學號
    Connection con=null;
    con=pool.getConnection();   // 取得連線物件
    String sql= "SELECT S.id, name, COUNT(*) as amt, AVG(score) as avg "+
                        " FROM Student S, Course C"+
                        " WHERE S.id= ? AND S.id=C.id"+
                        " GROUP BY S.id, name";
    PreparedStatement ps = con.prepareStatement(sql);
    ps.setString( 1, sid );
    System.out.println("sql="+sql);
    ResultSet rs = ps.executeQuery( );
    if (rs.next()) {
      out.println(" 學號："+sid+" 姓名："+rs.getString( "name" )+"<hr/>" );
      out.println(" 修課數目："+rs.getInt( "amt" )+"<br/>" );
      out.println(" 平均成績："+rs.getFloat( "avg" ) );
    }else
      out.println(" 學號："+sid+" 資料不存在 ");

    rs.close();
    pool.releaseConnection(con);   // 歸還連線物件
  %>
</html>
```

▲ 圖 18-7 學生成績查詢

與前一章的程式相比，減少處理連線的程式，似乎整體程式並沒有精簡許多。事實上，精簡程式並非使用連線池的目的，去除每次進行連線的程序，大幅提高系統運作的效能、降低使用負荷才是最大的優勢，尤其是在多人同時連線使用的環境，效果更是明顯。

# 18-3 資料檢索功能程式撰寫

資訊管理系統最基本的功能，包括資料維護（新增、修改）、權限管理（帳號登入與使用權利的判斷）、檢索（資料的搜尋以及挑選）。在前一章節練習了資料表紀錄的新增資料、查詢並檢驗帳號登入，以及前一節學習使用連線池功能執行資料庫連結方式的程式撰寫技巧，提供較便利與快速的資料庫連線使用方式。接下來就進入到檢索功能的撰寫，透過檢索功能的練習，一方面學習資料查詢的功能開發，一方面也能凸顯使用連線池的效率。檢索功能通常分為「索引」與「檢索」兩個部分的程式開發。

## 1. 索引

此處的索引並不是資料庫的索引表，而是透過資料結構，將資料分解成控制詞彙或關鍵字的資料表，提供檢索時能夠達成一些特定搜尋的方式。例如容錯查詢、拼音查詢、同義詞查詢…等。不過涉及資料結構與關鍵字詞分析的技術，並不在本書討論，而是單純應用 SQL 的 SELECT 既有的查詢能力進行資料的搜尋。

## 2. 檢索

此功能主要的目的是將查詢的結果以簡表方式表列出來，提供使用者選擇。程式撰寫的重點，是查詢結果的筆數可能超過一頁顯示的範圍，因此需要能夠提供上一頁、下一頁，甚至最前頁、最後頁的切換，這也就是本單元主要的練習目標。

### 說明

　如圖 18-8 所示的流程，多數資訊系統查詢結果會分為兩個層次顯示資料。檢索下達之後，查詢的結果先以「簡表」方式顯示，也就是以最核心的欄位顯示給使用者檢視，目的是精簡查詢結果顯示的畫面，方便使用者進行資料的挑選。當挑選欲查看的資料項目後，接下來就進入到第二層「詳表」的顯示方式，將最完整的資料顯示給使用者看。當然這裡講的「最完整」並不一定是資料的全部內容，應用系統會依據設定的資料範圍、使用者的類型、使用權限等條件，決定顯示內容的範圍，而這一切都必須依賴有經驗的系統設計師規劃。說起來有點複雜，所以先專注如何做到將查詢結果實現換頁的顯示功能，再慢慢思考如何滿足使用者所希望的功能，以及依據資料特性的呈現技巧。

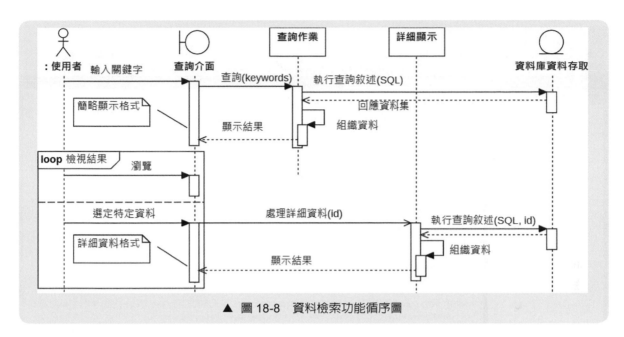

▲ 圖 18-8　資料檢索功能循序圖

## 3. 前置作業

　　本範例使用 school 資料庫，不過該練習的資料表內容不多，基於多一些資料錄的數量，比較能夠凸顯檢索功能的效果。

　　(1) 請先確認 school 資料庫內是否已存在 CurrentContent 資料表？如果有執行過附錄 C 的 Excel 檔案匯入練習，school 資料庫就會存在此資料表與所屬的資料錄。

　　(2) 如果還沒有執行附錄 C 的 Excel 檔案匯入練習，可以藉此練習的需要，實際操作一下。或是使用 SQL 手稿的執行方式，產生 CurrentContent 資料表與所屬的資料錄。

　　請在附件中找出 CurrentContent.sql 檔案，使用 SSMS 工具軟體（參見附錄 C「批次產生資料」的說明，執行 SQL 手稿的資料處理作業），在 school 資料庫內執行該檔案，如圖 18-9 所示，新增一個具備一千兩百多筆資料錄的 CurrentContent 資料表。

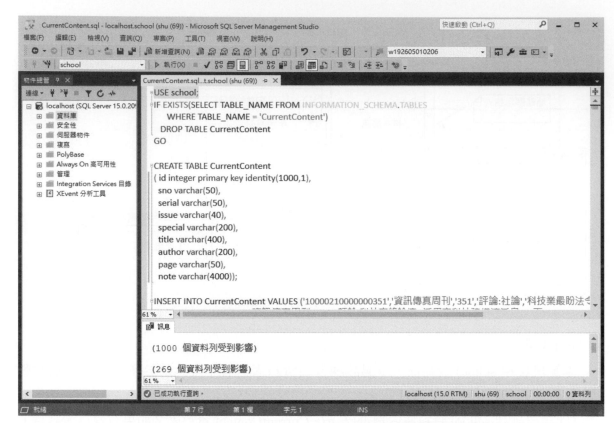

▲ 圖 18-9　建立 CurrrentContent 資料表提供本單元練習使用的資料

## 4. 程式介紹

**練習 (3)**：使用連線池方式，開發一個能夠查詢期刊目次的網站檢索功能。具備資料搜尋、簡略顯示搜尋結果的資料，除了可前後翻閱瀏覽資料，並可針對特定資料進階顯示其詳細內容。

本範例共有四支程式，其用途說明請參見表 18-1，程式的執行流程畫面請參閱圖 18-10 所示。

▼ 表 18-1　檢索範例的程式用途說明

| 程式檔案名稱 | 用途說明 |
|---|---|
| query.html | 靜態網頁畫面，提供使用者輸入欲查詢的字彙。 |
| query.jsp | 依據使用者輸入的字彙，進行資料表的搜尋，以獲得符合查詢字彙結果的資料錄。 |
| brief.jsp | 將查詢結果的資料錄依據每頁筆數以簡略方式顯示，並可控制上一頁、下一頁的翻頁。 |
| detail.jsp | 負責顯示單筆資料紀錄的詳細內容。 |

Chapter 18　網站資料庫應用程式開發　18-19

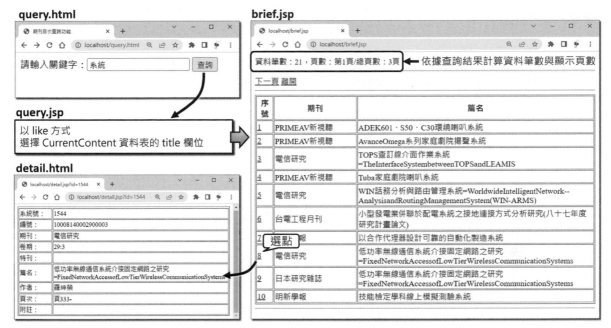

▲ 圖 18-10　檢索功能程式執行流程的畫面

首先於執行網站的 query.html 靜態網頁，顯示輸入查詢資料的頁面：

---

**檔案名稱：query.html**

```
<!DOCTYPE html><html>
<head>
  <title>期刊目次查詢功能</title>
  <meta charset="utf-8">
</head>
<body>
  <form action="query.jsp">
    請輸入關鍵字：<input type="text" name="keyword"/>
    <input type="submit" value="查詢"/>
  </form>
</body>
</html>
```

---

程式說明：

■ 使用者於 query.html 頁面輸入欲查詢的字彙，按下「查詢」鈕後觸發執行 query.jsp 程式。

**檔案名稱：query.jsp**

```
<!DOCTYPE html><html>
<head>
  <%@ page contentType="text/html;charset=utf-8" %>
  <%@ page import=" java.sql.*, myBean.*" %>
  <jsp:useBean id="pool" scope="application"
                      class="myBean.PoolBean"/>
  <meta charset="utf-8">
</head>
<body>
<%
  String sKwd=request.getParameter("keyword");;
  String sql=null;
  Connection con=null;
  Statement st=null;
  ResultSet rs=null;
  try{
    if (pool.getDriver()==null){
      pool.setDriver("com.microsoft.sqlserver.jdbc.SQLServerDriver");
      pool.setURL("jdbc:sqlserver://localhost:1433;database=school");
      pool.setUserName("demo");
      pool.setPassword("demo");
      pool.setSize(5);    // 設定連線池大小
      pool.initializePool();
    }
  }catch(Exception e){
    out.print(" 資料連結發生問題 :"+e.toString() );
  }
  con=pool.getConnection();
  st=con.createStatement(ResultSet.TYPE_SCROLL_INSENSITIVE,
                                        ResultSet.CONCUR_READ_ONLY);
  sql="SELECT id, serial, issue, special, title "+
          "FROM CurrentContent "+
          "WHERE title like \'%"+sKwd+"%\' ORDER BY title";
  rs = st.executeQuery(sql);
  rs.last();
  int nRowCount=rs.getRow();    // 取得查詢結果的數量
  if (nRowCount>0){
    session.setAttribute("QUERY",rs);
    session.setAttribute("ROWCOUNT",Integer.toString(nRowCount));
    session.setAttribute("KEYWORD",sKwd);
    response.sendRedirect("brief.jsp");
  }else
    out.print(" 查詢 :"+sKwd+" 沒有符合的資料 ");

  pool.releaseConnection(con);    // 歸還連線物件
%>
</body>
</html>
```

程式說明：

- 程式使用 request.getParameter( ) 方法，先取得前一網頁 query.html 使用者所輸入的字彙。

- 因爲本程式是最初開始執行資料表存取的程式，必須先確定是否已經建立連線池的相關物件。

- 執行名稱爲 con 之 Connection 物件的 createStatement( ) 方法建立 Statement 物件，並傳入兩個引數：

  (a) ResultSet.TYPE_SCROLL_INSENSITIVE：指標可雙向移動。

  (b) ResultSet.CONCUR_READ_ONLY：不可以更新 ResultSet。

- 此兩引數的目的是：執行 SQL 之 SELECT 敘述，所獲得結果的資料集（ResultSet）可以控制其指標，因爲本範例程式目的即在於提供所查詢的結果能夠上下翻頁瀏覽的顯示效果。

- SELECT 敘述的條件以 LIKE 方式選擇 CurrentContent 資料表的 title 期刊篇名欄位內容含有使用者輸入的字彙。

- 因爲負責控制上一頁、下一頁顯示的程式爲 brief.jsp。因此，執行 session.setAttribute( ) 方法，將查詢的相關資訊與資料集先儲存於 session 物件，再導向執行 brief.jsp 程式：

  (a) 名稱爲 rs 的 ResultSet 物件。

  (b) nRowCount：查詢結果符合的資料錄筆數。因爲 session 物件只能儲存物件型態的資料，因此將整數類型的 nRowCount 以外覆類別的方法轉爲字串類型。

  (c) sKwd：使用者輸入的查詢字彙。

**檔案名稱：breif.jsp**

```
<!DOCTYPE html><html>
<head>
  <%@ page contentType="text/html;charset=utf-8" %>
  <%@ page import=" java.sql.*" %>
  <meta charset="utf-8">
</head>
<body>
<%
  final int nPageLine=10; // 每頁顯示的資料數目
  int nRowCount=0, nPageCount=0, nPage=0;
  String sId="", sRowCnt="", sPage="";
  ResultSet rs=null;
  try{
    rs=(ResultSet)session.getAttribute("QUERY");
```

```
    sRowCnt=(String)session.getAttribute("ROWCOUNT");
    nRowCount=Integer.parseInt(sRowCnt);
  }catch(Exception e){
    out.print(" 檢索結果資存取發生錯誤："+e.toString() );
  }

  if (rs==null)
    // 防止未經查詢過程直接進入本程式
    response.sendRedirect("query.html");
  else{
    sPage=request.getParameter("page");
    if (sPage ==null)
      nPage=1;
    else{
      nPage=Integer.parseInt(sPage);
      if (nPage<1) nPage=1;
    }
    // 計算此頁要顯示資料的起訖筆數
    int nLine=(nPage-1)*nPageLine;
    int nMax=nLine+nPageLine-1;
    // 計算總頁數
    nPageCount=(nRowCount+nPageLine-1)/nPageLine;

    if (nPage > nPageCount)
      nPage=nPageCount;
    out.print(" 資料筆數："+nRowCount+"，頁數：第 "+
              nPage+" 頁 / 總頁數："+nPageCount+" 頁 <hr/>");

    if (nPage>1)    // 顯示「上一頁」的超連結
      out.print("<a href=\"brief.jsp?page="+
                (nPage-1)+"\"> 上一頁 </a> ");
    if (nPage<nPageCount) // 顯示「下一頁」的超連結
      out.print("<a href=\"brief.jsp?page="+
                (nPage+1)+"\"> 下一頁 </a> ");
    out.print("<a href=\"query.html\"> 離開 </a><hr/>");
%>
    <!-- 網頁以表格方式簡易顯示查詢結果的資料內容 -->
    <table border="1" width="100%">
      <tr><th width="5%"> 序號 </th>
      <th width="25%"> 期刊 </th>
      <th width="70%"> 篇名 </th></tr>
<%
    // 顯示資料
    rs.absolute((nPage-1)*nPageLine+1);    // 資料集指標指向此頁的第一筆
```

```
    while (nLine <=nMax && !rs.isAfterLast() ){
      nLine++;
      sId=rs.getString("id");
      out.println("<tr><td>"+
            "<a href=\"detail.jsp?id="+sId+"\">"+nLine+"</a>"
            +"</td><td>"+rs.getString("serial")
            +"</td><td>"+rs.getString("title")
            +"</td></tr>");

      rs.next();
    }
    out.print("<table><hr/>");
  }
%>
</body>
</html>
```

程式說明：

■ 程式內預設每頁顯示 10 筆資料。

■ 使用 session.getAttribute() 方法，取出先前 query.jsp 程式所儲存在 session 物件的查詢結果筆數、查詢字彙與資料集物件。

■ 避免未經程式執行的程序（query.html→query.jsp→brief.jsp），而直接進入此程式執行。檢查資料集物件是否有值，若沒有，則導回查詢網頁。

■ 當使用者選點上一頁、下一頁時，程式會將增加一頁或減一頁後的頁碼傳遞並遞迴執行 brief.jsp 程式。也就是說，本程式執行時若有接收頁數，便以該頁數做為顯示依據，否則便從第一頁開始顯示。

■ 得到要顯示的頁碼後，程式計算現在頁碼要顯示資料的起訖筆數，以及總頁數等資訊，將其顯示在網頁上方。如果此頁是第一頁，便顯示「下一頁」；若是其他頁，則顯示「上一頁」與「下一頁」；若已是最後一頁，則只顯示「上一頁」。顯示上、下頁的訊息，使用 HTML <a> 標籤超連結至此程式。

■ 執行名稱為 rs 之資料集物件的 absolute() 方法，將指標移到指定的資料位置。

■ 依據每頁顯示的筆數，逐一將資料的欄位以 getXXX() 方法讀出顯示（本範例程式使用的 CurrentContent 資料表，各欄位均是宣告為 varchar 字串型態，因此只使用到 getString() 方法）。顯示資料的編號，使用 HTML <a> 標籤超連結至 detail.jsp 程式，並傳遞該編號資料的主鍵欄位值。

**檔案名稱：detail.jsp**

```jsp
<!DOCTYPE html><html>
<head>
  <%@ page import="java.sql.*, myBean.*"
              contentType="text/html;charset=utf-8" %>
  <jsp:useBean id="pool" scope="application"
                 class="myBean.PoolBean"/>
  <meta charset="utf-8">
</head>
<body>
<%
  String sId = request.getParameter("id");
  if (sId==null) //防止未經查詢過程直接進入本程式
    response.sendRedirect("query.html");

  try{
    Connection con=pool.getConnection();
    String sql="select * from CurrentContent where id=?";
    PreparedStatement pst=con.prepareStatement( sql );
    pst.setString(1,sId);
    ResultSet rs=pst.executeQuery();
    if (rs.next() ){
      //用於 highlight 的查詢字串
      String sHTML="<table border=\"1\">";
      sHTML=sHTML+"<tr><td>"+"系統號：</td><td>"
+sId+"</td></tr>";
      sHTML=sHTML+"<tr><td>"+"編號：</td><td>"
          +rs.getString("SNo")+"</td></tr>";
      sHTML=sHTML+"<tr><td>"+"期刊：</td><td>"
          +rs.getString("Serial")+"</td></tr>";
      sHTML=sHTML+"<tr><td>"+"卷期：</td><td>"
          +rs.getString("Issue")+"</td></tr>";
      sHTML=sHTML+"<tr><td>"+"特刊：</td><td>"
          +rs.getString("Special")+"</td></tr>";
      sHTML=sHTML+"<tr><td>"+"篇名：</td><td>"
          +rs.getString("Title")+"</td></tr>";
      sHTML=sHTML+"<tr><td>"+"作者：</td><td>"
          +rs.getString("Author")+"</td></tr>";
      sHTML=sHTML+"<tr><td>"+"頁次：</td><td>"
          +rs.getString("Page")+"</td></tr>";
      sHTML=sHTML+"<tr><td>"+"附註：</td><td>"
          +rs.getString("Note")+"</td></tr>";
      sHTML=sHTML+"</table>";
      out.print(sHTML);
    }
```

```
        rs.close();
        pst.close();
        pool.releaseConnection(con);
    }catch(Exception e){
        out.print(" 資料存取發生問題 :"+e.toString() );
}
%>
</body>
</html>
```

程式說明：

- 由 brief.jsp 程式經由超連結執行本程式時，會以「id」為名稱，將要顯示詳細內容的資料主鍵值（CurrentContent 資料表的 id 欄位）一併傳遞過來。

- 程式依據此主鍵值，讀取 CurrentContent 資料表，取得該筆資料錄的全部欄位內容。

- 將該筆資料錄的內容以 getXXX() 方法讀出顯示（本範例程式使用的 CurrentContent 資料表，各欄位均是宣告為 varchar 字串型態，因此只使用到 getString() 方法）。

- 以 HTML 的 <table> 標籤組合網頁表格格式，輸出至使用者的瀏覽器顯示。

# 本章習題

## 選擇題：

( )　1.　關於連線池的解釋，下列何者不正確：
①程式一執行就會建立好固定的連線數量
②如同建立在資料庫前的快取區
③同一程式只需取得一個連線，就能滿足所有資料庫存取的處理
④連線是可重複使用。

( )　2.　在 JSP 程式中使用 JavaBeans，必須使用 JSP 的下列哪一個動作標籤：
① useBean　② useBeans　③ Beans　④ javaBeans。

( )　3.　使用 <jsp:setProperty> 動作標籤可以在 JSP 程式中設置 Bean 的屬性，但必須保證 Bean 對應方法爲何？
① SetXxx 方法　② setXxx 方法　③ getXxx 方法　④ GetXxx 方法。

( )　4.　大多數資訊系統設計的查詢結果，會分爲下列哪兩種呈現層次：
①初級與進階　②簡略與詳細　③單一與複合　④會員與非會員。

( )　5.　Connection 物件的 createStatement( ) 方法建立 Statement 物件時，必須要傳入哪一個引數，才會確保資料集的指標可以上下移動：
① TYPE_SCROLL_INSENSITIVE
② TYPE_SCROLL_SENSITIVE
③ CONCUR_UPDATABLE
④ CONCUR_MOVE。

## 簡答：

1. 請解釋何謂資料庫的連線池（Connection Pool）？

2. 在 JSP 程式內使用 JavaBeans 時，如果宣告使用 myBean 套件的 PoolBean 類別，物件名稱爲 pool、使用範圍爲整個網站，請寫出其宣告的程式碼。

3. 撰寫查詢顯示的 Java 程式，資料庫取得的資料集結果如果筆數過多，以至需要設計上下翻頁的顯示查詢結果的功能，則在使用 Connection 物件的 createStatement( ) 方法建立 Statement 物件時，必須要傳入哪些引數，才會確保資料集的指標可以上下移動，且不會改變資料集的內容？

Chapter

# 19

# 備份與還原

## 19-1 ‖ 概述

如圖 19-1 所示，資料庫儲存的資料結構與內容，基本可以有下列產生方式：

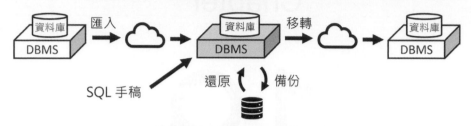

▲ 圖 19-1　資料庫的輸入與輸出類型

(1) 由其他資料庫系統匯入（參見附錄 C，C-10 頁「匯入資料」單元的介紹）。

(2) 經由手稿批次產生，例如本書練習使用的 school 資料庫內容，即是使用 Data.sql 手稿批次產生而成（參見附錄 C，C-2 頁「批次產生資料」單元的介紹）。

(3) 使用先前備份的資料庫還原。

反之，資料庫內所儲存的資料結構與內容，輸出則以下列 2 種方式為主：

(1) 使用匯出（export）功能移轉（migrate）至其他資料庫（參見附錄 C，C-4 頁「匯出資料」單元的介紹）。

(2) 執行備份資料庫的功能。

以上，資料庫的備份（Backup）和還原（Restore），是資料庫日常維護作業中最重要的操作，其中又以備份為最主要的執行作業。原因是，儘管資料庫系統具備各種安全措施，確保資料庫的安全性和可靠性，但仍需考量各種可能狀況，例如設備故障、硬碟毀損、人為失誤、程式執行不當等，輕則影響資料的正確性，重則引起災難性的後果。

SQL Server 針對不同應用的需求，提供了完整備份、差異備份、交易紀錄備份、檔案組或檔案備份這 4 種方式供使用者選擇。

(1) 完整備份（Full Backup）：將資料庫內所有物件，做一次性的複製至指定的目錄與檔案。

(2) 差異備份（Differential Backup）：差異備份是備份上次完整備份後到備份時間點的差異。差異備份只擷取自上次完整備份以後變更過的資料。

(3) 交易紀錄備份（Transaction-log Backup）：保留完整的資料異動的交易紀錄，提供日後資料庫可以還原到有備份的任何一個時間點。

(4) 檔案組或檔案備份（File Group or File Backup）：依據資料庫中，個別的檔案組或檔案，執行的備份或還原方式。

實務上，必須考量不同資料使用環境與需求，採取多種備份方式相互結合的方式，例如表 19-1 所列資料庫的備份方案。備份是一種非常耗費時間和系統資源的操作，通常在離峰時段執行，且應該根據資料庫使用情況擬定適當的備份方案與週期。

▼ 表 19-1 備份方案

| 方案 | 說明 |
|---|---|
| 完整備份 | 用於小型資料庫,或是資料庫內容很少改變或唯讀。如果使用完整模式,需要定期清除交易日誌。 |
| 完整備份 + 差異備份 | 適用於資料庫內容異動頻繁,且採取最少的備份負荷。 |
| 完整備份 + 差異備份 + 交易日誌備份 | 資料庫和交易日誌備份相結合,備份的頻率與負荷較高,適用於異動頻繁的資料庫。 |

# 19-2 資料庫的備份裝置

　　SQL Server 並不限制資料備份到哪個實體硬碟與目錄。在備份資料庫時,預先定義儲存備份結果的目標位置稱為備份裝置(Backup Device)。執行備份的第一步是建立備份裝置。操作方式可以使用 SSMS 或是 Transact-SQL 來建立備份裝置。

## 說明

　　沒有建立備份裝置,仍舊可以執行備份與還原的操作。備份裝置因為設定有固定備份的資料庫、目錄位置與檔名,使用指定的備份裝置,可以確保備份目的地或還原來源的一致性。

### 1. 使用 SSMS 建立備份裝置

　　以練習使用的 school 資料庫為例,建立備份裝置的操作步驟如下:

(1) 於 SSMS 物件總管視窗中,展開「伺服器物件 | 備份裝置」節點。如圖 19-2 所示,滑鼠右鍵點擊「備份裝置」節點,於顯示的浮動視窗,選擇「新增備份裝置 (N)」選項。

▲ 圖 19-2　新增備份裝置

(2) 系統顯示如圖 19-3 所示的「備份裝置」視窗。

- 在「裝置名稱 (N)」欄位輸入裝置名稱：schoolBackup。
- 選擇「目 的 地」選 項 中 的「檔 案 (F)」，並 在 右 側 欄 位 輸 入「D:\Data\schoolBackup.bak」。
- 按下「確定」按鈕，完成新增備份裝置的設定作業。

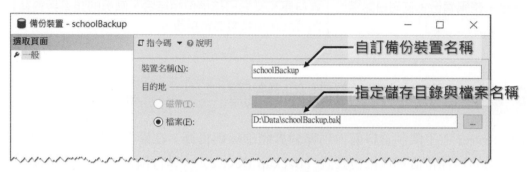

▲ 圖 19-3　新增備份裝置設定視窗

目的地檔案欄位輸入的實體備份裝置的目錄與檔案名稱，提供作業系統對備份裝置進行儲存與管理。裝置名稱亦稱為邏輯備份裝置，是實體裝置儲存備份所在的別名，用來簡化、有效地描述備份裝置所在的目錄與檔案名稱，名稱被永久儲存在 SQL Server 系統資料表內。

- 指定存放備份裝置的實際路徑必須真實存在，否則將會提示如圖 19-4 所示的錯誤對話框。縱使按下「是 (Y)」按鈕，堅持使用該不存在的目錄，因為 SQL Server 不會自動為使用者建立資料夾，還是必須要事後自行手動新增該目錄。
- 建立備份裝置完成後，在對應的目錄內並不會實際產生該檔案。只有執行備份的操作，並儲存了備份的資料庫後，該檔案才會出現在指定的目錄位置內。
- 請避免將資料庫和備份產生的檔案放在同一個磁碟設備上，考量備援的安全性，以免磁碟設備發生故障，可能無法還原備份的資料。

▲ 圖 19-4　指定存放備份裝置的實際路徑必須真實存在，系統不會自動建立

## 2. 使用預儲程序建立備份裝置

SQL Server 提供建立備份裝置的預儲程序 sp_addumpdevice，其語法格式為：

```
sp_addumpdevice [ @devtype = ] 'device_type'
    , [ @logicalname = ] 'logical_name'
    , [ @physicalname = ] 'physical_name']
```

各項參數說明如下：

(1) [ @devtype = ] 'device_type' 是指備份裝置的類型，沒有預設值。可以是下列其中一個值：

- DISK：本地或網路的磁碟機。
- TAPE：作業系統支援的任何磁帶設備。

(2) [ @logicalname = ] 'logical_name' 這是 BACKUP 和 RESTORE 敘述所用之備份裝置的邏輯名稱，沒有預設值，而且不能是 Null。

(3) [ @physicalname = ] 'physical_name' 這是備份裝置的機構名稱，沒有預設值，而且不能是 NULL。實體名稱必須遵照作業系統檔案名稱或網路裝置通用命名慣例的規則，且必須包括完整路徑。如果在遠端網路位置有建立備份裝置時，請確定用來啟動 Database Engine 的名稱有遠端電腦的適當寫入功能。

**例 (1)**：在本機磁碟目錄位置：D:\Data\ 建立一個名稱為 school2 的備份裝置。

```
EXEC sp_addumpdevice 'DISK', 'school2' ,'D:\Data\School2.bak'
```

**例 (2)**：使用網路 IP 位置的磁碟目錄：192.168.1.2\myData\，增加名稱為 school3 的備份裝置。

```
EXEC sp_addumpdevice 'DISK', 'school3',
'\\192.168.1.2\myData\School3.bak'
```

## 3. 刪除備份裝置

如果不再使用備份裝置，需要從資料庫系統中刪除時，可以於 SSMS「伺服器物件 | 備份裝置」節點，如圖 19-5 所示，以滑鼠右鍵點擊欲刪除的裝置名稱，選擇「刪除」選項即可。

▲ 圖 19-5 使用 SSMS 刪除備份裝置

也可以使用系統預儲程序：sp_dropdevice，其語法格式為：

```
sp_dropdevice [ @logicalname = ] 'device' [ , [ @delfile = ] 'delfile' ]
```

各項參數說明如下：

(1) [ @logicalname = ] 'device' 是 master.dbo.sysdevices.name 中所列的資料庫裝置或備份裝置的邏輯名稱。

(2) [ @delfile = ] 'delfile' 指定是否應該刪除實體備份裝置檔案。如果指定為「delifile」，則會刪除實體備份裝置磁片檔。

例 (3)：刪除例 (2) 所建立名稱為 school2 的備份裝置。

```
EXEC sp_dropdevice 'school2'
```

## 19-3 使用 SSMS 備份資料庫

### 1. 完整備份

完整備份是將資料庫中所有結構和資料完全儲存。建議第一次執行資料庫的備份應該是執行完整備份，之後才執行差異備份。以練習的 school 資料庫為例，使用 SSMS 執行該資料庫完整備份的操作步驟如下：

(1) 「物件總管」視窗中，展開「資料庫」節點，以滑鼠右鍵點擊 school 資料庫，點選浮動式選單的「工作 (T) | 備份 (B)」選項。

▲ 圖 19-6　執行資料庫的備份

(2) 系統展開如圖 19-7 所示的「備份資料庫」視窗。確定備份的資料庫名稱為「school」、備份類型為「完整」、備份元件選擇「資料庫 (B)」。按下「加入」按鈕後，系統顯示如圖 19-8 所示選取備份目的地對話框。

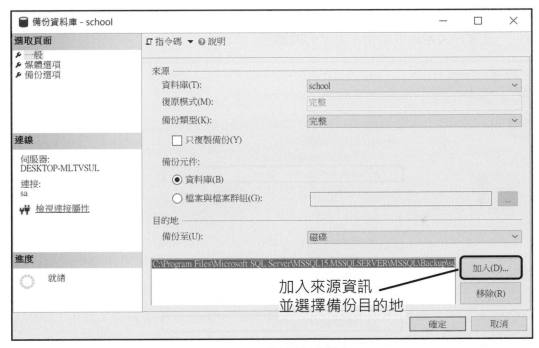

▲ 圖 19-7　備份資料庫視窗

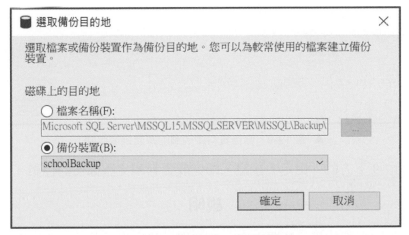

▲ 19-8　選取備份目的地對話框

(3) 在「選取備份目的地」對話框內，指定先前自訂備份裝置的名稱：schoolBackup。按下「確定」按鈕，返回原「備份資料庫」視窗。

(4) 選擇左方「選取頁面」的「媒體選項」頁面。如圖 19-9 所示。

■ 「覆寫媒體」選擇「覆寫所有現有的設備組 (R)」，如此系統建立備份時，會初始化備份裝置，並覆蓋舊有的備份內容。

■ 「可靠性」選項選擇「完成後驗證備份 (V)」，以避免備份過程中資料因環境、設備等因素造成備份不完全的問題。

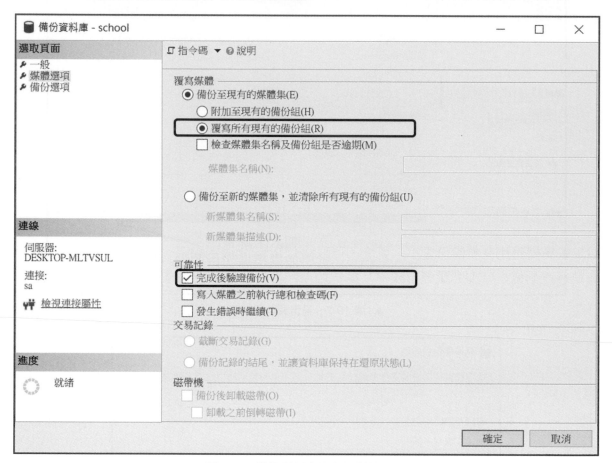

▲ 圖 19-9　備份資料庫視窗的媒體選項頁面

(5) 按下圖 19-9 下方的「確定」按鈕，即完成資料庫完整備份的作業。

## 說明

如果日後變更相同名稱的備份裝置內容，造成備份時出現「裝置上的磁碟區不屬於目前處理中之媒體集的一部分。請確定備份裝置已用正確的媒體載入」錯誤訊息，而無法執行備份時，可選擇圖 19-9 內的「備份至新的媒體集，並清除所有現有的備份組 (U)」選項，並於「新媒體集名稱 (S)」輸入變更後的備份裝置名稱。

**2. 差異備份**

　　差異備份僅對自上次完整備份後，更改過的資料進行備份。差異資料備份需要一個參照的基準，其備份的原理如圖 19-10 所示，每個方塊表示一個資料區塊，假定資料是由這些區塊組成，灰階的區塊表示自上次完整備份後，資料有異動的區塊，差異備份就只針對這 6 個有異動的區塊執行備份。

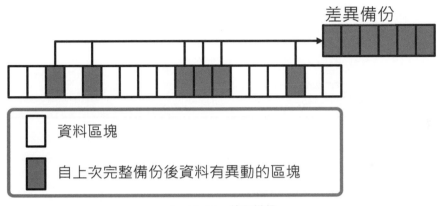

差異備份

資料區塊

自上次完整備份後資料有異動的區塊

▲　19-10　差異備份

　　差異備份比完整備份更小、更快，可以簡化頻繁的備份操作，減少資料丟失的風險。在執行差異備份時要考量備份頻率及保留週期。備份頻率主要是隨著資料更新頻率來加以考量，若更新頻率低，備份頻率卻設定較高，會常有未更新卻需進行備份的狀況，造成備份空間或資源的浪費。相對的，資料更新頻率高，而備份頻率低，就會有遺漏備份更新版本問題。但是無論差異備份的執行頻率如何，在執行幾次差異備份後，仍應執行一次資料庫的完整備份。

　　以練習使用的 school 資料庫為例，執行下列 SQL 敘述，在 Student 學生資料表異動兩筆資料錄：增加一筆學號 5851777 的學生，更改 5851001 學生的姓名：

```
INSERT INTO Student (id, name, birth, gender)
        VALUES ('5851777', '程小冬', '2022/3/7','M');
UPDATE Student SET name='張三峰' WHERE id = '5851001';
```

　　使用 SSMS 將 school 資料庫自上次完整備份之後的差異，備份至 schoolBackup 備份裝置的操作步驟如下：

(1) 「物件總管」視窗中，展開「資料庫」節點，以滑鼠右鍵點擊 school 資料庫，選點浮動式選單的「工作 (T) | 備份 (B)」選項。

(2) 系統展開如圖 19-11 所示的「備份資料庫」視窗。確定備份的資料庫名稱為「school」、備份元件選擇「資料庫 (B)」、備份類型請選擇「差異」。指定備份目的地為 schoolBackup 備份裝置。

(3) 如果指定相同的備份裝置，差異備份產生的結果會儲存在相同的檔案名稱內。請在「媒體選項」頁面，依據選擇附加還是覆寫執行差異備份的結果（預設為「附加」，表示將差異的資料儲存在原先完整備份的資料之後）。

(4) 「確定」按鈕，即完成資料庫差異備份的作業。

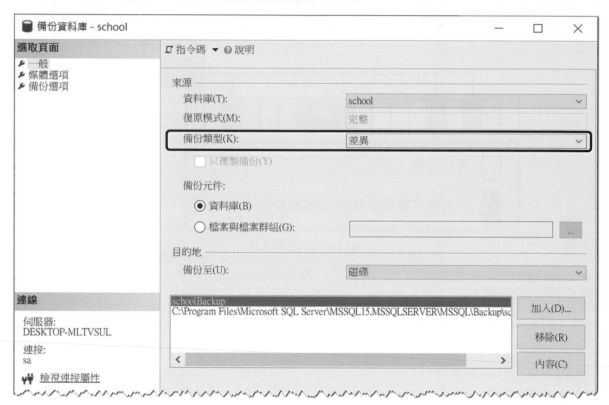

▲ 圖 19-11　差異備份

### 3. 交易紀錄備份

　　交易紀錄備份是備份資料庫交易的變化過程。當執行資料庫的完整備份之後，可以執行交易紀錄備份。使用 SSMS 執行將 school 資料庫的交易紀錄（*.ldf 檔案內容）備份到 schoolBackup 備份裝置的操作步驟如下：

(1) 「物件總管」視窗中，展開「資料庫」節點，以滑鼠右鍵點擊 school 資料庫，點選浮動式選單的「工作 (T) | 備份 (B)」選項。

(2) 系統展開如圖 19-12 所示的「備份資料庫」視窗。確定備份的資料庫名稱為「school」、備份元件選擇「資料庫 (B)」、備份類型請選擇「交易紀錄」。指定備份目的地為 schoolBackup 備份裝置。

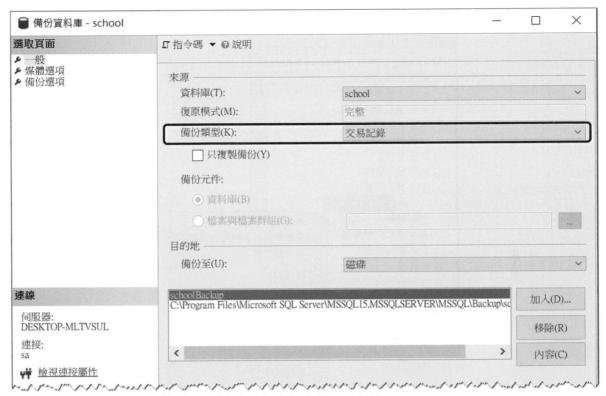

▲ 圖 19-12 交易紀錄備份

(3) 「媒體選項」頁面,「備份至現有的媒體集 (E)」選項的設定,保持預設的「附加至現有的備份組 (H)」不變。避免覆蓋掉原先完整備份與差異備份的資料。

(4) 按下「確定」按鈕,完成交易紀錄備份的作業。

### 4. 檢視備份裝置的執行資訊

如果需要檢視備份裝置所有執行備份的資訊,操作步驟如下:

(1) 於 SSMS 物件總管視窗中,展開「伺服器物件 | 備份裝置」節點。如圖 19-13 所示,滑鼠右鍵點擊檢視的備份裝置名稱,選擇浮動視窗中的「屬性 (R)」選項。

▲ 圖 19-13　檢視備份資訊

　　系統顯示如圖 19-14 所示的視窗。請選擇「媒體內容」頁面，在「備份組 (U)」列表顯示此一備份裝置所有執行完整備份和差異備份的相關資訊。

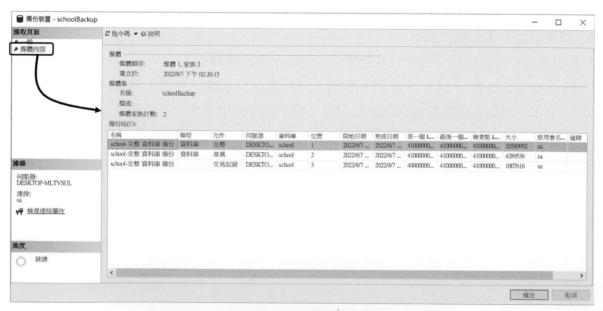

▲ 圖 19-14　檢視特定備份裝置所有執行備份的相關資訊

# 19-4 ┃ 使用 SQL 敘述備份資料庫

Transact-SQL 的 BACKUP 命令，可以用來對指定的資料庫進行完整備份、差異備份、交易紀錄備份或檔案備份。

## 1. 資料庫完整備份

利用 BACKUP 命令建立備份整個資料庫的語法格式為：

```
BACKUP DATABASE { database_name | @database_name_var }
  TO <backup_device>
```

各項參數說明如下：

(1) database_name：資料庫名稱。

(2) backup_device：指定備份操作時要使用的邏輯或實體備份裝置。備份裝置的語法格式如下：

```
{ logical_device_name | @logical_device_name_var }
| {   DISK | TAPE | URL } =
      { 'physical_device_name' | @physical_device_name_var | 'NUL' }
}
```

**例 (4)**：將 school 資料庫完整備份到先前建立的 schoolBackup 備份裝置中。

```
BACKUP DATABASE school TO schoolBackup
```

**例 (5)**：將 school 資料庫完整備份到指定目錄位置 D:\Data\ 的 school.bak 檔案。

```
BACKUP DATABASE school TO DISK = 'D:\Data\school.bak'
```

## 2. 資料庫差異備份

差異備份使用 BACKUP DATABASE 配合 WITH DIFFERENTIAL 關鍵字，其語法格式為：

```
BACKUP DATABASE { database_name | @database_name_var }
  TO <backup_device>
    WITH DIFFERENTIAL
```

**例 (6)**：將 school 資料庫差異備份到先前儲存在目錄位置 D:\Data\ 的 school.bak 檔案。

```
BACKUP DATABASE school TO DISK = 'D:\Data\school.bak'
WITH DIFFERENTIAL
```

3. 檔案組或檔案備份

當資料庫非常大時，可以依據使用資料庫的檔案組或檔案分別備份，其語法格式為：

```
BACKUP DATABASE  { database_name | @database_name_var }
{ FILE =logical_file_name |FILEGROUP =logical_filegroup_name }
TO backup_device
[ WITH with_options [ , ...o ] ]
```

各項參數說明如下：

(1) FILE = logical_file_name：是指定要包含在檔案備份中檔案的邏輯名稱。

(2) FILEGROUP = logical_filegroup_name：指定要包含在檔案備份中的檔案群組的邏輯名稱。在簡單還原模式之下，只允許唯讀檔案群組使用檔案群組備份。

(3) backup_device：指定備份裝置。您可以指定使用 DISK 或 TAPE 選項的實體備份裝置，或者指定對應的已定義的邏輯備份裝置。

(4) WITH with_options：可以另外指定的選項，例如 DIFFERENTIAL 表示執行差異檔案的備份。

━━━━━━━━━━━━━━━━━ 說明 ━━━━━━━━━━━━━━━━━

必須先將事務日誌進行單獨備份，才能使用檔案組和檔案備份來還原資料庫。

例 (7)：將 school 資料庫的主要檔案組（PRIMARY）中的資料，儲存至目錄位置 D:\ Data\ 的 school.bak 檔案。

```
BACKUP DATABASE school
FILEGROUP = 'PRIMARY'
TO DISK =  'D:\Data\school.bak'
```

4. 交易紀錄備份

交易紀錄備份的語法格式為：

```
BACKUP LOG { database_name | @database_name_var }
  TO <backup_device>
```

例 (8)：將 school 資料庫的交易紀錄備份至目錄位置 D:\Data\ 的 schoolLog.bak 檔案。

```
BACKUP LOG school
TO DISK = 'D:\Data\schoolLog.bak'
```

# 19-5 ‖ 還原資料庫

　　資料庫的還原，是當資料庫出現資料毀損或故障等問題時，從先前備份中複製資料，並依據交易日誌對資料進行回溯，將資料庫回復到指定時間點的過程。系統在還原資料庫的過程中，自動執行安全性檢查，重建資料庫結構以及填入資料內容。

　　執行還原資料庫的操作之前，先將 SQL Server 使用者定義資料庫設定為「單一使用者模式」。單一使用者模式指定同時只允許一位使用者（連線）存取資料庫，一般是用於維護動作。

(1) 如圖 19-15 所示，於 SSMS 的「物件總管」視窗中，展開「資料庫」節點，以滑鼠右鍵點擊 school 資料庫，選點浮動式選單的「屬性 (R)」選項。

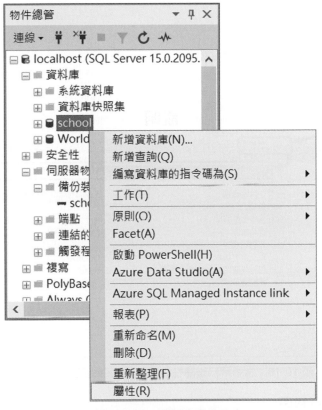

▲ 圖 19-15　資料庫屬性設定

(2) 系統展開如圖 19-16 所示的「資料庫屬性」視窗：

- 視窗左方「選取頁面」選擇「選項」。
- 屬性設定視窗內往下拖拉直到顯示「狀態」。
- 將「狀態」區域內的「限制存取」項目設定為「SINGLE_USER」。

(3) 按下「確定」按鈕，完成「單一使用者模式」的限制存取設定。

---

#### 說明

由於資料庫的還原操作是靜態的，所以在還原資料庫時，必須限制使用者對該資料庫進行的其他操作，以免還原的過程中，有其他使用者正巧同時異動了資料。因此建議，操作時一定要將處理還原的資料庫，設定為單一使用者模式的限制存取。待還原完成後，再回復成多人使用的模式。

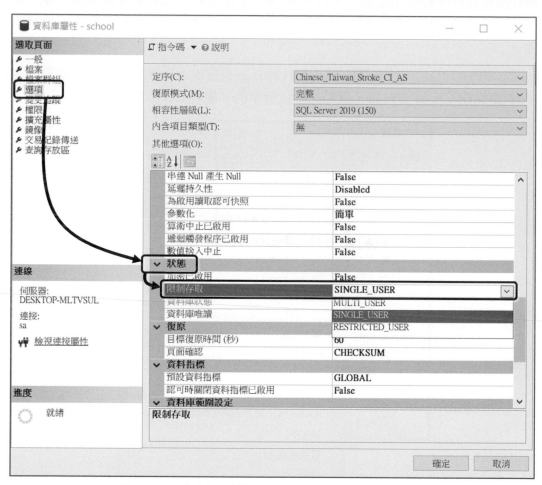

▲ 圖 19-16　透過資料庫屬性設定，限制存取為單一使用者模式

### 1. 使用 SSMS 還原資料庫

(1) 如圖 19-17 所示，於 SSMS 的「物件總管」視窗中，展開「資料庫」節點，以滑鼠右鍵點擊 school 資料庫，點選浮動式選單的「工作 (T) | 還原 (R) | 資料庫 (D)」選項。

▲ 圖 19-17 還原資料庫的執行選項

(2) 系統展開如圖 19-18 所示的「還原資料庫」視窗。

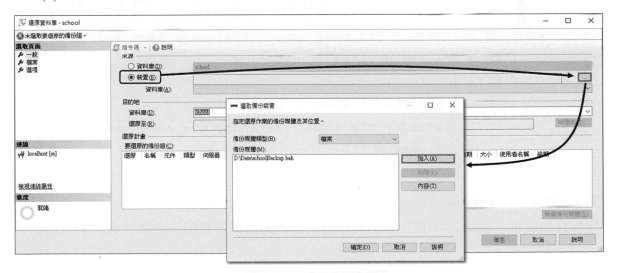

▲ 圖 19-18 還原資料庫視窗

(3) 初次執行須自行指定還原來源的備份裝置，請選擇「裝置 (E)」選項，並按下欄位後方的「...」按鈕，開啓「選取備份裝置」視窗。請點選「加入」按鈕，選定備份裝置（例如本書範例使用的 schoolBackup）將其加入「備份媒體 (M)」清單中。

(4) 在「目的地」的「還原自 (R)」欄位，可以使用「時間表 (T)」按鈕，開啓如圖 19-19 所示的「備份時間表」視窗，指定資料還原的時間點。

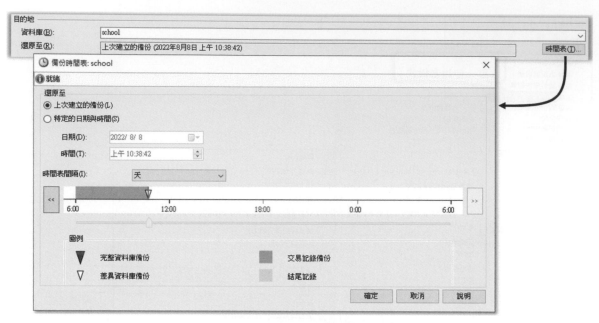

▲ 圖 19-19　指定資料還原的時間點

(5) 完成各項設定後，按下「還原資料庫」視窗的「確定」按鈕，即可將備份裝置內，自最初完整備份到特定時間點的資料內容，全部還原至資料庫內。

## 2. 使用 SQL 敘述還原資料庫

還原資料庫的 Transact-SQL 指令爲 RESTORE。完整還原整個資料庫的語法格式爲：

```
RESTORE DATABASE { database_name | @database_name_var }
    [ FROM <backup_device> [ ,...n ] ]
    [ WITH {
            [ RECOVERY | NORECOVERY | STANDBY =
             {standby_file_name | @standby_file_name_var }
            ] [, REPLACE]}
    ]
```

各項參數說明如下：

(1) <backup_device>：指定備份操作時使用的邏輯或實體備份裝置。備份裝置的語法格式如下：

```
{ logical_device_name | @logical_device_name_var }
| {    DISK | TAPE | URL } =
        { 'physical_device_name' | @physical_device_name_var | 'NUL' }
}
```

(2) RECOVERY | NORECOVERY | STANDBY：

    (a) RECOVERY（預設）：指示還原操作回溯任何未指定的事務。執行完成還原的程序後，即可隨時使用資料庫。

    (b) NORECOVERY：指定不進行還原，使還原能夠繼續循序執行下一個敘述。

    (c) STANDBY：選項提供了在現有資料庫之上，只回復後續成功備份的資料，而不需要回復所有的備份。使用 STANDBY 選項時，會在執行程序中建立一個包含自啟動交易紀錄備份時，最早的活動事務以來的所有正在進行中（未提交）交易的檔案。

    (d) REPLACE：即使資料庫系統存在既有名稱的資料庫，仍可執行回復作業。

**例 (8)**：使用目錄位置 D:\Data\ 的 schoolLog.bak 檔案，回復 school 資料庫的內容。

```
USE master;
RESTORE DATABASE school
FROM DISK = 'D:\Data\schoolBackup.bak'
WITH  REPLACE;
```

**解析**

- 登入在 school 資料庫，無法同時在 school 資料庫內使用 RESTORE 指令回復本身。因此需要先切換至 master 資料庫。
- 使用的資料庫系統內已有 school 資料庫，因此使用 WITH REPLACE 參數。

# 本章習題

## 選擇題：

( )　1.　下列哪一個不是 SQL Server 具備的備份資料庫類型：
　　　　①交易紀錄備份　②壓縮備份　③差異備份　④檔案組備份。

( )　2.　關於 SQL Server 資料庫的備份與還原，下列敘述何者錯誤？
　　　　①完整備份通常需要較多的備份時間與儲存空間
　　　　②完整備份最容易還原
　　　　③差異備份會備份異動與異動後的資料改變狀態
　　　　④只需還原前一次的完整備份，與最後一次的差異備份，即回復完整資料庫。

( )　3.　備份資料庫時，預先定義儲存備份結果的目標位置稱為：
　　　　①備份裝置　②儲存點　③完整備份　④實體備份。

( )　4.　關於實體裝置的說明，下列何者錯誤？
　　　　①裝置包含本地或網路的磁碟機，以及作業系統支援的任何磁帶設備
　　　　②沒有建立備份裝置，仍舊可以執行備份與還原的操作
　　　　③單一資料庫允許使用多個不同的實體裝置進行備份
　　　　④只允許提供儲存單一資料庫的備份。

( )　5.　執行還原資料庫時，可在 RESTORE 敘述內，加上下列哪一參數，使得系統已存在既有名稱的資料庫，仍可執行回復作業：
　　　　① REPLACE　② RECOVERY　③ NORECOVERY　④ STANDBY。

## 簡答

1. SQL Server 提供哪四種基本備份種類？

2. 何謂差異備份？

3. 執行還原資料庫時，為何要先將資料庫設定為「單一使用者模式」的限制存取，待還原完成後，再回復成多人使用的模式？

附錄

# A

# SQL Server 2022 安裝與設定

## 1. 下載安裝說明

本書使用的 SQL Server 資料庫系統需要安裝下列兩套軟體：

(1) 資料庫系統

- 軟體名稱：SQL Server 2022

- 下載網址：

  https://www.microsoft.com/zh-tw/evalcenter/download-sql-server-2022

- 檔案名稱：SQL2022-SSEI-Eval.exe

(2) 管理工具

- 軟體名稱 ：SQL Server Management Studio （SSMS）

- 下載網址：

  https://docs.microsoft.com/zh-tw/sql/ssms/download-sql-server-management-studio-ssms

- 檔案名稱：SSMS-Setup-CHT.exe

### 說明

- 只需要先下載 SQL Server 資料庫系統即可。在安裝資料庫系統的畫面選擇管理工具，即會連結下載 SSMS 的網址。

- SSMS 經常會更新，如果微軟有發行新的版本，執行 SSMS 時會自動提示下載安裝更新。

SQL Server 支援 Linux 和 Windows 作業系統平台的安裝。除了購買正式的版本，SQL Server 2022 提供三種免費使用於 Windows 作業系統上的版本：評估（Evaluation）、精簡（Express）、開發者（Developer），可依需要在安裝時選擇。此外，SQL Server 還提供可安裝於 Red Hat、Ubuntu、SUSE 等 Linux 作業系統的版本。微軟公司於 2022 年 6 月提供最新的 SQL Server 2022 預覽版下載，於本書出版時尚未公布正式發行的日期。正式發行之後，建議使用搜尋引擎逕行搜尋下載網址。

Evaluation 版本有 180 天的使用限制。Express 版本僅單純包含處理資料所需的必要項。Developer 版本包含了完整 SQL Server 商業版所有的功能，包括現今熱門的機器學習（machine learning）套件等進階工具，沒有硬體的使用限制。

若要學習完整 SQL Server 資料庫系統的相關功能或執行進階功能的開發，建議安裝 Developer 版本。如果僅是學習程式連結、存取、管理資料庫的相關實作，則安裝 Express 版本即可，爾後需要擴充功能或學習時再安裝 Developer 版本。只要不是用在商業用途，而僅是用於學習、開發，則 Express 與 Developer 版本都是免費的。

**2. 下載**

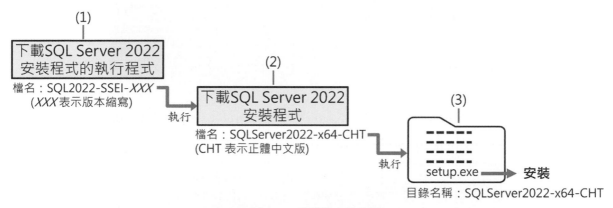

▲ 圖 A-1　下載與安裝步驟

(1) 首先請連線至下載網頁（網址：https://www.microsoft.com/zh-tw/evalcenter/download-sql-server-2022）下載安裝 SQL Server 2022 的執行程式。如圖 A-1 所示，此時下載的並非是安裝程式，而是「下載安裝程式的執行程式」。

(2) 下載完成後，執行此程式顯示如圖 A-2 的安裝畫面。

▲ 圖 A-2　安裝程式的執行程式的下載畫面

　　「基本」與「自訂」均是透過連網方式安裝。建議選擇「下載媒體」，先將完整安裝程式下載至本機電腦，再進行安裝，以方便爾後隨時可擴充或調整已安裝的功能。

　　選點「下載媒體」後，電腦會顯示畫面如圖 A-3 所示，詢問下載安裝程式的類型，ISO 格式表示所有安裝程式包含在單一一個光碟形式的檔案內。CAB 則是所有安裝程式壓縮在單一一個執行檔案。

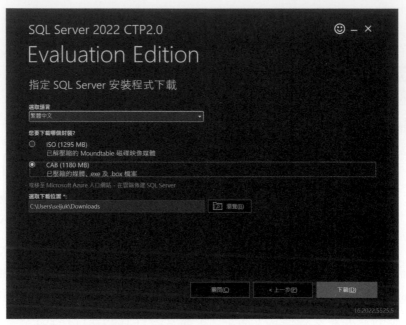

▲ 圖 A-3　下載資料庫系統安裝程式類型

按下「下載」按鈕，即開始進行下載的程序。

(3) 下載的安裝程式名稱為 SQLServer2022-x64-CHT。如下載的是 ISO 格式，請在資料夾目錄內，選點 setup.exe 程式。如下載的是 CAB 格式，執行時會將安裝程式解壓縮，預設為 SQLServer2022-x64-CHT 目錄，選點目錄內的 SETUP.EXE 程式，執行顯示如圖 A-4 所示的安裝中心主畫面。

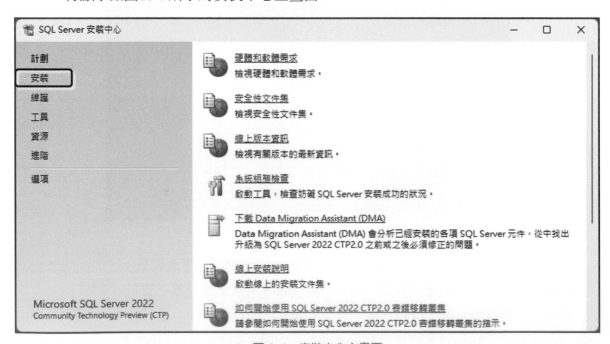

▲ 圖 A-4　安裝中心主畫面

## 3. 安裝

選擇圖 A-4 主畫面左方的「安裝」選項。顯示如圖 A-5 所示的資料庫系統安裝主畫面。

▲ 圖 A-5　SQL Server 2022 資料庫系統安裝主畫面

整個程序須分別執行圖 A-5 中所標示的兩個安裝項目：

(1) 安裝資料庫系統主體

首先請先選點圖 A-5 所標示（1）框線內的連結，顯示如圖 A-6 所示的軟體啟用類型。如果安裝免費版本，建議選擇 Developer 版本。

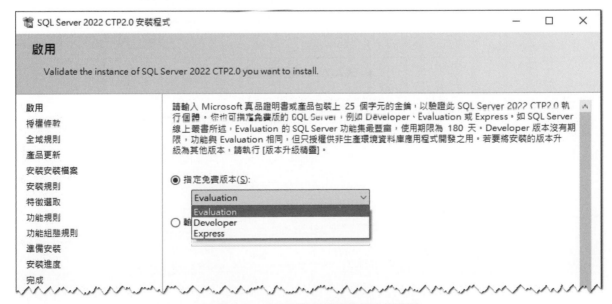

▲ 圖 A-6　執行安裝時選擇軟體啟用類型

選擇完安裝的類型，執行「下一步」後，顯示如圖 A-7 所示的軟體授權條款，此為必要條件，需要勾選同意後才能點選「下一步」按鈕。

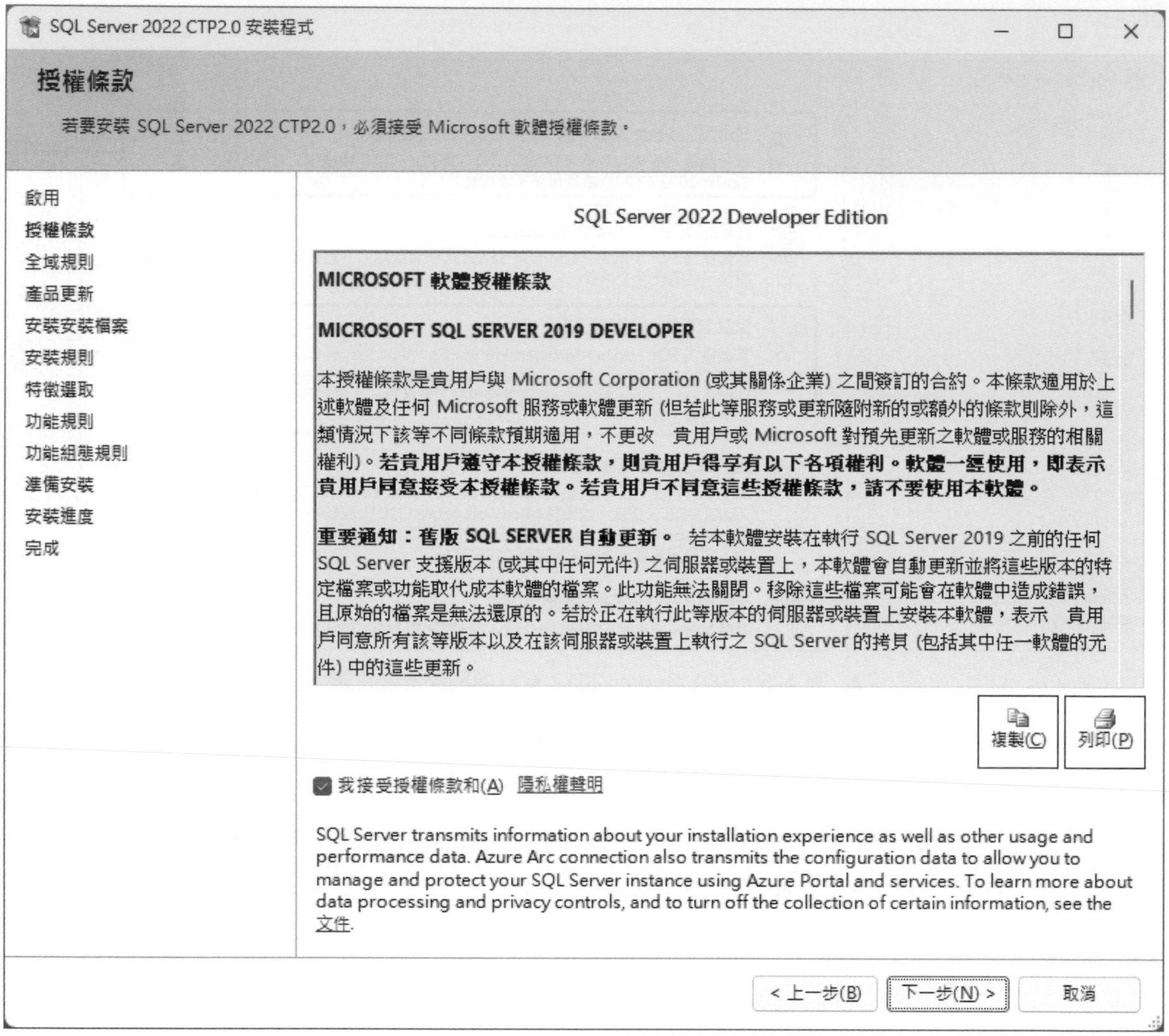

圖 A-7 | SQL Server 2022 CTP2.0 安裝程式 | □ × |

**授權條款**

若要安裝 SQL Server 2022 CTP2.0，必須接受 Microsoft 軟體授權條款。

啟用
**授權條款**
全域規則
產品更新
安裝安裝檔案
安裝規則
特徵選取
功能規則
功能組態規則
準備安裝
安裝進度
完成

SQL Server 2022 Developer Edition

**MICROSOFT 軟體授權條款**

**MICROSOFT SQL SERVER 2019 DEVELOPER**

本授權條款是貴用戶與 Microsoft Corporation (或其關係企業) 之間簽訂的合約。本條款適用於上述軟體及任何 Microsoft 服務或軟體更新 (但若此等服務或更新隨附新的或額外的條款則除外，這類情況下該等不同條款預期適用，不更改　貴用戶或 Microsoft 對預先更新之軟體或服務的相關權利)。若貴用戶遵守本授權條款，則貴用戶得享有以下各項權利。**軟體一經使用，即表示貴用戶同意接受本授權條款。若貴用戶不同意這些授權條款，請不要使用本軟體。**

**重要通知：舊版 SQL SERVER 自動更新。** 若本軟體安裝在執行 SQL Server 2019 之前的任何 SQL Server 支援版本 (或其中任何元件) 之伺服器或裝置上，本軟體會自動更新並將這些版本的特定檔案或功能取代成本軟體的檔案。此功能無法關閉。移除這些檔案可能會在軟體中造成錯誤，且原始的檔案是無法還原的。若於正在執行此等版本的伺服器或裝置上安裝本軟體，表示　貴用戶同意所有該等版本以及在該伺服器或裝置上執行之 SQL Server 的拷貝 (包括其中任一軟體的元件) 中的這些更新。

複製(C)　列印(P)

☑ 我接受授權條款和(A) 隱私權聲明

SQL Server transmits information about your installation experience as well as other usage and performance data. Azure Arc connection also transmits the configuration data to allow you to manage and protect your SQL Server instance using Azure Portal and services. To learn more about data processing and privacy controls, and to turn off the collection of certain information, see the 文件.

< 上一步(B)　下一步(N) >　取消

▲ 圖 A-7 軟體授權條款

　　接下來系統執行如圖 A-8 所示的安裝環境檢查，確認作業系統內已具備相關空間、軟體。若有發生「失敗」的項目，則無法繼續執行安裝，可以選點狀態欄位內失敗的連結點，了解失敗的原因，排除失敗的原因後方可重新再安裝。

▲ 圖 A-8　安裝環境確認

　　若檢查結果均為「通過」或「警告」，表示可以進行下一步，如圖 A-9 所示，確認準備安裝功能軟體項目，以及存放的目錄位置。

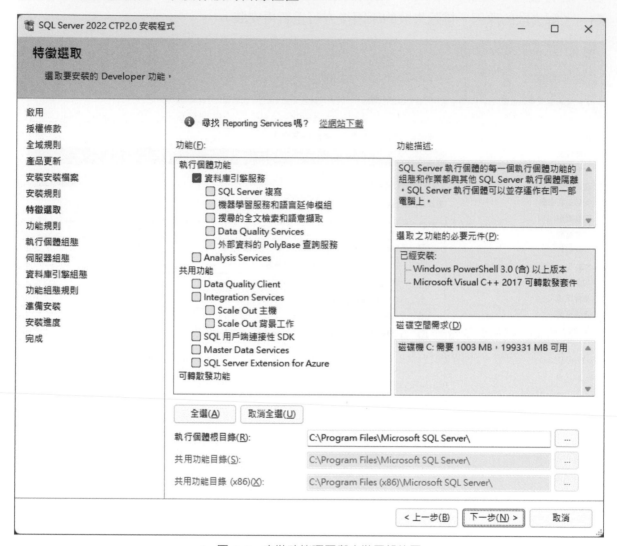

▲ 圖 A-9　安裝功能項目與安裝目錄位置

　　選項內會預先勾選 SQL Server Extension for Azure。這是針對 Azure 新增的功能，提供 DBA 在 Azure Portal 管理和監控 VM。不過必須具備 Azure 相關的使用帳號與權限，建議取消勾選，再進行下一步，如圖 A-10 所示的執行個體設定視窗。

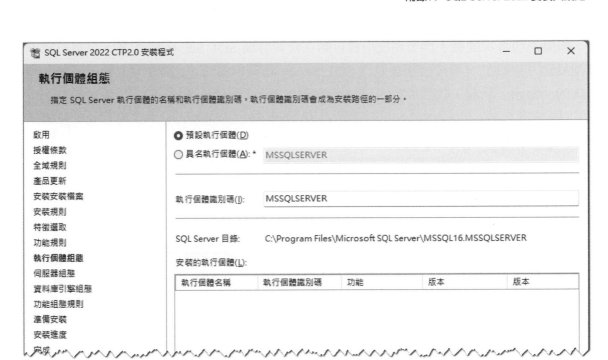

▲ 圖 A-10　執行個體設定

　　資料庫系統儲存資料的基本單位為資料庫，而相關資料庫運行於一個執行個體（Instance）之內。一個資料庫系統可以有多個執行個體，執行個體是用來操作其各自擁有的資料庫。可以將執行個體視為一個物件，而其內的屬性就是資料庫。除非有特定需求，建議執行個體的名稱直接使用預設的「MSSQLSERVER」即可。按下「下一步」按鈕後，顯示如圖 A-11 所示的服務啟動視窗，確認資料庫引擎是自動啟動即可。

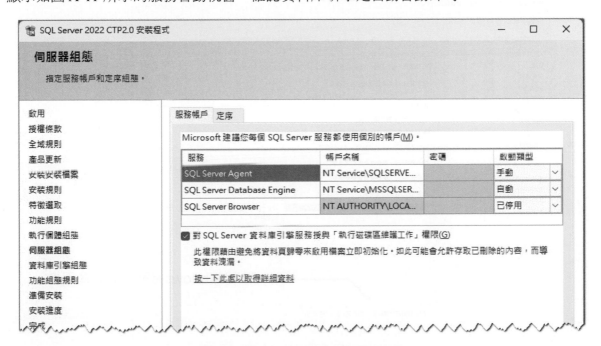

▲ 圖 A-11　設定服務啟動執行的方式

　　如果不想每次開機，作業系統均會自動在背景啟動 SQL Server 的作業，也可以將啟動類型設為「手動」，爾後若需要執行 SQL Server 相關作業時，如圖 A-12 所示，開啟作業系統的「服務」功能，找到 SQL Server 資料庫引擎，將此執行個體啟動即可。

▲ 圖 A-12　使用作業系統的「服務」功能手動啟動資料庫引擎

　　接下來，進入如圖 A-13 所示的「資料庫引擎組態」設定頁面，設定的項目包括登入的驗證模式、資料目錄…等。建議除了驗證模式之外，均使用預設值。

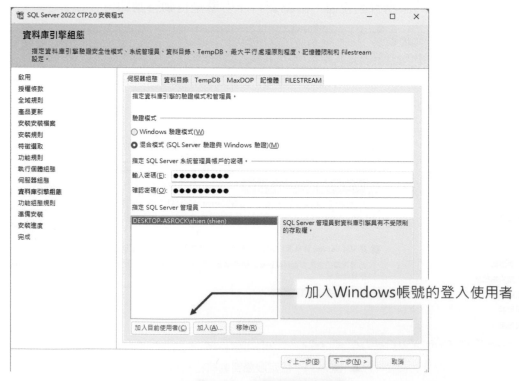

▲ 圖 A-13　引擎組態設定選項

驗證模式包括兩種類型：

(a) Windows 驗證模式：表示使用 Windows 帳號的登入使用者作爲驗證登入資料庫的依據。

(b) 混合模式：表示除了可以使用 Windows 帳號的登入使用者作爲驗證登入資料庫的依據，也可以另訂資料庫的登入帳號。這樣的好處是同一個應用程式如果要依據不同權限而使用不同的資料庫時，可以透過不同的登入帳號做更嚴謹的區隔。如果選擇使用混合驗證模式，需要設定資料庫的系統管理員帳號密碼（預設帳號爲 sa，是 System Administrator 的縮寫）。

### 說明

- 建議選擇混合模式，方便後續練習的操作與使用。
- 無論使用哪種驗證方式，都必須至少加入一個 Windows 帳號的登入使用者。建議直接點選「加入目前使用者」按鈕。

　　資料庫系統能夠建立多個資料庫，每個資料庫儲存於電腦硬碟的實體檔案，包含運算資料與異動資料，如果希望改變 SQL Server 預設儲存資料庫實體檔案的目錄位置，可以點選此頁面的「資料目錄」頁籤，修改資料庫實體檔案的目錄位置。

　　當相關設定完成後，如果一切順利，即會開始執行如圖 A-14 所示的安裝程序。過程中會顯示安裝的進度，以及顯示正在執行安裝的作業。

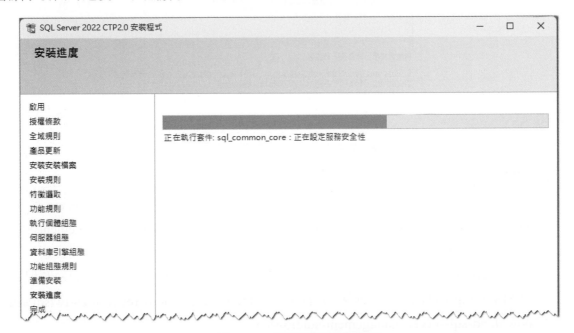

▲　圖 A-14　安裝作業進度的頁面

　　如果安裝順利，會顯示如圖 A-15 的完成頁面，表示已完成整個資料庫系統的安裝作業程序。

　　關閉頁面回到圖 A-5 所示的安裝主畫面。因為 SQL Server 預設沒有直接提供圖形的管理介面，所以還需要繼續進行安裝管理介面的作業。

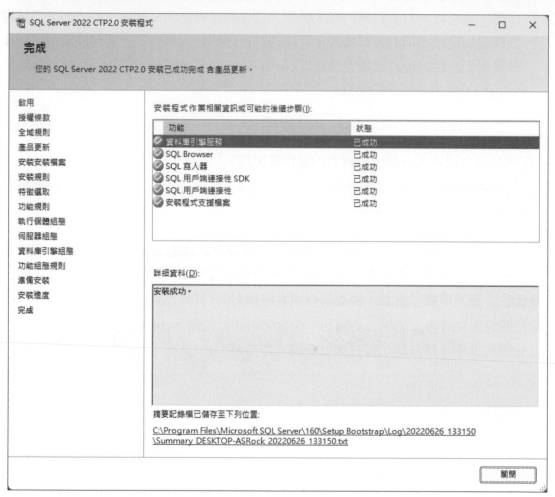

▲ 圖 A-15　安裝作業完成的頁面

(2) 安裝圖形管理介面

　　由圖 A-5 所示的安裝主畫面，執行圖中所標示 (2)「安裝 SQL Server 管理工具」。點選該項目後，會切換連線至圖形管理介面 SQL Server Management Studio（SSMS）的下載網頁。

　　如圖 A-16 所示，請點選 SQL Server Management Studio，下載 SSMS 的安裝程式：SSMS-Setup-CHT.exe。（直接下載網址：https://docs.microsoft.com/zh-tw/sql/ssms/download-sql-server-management-studio-ssms）

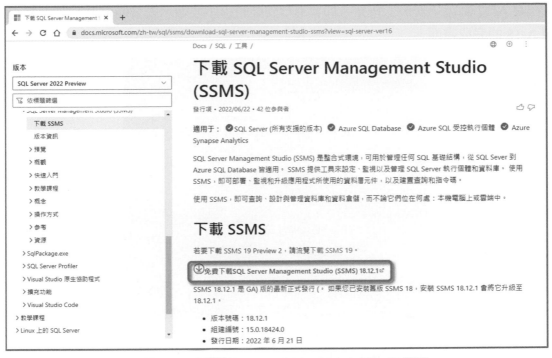

▲ 圖 A-16　下載 SQL Server Management Studio 網頁

下載完成後，請執行此 SSMS-Setup-CHT.exe 程式，執行如圖 A-17 所示的安裝畫面。

▲ 圖 A-17　SSMS 安裝畫面

在圖 A-17 點選「安裝」按鈕，即會進行安裝的程序並顯示安裝的進度。完成後，顯示如圖 A-18 的完成畫面。

▲ 圖 A-18　SSMS 安裝完成畫面

在 Windows 作業系統的環境下安裝 SQL Server 與 Management Studio，完成後重新啟動視窗，以便作業系統載入相關組態與啟動所需的服務。

完成安裝後，如圖 A-19 所示，可以在視窗作業的「開始」功能表，檢視一下各個安裝的項目。

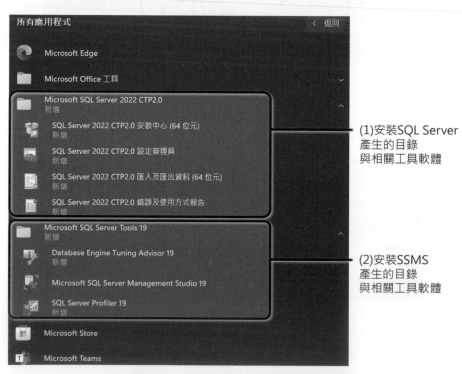

▲ 圖 A-19　安裝作業完成的目錄與工具軟體

附錄

# B

# SQL Server Management Studio（SSMS）簡介

SSMS 是存取、設定、管理及開發 SQL Server、Azure SQL Database、Azure SQL 受控執行個體（Managed Instance，雲端資料庫服務）、Azure VM 上的 SQL Server 和 Azure Synapse Analytics 所有元件的單一整合工具軟體。

SSMS 結合了廣泛的圖形工具與許多豐富的 SQL 手稿（script，或譯為腳本）編輯器，是管理 Database Engine 和撰寫 Transact-SQL 程式碼的主要工具。除了 DBA 和開發人員管理資料庫系統，當然也非常適合用來學習資料庫的操作。

## 1. 開始使用

依據附錄 A 的指引，完成 SSMS 的安裝後，可在作業系統上產生如圖 B-1 所示程式的圖示。

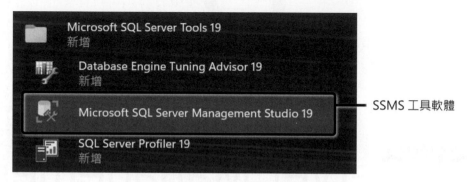

▲ 圖 B-1　SSM 在作業系統的程式圖示

點選執行時，如圖 B-2 所示，需完成下列登入的驗證：

(1) 連結使用的伺服器類型：如果是 DBMS，請選擇資料庫引擎（Database Engine）。其他伺服器的類型包括：報表、分析、整合與 Azure-SSIS 等伺服器。

(2) 伺服器名稱：可以輸入伺服器的電腦名稱、IP 網路位址或領域名稱（Domain name）。

(3) 登入帳號與密碼：具備資料庫權限的使用者登入帳號。如果在附錄 A 安裝資料庫系統時，驗證模式採用「混合模式」，可以使用 Windows 帳號或最高權限登入帳號「sa」登入。

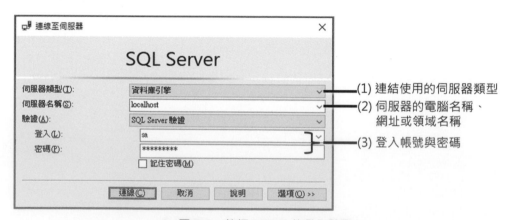

▲ 圖 B-2　執行 SSMS 的登入驗證

> 因為後續介紹新增資料庫、新增登入帳號，必須具備系統管理權限，建議初次登入時，使用 sa 登入帳號。

　　順利連線並登入伺服器，顯示如圖 B-3 所示的 SSMS 管理視窗。如果沒有登入成功，通常的原因包括，伺服器的服務沒有啓動、伺服器名稱不正確或網路沒有正常連結、登入帳號或密碼錯誤。

▲ 圖 B-3　SSMS 管理視窗

　　整個視窗可簡單區分成三個部分：

(1) 選單：包括主選單與方便快速執行的圖示列。

(2) 物件總管：管理整個 DBMS 執行個體的相關物件。物件總管可同時管理多個不同設備上的 SQL Server 執行個體。

(3) 工作區：下達 SQL 指令的執行區域，也就是「查詢視窗」（參見圖 B-13）。

## 2. 資料庫

　　資料庫的建立是學習資料庫系統的基本實務，甚至進行系統開發時，也需要非常熟悉資料庫的建立。一個 DBMS 執行個體允許存在多個資料庫，其中除了使用者自行建立的資料庫之外，還有部分是系統運作使用的資料庫。無論是系統資料庫或是使用者自建的資料庫，每一個資料庫在硬碟的實體檔案至少包含兩個檔案：副檔名為 .mdf 的資料檔案（data file）與副檔名為 .ldf 的交易紀錄檔案（log file）。

(1) 系統資料庫介紹

　　展開物件總管「資料庫」的子項目「系統資料庫」，列出 SQL Server 下列四個系統資料庫：

(a) master

master 資料庫是 SQL Server 最重要的資料庫，其記錄所有資料庫系統層級的資訊，包括整個執行個體範圍的後設資料（Metadata），例如登入的使用者帳戶、端點（endpoint）、服務、連結的伺服器，以及系統的組態設定…等各類系統相關範圍的資訊。如果 master 資料庫無法使用，則 SQL Server 無法運作。

(b) model

model 資料庫是用來提供 SQL Server 執行個體上建立所有資料庫的範本，每新增一個資料庫，其結構實際是複製於 model 資料庫。也就是說，所有新增的資料庫擁有一組可控制其行為的選擇標準，當建立一個新的資料庫時，model 資料庫的整個內容（包括資料庫選項）都會複製至新的資料庫，所以對 model 資料庫的修改（例如資料大小、排序規則、交易回復方式和其他資料庫選項）將應用於之後建立的所有資料庫。在啟動期間，model 的某些設定也會用於建立新的 tempdb 資料庫，所以 model 資料庫必須存在 SQL Server 系統上。

(c) msdb

msdb 資料庫是一個代理伺服器的資料庫，提供 SQL Server Agent 用來設定警示和作業的排程，以及提供 SSMS、Service Broker 和 Database Mail 等功能的使用。例如，SQL Server 能在 msdb 資料庫的資料表中自動維護一份完整的線上備份和還原紀錄，提供管理者透過 SSMS 執行還原資料庫或套用任何交易紀錄備份的計畫。

(d) tempdb

tempdb 資料庫包含暫存的使用者物件（例如：全域或本機暫存的資料表、暫存的預儲程序、資料表變數或資料指標…等）、SQL Server Database Engine 所建立的內部物件（例如，儲存多工緩衝處理或排序之中繼結果集的工作資料表）、由資料庫中的資料修改交易所產生的資料列版本，該資料庫使用資料列版本設定隔離的讀取認可或快照集隔離交易…等異動中的資料。

基於系統資料庫是用來管理資料庫系統運作的相關資訊，因此 SQL Server 並不允許使用者直接變更系統資料庫中的資訊，例如系統資料表、系統預儲程序和目錄檢視，而是系統依據使用的狀況自行產生與維護。

(2) 新增資料庫

SSMS 以視窗圖形介面操作的方式，執行新增資料庫的作業，等同於第十一章執行的 CREATE DATABASE 指令。如圖 B-4 所示，以滑鼠右鍵點選物件總管「資料庫」項目，選擇「新增資料庫」，顯示如圖 B-5 所示的「新增資料庫」視窗。

▲ 圖 B-4 新增資料庫

▲ 圖 B-5 新增資料庫的設定視窗

按下確定按鈕後，即會新增一名稱為「school」的資料庫。管理已存在的資料庫，可以參考圖 B-6 所示，展開物件總管「資料庫」項目顯示。

▲ 圖 B-6　物件總管的「資料庫」表列已存在的資料庫

### 3. 新增登入帳號

如圖 B-7 所示，以滑鼠右鍵點選物件總管「安全性」項目，選擇「新增 | 登入」，顯示如圖 B-8 所示的「登入－新增」視窗。

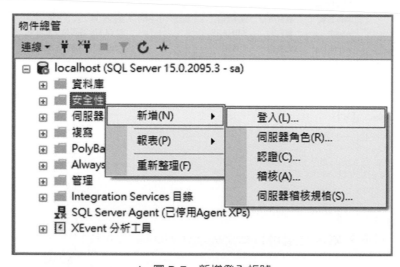

▲ 圖 B-7　新增登入帳號

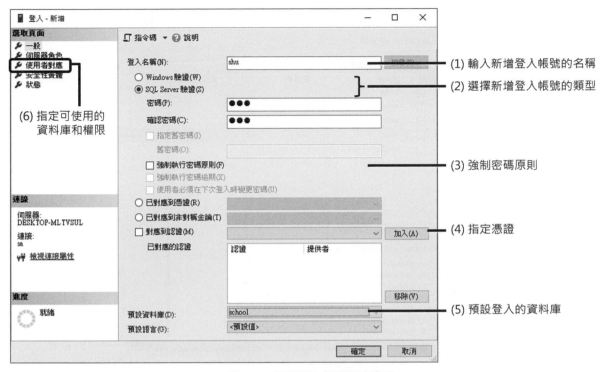

▲ 圖 B-8　新增登入帳號設定畫面

(1) 登入名稱：輸入新增登入帳號的名稱。

(2) 選擇類型：附錄 A 安裝資料庫系統時，驗證模式採用「混合模式」，類型可以使用 Windows 驗證或 SQL Server 驗證兩種。如果使用 Windows 驗證，此登入必須是已存在於作業系統的使用者帳號。如果使用 SQL Server 驗證，則此登入帳號與作業系統的使用者無關，僅是存在於 SQL Server 的系統內，並且需要指定此新增登入帳號的密碼。

(3) 強制密碼：包括指定具備密碼強度（長度至少 8 字元的英文大小寫與數字符號）、第一次登入時強迫更換密碼等設定。

(4) 指定憑證：指定此登入帳號符合 X.509 標準的憑證檔案，執行更嚴格的登入安全控管。

(5) 預設資料庫：指定登入成功後，自動進入的資料庫。若未指定，系統預設登入 master 系統資料庫。建議可以指定先前新增的 school 資料庫，作為本書範例的上機練習。

(6) 使用者對應：基於一個 DBMS 可以具備多個資料庫，因此，接下來還需指定此登入帳號可以使用的資料庫，以及資料庫可使用的權限範圍。點選「使用者對應」後顯示如圖 B-9 所示的畫面。

▲ 圖 B-9　登入帳號可使用的資料庫與權限設定畫面

(7) 資料庫：勾選表示此登入帳號可以進入使用的資料庫。

(8) 權限：依據 (7) 勾選的資料庫，個別設定此登入帳號的角色。系統依據該角色的權限規範此登入帳號（權限的授予與收回的 SQL 指令，可參考第 12-1 節「資料授權」的介紹）。

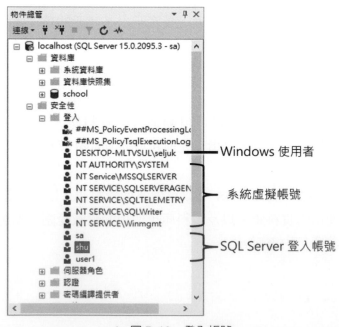

▲ 圖 B-10　登入帳號

完成後，按下「確定」按鈕即可完成新增此一登入帳號。管理已存在的登入帳號，可以參考圖 B-10 所示，展開物件總管「安全性」的子項目「登入」顯示。依據名稱的格式，可以分成三類登入帳號：

- 「**主機名稱 / 登入名稱**」：表示為 Windows 驗證的作業系統使用者。
- 「*NT AUTHORITY/ 帳號名稱*」或「*NT SERVICE/ 帳號名稱*」：表示為系統運作的虛擬帳號。
- 「**登入帳號名稱**」：表示自行新增的 SQL Server 登入帳號。

### 4. 連結多個伺服器

SSMS 可以提供多個不同登入帳號簽入同一個資料庫系統，或是多個不同的資料庫系統。操作方式可以由主選單：檔案 (F)| 連接物件總管 (E)，或如圖 B-11 所示，於物件總管視窗內，以滑鼠點選插頭圖示。系統顯示如圖 B-2 的登入視窗，依序輸入連線的資訊即可。

▲ 圖 B-11　加入連接

如圖 B-12 為例，示範以名稱為 sa 的登入帳號簽入本機，以及以名稱為 seljuk 的登入帳號簽入 IP 位址為 192.192.153.67 的 SQL Server 資料庫系統。

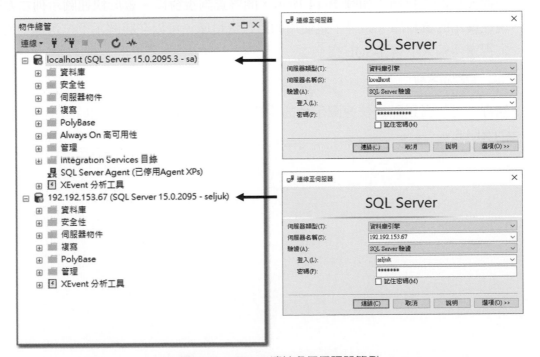

▲ 圖 B-12　SSMS 連結多個伺服器範例

## 5. SQL 輸入與執行

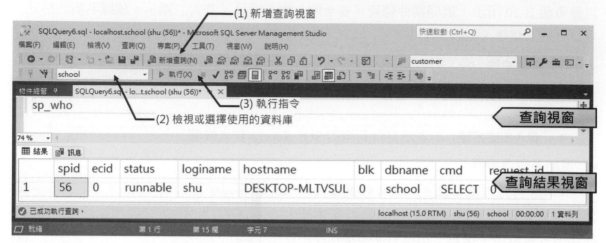

▲ 圖 B-13　查詢視窗

(1) 開啟查詢視窗：按下快速圖示列的「新增查詢 (N)」，或鍵盤同時按下 ALT+N 或 CTRL+N，會於視窗工作區開啟一空白視窗。該空白視窗便是 SQL 敘述輸入編輯 的查詢視窗，執行後的結果會在此視窗下方再分隔另一視窗顯示。

────────────────── **說明** ──────────────────

選單或圖示後標示英文字母，稱為「加速鍵」，同時按下 ALT+ 該字母，等同滑鼠點選 該選項。

(2) 切換使用的資料庫：如圖 B-14 所示，開啟查詢視窗後，會於快速圖示列左方顯示 現在使用的資料庫。如果不是使用的目標資料庫，可以在該圖示下拉選擇，或在查 詢視窗內輸入下列 T-SQL 指令：

　use 資料庫名稱

(3) 執行：可以滑鼠點選快速圖示列的「執行 (X)」按鈕，或鍵盤同時按下 ALT+X 或 CTRL+E。

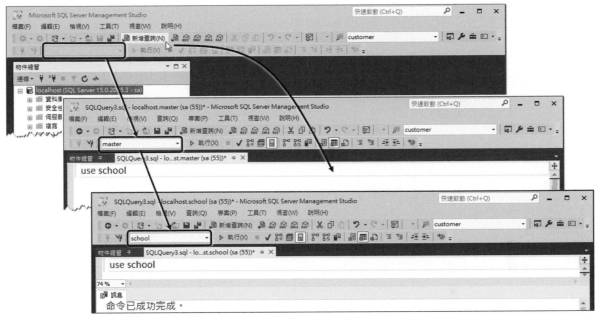

▲ 圖 B-14　切換查詢視窗使用的資料庫

　　若要儲存輸入的 SQL 敘述或執行的結果，可以以滑鼠右鍵點選欲儲存的區域。上方「查詢視窗」儲存的內容，會以 .sql 副檔名的純文字檔格式儲存，下方「查詢結果視窗」執行結果則是以 .csv 副檔名的試算表格式儲存。

### 說明

- SSMS 可以開啟多個 SQL 敘述輸入編輯的查詢視窗。
- 該登入帳號必須有資料庫的權限，方可進入該資料庫，且必須具備資料庫內物件的相關權限，方可存取資料庫內物件。
- 查詢視窗字體調整：主選單「工具 (T)| 選項 (O)」，於顯示的「選項」視窗內，左方方格內選擇「環境 | 字型色彩」，右上方「顯示設定 (T)」選擇「文字編輯器」。設定完成即可改變查詢視窗的字體。
- 查詢結果視窗字體調整：主選單「工具 (T)| 選項 (O)」，於顯示的「選項」視窗內，左方方格內選擇「環境 | 字型色彩」，右上方「顯示設定 (T)」選擇「方格結果」。設定完成需要重新啟動 SSMS。

附錄

# C

# 練習資料庫建置

本單元說明在資料庫內產生本書練習所需資料的執行程序。執行前必須先完成附錄 A SQL Server 2022 安裝與設定，以及附錄 B 的「2. 新增資料庫」與「3. 新增登入帳號」。本書練習使用的資料庫名稱為 school。

批次建立資料的方式通常有兩種，一種是執行批次的 SQL 手稿，一種是由其他資料庫系統移轉。此外，資料的備份也大致可分為兩種：一是整體資料庫備份，一是匯出資料庫內資料表的內容。

本附錄練習下列三種較為常用的操作：

(1) 使用 SQL 手稿，批次建立 school 資料庫內的資料表與資料。來源檔案：Data.sql。

(2) 匯出資料：將現有 school 資料庫的資料匯出至 Access 的資料庫。目的檔案：School.mdb

(3) 匯入資料：將 Excel 檔案內容匯入至現有 school 資料庫內。來源檔案：CurrentContent.xls。

──────────────── **說明** ────────────────

SQL 手稿（Script）是指將多筆 SQL 敘述事先撰寫好，儲存在電腦檔案中，當需要時再載入系統批次執行，便可完成手稿中所有的 SQL 敘述。例如開發應用系統時，可以將設計好的結構，包括建立資料庫、設定登入資料庫的使用者權限、建立資料表、資料錄、索引、預儲程序、觸發等資料庫內部的物件事先寫好，就可以「一鍵」批次執行完成。

## 1. 批次產生資料

(1) 確認資料庫

首先請確認進入自建的資料庫（本書以 school 為例），簽入 SSMS 的登入帳號必須具備此資料庫的擁有權（db_owner）。於顯示的浮動式選單中，點選「新增查詢 (Q)」選項，亦可直接於視窗上方選單工作列，選擇「新增查詢 (N)」選項，顯示如圖 C-1 所示的視窗。確認現在所在資料庫的方式包括：

(a) 在 SSMS 快速圖示列的「資料庫」項目，顯示現在所在資料庫。如果不是，可以下拉選擇「school」資料庫名稱。

(b) 於「查詢視窗」輸入指令：

**sp_who**

並按下「執行 (X)」按鈕，或鍵盤同時按下 ALT+X 或 CTRL+E。執行會於下方「查詢結果視窗」顯示現在所在環境的資訊，包括伺服器處理編號（Server Process ID，SPID）、登入帳號、主機名稱，以及資料庫名稱。

如果不是，請於「查詢視窗」輸入並執行下列指令：

**use school**

▲ 圖 C-1　確認現在所在的資料庫

(2) 執行 SQL 手稿

SSMS 提供多種方式載入 SQL 手稿的檔案。

(a) 選單方式：選擇主選單「檔案 (F)| 開啓 (O)| 檔案 (F)」或是直接同時按下 CTRL+O，開啓本書所附的 Data.sql 檔案。

(b) 拖拉方式：以滑鼠將 Data.sql 檔案拖拉至「查詢視窗」。

(c) 作業系統啓動：滑鼠左鍵雙擊 Data.sql 檔案。作業系統會依預設以 SSMS 載入該檔案內容。

如圖 C-2 所示，載入後按下「執行」按鈕，便可批次將本書所有需要使用的資料表及資料錄建立完成。

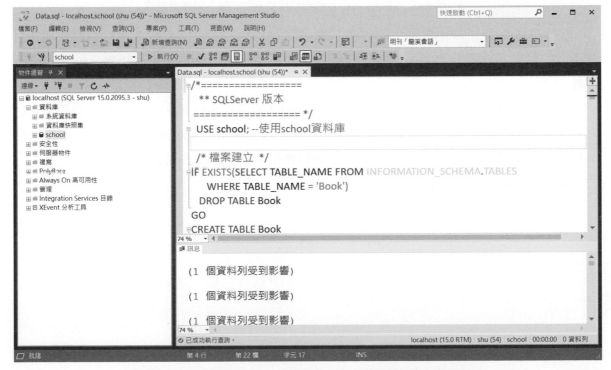

▲ 圖 C-2　執行批次 SQL 手稿檔案，建立練習資料庫所需的資料

> 批次產生資料完成後，可以下達 SQL 敘述，檢視現在資料庫內已建立的資料表：
>
> SELECT * FROM INFORMATION_SCHEMA.Tables

## 2. 匯出資料

如圖 C-3 所示，SSMS 提供執行不同資料庫，甚至不同伺服器之間，以及跨越不同資料庫系統的資料匯入匯出作業。例如將 Oracle 資料庫的資料表內容匯入到不同伺服器的 SQL Server 資料庫內，或是將 SQL Server 資料庫的資料表內容匯入到單機版的 Access 資料庫或 Excel 試算表等。透過這一類跨資料庫系統、伺服器、資料庫形式的匯入匯出作業，基本可以滿足大多數資料移轉的需求。

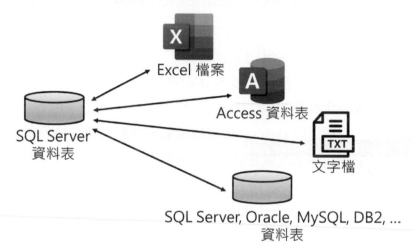

▲ 圖 C-3　SSMS 提供多種資料格式之間的匯入與匯出方式

在操作上，資料匯出與匯入的作業其實是同一功能，主要是指定「資料來源」與「目的地」的差異。「資料來源」是指匯出的資料庫或檔案，「目的地」是指匯入的資料庫或檔案。

首先先執行 Office 的 Access 軟體，建立一個空的資料庫檔案。由於 Office 幾乎常年改版，考慮相容問題，建議 Access 檔案採用如圖 C-4 所示的 2000 或 2002-2003（副檔名為 .mdb）檔案格式。這一個空的 Access 資料庫檔案用來作為匯出的目的地資料庫。

本練習新增的檔名為：School.mdb

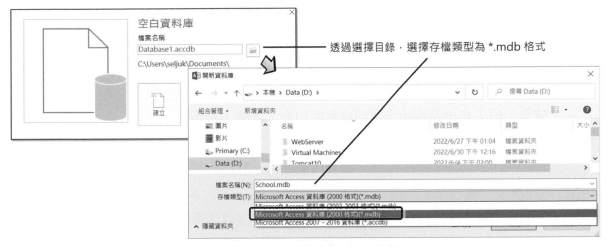

▲ 圖 C-4　建立新的 Access 檔案

　　如圖 C-5 所示，請於 SSMS 視窗左方的「物件總管」區塊內，以滑鼠右鍵點選匯出的資料庫（本練習匯出資料庫為 school）。選擇浮動式選單的「工作 (T)」|「匯出資料 (X)」選項，開啟資料匯出匯入精靈視窗。

▲ 圖 C-5　選擇「匯出資料」選項，執行資料匯出作業

資料匯出匯入精靈視窗顯示如圖 C-6 所示，首先先設定匯出的資料庫，包括：

(1) 資料來源 (D)：指定資料的來源，以及用來存取該資料庫的驅動程式。

(2) 伺服器名稱 (S)：指定匯出資料庫所在的電腦名稱、IP 網路位址或領域名稱（Domain Name）。

(3) 驗證：輸入具備存取匯出資料庫權限的登入帳號、密碼。

(4) 資料庫 (T)：指定匯出的資料庫名稱。

完成設定後按「Next(N)」按鈕，即會切換顯示至匯出的視窗（圖中右方視窗），設定的項目如同匯出視窗的設定。

(1) 目的地 (D)：指定資料的目的地，以及使用來存取該資料庫的驅動程式。本練習是匯出至 Access 資料庫，因此請於此下拉式選單選擇「Microsoft Access」。

(2) 檔案名稱 (I)：因為 Access 資料庫是以檔案形式存在 Windows 作業系統上，因此此處顯示的是要求輸入 Access 所在的目錄與檔案名稱。若 Access 資料庫沒有設定登入帳號與密碼，則請忽略「使用者名稱」與「密碼」欄位。

(3) 進階 (A)：提供測試是否能連線登入指定的目的地資料庫，以便確認上述設定是否確無誤。

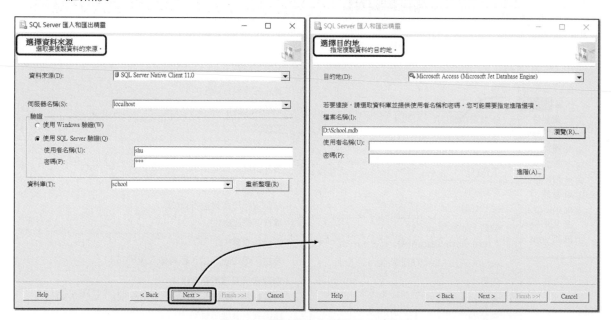

▲ 圖 C-6　資料匯出來源與目的地設定

設定完成後，按下「Next(N)」按鈕，顯示如圖 C-7 所示的選擇匯出資料來源模式的視窗，匯出模式包括：以資料表作為匯出依據，或是以 SQL 敘述的執行結果作為匯出依據。

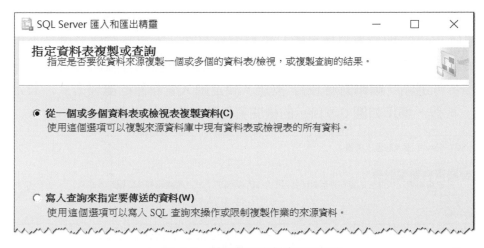

▲ 圖 C-7 選擇匯出資料來源的模式

我們以資料表作為匯出依據，請點選「從一個或多個資料表或檢視表複製資料 (C)」選項，並按下「Next(N)」按鈕。既然選擇的是以資料表作為匯出依據，接下來請在如圖 C-8 所示的視窗，勾選匯出哪些資料表的內容。

例如勾選 Book、Orders、Publisher、Vendor 四個資料表。

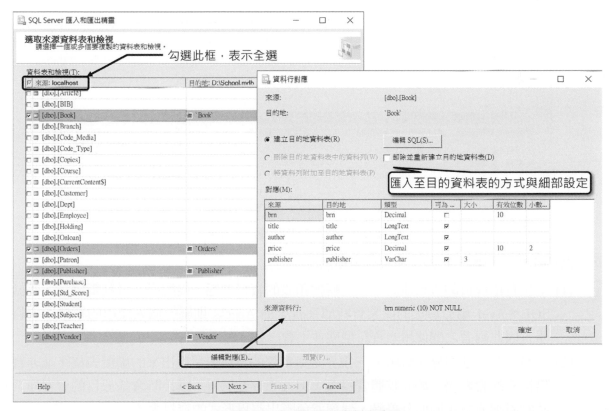

▲ 圖 C-8 勾選匯出的資料表清單

　　如果要匯出此資料庫全部的資料表，可逐行勾選表單欄位最上方的空格，否則請逐一勾選。如果匯出目的地的資料庫可能已經有資料存在，匯出時需要考慮是否重建資料表（先刪除資料表再重新建立）後再匯入內容、還是不刪除已存在的資料表，只先清空資料表的內容？可選點「編輯對應(E)」按鈕，設定匯入資料庫的處理方式。設定完成按下「Next(N)」按鈕，顯示如圖 C-9 所示的檢閱資料類型對應的視窗。

▲ 圖 C-9　檢閱資料類型對應的視窗

圖中出現三角警示符號，通常有兩種狀況：

(1) 系統有依據目的資料庫的特性，轉換預設的資料型態，提醒操作者判斷確認。基於 SQL Server 屬於專業的商業資料庫系統，而 Access 則屬於個人使用的單機版資料庫，因此兩者之間使用的資料型態並不會一致。

(2) 資料來源包括視界（View）。視界是從實際的資料表呈現出來的虛擬表格，並非實際存在的資料表。如同實體資料表，但並不存在資料，匯出時會基於目的資料庫系統的處理方式不同而有差異，建議避免匯出視界形式的資料表。

　　考量轉換時因資料形態對應的不足而無法將資料匯入目的地，建議將視窗下方的「錯誤時」與「交易時」設定，均設定為「忽略」。確認後，請按下「Next(N)」按鈕，並選擇

「立刻執行」選項，如圖 C-10 所示，完成精靈的設定程序。（只是完成設定的程序，還沒有完成匯出匯入的實際作業喔！）

▲ 圖 C-10 匯入匯出設定完成視窗

接下來，請選點「Finish(F)」完成鈕，執行匯出匯入的實際作業。系統會逐一顯示如圖 C-11 所示，各資料表內容的複製、檢驗執行程序。直到視窗最上方顯示「成功」，表示完成整個資料匯出並匯入到 Access 資料庫的作業。匯出匯入執行過程的狀況，可以事後透過下方的報表檢視，也可以直接以滑鼠點選訊息的說明。

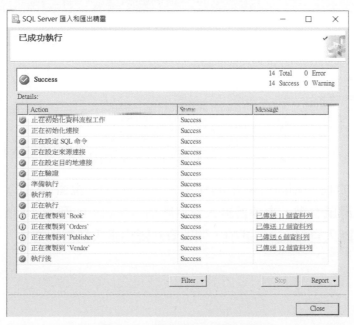

▲ 圖 C-11 匯出資料作業處理完成

作業處理完成，也就是完成了由 SQL Server 資料庫移轉資料到 Access 資料庫的程序。接著可以執行 Access，並開啓剛才匯入的 School.mdb 檔案，如圖 C-12 檢視是否有正確地匯入所有的資料。

▲ 圖 C-12　匯入至 Access 資料庫的內容

## 3. 匯入資料

匯入的檔案使用下載本書所附微軟 Office 的 Excel 試算表格式的檔案：CurrentContent.xls。檔案內容如表 C-13 所示，以國內部分期刊各期出版目次作爲資料來源的示範：

▲ 圖 C-13　示範匯入的 Excel 資料內容

匯入資料操作的程序相同於匯出的作業。請於 SSMS 視窗左方的「物件總管」區塊內，在資料庫按下滑鼠右鍵，本練習匯入資料庫爲 school。如圖 C-14 所示，選擇浮動式選單的「工作 (T)」|匯入資料 (Q)」選項，開啓資料匯出匯入精靈視窗。

▲ 圖 C-14　選擇「匯入資料」選項，執行資料匯入作業

　　依據匯入資料的來源與目的地，逐一設定（各設定欄位的說明請參見匯出資料的介紹，此處不再重複贅述）。

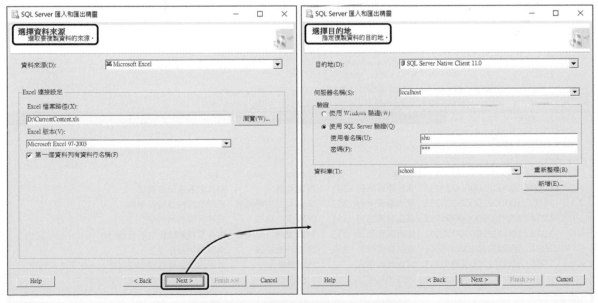

▲ 圖 C-15　資料來源與匯入目的地設定

之後各畫面的操作步驟，完全相同於匯出作業的程序。執行最後顯示如圖 C-16 所示的畫面，即表示完成資料的匯入作業。

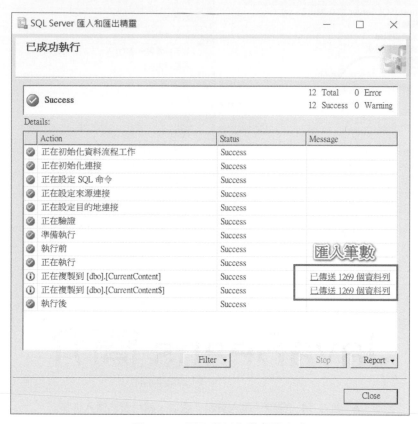

▲ 圖 C-16    匯入資料作業處理完成

匯入的資料表名稱為 CurrentContent。如需檢視匯入的資料內容，可於 SSMS「查詢視窗」使用 SQL 查詢敘述顯示匯入的資料，結果顯示如圖 C-17 所示。

```
SELECT * FROM CurrentContent
```

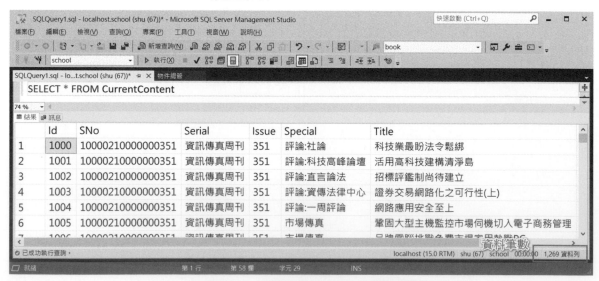

▲ 圖 C-17    檢視資料庫內匯入的資料內容

附錄

# D

# JavaBeans 簡介

------------------------------------------ 說明 ------------------------------------------

本書第十八章介紹資料庫應用的連線池（Connection Pool）功能，使用 JavaBeans 的 JSP 網站程式設計方式。附錄 D 提供 JavaBeans 程式撰寫技巧的輔助說明。

　　爪哇豆（JavaBeans）是 Java 程式語言中一種特殊的類別，可以將多個物件封裝到一個物件內，此物件就是所謂的 Bean，表示用於 Java 可重用的軟體元件，非常適合在 Java 網站互動使用的 JSP（JavaServer Pages）程式，用來封裝商務邏輯和資料庫操作的物件。

　　每一個 JavaBeans 程式，和一般 Java 程式撰寫的語法結構相同，也是以類別（class）宣告為程式單元，但是必須遵循下列四項特殊的規則：

(1) 宣告為 public 類別的 Java 程式。

(2) 所有屬性必須宣告為 private。

(3) 必須有一個無傳入參數的建構子（constructor）。

(4) 設定或取得屬性內容時必須使用 setXXX() 和 getXXX() 的方法，也就是在 JavaBeans 內要有宣告為 public 的 getXXX() 和 setXXX() 方法。

------------------------------------------ 說明 ------------------------------------------

XXX 表示命名的任意名稱，也就是說，宣告 JavaBeans 的方法，其字首（prefix）一定是 set 或 get。

(1) 用於設定或指定屬性值的方法，其字首必須使用 set。

(2) 用於取得資料的方法，其字首必須使用 get。

這種方法的命名方式，在 JavaBeans 必須嚴格遵守，否則無法呼叫執行該方法。

　　在 JSP 程式內，使用 JavaBeans 的方式：

(1) 先撰寫 JavaBeans 程式，並將原始碼編譯成 .class，放在網站伺服器（例如 Resin、Tomcat）ROOT 目錄下 WEB-INF\classes 子目錄中的套件目錄。

　　假設 Tomcat 安裝的位置於 D:\，Java 類別程式內宣告的套件為 myBean，則放置位置會是：

```
D:\Tomcat\webapps\ROOT\WEB-INF\classes\myBean)
```

(2) 在 JSP 程式內以 <jsp:useBean>、<jsp:setProperty>、<jsp:getProperty> 等標籤存取 JavaBeans。使用 JSP 動作元素（action element）宣告的語法分別說明如下：

(a) 引入 Bean 物件

```
<jsp:useBean id=" 名稱 " scope=" 有效範圍 " class="Bean 類別 " />
```

- 名稱：定義 Bean 物件的名稱。在 JSP 程式可透過該名稱使用 Bean 物件，例如：id="pool"，表示命名該 Bean 名稱為「pool」，也就是說，程式內即是使用「pool」作為該 Bean 的物件名稱。

- 有效範圍：包括 page、request、session 和 application 等四種範圍，預設為 page。

▼ 表 D-1　JSP 動作元素有效範圍

| page | 允許在包含 <jsp:useBean> 元素的這一支 JSP 程式內使用，直到頁面執行完畢，並向使用端回應或轉到另一個檔案為止。 |
|---|---|
| request | 允許在任何執行相同請求的 JSP 程式中使用，直到頁面執行完畢，並向使用端回應或轉到另一個檔案為止。能夠使用 Request 物件呼叫 Bean，例如 request.getAttribute(beanObjectName)。 |
| session | 從建構 Bean 開始，就能在任何使用相同 session 的 JSP 程式中使用 Bean。也就是說，這一個 Bean 存在於整個 session 生命週期內。需注意的是，在建構 Bean 的 JSP 程式中的指引元素宣告 <%@ page %> 中，必須指定 session = true（預設即是 true，也就是不要將 session 指定為 false）。 |
| application | 從建構 Bean 開始，就能在任何使用相同 application 的 JSP 程式中使用 Bean。也就是說，這個 Bean 存在於整個網站運作的生存週期內，任何在分享此 application 的 JSP 程式都能使用同一 Bean。 |

- Bean 類別：定義 Bean 類別名稱及儲存路徑，例如：class="myBean.PoolBean"，代表在 WEB-INF\classcs\myBean 目錄下的 PoolBean 類別。

(b) 設定 Bean 物件的屬性值

```
<jsp:setProperty name=" 名稱 " property=" 屬性 " value=" 屬性值 "
param=" 表單名稱 " />
```

- 名稱：即 <jsp:useBean> 所定義的 "id"，也就是 Bean 的物件名稱。
- 屬性：在 "id" 所稱的 Bean 物件內所定義的屬性。
- 屬性值：顧名思義，就是設定 property 所定義的屬性值。
- 表單名稱：以表單傳值時，必須用此參數傳遞值，通常用在 Bean 所定義的物件名稱和表單參數名稱不同時。

### 說明

1. 若表單參數名稱和 Bean 定義的屬性名稱相同，可以使用 <jsp:setProperty name=" 名稱 " property="*" />，即可設定所有屬性值（稱為 Introspection）。
2. 表單參數傳值時都是以 String 類別傳遞。若使用 <jsp:setProperty> 設定屬性值時，JSP 會自動型別轉換成 JavaBeans 內所定義的「基本」類別。

(c) 取得 Bean 物件的屬性值

`<jsp:getProperty name=" 名稱 " property=" 屬性 " />`

各屬性值的意義和前項說明相同。

- 名稱：即 <jsp:useBean> 所定義的 "id"，也就是 Bean 的物件名稱。
- 屬性：在 "id" 所稱的 Bean 物件內所定義的屬性。

綜合上述介紹，以下簡略示範 JavaBeans 使用的範例：

**JavaBeans 程式檔案名稱：beanSample.java**

```java
package myBean;
import java.io.*;

public class beanSample{

  public beanSample() {
  }

  private String username;
  private String password;

  public void setUsername(String username) {
    this.username = username;
  }

  public void setPassword(String password) {
    this.password = password;
  }

  public String getUsername() {
    return username;
  }
  public String getPassword() {
    return password;
  }
}
```

**JSP 程式檔案名稱：useBean.jsp**

```
<html>
<%@ page contentType="text/html;charset=utf-8" %>
<head>
<title>JavaBeans 練習範例 </title>
</head>
<body>
<center>
<!-- 宣告使用 JavaBeans 的來源與指定物件名稱 -->
<jsp:useBean id="myBean" scope="page" class="myBean.beanSample" />

<!-- 設定 JavaBeans 屬性值 -->
<jsp:setProperty name="myBean" property="username" value="abc" />
<jsp:setProperty name="myBean" property="password" value="1234567" />

<!-- 設定 JavaBeans 屬性值 -->
<p> 顯示輸入的名稱 :<jsp:getProperty name="myBean" property="username" /></p>
<p> 顯示輸入的密碼 :<jsp:getProperty name="myBean" property="password" /></p>
</center>
</body>
</html>
```

　　JavaBeans 程式撰寫完成後，需要進行編譯。編譯成功後產生的 Bytecode 檔案附檔名為 .class。需要放置在指定套件的目錄，以便提供 JSP 程式使用。

　　如圖 D-1 所示，Tomcat 或 Resin 網站伺服器的 ROOT 目錄內會有一個名稱為「WEB-INF」的子目錄，其內可以再分為 3 個子目錄：lib、classes、tags。其中的 classes 子目錄用來放置各種自行開發或安裝第三方（third-party）的套件（package），當然也包含了 JavaBeans。所以依據本範例 JavaBeans 指定的套件名稱，就放置在 WEB-INF\classes 以套件為名稱的子目錄之內。例如本 JavaBeans 範例程式所宣告的套件名稱為「myBean」，編譯後的 .classs 就應放置在 ROOT\WEB-INF\classes\myBean 目錄內。

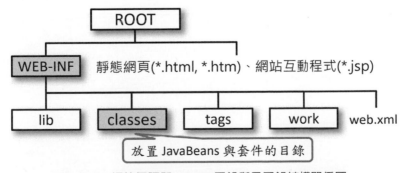

▲ D-1　網站伺服器 ROOT 目錄與子目錄結構關係圖

▼ 表 D-2　網站伺服器 ROOT 目錄與子目錄之作用說明

| 目錄或檔案名稱 | 說明 |
| --- | --- |
| ROOT | 網站伺服器執行時，網址根目錄所指向的實際目錄所在位置。 |
| WEB-INF | 放置各種自行開發或安裝第三方的套件或配置的檔案。 |
| lib | 放置自行開發或安裝第三方（third-party）的 jar 檔案。 |
| classes | 放置 JavaBeans 與套件。 |
| tags | 放置標籤檔案。 |
| work | 放置由 JSP 編譯產生的 servlet 檔案。 |
| web.xml | 網站部屬的相關描述資訊。 |

國家圖書館出版品預行編目資料

資料庫系統：理論與設計實務 / 余顯強編著.
-- 初版. -- 新北市：全華圖書股份有限公司,
2022.09
　　　　　面；　公分
　　　　ISBN 978-626-328-327-5(平裝)

　　1.CST: 資料庫管理系統

312.74　　　　　　　　　　　111015053

# 資料庫系統：理論與設計實務

作者 / 余顯強

發行人 / 陳本源

執行編輯 / 李慧茹

封面設計 / 楊昭琅

出版者 / 全華圖書股份有限公司

郵政帳號 / 0100836-1 號

印刷者 / 宏懋打字印刷股份有限公司

圖書編號 / 06502

初版 / 2022 年 09 月

定價 / 新台幣 550 元

ISBN /978-626-328-327-5(平裝)

ISBN /978-626-328-326-8(PDF)

全華圖書 / www.chwa.com.tw

全華網路書店 Open Tech / www.opentech.com.tw

若您對本書有任何問題，歡迎來信指導 book@chwa.com.tw

---

**臺北總公司(北區營業處)**
地址：23671 新北市土城區忠義路 21 號
電話：(02) 2262-5666
傳真：(02) 6637-3695、6637-3696

**南區營業處**
地址：80769 高雄市三民區應安街 12 號
電話：(07) 381-1377
傳真：(07) 862-5562

**中區營業處**
地址：40256 臺中市南區樹義一巷 26 號
電話：(04) 2261-8485
傳真：(04) 3600-9806(高中職)
　　　(04) 3601-8600(大專)

歡迎加入 全華會員

● 會員獨享
會員享購書折扣、紅利積點、生日禮金、不定期優惠活動…等。

● 如何加入會員
掃 QRcode 或填妥讀者回函卡直接傳真 (02) 2262-0900 或寄回，將由專人協助登入會員資料，待收到 E-MAIL 通知後即可成為會員。

如何購買 全華書籍

1. 網路購書
全華網路書店「http://www.opentech.com.tw」，加入會員購書更便利，並享有紅利積點回饋等各式優惠。

2. 實體門市
歡迎至全華門市（新北市土城區忠義路 21 號）或各大書局選購。

3. 來電訂購
(1) 訂購專線：(02) 2262-5666 轉 321-324
(2) 傳真專線：(02) 6637-3696
(3) 郵局劃撥（帳號：0100836-1　戶名：全華圖書股份有限公司）
※　購書未滿 990 元者，酌收運費 80 元。

OpenTech.com.tw 全華網路書店

全華網路書店 www.opentech.com.tw
E-mail: service@chwa.com.tw

※ 本會員制如有變更則以最新修訂制度為準，造成不便請見諒。